2. Buch

Fritz Gerhard Moser
„Aus meiner Kreidezeit"

> Berühre deine Vergangenheit –
> nicht nur in Gedanken,
> sondern auch in Gefühlen.
> Traust du dich zurückzugehen
> und das noch einmal zu fühlen,
> was dein Leben bestimmt hat –
> die Entscheidungen, die Ängste,
> die Freuden, die Enttäuschungen?
> Aus ihnen bist du der Mensch geworden,
> der du jetzt bist.
> Es ist dein Weg. Berühre ihn.
>
> Ullrich Scheffer

„Das Leben kann man nur rückwärts begreifen,
leben muss man es vorwärts!"

(Kierkegard)

concepcion SEIDEL

> **Bibliografische Information Der Deutschen Nationalbibliothek**
> Die Deutsche Nationalbibliothek verzeichnet diese Publikation in der Deutschen Nationalbibliografie; detaillierte bibliografische Daten sind im Internet über http://dnb.ddb.de abrufbar

Moser, Fritz Gerhard
Buch 2:
Fritz Gerhard Moser „Aus meiner Kreidezeit"
Teil 2: Oberkreide- und Postkreidezeit

© 2009 concepcion SEIDEL OHG,
08262 Hammerbrücke / Muldenhammer

-Auftragsveröffentlichung-

Gesamtherstellung:
Seidel & Seidel GbR,
Satz- und Digitaldruckzentrum,
08262 Hammerbrücke / Muldenhammer

Covergestaltung:
Seidel & Seidel GbR

Best.-Nr.: 644.045
ISBN 978-3-86716-045-2

Vorwort

Gleich am Anfang gestehe ich es: Der Titel ist geklaut. Jawohl! Trotzdem behaupte ich: Ich bin kein Dieb.
Ein ehemaliger Kollege aus Oberoelsnitz (ein Teil der Stadt Oelsnitz im Erzgebirge) mit Namen Gerhard Oeser, ein "Spaßmacher der feinen Art", erzählte mir oft auf gemeinsamen Busfahrten nach Stollberg, wo wir einmal im Monat an einem Mittwochnachmittag eine Weiterbildungsveranstaltung besuchen durften, er werde als Rentner sein Leben unter dem Titel "Aus meiner Kreidezeit" niederschreiben. Dann erwartete er bei mir ein Lachen oder zumindestens ein verstehendes Lächeln. Leider lebt Gerhard Oeser nicht mehr. Ob er sein Vorhaben auch anderen Leuten genannt hatte, weiß ich nicht. Auch ist mir nicht bekannt, ob - falls es wirklich solche Menschen gibt , von denen einer - angetan von dem anziehenden Titel - seine Memoiren unter dieser Headline zu veröffentlichen gedenkt. Ich erlaube mir einfach das zu ignorieren und betrachte mich als Erbe dieser "Überschrift". Ich hoffe, dass man mich nicht wegen dieses "Titelraubes" verklagen wird, hat Gerhard Oeser doch die Formulierung "Aus meiner Kreidezeit" sich nicht patentieren lassen.
Für die Memoiren eines Lehrers, zu dessen Handwerkzeug nun einmal auch ein Stück Tafelkreide gehört, ist dieser Titel einfach wie geschaffen. Der Verfasser dieser Memoiren ist Lehrer gewesen. Er übte den Beruf nach Überwindung von Anfangsschwierigkeiten auch recht gern aus. Ein studierter Geographielehrer hat zu den Erdformationen eine besondere Beziehung: Man sagt, die Kreidezeit hat etwa 70 Millionen Jahre gedauert. Lassen wir die Millionen einfach weg; ich schaute auf 70 Lebensjahre zurück, als ich im Herbst 2003 begann, Etappen meines Lebens niederzuschreiben, die ich für erwähnenswert hielt.
Bei jeder Erdformation sind die Grenzschichten im "Liegenden" und im "Hangenden" von gewisser Bedeutung. So werde ich nicht nur aus der aktiven Lehrertätigkeit berichten, sondern auch, wie ich zu diesem Beruf kam und was ich nach meinem Lehrerdasein erlebt habe. In den einzelnen Erdschichten sind nicht die normalen

Ablagerungen das Interessanteste, sondern die Anomalien und besondere Einschlüsse, wie etwa vulkanischer Art. Das wird sich in den Aufzeichnungen widerspiegeln. Mitunter griff ich auf spärliche Tagebuchnotizen oder Briefkopien zurück, die vielleicht auch ein wenig Abwechslung ins Spiel bringen.
Dr. Gerhard Moser im Juni 2008

Aus technischen Gründen macht sich beim zweiten Teil abermals eine Zweiteilung notwendig.
Deshalb wähle ich folgenden Untertitel.
Für den ersten Teil Kapitel 1 – 9: „Unterkreide", und für den zweiten Teil (ab 1990, ab Berufung als Schulrat bis zum Schluss): „Oberkreide" und „Unterkreide".

Ich bitte den Leser um Verständnis für die Zweiteilung.
Dr.Gerhard Moser, im Juli 2009

Teil 2: Oberkreide- und Postkreidezeit

10. Als Dezernent und Schulamtsleiter

Mit dem zuende gehenden Schuljahr begann ich am 9. Juni offiziell meine neue Tätigkeit als "Dezernent für Bildung, Kultur und Touristik" in Personalunion mit der Funktion des "Schulamtsleiters", wie nunmehr der "Kreisschulrat" bezeichnet wurde. Das Schulamt war zu dieser Zeit noch dem Landratsamt unterstellt.
Mein "Büro" befand sich im "Schulamt", der ehemaligen "Abteilung Volksbildung" im Obergeschoss der "Erweiterten Oberschule" Stollberg. Dort stand in der Mitte ein großer Beratungstisch mit zehn Stühlen. Näher am Fenster war mein Schreibtisch. Eine große Schrankwand, zwei kleinere Schränkchen, ein Wandregal und eine Sesselecke mit Tisch und vier Sessel bildeten das übrige Mobiliar. Auf dem Schreibtisch drohnte das Telefon.
Zuerst entfernte ich aus dem Wandregal die ausgesprochen politische Literatur. Pädagogische Handbücher ließ ich stehen. Von daheim brachte ich eine Bibel mit, die ich gut sichtbar in dieses Wandregal stellte. Das war für mich ein symbolischer Akt, der die Wende demonstrieren sollte.
11.06.: Ich hatte gerade mein Dienstzimmer betreten, klingelte im Raum ein Telefon, aber nicht das auf dem Schreibtisch. Ich ging dem Klang nach und fand in dem kleineren Schränkchen zwischen den beiden Fenstern ein rotes Telefon. Als ich den Hörer abnahm, meldete sich kein Teilnehmer. Bald klang das Besetztzeichen. Neben diesem Telefon fand ich ein internes Telefonverzeichnis, das ich mir als "Andenken" aufhob: Direktverbindung zum Vorsitzenden des "Rat des Kreises", zur Parteileitung, zur Staatssicherheit, usw.
Lange konnte ich nicht darüber grübeln, wer wohl der Anrufer gewesen sein könnte; war doch um 8.00 Uhr die erste Dezernentenbesprechung im Landratsamt angesetzt. Der Landrat bat seine Dezernenten, sich gegenseitig vorzustellen, wobei Familienstand, Alter und beruflicher Werdegang gefragt waren. Dann

nannte Hertwich für uns zum Mitschreiben die Dienstzimmer und Telefonnummern der einzelnen Dezernenten, die Arbeitszeiten und die nächsten Termine für weitere Beratungen.
Anschließend zählte er 18 ehemalige "Ratsmitglieder" auf, über die wir befinden sollten, ob sie bleiben könnten oder gehen müssten. Ich kannte die einzelnen Leute gar nicht, so zog ich es vor, zu schweigen. Die übrigen brachten teils Bedenken vor, lehnten einzelne ab, bestätigten andere wegen ihrer Kompetenz und ihrer politischen Unbescholtenheit.
Mir wurden die Mitarbeiter des Kulturamtes/Touristik und des Referats Berufsschulen unterstellt, die in der vorherigen Struktur als selbständige Ressorts galten. Das Referat "Berufsschulen" war in drei Räumen, die "Kultur/Touristik" in zwei Räumen des Barackenbereichs vom LRA untergebracht. Ich hatte die Beschäftigten zu übernehmen bzw. umzusetzen, weil eine solch hohe Beschäftigtenzahl nicht mehr notwendig sein würde.
In diese Räume sollte dann das Jugendamt übersiedeln, deren Dienstzimmer sich z. Z. noch im Gebäude des zukünftigen Gymnasiums befanden. Bisher war das Jugendamt der Abteilung Volksbildung unterstellt, künftig sollte es vom Schulamt abgekoppelt werden.
Horte und Kindergärten würden mittelfristig an die jeweiligen Gemeinden übergeben werden. Ob das alles reibungslos verlaufen würde? Diese Frage war noch nicht beantwortbar. Ich hatte nicht einmal Zeit, darüber nachzudenken.
Hatte ich doch just an diesem Nachmittag eine erste Ansprache zu halten. Es war der "Vorabend zum Tag des Lehrers". Eingeladen waren Kolleginnen und Kollegen, die 30 bzw. 40 Jahre als Lehrer oder Erzieher tätig waren.
Für diese Veranstaltung stand uns die Aula der EOS zur Verfügung. Das anschließende Beisammensein bei Kaffee und Torte hatten wir im sogenannten Beratungsraum vorbereitet.
Ich staunte über meine Ruhe und Sicherheit, mit der ich die folgende Ansprache vornahm. Allerdings hielt ich mich fest an den Text und wagte nicht, frei zu sprechen.

Zwei Tage vorher am Abend daheim hatte ich das Referat ins Konzept geschrieben, dann in die Maschine getippt. Zu dieser Zeit war es mir noch recht mulmig ums Herz gewesen.
Die Kollegen erwarteten Würdigung und Anerkennung.
Ich wollte Ihnen jedoch auch ein paar kritische Worte sagen, die ich aber nicht plump rüberbringen durfte, sondern sanft.
Ich zeigte ihnen, was sie persönlich verändern müssen. Sicher erwarteten sie auch wenige Worte zu mir selbst, ihrem neuen Dienstvorgesetzten. Ich hatte lange überlegt, was und wie ich es sagen würde. So kam folgende Ansprache zustande:

"Sehr geehrte Kolleginnen und Kollegen!
In der heutigen Zusammenkunft habe ich in meinem Amt erstmalig eine Ansprache zu halten. Sie werden sicher meine Befangenheit verstehen. Sie ist vergleichbar mit jenem Lampenfieber, das Sie wie ich vor dem ersten Elternabend vor drei bzw. vier Jahrzehnten empfanden. Beruhigend wirkt sich aus, wenn man nicht nur vor noch unbekannten Menschen sprechen muss, sondern auch ein paar bekannte darunter sind.
Vielen von Ihnen - auch mir - erscheint es sicher recht kurios, dass einer, der vor sieben Jahren fristlos aus dem Schuldienst entlassen wurde, heute als Dienstvorgesetzter vor Ihnen steht.
Aber, wie das Leben so spielt!
Ich habe mir die Entscheidung nicht leicht gemacht und einen harten Kampf mit mir selbst geführt, ob ich mich dieser Verantwortung stellen soll. Ein Mensch in meinem Alter ist nicht auf Karriere aus. Im Gegenteil, für mich bedeutet dieses Amt ein großes Opfer, besonders an Zeit, sicher auch an Nervenkraft und Gesundheit. Doch meine spezielle Situation gibt mir die Möglichkeit, mich voll zu engagieren, bin ich doch niemandem über die geringer werdende Freizeit rechenschaftspflichtig.
Sie sind heute nicht hierher gekommen, um sich meine persönlichen Probleme anzuhören, sondern um gewürdigt zu werden, um den Dank der Gesellschaft für Ihre aufopferungsvolle Arbeit, die Sie in drei bzw. vier Jahrzehnten geleistet haben, durch meinen Mund entgegenzunehmen.

Als im Herbst 1989 der Umbruch im gesellschaftlichen Leben unserer Republik begann, meinten viele im Volksbildungswesen, an der Schule gäbe es gar nicht so viel zu rütteln. Doch gerade im gesamten Bildungssystem ist ein tiefgreifender Demokratisierungsprozess notwendig. So sind gerade auf diesem Gebiet in den letzten Monaten manche grundlegenden Veränderungen erfolgt.

Das wäre nicht möglich gewesen ohne die gewissenhafte und aufopferungsvolle Arbeit unserer Kolleginnen und Kollegen in den Kindergärten, Heimen, in den Schulen, Berufsschulen und Hochschulen.

Wir haben mit der Überwindung von fehlerhaften Entwicklungen und Deformationen begonnen, die aus der totalitären Einbindung von Erziehung und Bildung in die bisherige politische Ordnung und Ideologie sowie unserer eigenen fehlenden bzw. ungenügenden Initiative entstanden waren. Hatten wir uns doch damit abgefunden, nichts verändern zu können und damit, dass andere für uns entscheiden. Wir warteten auf Anweisungen und führten diese mit mehr oder weniger Elan aus.

Jetzt stehen wir an der Schwelle einer Bildungsreform und einer veränderten Bildungspolitik. Nunmehr wird der Wert des Familienlebens für die Entwicklung der Persönlichkeit der Kinder und Jugendlichen wieder deutlicher gesehen. In Phasen gesellschaftlichen Aufbruchs wallen Emotionen auf, schöpft man neue Hoffnungen, nehmen aber auch Verunsicherungen zu.

Wir stellen uns die Frage: Welchen Weg wird die Schule gehen? Eine Schule mit gegenteiligem Profil nützt der Gesellschaft ebenso wenig. Es soll nicht das Vorzeichen geändert werden, sondern der Inhalt!

Das Lernen soll Freude machen. Jedoch das Lernen muss auch Pflicht sein und bleiben.

Ich vermute, dass zu früheren Veranstaltungen zum "Tag des Lehrers" bestimmt ein Zitat Lenins gehörte. Ein Ausspruch von ihm hat auch für die neue Zukunft Gültigkeit. Sie ahnen gewiss schon, was ich meine: "Lernen, lernen und nochmals lernen!"

Machen wir unseren Schülern klar, dass lernen immer noch attraktiv ist. Und seien wir uns selbst bewusst, eine straffe Disziplin und Ordnung gehört nun einmal zum Lernen dazu. Eine ungeordnete, chaotische Schule, in der jeder macht, was er will, bringt nur Schaden.

Und wo steht der Lehrer? Wo steht der Erzieher?
Eltern, Schüler, ja die gesamte Öffentlichkeit treten ihm, wie früher, sicher auch künftig mit unterschiedlicher Haltung entgegen - als Partner, als Widersacher, als Ratsuchender.
Einigender Punkt bei konträren Auffassungen sollte hoffentlich immer das Wohl der Kinder und der Jugendlichen sein.
Es sind Pädagogen erwünscht, die in der Bandbreite eines humanistischen Wertespektrums und verschiedener humanistischer Anschauungen bei den Schülern Urteilsfähigkeit in den Dingen des Lebens entwickeln und Toleranz anbahnen.
Ja, die Toleranz sollte - nein muss - künftig obenan stehen, sowohl bei uns selbst als auch in der Erziehung zu Toleranz und Frieden, zu Ehrlichkeit und Verantwortungsgefühl.
Diese Fakten müssen Priorität besitzen. Es darf keine Tabus mehr geben. Es kann über alles gesprochen werden, es darf sogar alles angezweifelt werden. Bringen wir das unseren Kindern bei. Dabei müssen alle Minderwertigkeitsgefühle und muss jegliche Unsicherheit, gebannt werden.
Doch um diese Erziehungsprinzipien durchzusetzen, brauchen wir Geduld und Liebe. Dazu gehören aber auch Konsequenz und Vorbildwirkung. Diese vier Grundsäulen der Pädagogik besitzen Sie ja in sich, sonst hätten Sie nicht dreißig, vierzig Jahre in Ihrem Beruf wirken können.
Solcherart Vertrauensleute der Eltern und der Gesellschaft mögen Pädagogen nach eigenem Gutdünken Atheisten oder Christen sein, mögen Bürger sein mit sozialer, liberaler, nationaler oder sozialistischer Weltanschauung.
Was zählt, sind fachliche und pädagogische Kompetenz sowie die Bereitschaft zu verfassungstreuem Stil in der pädagogischen Arbeit.
So ergibt sich im Juni 1990 zur Würdigung langjährig tätiger und verdienter Pädagogen eine neue Betrachtungsebene.
In den Vorjahren wurden die Leistungen der 30 und 40 Jahre im Schuldienst Tätigen als Leistung für die Gesellschaft hervorgehoben.

Können wir das auch hier und heute in Anspruch nehmen? Ich spreche dazu ein eindeutiges: Ja! Zwar steht der Vorwurf der Doppelzüngigkeit im Raum, der Vorwurf, gesellschaftliche Zustände in unserem Land vor den Schülern schön gefärbt zu haben. Mit diesem Vorwurf müssen wir fertig werden. Wir müssen ihn aufarbeiten. Das muss jeder mit sich selbst tun.
Aha, werden sie denken, jetzt kommt die Selbstkritik!
Als Christ habe ich ein besseres Wort: Buße.
Das bedeutet, dass man sich selbst dazu bekennt, schuldig oder mitschuldig geworden zu sein. Das bedeutet ebenso, dass man den festen Willen hat, sich zu ändern, umzukehren, den neuen Weg zu gehen und auf diesem nicht wieder so oder anders schuldig zu werden, einen Neuanfang zu wagen - mit Gottes Hilfe.
Ziehen wir unsere persönlichen Schlussfolgerungen für unsere weitere Arbeit.
Mit diesen, meinen Bemerkungen soll nicht in Abrede gestellt werden, dass nicht wenige Lehrer schon vor dem Herbst 1989 mit ihren Schülern die widersprüchliche Wirklichkeit erörterten, dabei Tabus ignorierten.
Bei einer Rückschau gibt es immer ein Für und ein Wider.
Deshalb wollen wir hier nicht aufrechnen. Vielmehr möchte ich Sie ermutigen, auf dem neuen Weg voranzuschreiten mit Optimismus und Hoffnung, mit Freude und Vertrauen.
Unbestritten bleibt Ihr Engagement, liebe Kolleginnen und Kollegen für Ihre Schule, Ihrem Kindergarten, Ihr Heim für die Kinder und Jugendlichen, für Generationen von jungen Persönlichkeiten, denen Sie sich in den letzten drei bzw. vier Jahrzehnten zugewendet haben. Dreißig oder vierzig Jahre Lehrer bzw. Erzieher - das ist schon eine große Leistung.
Ein klein wenig erschreckt mich das im Blick auf mein eigenes Alter, da unter den hier anwesenden Jubilaren eine ehemalige Schülerin von mir sitzt.
Aber unter uns sind auch zwei, die heute ihr vierzigstes Dienstjubiläum feiern, nämlich die Kollegen Arzig und Skopp, Kollegen, die über die 1. und 2. Lehrerprüfung oder das Staatsexamen

für Unterstufe im Fernstudium den Hochschulabschluss erwarben, sich zum Oberstufenlehrer qualifizierten. Diese beiden Kollegen haben den schweren Anfang nach dem Krieg noch kennengelernt und begannen die Lehrertätigkeit als ihren zweiten Beruf.
Die anderen, die auf 30 Jahre freud- und mühevolle Dienstjahre zurückblicken können, mit meist schon geordnetem Beginn nach regulärem Studium sind heute bei weitem zahlreicher vertreten als die "Vierzigjährigen".
Unter Ihnen sind Kindergärtnerinnen und Unterstufenlehrerinnen, Horterzieherinnen, Oberstufenlehrerinnen und -lehrer, Fachberater, stellvertretende Direktoren und Direktoren. Das gesamte Feld des Bildungswesens spiegelt sich in Ihnen, verehrte Jubilare, hier wieder.
Sie haben eine Menge Höhen und Tiefen unserer Pädagogik in der DDR miterlebt, haben mitunter verzweifelt überlegt, ob Sie nicht doch lieber einen anderen Beruf hätten wählen sollen, haben sich aber immer wieder aufgerafft und mit neuem Mut Ihre kraftzehrende Tätigkeit mit neuem Optimismus ausgeübt. Und Sie sind geachtete, in Ihren Gemeinden anerkannte Persönlichkeiten.
Es ist angenehm, hier sagen zu können, dass der Umfang Ihrer Verdienste einfach zu groß ist, um alle einzeln würdigen zu können.
Gerade deshalb ist es mir ein Bedürfnis, und ich spreche auch hier im Namen der Mitarbeiter des Schulamtes, Ihnen allen gemeinsam für Ihre geleistete Arbeit, für langjährige aufopferungsvolle Pflichterfüllung Dank zu sagen. Diesen Dank verbinde ich mit dem Wunsch auf weitere und umsomehr schöpferische Zusammenarbeit, mit dem Wunsch, dass Sie gesund und leistungsfähig bleiben mögen. Ich gratuliere Ihnen recht herzlich zu Ihrem Dienstjubiläum".
Im Anschluss gab es für die Jubilare Erdbeertorte und Kaffee. Das Geld dafür vom Landratsamt zu beschaffen, war nicht einfach, gab es doch den sogenannten "K- und S-Fond" nicht mehr, standen keine Prämienmittel im Haushalt zur Verfügung.

In den ersten Tagen meiner neuen Tätigkeit fand unter Regie des Landrates jede Woche, später jedoch monatlich eine Dezernentensitzung im Landratsamt statt. Glücklicherweise gestaltete Udo Hertwich die Beratungen jeweils knapp und bündig, fast militärisch. Aber unsere Meinung war ihm immer erwünscht; er ließ sich auch etwas sagen.

Christian Graß brachte zwei weitere Kollegen mit ins Schulamt: Eberhard Kietz und Wolfgang Arnold. Erster machte sich an die Arbeit, alle Kollegen in einer Computerdatei zu erfassen. Die tabellarische Datei der Kaderabteilung stand ihm zur Verfügung mit allen Angaben zu Qualifikation, Familienverhältnisse und Zugehörigkeit zu Organisationen und Parteien. Wolfgang Arnold löste aus der alten Kaderleitung Auerswald und Werner Rentzsch ab, die ihren Dienst quittierten und in den vorgezogenen Ruhestand eintraten.

Zu viert berieten wir am 13. Juni in aller Frühe über die künftige Leitung der einzelnen Schulen. An alle Schulen und die einzelnen Gemeinden schickten wir ein Rundschreiben zum Aushang, was auf die Abberufung der Direktoren hinwies. Unsere Frage lautete: Wo kann man den bisherigen Leiter belassen, wo muss unbedingt ein neuer Leiter eingesetzt werden. Durch persönliche Gespräche mit Winfried Bucher und Lothar Gerhardt, Siegfried Schultze und Gerd Winkler erreichte ich einige Neubewerbungen.

Christian Graß lieferte durch ähnliches Engagement weitere Bewerber.

Für 11.00 Uhr war die Direktorenkonferenz angesetzt: Thema: Abschluss des vergangenen Schuljahres. Frau Jahn übernahm die Begrüßung und stellte mich als den neuen "Kreisschulrat" vor. Sie erfasste die Namen derjenigen, die Rücktrittsgesuche eingereicht hatten, weil ihnen bewusst war, dass sie keinesfalls als neue Leiter bestätigt würden: Frau Dinius, Frau Willigalla, Herr Jacob, Frau Eva Müller, Frau Schliebs, Frau Gräfe, Frau Voitel, Frau Hilbig. Die Herren Bach und Zahil entschieden sich für den Vorruhestand.

Jetzt verlas Frau Jahn die Verordnung des Ministerrates der DDR vom 30.05.90, dass alle Direktoren abzuberufen seien, dieselben aber bis zur Aufnahme der Tätigkeit der neu ernannten Direktoren geschäftsführend tätig bleiben sollen.

Im nächsten Tagesordnungspunkt ging es um die Schulbuchversorgung. Dann kamen Informationen an die Reihe, wobei u. a. die Direktoren angewiesen wurden, keinesfalls Protokollbücher und vorhandene Disziplinarsachen zu vernichten.
Ich stellte mich kurz vor. Dann forderte ich zur Neuorientierung auf, zu kreativer Mitarbeit.
Ich würde in den Direktoren keine "Ja-Sager" erwarten, sondern kritische Mitarbeiter, weil nach meinem Ermessen nur in einem gesunden Meinungsstreit ein Vorankommen möglich sei.
Die Kollegen, die im kommenden Schuljahr ihre Schule, gleichgültig ob ich "weiter leiten" oder "neu leiten" setzen müsse, sie sollten mir als "kritische Mitarbeiter" willkommen sein. Ich erklärte, dass laut der genannten Verordnung, ein Lehrer- und Elternrat sowie die jeweilige Gemeindeverwaltung Mitspracherecht für die Besetzung einer Direktorenstelle erhalten. Jeder müsse sich neu bewerben, so viel sei schon klar. Auch erwarte man von den Bewerbern eine "eidesstattliche Erklärung "nicht für die Staatssicherheit gearbeitet zu haben".
Gerhard Bauer sagte mir vor den Ohren aller seine hundertprozentige Unterstützung zu.
An diesem und dem folgenden Tag stellten wir im Schulamt die jeweils verantwortlichen Schulleiter - ein Teil bestand wegen der oben genannten Rücktritte aus Neubewerbern - als "Geschäftsführende Leiter" zusammen.
Im Gebäude des künftigen Gymnasiums war noch eine "Teil-POS" (Klassen 5 - 10) untergebracht. Diese war aufzulösen, Schüler und Lehrer an die beiden anderen künftigen "Mittelschulen" der Stadt Stollberg umzusetzen. Bisher gab es ja nur die Jahrgänge 11 und 12 an der "EOS". Im neuen Schuljahr sollten zumindestens Leistungsklassen in den Jahrgangsstufen 9 und 10 angegliedert werden. Künftig würde das "Gymnasium" mit den Klassen 5 oder 7 beginnen. Dafür musste rechtzeitig Platz bereit stehen!
Die Abteilung "Volksbildung" würde nicht mehr so viele Räume benötigen. Das "Pädagogische Kreiskabinett", die "Schulinspektion", die "Referenten für Sport, Polytechnik, Wehrerziehung und was

eigentlich noch" würden wieder an ihre Stammschulen zurückgeführt, das Jugendamt in den Barackenteil des LRA umgesetzt. Für die Schulpsychologie und die Logopäden bot die "Alfred-Kempe-Schule" Räume an.

Eine weitere Aufgabe im Schulamt: Ein Urlaubsplan musste aufgestellt werden, es durfte nicht allzu viel Überschneidungen geben. Das erledigten wir gemeinsam, jeder war variabel. Und es ging schneller, als ich gedacht hatte.

Am 18. Juni hatte ich in der Niederdorfer Schule die Geographie-Abschlussprüfung abzunehmen und zwei Stunden Unterricht zu absolvieren. Den Unterricht in den Klassen 9 und 10 hatte ich nämlich in Niederdorf beibehalten, die übrigen Klassen wurden von Kollegen vertreten.

Am Nachmittag fuhr ich mit Werner Meyer an die Oelsnitzer "Oberschule V", die wir perspektivisch schließen würden.

Zwar konnte noch nichts Konkretes festgelegt werden, es gab weitere offenen Parameter: wie viel Schüler werden sich für das "Gymnasium" entscheiden; brauchen wir, wenn der Bedarf zu groß wird, auch eine Oelsnitzer Schule als "Gymnasium". Ferner wollten wir prüfen, wie die Bausubstanz beschaffen sei, ob sich das Gebäude für die "Lernförderschule" eignen würde.

Am 19. Juni hatte ich Geographie- und Astronomieprüflinge in Hohndorf. Hier hatte ich alle Stunden außer der Abschlussklasse abgegeben. Die Konsultationen für die Prüflinge in beiden Fächern und dann die Prüfungen wollte ich jedoch selbst durchführen, um die Schüler nicht zu beunruhigen.

Am 20. Juni besuchte ich zusammen mit Christian Graß den Schwarzenberger Schulrat Wellner. Wir berieten uns darüber, was wann zu tun sei, weil von vorgesetzter Behörde in diesen Tagen keinerlei Auskunft möglich war.

Wenn wir in Chemnitz anriefen und irgend eine Frage stellten, bekamen wir stets die lakonische Antwort: "Bitte gedulden Sie sich. Wir werden in Berlin nachfragen". Wiederholten wir zwei Tage später unseren Anruf und wollten wissen, was denn von Berlin für eine Antwort gegeben worden wäre, hieß es entweder: "Wir haben leider noch keine Antwort!" oder "Die Antwort werden Sie auf schriftlichem Weg erhalten!"

Am 21.06. war eine Beratung für die Leiterinnen der Kindergärten angesetzt. Frau Gisela Jahn war damit einverstanden, dass sie sich für die Kindergärtnerinnen verantwortlich fühlen würde, so lange diese noch unter unserer Obhut stünden. Von den drei "Fachberaterinnen für Kindergärten" wollten wir nur Frau Ingrid Werner behalten, während Frau Schneider und Frau Dittrich umgesetzt würden.
Für die künftige Leitung der jeweiligen Einrichtung empfahlen wir eine geheime Abstimmung der Erzieherinnen. Die "gewählte Leiterin" hatte eine eidesstattliche Erklärung abzugeben, "nicht für die Staatssicherheit gearbeitet zu haben".
Am 22.06. hielt ich eine Leitungssitzung für mein Dezernat. Ich erläuterte die gegenwärtigen und die gedachten Strukturen, wobei es für letztere eine kurzfristige und eine langfristige Perspektive bestünde: bei den Kindergärten, der Jugendhilfe, den Berufsschulen, den Gymnasien. Das sehr bald auch die Horte an die Gemeinden übergingen, ahnten wir zu diesem Zeitpunkt allerdings selbst noch nicht.
Das Pädagogische Kreiskabinett löste ich mit diesem Datum auf.
Laut Verordnung des Ministerrates sollte der Polytechnische Unterricht zwar beibehalten, jedoch die jeweilige Trägerschaft gewechselt werden. Soweit die Betriebe deren Trägerschaft abstoßen wollten, hatten die Gemeinden die Trägerschaft zu übernehmen und zwar ohne finanzielle Entschädigungen. Die Betriebe konnten lediglich durch Steuervergünstigungen einen Ausgleich geltend machen.
In den nächsten Tagen war ich oft mit Werner Meyer unterwegs, um die Veränderungen mit Betrieben und Gemeinden zu realisieren. Meine eigentliche Schreibtischarbeit blieb liegen. Die konnte ich erst am Abend erledigen: Eingangspost durchsehen, Unterschriften leisten.
Schriftliche Informationen gingen mit der Sekretärin und den Stellvertretern hin und her. Spät am Abend kam ich in mein einsames Heim. Wer hätte sich außer mir einen solchen Arbeitstag leisten können ohne Krach in der Familie zu bekommen?
War ich wieder im Amt, klingelte pausenlos das Telefon, weil irgendwer ein Anliegen hatte.

"Betriebsberufschulen sind in Kommunale Berufsschulen umzuwandeln" so lautete eine Anordnung aus Berlin. Neben der Kommunalen Berufsschule in Stollberg hatten wir im Kreis Stollberg drei Betriebsberufsschulen, in Oelsnitz (Zentronik), in Auerbach (Teilbetrieb des Messgerätewerks Zwönitz), in Thalheim (Esda).
Zwei Probleme, die wir nicht beantworten konnten: Was wird mit den Klassen "Berufsausbildung mit Abitur"? Welche Veränderungen ergeben sich in der Bezeichnung der Berufe für Lehrlinge?
Bewerbungstermin für Lehrlinge ist der 15.07.90. Also war Eile geboten. Chemnitz und Berlin ließen uns hängen.
Die Kollegen der Kommunalen Berufsschule in Stollberg machten mir zum Vorwurf über ihre Köpfe den Kollegen Siegfried Landgraf zum "Beauftragten für Berufsschulen" eingesetzt zu haben. Damit hätte ich gegen demokratische Gepflogenheiten verstoßen.
Mein Argument, dass doch die Berufsschulen nur übergangsweise beim "Schulamt Stollberg" angesiedelt würden und früher oder später direkt vom noch zu schaffenden Oberschulamt betreut würden, nahmen sie mit Skepsis auf.
Am 26.06. wurde ich zu einer ersten Anleitung für Kreisschulräte nach Zwickau eingeladen. Der erst eine Woche vorher von Minister Meyer ernannte "Landesschulrat für Sachsen" Dr. Klaus Husemann stellte sich uns vor. Er machte mir einen recht guten Eindruck. Er hatte drei weitere Herren mitgebracht, mit denen er uns bekannt machte:
Dr. Weber als "Ressort-Leiter", Dr. Heilmann, Stellvertreter für Wirtschaft und den Stellvertreter für "Grundsätze und Allgemeines" (dessen Namen habe ich leider nicht im Gedächtnis behalten). Weiterhin stellte Dr. Husemann den "Geschäftsführenden Bezirksschulrat" für den Bezirk Chemnitz vor: Herrn Jürgen Feiereis, der vor der Wende Lehrer und Fachberater für Polytechnik in Karl-Marx-Stadt gewesen sei.
Husemann verlas und erläuterte einen "Aufruf zur Direktorenausschreibung":

"Direktoren haben sich bis zum 30.06. zu bewerben. Das Prüfungs- und Anhörungsrecht solle bis zum 15.07. abgeschlossen werden. Die Entscheidung der Kreisschulräte ist spätestens bis zum 01.08. zu treffen, es folgt eine Einspruchsfrist. Der Akt der Ernennung hat am 20. 08. zu erfolgen.
Für "Abitureinrichtungen" ist der Landesschulrat zuständig. Hier sind die Bewerbungen auf dem Dienstweg nach Dresden zu geben.
Leiter von Heimen und Kindergärten dürfen vom Kreisschulrat berufen und abberufen werden. "
Die Frage, ob die Kreisschulräte dem Landrat oder dem Landesschulamt unterstellt würden, konnte Husemann noch nicht beantworten, die Doppelunterstellung müsse von uns als Übergangslösung akzeptiert werden.
Seine Forderung: "Alle Stasilehrer" sind zu entlassen!"
Weitere Antworten auf gestellte Fragen: "Kindergärten bleiben vorläufig beim Schulamt".
"Eventuell entstehende Reservestunden an Schulen sind als Förderstunden für bedürftige Schüler zu planen."
"Ferienspiele und Feriengestaltung sollen erhalten bleiben, aber mit Spargang, ohne Werbung". "An die Lehrer müsste appelliert werden, sich zu beteiligen".
"Lehrerräte und Schülerräte seien zu bilden".
Die Richtlinien zu den zu bildenden "Schulkonferenzen" wurden von Eberhard Börner, dem ehemaligen Bezirksschulrat, jetzt Stellvertreter von Jürgen Feiereis erläutert.
Ich flüsterte dem neben mir sitzenden Kreisschulrat vom Landkreis Zwickau, einem langjährigen Freund, Jörg Fiedler zu: "Der da vorn hat mich am 22. März 1983 fristlos entlassen!"
Jörg stellt nach einer Weile, ohne es vorher mit mir abzusprechen, an Husemann die Frage, ob es gewollt sei, im Gefolge des amtierenden Bezirksschulrates den Herrn Börner zu belassen, der vor sieben Jahren einen von uns ungerechtfertigt fristlos entlassen hat. Jetzt brannte die Luft! Die Anwesenden buhten. Husemann versprach, die Angelegenheit zu klären. Nach der Veranstaltung kam Feiereis auf mich zu und fragte, ob ich von ihm verlangen würde, dass er sich sofort von seinem Stellvertreter zu trennen

habe. Das aber verlangte ich nicht: "Wenn Sie Börner als Stellvertreter zu Ihrer Einarbeitung benötigen, dann müssen Sie ihn selbstverständlich behalten. Ich mache Ihnen dazu keine Vorschriften." Feiereis schien erleichtert.
Wenige Tage später meldete sich Börner bei mir im Schulamt telefonisch an und bat mich dann unter vier Augen und persönlich, ihm zu verzeihen, was er mir 1983 angetan habe. Ihm wäre damals gar nichts anderes übrig geblieben, die "Stasi" hätte ihn unter Druck gesetzt. Was er jedoch verschwieg und ich erst später durch den Einblick in meine "Stasiakte" erfuhr, er war selbst "IM der Staatssicherheit" unter dem Pseudonym "Willi Franz".
Selbstverständlich verzieh ich ihm. Hätte ich als Christ anders handeln können?
Als jedoch eine Woche später von ihm ein Gesuch vorlag, wieder als Lehrer in den Kreis Stollberg zurückkehren zu dürfen (der Kreisschulrat hatte in dieser Zeit noch die Personalhoheit der Einstellung), musste ich ablehnen. Denn Börner hatte nicht nur mir, sondern auch anderen Kollegen übel mitgespielt. Die anderen hätten seine Rückkehr als Lehrer nicht verkraftet, zumal wir angehalten wurden, eher "abzuspecken", statt neue Kollegen einzustellen. Da änderte auch die "Modrow-Dokrin" nichts, die vorsah, Funktionäre wieder an der Basis aufzunehmen.
Am Nachmittag des 28.06. verabschiedete ich einige Kollegen der Abteilung und einige Direktoren zusammen mit einer großen Anzahl weiterer Lehrer und Erzieher in den Ruhestand bzw. "Vorruhestand". Meine Ansprache enthielt auch einzelne Sätze aus meiner ersten Rede, Ich stand ja jetzt vor einem anderen Personenkreis.
Nach der Begrüßung sprach ich zunächst in eigener Sache, ähnlich wie am 11. Juni. Dann aber kam ich schnell zum eigentlichen Thema. Ich würdigte die, die das Rentenalter erreicht hatten und dankte ihnen im Namen der Gesellschaft. Nun kam ich auf die Wende zu sprechen und auf die Überwindung von fehlerhaften Entwicklungen, was der Leser schon aus der vorangegangenen Rede her kennt. Dann meinte ich:

"Halten wir Rückblick über viereinhalb Jahrzehnte:
Der Oktober 1945 brachte nach einem halben Jahr unterrichtsloser Zeit den Beginn der neuen Schule. Mit unendlichen Mühen wurde die Schulreform durchgeführt. Es begann der Russischunterricht. In der Literatur lernten wir Heine kennen. Lessing war auch wieder erlaubt. Mit seinem "Nathan der Weise" wurde die neue Richtung nach Beendigung der faschistischen Nacht gewiesen:
"Es eifre jeder seiner unbestochnen, von Vorurteilen freien Liebe nach!
Es strebe jeder von Euch um die Wette, Die Kraft des Steins in seinem Ring an Tag zu legen!
Komme dieser Kraft mit Sanftmut, mit herzlicher Verträglichkeit,
mit Wohl tun, mit innigster Ergebenheit in Gott zu Hilf ..."
Es war ein Weg ohne Rassenhass, ohne Dünkel eines deutschen Übermenschen, ohne Gewehr und Marschtritt, ohne Hakenkreuz und Führerbild.
Leider war die Schule damals auch meist ohne Heizung, oft ohne Hefte und Bücher, aber auch schon ohne Prügel.
Sie haben das gemeistert. Mit zwickendem Hungergefühl im Leib haben Sie oft in der Nacht zuvor erst selber das gelernt, was Sie am folgenden Tag lehrten, immer mit dem Ziel im Auge:
"Dass die Sonne schön wie nie über Deutschland scheint,
dass nie wieder eine Mutter ihren Sohn beweint."
Dafür danke ich Ihnen!
In den 50er Jahren ging es weiter mit der Beseitigung der Trümmer, mit dem Aufbau. Keiner fragte, was bekomme ich dafür. Man war einfach da und half, wo man gebraucht wurde. In diesen Jahren wurden die ersten Fachlehrer an den Hochschulen ausgebildet. Allerdings spielte jetzt der Marxismus-Leninismus schon die wichtigste Rolle.
Bald löste das Fachlehrerprinzip das Klassenlehrerprinzip ab. Es gab viele Fernstudenten.
Weiter ging es mit dem Aufbau der FDJ, der Pionierorganisation. In Berlin fanden die III. Weltfestspiele statt. Es gab inzwischen verbindliche Lehrpläne und Fachzeitschriften, für jeden Schüler ein eigenes Lehrbuch. Es wurden neue Schulen gebaut, so in Oelsnitz und Auerbach. Und ich finde, es war mit Brechts "Kinderhymne" noch ein Weg, den man mitgehen konnte:

"Anmut sparet nicht noch Mühe
Leidenschaft nicht noch Verstand
Dass ein gutes Deutschland blühe
Wie ein andres gutes Land."
Auch dafür danke ich Ihnen!
Die 60er Jahre waren ein Ausprobieren der besten Methodik:
Erinnern Sie sich noch an den "Lipezker Plan" und an den "Altenplehner Plan"?
In den Klassen führte man Brigaden und Kommissionen ein, es folgten Klassenleiterplan und Durchschnittszensur. Dabei gab es damals noch keine Taschenrechner! Und all dem opferten Sie Ihre Kraft.
Irgendwann in dieser Zeit ging uns der Text der neuen Nationalhymne verloren. Längst war es verpönt, das Wort "Deutschland" zu gebrauchen.
Und im Schatten der Mauer des 13. August 1961 merkten die wenigsten, dass der beschrittene Weg von 1945 schon nicht mehr geradeaus führte, sondern in einem allmählichen Bogen zurück.
Das müssen wir heute beklagen!
Die 70er Jahre waren gekennzeichnet durch Fachberater, Fachkabinette, Fachkommissionen, durch Pädagogische Kongresse, durch Vorbereitungsklassen und Arbeitsgemeinschaften nach Rahmenplan. Am Ende des Schuljahres stand drohend die Abschlussprüfung, die viele positive Prädikate zu bringen hatte. Ihre Prozentzahl hatte - ungeachtet der vorhandenen Schüler - ständig zu steigen. Und wehe dem Direktor, der nichts Positives zu vermelden hatte.
Es gab viel Schönfärberei und verordneten Optimismus.
Plötzlich waren auch der Marschtritt wieder da und Uniformen. Die Vorbereitung auf den Wehrdienst hatte Priorität.
Goethes Faust mit der Gretchenfrage sollte von Schülern verstanden werden, die das Wort "Gott" für eine Märchengestalt hielten oder die schamhaft verschweigen mussten, zur Konfirmation zu gehen. Jugendliche hatten die Jugendstunden zu besuchen und die Jugendweihe zu empfangen; sie hatten zu schwören, den Sozialismus zu verteidigen.
Beschämt senken wir den Kopf!

Die 80er Jahre wurden noch schlechter. Gemessen wurde der Wert eines Lehrers, wie viel Offizierbewerber er in seiner Klasse hatte. So steht in meiner Disziplinarakte u.a. auch der Tadel, "dass ich mich weigerte, Hass zu erziehen".
Wie glücklich waren doch in dieser Zeit die Unterstufenlehrer, deren Schüler unbekümmert froh zu 80 % Offizier der NVA werden wollten. Der Klassenfeind stand im Westen, jenseits der Mauer. Und doch liefen die Fernsehgeräte auf allen Kanälen.
Die Lehrer merkten meist, wie ihre Schüler - anscheinend unbekümmert - zweigleisige Ideologie verkrafteten.
Es gab auch manches Gute in den 80er Jahren: Viel Solidarität mit Vietnam, auch mit Polen. Es gab herrliche Auslandsfahrten für Schüler.
Aber wo blieb das gute Deutschland bei "Schwerter zu Pflugscharen", bei der Gewinnung von Spitzeln selbst schon unter Schülern. Wo blieb da die Kultur und die Humanität?
Das müssen wir heute beklagen!
Und 1990 ?
Wir stehen erneut an einem Anfang. Wir stehen wieder an der Schwelle einer Bildungsreform. Der Wert des Familienlebens und die Persönlichkeitsentwicklung der Kinder und Jugendlichen wird wieder deutlicher gesehen.
Welchen Weg wird die Schule jetzt gehen?
Diese Frage stellen Sie sich auch in Ihrem Lebensabschnitt, in dem Sie nicht mehr unmittelbar mit ihr konfrontiert werden. Gefühlsmäßig bleibt die Schule in Ihrer Seele. Eine Schule mit gegenteiligem Profil würde der Gesellschaft ebenso wenig nützen, es würde in eine neue Irre führen. Nicht nur das Vorzeichen soll geändert werden, sondern auch der Inhalt. Eine ungeordnete, chaotische Schule, in der jeder macht, was er will, bringt nur Schaden.
Wo steht der Lehrer, die Lehrerin, wo die Erzieherin?
Eltern und Schüler, die Kleinen im Kindergarten, ja die gesamte Öffentlichkeit treten dem Lehrer und Erzieher wie früher sicher auch künftig mit unterschiedlicher Haltung entgegen: als Partner, Widersacher, Ratsuchender. Der einigende Punkt bei konträren Auffassungen sollte stets das Wohl der Kinder und Jugendlichen sein.

Damit sind solche Pädagogen erwünscht, die in der Bandbreite eines humanistischen Wertespektrums bei ihren Schülern Urteilsfähigkeit in den Dingen des Lebens entwickeln und Toleranz anbahnen.
Die Erziehung zu Toleranz und Frieden, zu Ehrlichkeit und Verantwortungsgefühl muss Priorität haben. Der Meinungsstreit muss kultiviert ausgetragen werden."
In meine Worte flocht ich dann den "Vorwurf der Doppelzüngigkeit und Buße" aus der ersten Rede ein. Bald kam ich auf das Engagement der Anwesenden in der Zeit ihrer Berufstätigkeit zurück und sagte ihnen dafür Dank. Dann setzte ich hinzu:
"Diesen Dank verbinde ich mit dem Wunsch, dass Sie gesund und rüstig bleiben mögen, nicht resignieren, sondern den neuen Lebensabschnitt mit echtem Optimismus angehen möchten; nicht nachgrübeln, was Sie falsch gemacht haben oder hätten besser machen können, sondern stolz auf das sind, was Sie richtig gemacht haben."
Am Schluss kam ich noch einmal auf die Brechtsche Kinderhymne zu sprechen, die ich nunmehr vollständig zitierte und als Schlusswort deklarierte.
.

Im Folgenden komme ich auf ein privates Ereignis zu sprechen:
Ende Juni brachten mir mein Onkel Siegfried und sein Schwiegersohn Dittmar einen VW-Golf auf einem Autoanhänger nach Oelsnitz. Dittmar hatte in Minden einen Bekannten, der eine Tankstelle und ein Autogeschäft besaß. Von ihm hatte Onkel Siegfried für mich einen gebrauchten Golf zum Einkaufspreis für nur 2000 DM gekauft; selbstverständlich mit Automatik. Meine Verwandten setzten den Golf vor meinem Eingangstor ab, sie mussten gleich wieder los, da Dittmar an diesem Tag noch andere Verpflichtungen hatte.
Meine Freude über das "Westauto" war riesig. Am Nachmittag ließ ich das Auto rückwärts ins Grundstück rollen, um es in die Garage zu bringen. Ich musste im Hof scharf links einlenken. Dabei ging das Auto kaputt. Sollte meine Freude so kurz sein? Am nächsten Tag setzte ich mich mit der Autowerkstatt Klaus Walther in Verbindung. Das Auto wurde in die nahe Werkstatt geschleppt. Die Hinterachse war kaputt.

Die Werkstatt besaß keinerlei Ersatzteile für "Westautos". Versuche, in der Stadt Hof das nötige Ersatzteil zu besorgen, schlugen fehl. Erst in Bayreuth wurde Klaus Walther fündig. Nach wenigen Tagen konnte ich mir den reparierten Golf aus der Werkstatt holen. Jetzt beantragte ich die Zulassung des Wagens.

Mit Michael schmiedete ich am Abend Pläne einer Rundfahrt durch die BRD, um Freunde und Verwandte aufzusuchen, die auf unseren Besuch warteten.

Die tägliche Fahrt nach Stollberg - und damit bin ich wieder zum "Dienstlichen" zurückgekehrt - war nunmehr mit dem eigenen PKW möglich; jetzt war es auch leichter für mich, im Kreis Stollberg kurzfristig Schulen aufzusuchen, was dringend erforderlich war.

Am 29. Juni waren die Kreisschulräte der gesamten ehemaligen DDR zu einer Großveranstaltung nach Ludwigsfelde eingeladen. Die Einladung hatte ein Dr. Reiher unterzeichnet.

Der Beginn am 29.06. war für 9.00 Uhr angesetzt. Das Ende war mit "voraussichtlich gegen 21.00 Uhr" ausgewiesen. Allerdings wurde angeboten, man könne die Nacht vorher und nachher am "Institut für Weiterbildung Ludwigsfelde/Struveshof" übernachten.

Übernachten wollte ich nicht. Das bedeutete für mich, dass ich in Oelsnitz bereits 4.30 Uhr abfahren musste, denn ich benutzte den Zug.

Das Ziel dieser Beratung bestand darin, mit dem Minister für Bildung und Wissenschaft, den Landesschulräten und weiteren Vertretern des Ministeriums Fragen der Vorbereitung des Schuljahres 1990/91 zu beraten.

Nach der Begrüßung durch Dr. Reiher hielt der Minister sein Referat: "Bildungspolitische Grundsätze und Aufgaben der Schuljahresvorbereitung 1990/91".

Ich schrieb eifrig mit. Prof. Meyer ging auf die föderative Struktur der BRD im Bildungswesen ein, was für uns eine Nachahmung irgendwelcher Strukturen ausschließen würde, nur eine Vergleichbarkeit müsse möglich sein, damit wechselseitig alle Abschlüsse anerkannt würden. Einer Individualität solle der Weg frei gemacht werden, Leistungsklassen sollen wir bilden.

Ein Schulrat solle sich als Landesbeamter verstehen, er habe die Funktion der Aufsicht (Rechts-, Fach- und pädagogische Aufsicht) und gleichzeitig der Beratung.
Eine "neue Schule" gelänge nur mit genügend Partnern, also mit der demokratischen Öffentlichkeit. Wir sollen "Kreisbildungsräte" ins Leben rufen. In den Unterricht sollten mehr ethische Fragen einfließen.
Lehrbücher sollten von den Schulen selbst bestellt werden. Wir erhielten ein Verzeichnis der Schulbuchverlage.
Bei der Auswahl der Fremdsprache ab Klasse 5 sollten wir neben Russisch auch Englisch und Französisch anbieten. Die Eltern hätten in dieser Frage Mitspracherecht. Die Zuordnung der Kindergärten und Horte würden die Länder entscheiden. Weiter sprach er zur Weiterbildung und zu den Veränderungen der Lehrpläne. In der Besetzung der Direktorenstellen sah er nicht "das Problem in der Wiederbewerbung der alten Direktoren, sondern im mangelnden Schneid, dass sich die Neuen nicht bewerben". Wir sollten den Bewerbern Mut machen und geeignete Personen ansprechen.
Der Minister beantwortete auch Fragen.
Nach der Pause ging die Beratung in fünf Gruppen, länderspezifisch, weiter.
Dr. Klaus Husemann sammelte in der Sachsen-Gruppe Fragen aus unseren Reihen, die er dann sachlich beantwortete. Er wirkte, wie schon in Zwickau, bescheiden und strömte Vertrauen aus. Obgleich er sein Amt erst seit Kurzem bekleidete, zeigte er viel Kompetenz. Trotzdem sah er sich als einer von uns, das zeigte seine Äußerung: "Ich brauche Sie und Ihre Erfahrungen vor Ort."
Ein Herr Loth und ein Herr Dr. Weidmann referierten zur Berufsausbildung.
Endlich würden wir unseren Berufsschullehrern die Fragen beantworten können in Bezug auf Ausbildungszeit, Berufsbezeichnungen und dem Dualem System sowie zur Finanzierung.
Darüber hinaus hörten wir Referate zum Arbeitsrecht, zu Beförderungen, zu den Möglichkeiten für den Vorruhestand, zur Kündigung und zum Kündigungsschutz, zur Absolventeneinstellung: Alles wichtige Dinge, die uns unter den Nägeln brannten.

Obgleich der Tag furchtbar anstrengend war, empfanden wir keine Müdigkeit, sondern waren recht dankbar für diese umfassende Anleitung.

Die Rückfahrt durfte ich im PKW meines Freundes Jörg Fiedler antreten, brauchte nicht die ganze Nacht auf der Bahn zu liegen. Jörg brachte mich bis vor die Haustür, für ihn war das nur ein kleiner Umweg, wohnte er doch im benachbarten Zschocken. Trotzdem war ich erst kurz vor Mitternacht wieder daheim. Das Wochenende ermöglichte eine Verschnaufspause.

Am folgenden Montag informierte ich meine Schulamtsmitarbeiter über die Konferenz in Ludwigsfelde. Mit Christian Graß verfasste ich einen Schrieb an alle Schulen und Gemeinden zwecks Gründung von Schulkonferenzen. Zu diesem Thema sprach ich auch bei der Bürgermeisterrunde des Landrates.

In diesen Tagen klagte ich in meinem Arbeitstagebuch über eine Unzahl von Telefonaten und an mich persönliche gerichtete Schreiben, mit Ratschlägen wen ich doch unbedingt entlassen müsste aus diesem oder jenem Grund. Sogar Graß und Arnold wurden in einigen Briefen mit aufgezählt, weil sie an meinem Stuhl sägen würden. Vermutlich glaubten die Verfasser dieser Zeilen, dass diese Formulierung mich besonders treffen würde. Wie waren sie doch falsch orientiert, ich hatte keine Karriere im Sinn, sah meine verantwortungsvolle und anstrengende Arbeit als Auftrag. Eine Menge anonymer Briefe waren unter der Post. Einige beschimpften mich, dass ich nicht längst die alten, belasteten Lehrer und Direktoren "in die Wüste geschickt hätte".

Mit Christian Graß geriet ich in Streit, er wollte die "alten Kader" so schnell wie möglich entlassen und damit dem Druck der Öffentlichkeit nachgeben. Ich widersprach, hatte ich doch in Ludwigsfelde gehört, wie schwierig es sei, Kündigungen durchzusetzen. Man konnte nicht auf Vermutungen oder Verdächtigungen hin, Leute entlassen. Man brauchte handfeste Beweise. Christian verfasste trotzdem einige Entlassungen, die er mir zur Unterschrift vorlegte. Ich weigerte mich, zu unterzeichnen. Er unterschrieb mit "i.V".

Die zweite Unterschrift wollte er sich vom Landrat holen. Auch dieser verweigerte eine Unterzeichnung. In Manfred Claus, einem Stellvertreter des Landrates fand Christian einen Verbündeten, der ebenfalls mit "i.V." unterschrieb.

Alle Lehrer, die ein solches Entlassungsschreiben erhielten - wenn ich mich recht entsinne, waren es sechszehn - siegten in einem Schnellverfahren beim Arbeitsgericht.

Die Entlassungen mussten zurückgenommen werden; hatten aber unnötig für Unruhe gesorgt.

Am 04.07. kam ich mit dem Bezirkskatechet, Herrn Merkel ins Gespräch. Er war bereit, für interessierte Lehrer, vor allem der Unterstufe, eine Fortbildungsveranstaltung zu kirchlichen Feiertagen anzubieten. An der ersten Veranstaltung nahm ich teil, weil ich den Referenten vorstellte. Der Raum war voller Unterstufenlehrer. Begierig nahmen sie die Ausführung von Herrn Merkel in sich auf. Hätte ich vor Jahren so ein Erlebnis für möglich gehalten?

Am Nachmittag nahm ich am "Pädagogischen Rat", ja der alte Ausdruck wurde noch benutzt, der EOS teil.

Direktor Reinel verstand "sein Handwerk". Er wies seine Kollegen darauf hin, dass nach wie vor das Lernen an der Einrichtung die Hauptrolle spielen müsse, aber es solle auch "eigenes Denken" und "Kreativität" gefördert werden, Toleranz solle geübt, aber Arroganz bestimmter Schüler unterdrückt werden. Erziehung zu Bescheidenheit und Verantwortung, zu Ehrlichkeit und Anstand seien nötig. Die Rolle des Klassenleiters müsse neu überdacht werden (Hilfe bei Berufs- und Studienlenkung).

Ich musste mich zu den vom Bezirk geforderten Bewerbungen für die Gymnasiallehrer äußern, da die "Erweiterten Oberschulen" "ausliefen".

Für den 7. Juli hatte ich vor dem Kreistag im Zusammenhang mit einer Grundsatzerklärung des Landrates ein "Konzept für die Sicherung des materiell-technischen und finanziellen Bereiches im Zusammenwirken mit den Kommunen" vorzutragen. In der Ausarbeitung half mir mein "Stellvertreter für Ökonomie" Werner Meyer. Er stand in der Materie und wusste genau, auf welche Fakten es ankam.

Mein "Konzept" wurde ohne Gegenstimmen angenommen.
Unabhängig von den oben erwähnten Festlegungen des Landratsamtes Stollberg erhielt ich über das "Oberschulamt" Chemnitz mit dem Datum 10. Juli 1990 vom amtierenden Minister für Bildung und Wissenschaft der DDR, Herrn Professor Dr. Hans Joachim Meyer die Ernennungsurkunde als "Kreisschulrat". Damit war ich innerhalb der noch bestehenden DDR für den Kreis Stollberg der letzte Kreisschulrat.
Frau Kirchner, die langjährige Sekretärin des Kreisschulrates, hatte Sorge, ich könnte sie entlassen. Aber dazu hatte ich überhaupt keine Veranlassung. Sie war schon bei Schulze eine gute Sekretärin gewesen, dann bei Börner, zuletzt bei Tetzner. Sie hatte in all den Jahren keinerlei politische Entscheidungen getroffen. Auch mir war sie eine gute Sekretärin, allezeit loyal, hilfsbereit, zuverlässig. Außerdem kannte sie sich in der Materie aus. Auch schirmte sie mich ab, dass nicht jeder, der was von mir wollte, so einfach hereinkommen konnte. Bei meinen "Vorgängern" hatte es so etwas sowieso nicht gegeben. Ich konnte ihr voll vertrauen.
Bald waren eine Menge Schulkonferenzen zu bewältigen; in Graß, Arnold und Kietz fand ich eine gute Unterstützung.
Auf einigen Schulkonferenzen wurde ich angegangen, dass ich Siegfried Landgraf im Amt übernommen hätte, er wäre "ein scharfer Genosse" gewesen.
Ich erklärte, ich sei über seine SED-Vergangenheit informiert, er wäre kein Regimegegner gewesen, hätte dem vorherigen Kreisschulrat aber doch in manchen Dingen die Stirn geboten, er habe immer eine eigene Meinung geäußert, sei immer Mensch geblieben. Er genieße mein Vertrauen. Er sei für mich der Verantwortliche für Berufsschulen bis diese vom künftigen Oberschulamt übernommen werden. Darauf würde Landgraf in den Vorruhestand verabschiedet. In der ersten Julihälfte organisierten wir in allen Schulen die Schulkonferenzen.
Schon am 26.06. hatte ich einen Aufruf an alle Eltern schulpflichtiger Kinder des Kreises in der "Freien Presse" veröffentlicht:

"Sonderelternabend an Schulen - ein Stück zur neuen Demokratie

Liebe Eltern! Sicher ist es eine Zumutung, dass Sie in den nächsten Tagen zu einem Sonderelternabend in die Schule gebeten werden, obgleich Sie jetzt andere Sorgen und anderes zu bedenken haben und dazu Fußballzeit ist.
Bitte betrachten Sie diese Aufforderung nicht als eine Last, sondern als ein Stück neuer Demokratie: Es gilt den Elternrat zu wählen, der wiederum Vertreter in die Schulkonferenz entsenden möchte. Wie Sie sicher wissen, wurden laut Verordnung alle Direktoren abberufen. Und diese Schulkonferenz soll dann in der letzten Schulwoche den neuen Direktor legitimieren. Also nehmen Sie Ihre Rechte in voller Verantwortung in Anspruch und besuchen Sie bitte diesen Sonderelternabend! Ich danke Ihnen für Ihr Verständnis.
Dr. Gerhard Moser, Kreisschulrat"

In einer Schulliste trug ich die bestätigten Schulleiter ein.
Jetzt galt es für sie Berufungsurkunden zu entwerfen und anzufertigen, denn es gab von vorgesetzter Dienststelle hierfür keine Formulare.
Die Schulleiter der Berufsschulen und der EOS wurden von Dr. Husemann ernannt; für die Ernennung aller anderen war ich zuständig.

Die "Bezirksverwaltungsbehörde Chemnitz; Abteilung Bildung; Schulberatung" sandte uns ein Schreiben ohne Datum und Unterschrift
"Empfehlungen und Hinweise für Kreisschulräte, die in Vorbereitung auf das Schuljahr 1990/91 beachtet werden sollten".
1. Formieren Sie Ihr Schulamt in Abhängigkeit von den erhaltenen Orientierungen so, dass jeweils nur ein Mitarbeiter für bestimmte Schulen/Kindergärten verantwortlich ist.
Sie selbst sollten sich um die EOS/BmA, einschließlich deren Leistungsklassen kümmern.
2. Sichern Sie, dass jede Schule rechtzeitig vor dem 27.8. einen Direktor hat. Sollte die Ernennung noch nicht möglich sein, muss ein Direktor geschäftsführend oder befristet eingesetzt werden.

3. Beraten Sie mit den Direktoren baldigst darüber, wie Sie den Schuljahresbeginn an ihrer Schule vorbereitet haben, wie die Woche vom 27. bis 31.8.90 gestaltet werden soll, ob die Aufnahme der Schulanfänger am 1. bzw. 2.9.90 feierlich erfolgen kann, ob der planmäßige Unterrichtsbeginn am 3.9.90 inhaltlich und organisatorisch gesichert ist und alle benötigten Lehrbücher zur Verfügung stehen.
4. Lassen Sie sich regelmäßig über den jeweils aktuellen Stand der personellen Sicherung des Schuljahres einrichtungsbezogen informieren.
5. Weisen Sie über den Landrat/Oberbürgermeister die kommunalen Schulträger noch einmal auf ihre Verantwortung für die Gewährleistung der sachlichen Bedingungen an den Schulen und Einrichtungen hin.
6. Sichern Sie persönlich, dass für alle Schüler der Klassen 7 bis 10 der polytechnische Unterricht durchgeführt werden kann.
7. Leiten Sie die Beförderung von Pädagogen zum 1.10.90 unter Beachtung des Ministers für Bildung und Wissenschaft vom 8. Juni 1990 ein.
8. Überzeugen Sie sich davon, ob die Fort- und Weiterbildung der Lehrer und Erzieher Bestandteil der Arbeitsplanung an den Schulen und im Territorium ist und ein vielgestaltiges Angebot unterbreitet wird. Nutzen Sie dafür auch den Katalog des Bezirkskabinetts für Weiterbildung der Pädagogen Chemnitz, den im August 1990 alle Schulen erhalten."
Am 19. Juli erhielt ich ein Schreiben vom "Geschäftsführenden Bezirksschulrat" Jürgen Feiereis, dass von uns "Schiedsstellen für Arbeitsrecht" ins Leben zu rufen seien. Ein neuer Name für die bisherigen "Konfliktkommissionen". Nun damit wollte ich warten bis nach dem Urlaub.

Rundreise durch die alten Bundesländer
Am 21. Juli starteten wir in aller Frühe zu meiner zweiten "Westreise", zu unserer Rundfahrt.
Allen Freunden hatte ich vorher einen gleichlautenden Brief geschrieben, in dem ich unsere Route darlegte, wann wir wo Halt machen würden sowie die entsprechenden Telefonnummern unserer Gastgeber.

Jeder ehemalige DDR-Bürger wird unsere hohen Gefühle nachvollziehen können, die uns bewegten, als wir ohne Anhalten, ohne Ausweis- und Gepäckkontrolle die ehemalige Grenze passierten. Übrigens war zu dieser Zeit die A 72 noch nicht durchgehend befahrbar. Der Brückenteil über die Weiße Elster war noch Baustelle.
Wir mussten an der Abfahrt Pirk auf die Bundesstraße 173 ausweichen. In Ullitz war wieder Zugang zur A 72. Verfahren konnten wir uns nicht, denn eine dichte "Blechlawine", zu der auch wir gehörten, wälzte sich die gleiche Strecke. Hinter Bayreuth steuerten wir einen Parkplatz an und wechselten nach kurzer Rast die Führung des Fahrzeuges. Michael brachte uns gut nach Ansbach. Bevor wir Herta und Dietger aufsuchten, kauften wir einen Blumenstrauß. Diese Geste behielten wir übrigens bei allen Freunden und Verwandten bei. Blumen waren das mindeste, was wir mitbringen konnten. Dafür brauchten wir kein Geld für Übernachtungen und nur relativ wenig für die Verpflegung auszugeben.
Bei Hartmanns durften wir uns im Swimmingpool erfrischen. Zum Mittagessen gab es Geflügel, Reis und Salat. Dann war ein Mittagsschlaf erlaubt. Anschließend saßen wir im Garten und erzählten. Im Garten nahmen wir auch das Vesper ein. Da Dietger seine Tochter Doris und die Enkeltochter Ricarda nach Neudettelsau zurückbrachte, schlossen wir uns an und besichtigten dort Internat, Bibliothek, Kapelle, Park und weitere Einrichtungen der Diakonischen Anstalt.
Am Abend saßen wir noch eine reichliche Stunde mit Herta und Dietger beim Wein zusammen.
Am nächsten Tag blieben wir in Richtung Tübingen auf der Landstraße. In Waiblingen legten wir Mittagsrast im "Grünen Hof" ein. Anschließend kauften wir gleich zwei Blumensträuße. Einer davon wurde uns in ein feuchtes Tuch eingewickelt, weil wir diesen erst am Abend benötigten. Dann ging es weiter nach Tübingen. Meine ehemalige Kollegin Lore Pfau freute sich unbändig über unseren Besuch. Mit großem Geschick und mit viel Kraft, die ich meiner Kollegin gar nicht zugetraut hätte,

massierte sie Michael den Rücken, was wiederum den Sohn in Hochstimmung versetzte. Eine Stunde später besuchten wir auch Lores Ehemann Konrad in der Pflegestation. Erst am späten Nachmittag konnten wir uns von Pfaus losreißen.
Unterwegs nach Leutenbach verfuhren wir uns insgesamt dreimal, so dass wir erst gegen 20.00 Uhr bei Starkes eintrafen. Dieter und Ursula hatten sich schon Sorgen gemacht, uns könnte etwas zugestoßen sein. Sie berichteten uns von einem Anruf der Nichte von Frau Riegraf, ihre Tante sei leider am 2. Juli verstorben.
Professor Riegraf war Anfang 1980 von Potsdam wieder nach Heilbronn zurückgegangen, nachdem er sich mit seinen Parteivorgesetzten überworfen hatte und er aus der SED ausgetreten war. Einige Jahre später bat er mich brieflich um eine Nachforschung in den Oelsnitzer Kirchenbüchern. Er betrieb Ahnenforschung.
Seither schrieben wir uns hin und wieder. Nach seinem Tode hielt seine Witwe den Briefwechsel aufrecht. So bat sie mich kurz vor ihrem Tode, sie bei unserer Rundreise doch unbedingt mit zu besuchen. Da durch den Tod von Frau Riegraf die Fahrt nach Heilbronn wegfiel, hatten wir in Leutenbach mehr Zeit.
Bis gegen 23.00 Uhr saßen wir mit Starkes zusammen. Es gab auch hier viel zu erzählen. Dank der vorzüglichen Ruhe konnten wir gut schlafen. Unsere Gastgeber zeigten uns am anderen Morgen nach einem guten Frühstück die Umgebung: das idyllische Buchenbachtal. Wir mussten erst noch mit Mittag essen. Dabei bekamen wir zum ersten Mal ein typisches schwäbisches Essen mit Spätzle vorgesetzt. Köstlich! Auch ein kurzer Mittagsschlaf war noch möglich. Seit dem Parkplatz nahe Bayreuths hatte Michael unseren Golf gesteuert.
Jetzt wagte ich mich wieder mal ans Steuer bis Heidelberg, wo wir Professor Emil Weber und seine Frau Gretel aufsuchten. Webers wohnten in einem riesigen Gebäudekomplex - alles Eigentumswohnungen.
Oben unter dem Dach war ein großes Schwimmbecken für die Bewohner des Hauses und ihre Gäste. Von der Aussichtsplattform genossen wir eine gute Weitsicht. Zwischen Vesper und Abendbrot erquickten wir uns im Schwimmbecken. Dann wurde erzählt,

erzählt, erzählt. Am anderen Tag fuhren wir mit unserem Freund Professor Weber mit dem Bus in die Innenstadt und bummelten durch Alt-Heidelberg. Mittags kehrten wir mit dem Stadtbus in die Bühler Straße zurück zum Essen. Am Nachmittag besichtigten wir das Heidelberger Schloss. Diesmal kam auch Frau Weber mit. Im Schlosspark sang eine englische Reisegruppe.

Am Abend fuhren wir über Leimen weiter nach Nußloch zu Marliese und Klaus Ott. Nach dem Abendbrot saßen wir fast bis Mitternacht beisammen.

Am anderen Morgen (Dienstag) brachten uns Marliese und Klaus nach Hundsbach in ihre Ferienwohnung. Unser Auto durften wir in Nußloch stehen lassen.

Zu viert hätten wir in der Ferienwohnung schlecht übernachten können. Daher hatte Klaus für Michael und mich eine Pension gemietet. Drei Tage unternahmen wir schöne Wanderungen im Nordschwarzwald, so zur Hornisgrinde, zum Mummelsee, zur Schwarzenbachtalsperre. Abends erzählte Klaus spannende Urlaubsgeschichten aus Spanien und Griechenland. Am Freitag kehren wir nach Nußloch zurück.

Am Samstag steuerten wir Nassau an (Michael am Steuer) und besuchten Waldemar und Meta Kühnau, unsere früheren Oelsnitzer Pfarrersleute. Wir wurden herzlich empfangen. Nach dem Mittagessen zeigten uns Kühnaus ihre neue Heimat. Trotz 34 °C im Schatten besuchten wir die Lahnschleuse, Scheuern, den Burgberg. Am Sonntagmorgen unternahmen wir zu viert noch eine Rundfahrt zum Kloster Arnstein, nach Katzenellenbogen und Niedertiefenbach, wo Waldemar nach seiner Übersiedelung in die BRD noch einige Jahre seinen Pfarrdienst versehen konnte. Dann aber trieb es uns weiter entlang der Lahn an den Rhein und nach Neuwied zu Jutta und Alfred. Ohne uns zu verfahren, trafen wir pünktlich zum Mittagessen in Neuwied ein. Am Nachmittag zeigen uns Jutta und Alfred Andernach und Pyrmont. Am Abend sahen wir Dias und einen Film von ihrer USA-Reise. Nach Mitternacht sanken wir todmüde ins Bett.

Am anderen Morgen, diesmal saß ich am Steuer, fuhren wir zurück an die Lahn: nach Marburg, um Lisa Rößler mit ihrer Familie zu besuchen. Lisa, Claudia und Billi führten uns durch "ihre" Stadt. Nach dem Abendbrot diskutierten Michael und Lisa bis nach Mitternacht. Alle anderen schliefen schon.

Am 31. Juli war Leverkusen unser Ziel. Michael übernahm die Fahrt für die lange Strecke. Doch zuerst steuerte er Siegen an, wo wir das Schriftstellerehepaar Noll besuchten, mit denen er im Briefwechsel stand.

Hans-Joachim Röhl hatte uns genau aufgeschrieben, wie wir zu seinem Haus in Leverkusen gelangen. Ingrid lernten wir erstmals persönlich kennen. Auch beide Töchter Susanne und Christiane waren daheim. Wir wurden von Ingrid vorzüglich verpflegt.

Ähnlich wie in Nußloch und Neuwied sprang auch in Leverkusen unser Golf nicht an. Ich bat Hans-Joachim um Starthilfe. Anschließend fuhr er mit uns in eine Werkstatt. Dort kaufte er uns eine neue Autobatterie. Wir waren hocherfreut! Erst nach der Ausrüstung mit einer neuen Batterie entließ er uns zu unserer Weiterfahrt auf die Ruhrautobahn.

In Moers besuchten wir das Ehepaar Jeppel und in Mülheim Familie Jahnke, Briefpartner von Michael. Dann ging es weiter in Richtung Minden.

Bei Wiedenbrück war auf der Autobahn kurz vor uns ein schwerer Unfall passiert: ein Wohnmobil hatte sich wegen eines geplatzten Reifens überschlagen. Wir mussten warten bis der gelandete Hubschrauber gestartet und die A 2 wieder freigegeben war. In der Autobahnkirche von Exter sprachen wir ein Gebet für die Verunglückten.

In Minden wurden wir von Tante Irmgard und Onkel Siegfried sehr herzlich aufgenommen. Dann besuchten wir Christa und Dittmar, die nahe der Schleuse ihr Haus gebaut hatten. Wir suchten den Mittellandkanal auf und natürlich Porta Westfalica, wo ich bereits 1943 gestanden hatte.

Dann ging es weiter nach Bremen. Hier wohnten zwar weder Freunde noch Verwandte, aber die Stadt interessierte uns sehr. In einem Parkhaus stellten wir den Golf ab. Dann besuchten wir den Dom, die

Bleikeller, das Rathaus mit dem großen Roland davor, die "Bremer Stadtmusikanten", den Blumenmarkt, die Böttgerstraße das Schnoorviertel.
Mittag aßen wir in einem Vietnamesenrestaurant. Dann suchten wir einige Zeit nach dem Parkhaus. Und weiter ging es nach Hamburg zu Familie Ulbricht, Michaels Freunde, die Weihnachten 1989 in Oelsnitz zu Besuch weilten.
In Hamburg spielte ich erst eine Weile mit den Töchtern Sarah und Rebecca im Garten. Dann zeigte uns Jochen "sein" Hamburg: die Werft, den Elbtunnel und den Freihafen, die Dampferanlegestellen und die Hafenstraße. Er ließ auch die Reeperbahn und die Hermannstraße nicht aus, wo leichtbekleidete Frauen in Schaufenstern saßen wie Auslegeware. Ja sie waren tatsächlich "Ware". Käufliche Liebe! Auch zum sogenannten "Kontakthof" führte er uns, wo wir bald von jungen Mädchen umringt waren, die sich uns anboten. Ein Mädchen, die ich auf 16 schätzte, machte mir ein Angebot.
Ich entgegnete: "Aber Mädchen, ich könnte doch Dein Großvater sein!" Ihre kesse Erwiderung: "Na und, macht nichts, Hauptsache, Du kannst mich bezahlen - 50 Mark!"
Ich musste das "Girl" enttäuschen.
Jochen führte uns in ein "Nepplokal". Im Nu saßen halbnackte Mädchen an unserem Tisch, wollten uns animieren, viel zu bestellen und auf unsere Kosten mittrinken. Jochen hatte Mühe, sie abzuschütteln. Sekt, Bier, Mineralwasser kostete pro Glas jeweils 10 DM.
Jetzt führte uns Jochen in eine "Piepschau".
Noch heute beschäftigt mich das Schicksal jener Frauen und Mädchen, die sich dort auf eine unwürdige Art und Weise ihren Lebensunterhalt verdienen müssen.
Erst nach Mitternacht langten wir in der Bernadottestraße 172, in Ulbrichts Wohnung an. Durch den anhaltenden Straßenlärm und die Erlebnisse fanden wir kaum etwas Schlaf. Um 4.00 Uhr hieß es schon wieder aufstehen! Diesmal blieb Jochen bei den beiden Kindern. Gudrun Ulbricht begleitete uns. Zu den Landungsbrücken gelangten wir per PKW. Dort stellten wir den Golf ab. Auf dem Schiff "Wappen von Hamburg" nach Helgoland ergatterten wir einen Superplatz auf

dem Sonnendeck. Das Schiff war sehr überfüllt: ich schätzte 1800 Fahrgäste; kein Wunder: zwei Tage vorher jährte sich die Angliederung der Insel an Deutschland vor 100 Jahren.
In der Unterelbe verfolgte ich interessiert die Fahrt mit einem häufigen Blick auf die Landkarte. Ansonsten konnten wir in den fünf Stunden dösen, sonnenbaden, sogar ein Weilchen schlafen. Für die Verpflegung hatte Gudrun gesorgt.
Vor Helgoland blieb das Schiff auf Reede. Mittels 35 Fischerboote wurden wir an Land gebracht. Das Meer war dank geringer Luftbewegung ebenfalls still. Keiner wurde seekrank. Die Flagge Helgolands wehte uns entgegen: grün - rot - weiß (grün das Land, rot die Kant`, weiß der Strand). Ein Inselbummel und ein kühles Bad am Fuß der "Langen Anna" im salzigen Nordseewasser ließ unsere Herzen höher schlagen.
Die Rückfahrt legten wir in zwei Stunden bis Cuxhaven zurück. Mit dem Zug gelangten wir nach Hamburg, mit der S-Bahn an den Hafen, wo wir unseren Golf unbeschadet vorfanden und von Gudrun zurück zur Wohnung gelotst wurden. In der zweiten Nacht schliefen wir besser.
Die Weiterfahrt auf der A 7 nach Hannover gestaltete Michael sehr zügig mit 170 km/h. Zuerst besuchten wir die beiden Freunde von Christian: Peter und Peter. Sie führten uns in den Tierpark. Am Abend war in ihrem Garten Grillen angesagt.
Am folgenden Sonntagmorgen besuchten wir Helga und Johannes und mit den beiden einen Gottesdienst in der Marktkirche. Dann setzte uns Helga ein vorzügliches Mittagessen vor. Gestärkt starteten wir zur Heimfahrt.
Während Michael auf der Autobahn in Richtung Heimat raste, viereinhalb Stunden ohne über Anspannung zu klagen, hielt ich die erste Zeit auf dem zurückgelehnten Beifahrersitz ein schönes Mittagsschläfchen, dann genoss ich an diesem 5. August 1990 bis 18.30 Uhr vor der Haustür das "Gefahrenwerden".
Ich füge Ausschnitte aus dem Brief ein, den ich nach der Rundreise versandte:

"Meine lieben Freunde!
In meinem letzen Brief teilte ich unseren Ferienfahrplan mit. Im gleichen Schrieb äußerte ich auch drei Wünsche: ohne Unfälle, ohne Pannen, ohne Bußgelder. Heute, am 08.08.90, kann ich Euch berichten, unser Herrgott hat unsere Wünsche erfüllt.. Wir haben die rund 2500 km ohne Unfälle, ohne nennenswerte Pannen und ohne Zahlung von Strafgeldern zurücklegen können, hatten außerdem ideales Urlaubswetter und danken an erster Stelle unserem treuen Herrgott für seine Bewahrung.
Ferner bin ich meinem Michael sehr dankbar, dass er als mein Fahrer tätig war. So habe ich selbst relativ wenig am Steuer gesessen, wäre mit meiner geringen Fahrpraxis in meinem Alter sicher dem sehr dichten und überschnellen Fahrverkehr in der BRD noch nicht gewachsen gewesen. Unsere Fahrt diente nicht nur dem Nachholbedarf, viel zu sehen, sondern in erster Linie, längst fällige Besuche zu machen...
Wir haben viel gesehen! Freilich war die Tour auch anstrengend. Aber wir haben viele wertvolle Gespräche mit Freunden und Verwandten führen können, viele von ihnen erst nach mehrjähriger Pause wieder gesehen und ans Herz gedrückt, haben zusammen viel gelacht, durften miteinander fröhlich sein, zeitweilig auch traurig im Hinblick auf die letzten Jahre. Wir fanden überall herzliche Aufnahme, lernten z.T. erst die Familie von Freunden kennen, wurden lukullisch verwöhnt. Überall konnten wir uns wohl fühlen, ja wären überall gern noch länger geblieben, aber unser Wagen rollte weiter nach dem von uns vorgegebenen Plan...
Was war wohl am schönsten in diesen 15 Tagen? Diese Frage muss unbeantwortet bleiben. Es war überall phantastisch! Überall erlebten wir eine vorzügliche Gastfreundschaft!
Nochmals ein inniges Dankeschön an all unsere Gastgeber! ..."

Am Montag, den 8. August nahm ich meine "Dienstgeschäfte" wieder auf. Zu Beginn stand eine Dezernentenbesprechung im Landratsamt. Das Thema: Feinabstimmung der Strukturen. Herr Scheiter erläuterte die übergebenen Strukturpläne des Landratsamtes, an denen er einige Wochen gearbeitet hatte. Ihm wurde das Kulturamt und das Amt für Freizeit und Touristik unterstellt.
Ich verwies auf die wahrscheinliche Zusammenführung des Jugendamtes mit dem Amt für Freizeit/Touristik.
Der Landrat entschied: "Jugendamt von Dezernat V an Dezernat VI!"
Der Landrat wollte jederzeit wissen, wo und zu welcher Zeit seine Dezernenten seien.
Er merkte mir meine Unruhe an und entgegnete zu mir gewandt: "Bei Dir genügt es, wenn Frau Kirchner weiß, wo Du jeweils Dich aufhältst!"
Nach der Besprechung konnte ich beginnen, meinen Postberg aufzuarbeiten. Frau Kirchner hatte gute Vorarbeit geleistet. Christian Graß hatte dringendste Dinge schon weitergegeben. Er informierte mich über den Verlauf der letzten beiden Wochen. Dann verabschiedete er sich in seinen wohlverdienten Urlaub.
In den nächsten Tagen kamen Probleme im Bereich der Polytechnik auf uns zu, weil die Trägerbetriebe entweder geschlossen wurden, Strukturveränderungen vermeldeten, jedenfalls ihre Lehrmeister bzw. Betreuer für den Polytechnischen Unterricht entlassen oder umzusetzen gedachten.
Der nächste Kreistag musste vorbereitet werden. Hertwich brauchte von mir Zuarbeit. Ich kam zeitlich ins Schwimmen. Aber Werner Meyer trug das benötigte Material für mich zusammen. So konnte ich terminlich meine Zuarbeit einhalten.
Weiterbildungsveranstaltungen für den Herbst wurden vom Landesschulamt für Direktoren und Beratungslehrer angeboten, ebenso für das Schulamt.
"Fachberater sollen abberufen werden", forderte das Bezirksschulamt. "Weiterhin ist das "Pädagogische Kreiskabinett" personell zu minimieren. Hier war ich zu schnell gewesen. Ich hatte es bereits aufgelöst weil ich Platz für das künftige Gymnasium benötigte.
Absprachen mit Herrn Drummer, dem Schulpsychologen und den drei Logopäden waren nötig, um ihren Einsatz zu klären. Drummer bot zusätzlich Fortbildungsveranstaltungen für Lehrer an.

Mit Frau Jahn und Frau Werner führte ich eine Besprechung wegen der Kindergärten: Betriebskindergärten waren von uns vorübergehend zu übernehmen. Irgendwann sollten sie mit den Horten an die Kommunen überführt werden.
Weiterhin gab es Absprachen mit den Gemeinden wegen der Schulspeisung, mit dem Kraftverkehr wegen der Schülertransporte an die Förderschulen.
An den Kämmerer richtete ich ein Schreiben wegen der für die Schüler benötigten Gelder.
Vom "Reha-Zentrum" in Gablenz bekam ich einen Anruf, wann ich gedächte, die Einrichtung als "Schule" zu übernehmen. Am 15. August fuhr ich zu dieser Einrichtung. Frau Geithner, die Leiterin, erzählte mir, sie habe vor einigen Jahren vom Kreisarzt den Auftrag erhalten, diese Fördereinrichtung "aufzubauen" für die Jugendlichen, die bisher als "unbeschulbar" galten. Nunmehr müssten diese Einrichtungen aber als "Förderschule für geistig Behinderte" geführt werden. Frau Geithner wusste auf diesem Gebiet mehr als ich. Sie hatte sich mit ähnlichen Einrichtungen in der BRD in Verbindung gesetzt und erste Erfahrungen ausgetauscht.
Ich versprach, mich umgehend beim Bezirksschulamt kundig zu machen und baldmöglichst die Übernahme zu vollziehen. Damit musste ich für den Schülertransport weitere 45.000 DM pro Jahr einplanen. Für meine Logopäden hatte ich hier ein weiteres Aufgabengebiet entdeckt.
Der Direktor der Volkshochschule, Horst Rößler zog es vor, in den Vorruhestand zu gehen. In Bruno Decker fand ich einen neuen Direktor für die VHS.
Es fehlten Englischlehrer. Nach Empfehlungen aus Berlin sollte zusätzlich Französisch angeboten werden, doch derartige Sprachlehrer waren kaum vorhanden.
Ein Herr Stiegler aus Fürth, der persönliche Referent der Fürther Landrätin Gabriele Pauli meldete sich an. Ihn führte ich durch das Gebäude der EOS, zeigte die wunderschöne Aula im Jugendstil.
Er erläuterte mir die Schulstruktur in Bayern, die mir zusagte.
Zu meinem Geburtstag musste ich in aller Frühe wieder zu einer Dezernentenberatung. Der Kämmerer, Herr Böttger, forderte konkretere Angaben für den Haushalt.

Wir wurden uns einig, dass Berufsschulen, das zukünftige Gymnasium und die Förderschulen in Trägerschaft des Kreises verbleiben, während die übrigen Schulen von den Städten und Gemeinden betreut werden müssen.
Ich informierte über die Zunahme der Anzahl der Förderschulen von drei (die beiden bisherigen Hilfsschulen in Oelsnitz und Thalheim und das Sprachheilinstitut in Thalheim) auf vier durch die künftige "Förderschule für geistig Behinderte" in Gablenz.
Durch den Amtsarzt Dr. Schettler, der gleichzeitig Dezernent war, erfuhr ich von einer weiteren "Reha-Abteilung" im Oelsnitzer Feierabendheim, die mit in diese Schule zu integrieren sei.
Am gleichen Tag kümmerte ich mich endlich um die "Schiedsgerichte", die ich auf Empfehlung des Bezirksschulamtes einrichten sollte.
Im Schulamt hatten wir die Personalratswahlen und die Direktorenkonferenz vorzubereiten.
Außerdem sollte ein Kreisschulbeirat gebildet werden.
Am 27. August war die erste Direktorenkonferenz nach den Sommerferien angesetzt.
Ich hatte genug Zeit gefunden, eine Ansprache vorzubereiten.
.

"Sehr verehrte Kolleginnen und Kollegen!
Ich begrüße Sie in der Hoffnung, dass Sie sich in den Ferien gut erholt und Kraft gesammelt haben und die Reisefreiheit nutzen konnten, um unseren Horizont zu erweitern. Ich freue mich, Sie heute als neues Direktorenkollegium begrüßen zu können.
Gestatten Sie mir, Ihnen von ganzem Herzen alles Gute, Gesundheit, viel Kraft, aber auch rechte Freude bei der Ausübung Ihres neuen Amtes zu wünschen.
An der Schwelle des neuen Schuljahres kommen mir folgende Gedanken:
Wie viele neue Schuljahre waren es eigentlich schon? Die Antwort fällt für alle unterschiedlich aus. Aber waren es jeweils wirklich <u>neue</u> Schuljahre? Mehr oder weniger stand der Beginn eines Schuljahres unter Losungen von Parteitagen. Alles war für uns schon vorgeplant und festgelegt. Direktoren und Lehrer wurden zu Befehlsempfänger degradiert.

Freilich war das auch bequemer als die jetzige Situation, in der das Engagement im wirklichen Sinne und schöpferisches Gestalten in breiter Vielfalt von uns erwartet wird.
Heute stehen wir an der Schwelle eines wirklich <u>neuen</u> Schuljahres. Die Mauer, von der vor einem Jahr noch behauptet wurde, sie stände gewiss noch hundert Jahre, ist gefallen. Die Schuttberge sind wegzuräumen - das gilt auch im übertragenem Sinne! Wir müssen lernen, auf eine neue Art miteinander umzugehen, tolerant zu sein.
Damit meine ich nicht, wir dürften uns nicht streiten. Meinungsstreit ist gerade notwendig. Aber er muss kultiviert ausgetragen werden. Sehen wir doch bitte in unserem Gegenüber zuerst den Mitmenschen, dann erst seine vorgebrachten Ideen.
Ich habe Sie in Ihrer Ernennung zum Direktor verpflichtet zum persönlichen Bekenntnis zur freiheitlichen, demokratischen, sozialen und rechtsstaatlichen Ordnung.
Dies Bekenntnis soll unsere Basis sein!
Gemeinsam mit Ihnen und meinen Mitarbeitern im Schulamt möchten wir alle dafür sorgen, dass die Bildung für alle Lernenden offen steht, dass wir die uns anvertrauten jungen Menschen verständnisvoll begleiten. Helfen wir, dass jeder seine Persönlichkeit frei entfalten kann. Das Lernen soll Freude machen! Aber das Lernen muss auch Pflicht sein und bleiben. Setzen Sie Disziplin und Ordnung durch! Verantwortung tragen und einer Fürsorgepflicht nachkommen, heißt nicht, alles zu dulden. Eine ungeordnete, chaotische Schule, in der jeder macht, was er will, bringt nur Schaden.
Keine Uniformität! Der Individualität der Kinder und Lehrer ist Rechnung zu tragen.
Ich betone es noch einmal: Bitte sorgen Sie dafür, dass Ordnung und Disziplin in allen Klassen Ihrer Schule vom ersten Tag an gewährleistet ist.
Das Land Sachsen war früher durch seine solide Schulbildung bekannt. Helfen wir mit, dass wir diesen Ruhm zurückgewinnen. Dabei sollen in unseren Erziehungszielen solche Werte wie Wahrhaftigkeit, Toleranz, Achtung und Liebe zum Nächsten,

Kreativität, Selbstdisziplin, Gemeinschaftssinn und Bereitschaft, Verantwortung zu übernehmen, obenan stehen. Jeder Lehrer erhält großen Freiraum, um selbst mitzudenken, sich selbst ideenreich einzubringen.
Den Plan des Schulamtes für das 1. Halbjahr 1990/91 werten Sie bitte als Rahmen- und Informationsplan besonders für die neu im Amt tätigen Direktoren. Auch die Lehrpläne sind nur als Rahmenpläne zu verstehen.
Mit der Bildung des Landes Sachsen und der Herstellung der Einheit Deutschland werden neue Inhalte, neue Gesetze zu beraten und durchzusetzen sein.
Unser Landesschulrat, Herr. Dr. Husemann, hat sich in der "Deutschen Lehrerzeitung" 33/90 zu bildungspolitischen Hauptpositionen geäußert. Diese spiegeln sich in unserem Bildungsplan wider.
Sie haben sich mit vielen Problemen auseinander zusetzen:
erhöhtes Eigenaufkommen der Familien für die Schulspeisung
teilweise noch alte Lehrbücher, die nur bedingt verwendbar sind, aber ohne Preisreduzierung.
Bitte veranlassen Sie Ihr Lehrerkollegium, beruhigend auf Schüler und Eltern einzuwirken und auch dort beratend und helfend sich einzusetzen, wo durch Arbeitslosigkeit oder Kurzarbeit soziale Härtefälle sichtbar werden. Kommen Sie bitte auch darin Ihrer Fürsorgepflicht nach.
Gehen wir das Schuljahr mit Optimismus und Vertrauen an, verzweifeln wir nicht, was wir noch nicht erreicht haben, sondern freuen wir uns darüber, was in den letzten Monaten schon verändert und erreicht wurde.
Möchte es ein gesegnetes Schuljahr werden!"

In weiteren Tagesordnungspunkten gab ich die Verantwortlichkeiten im Schulamt bekannt, bat die Kollegen Direktoren, sich gegenseitig vorzustellen.
Dann war Kollegin Jahn an der Reihe. Sie stellte den Rahmenplan des Schulamtes für das erste Halbjahr vor. Nach ihren Ausführungen bezog Kollege Meyer zur ökonomischen Situation Stellung.

Anschließend sollten einige Direktoren ihre Konzeption für die Arbeit an ihren Schulen darstellen. Ich hatte Herrn Reinelt von der EOS und Siegfried Schulze von der POS Beutha um das Wort gebeten. Beide stellten in Kurzform aber prägnant ihre Konzeptionen vor. Nach einer kurzen Pause unterbreitete Kollege Drummer das Leistungsangebot der "Schulpsychologischen Beratungsstelle".
Dann nahm ich wieder das Wort und gab einige einleitende Bemerkungen zu einem umfangreichen Freizeitangebot, das meine Mitarbeiter in fleißiger Arbeit zusammengetragen und schriftlich fixiert hatten und während meiner Worte an die Anwesenden verteilten. Schließlich gab ich Hinweise zu den einzelnen Mitwirkungsgremien wie Lehrer-, Eltern- und Schülerrat nunmehr auch auf der Basis des Landkreises, aber auch zu dem zu bildenden Kreisbildungsbeirat".
Weitere Informationen wurden durch Kollegen Edelmann zum Personalrat, von Kollegin Jahn zur Beförderung, von Kollegen Arnold zum Arbeitsvermögen der Lehrer, von Kollegen Landgraf zu den Berufsschulen, von Kollegin Mentzschel zu den Weiterbildungsangeboten gegeben. Am Ende hatten die Direktoren Gelegenheit, Anfragen von allgemein interessierenden Fragen zu stellen.
Von den folgenden Tagen sollen einige der wichtigsten Probleme aufgelistet werden:
    Aus einigen Schulen kamen Anrufe, in bestimmten Schulbüchern hätte man "RAF"-Stempel gefunden. Ich entschied: "Diese Bücher nicht an Schüler auszuhändigen!"
    Anfang September gab es Probleme mit dem Lehrschwimmbecken in Oelsnitz: Weil der Kreis sich nicht an den Kosten für den Dampf beteiligen würde, müsste die Einrichtung geschlossen werden. Es gelang mir, zu vermitteln.
    Erste Hortnerinnen melden mir ihre Angst, sie könnten ihren Arbeitsplatz verlieren.
    Es traten Engpässe bei der Schulbuchlieferung ein, besonders im Fach Englisch.
    Die Erzieher im Kinderheim Lugau forderten Überstundengeld und ein Fahrzeug.

In einigen Schulen gab es Probleme mit der Essenbelieferung bzw. wegen der Kosten. Neue Verhandlungen teils mit dem Kämmerer, teils mit einigen Bürgermeistern brachten Abhilfe.
Ich beantragte beim Kämmerer Fördermittel für kreisliche Einrichtungen, wie Lehrlingswohnheime, das Schullandheim, das Freizeitzentrum, die Kreisbildstelle. Ohne Zuarbeit von Werner Meyer hätte ich das gar nicht geschafft.
Die GEW schickte uns einen Drohbrief wegen der Personalratswahlen. Wir ließen uns jedoch nicht Angst machen und erwiderten, uns seien in unserem Amtsbereich keine "GEW-Mitglieder" bekannt. Sie mögen so freundlich sein, diese zu benennen, damit wir sie in die Vorbereitung der Personalratswahl einbeziehen könnten. Eine Antwort blieb jedoch aus.
Am 06.09. suchte mich eine Frau Woller aus Thalheim auf und eröffnet mir, sie werde einen Antrag auf Rückführung der Immobilie der Thalheimer Berufsschule stellen, ihre Familie sei seinerzeit enteignet worden. Gleichzeitig bot sie mir einen Pachtvertrag für das Gebäude an. Nachdem ich mich von meiner Verblüffung erholt hatte, verwies ich sie an das LRA als den Träger für die Berufsschulen. Seinerzeit vergaß ich durch die Hektik des Alltags, mich kundig zu machen, wie sich die Angelegenheit weiter entwickelte. Erst jetzt beim Schreiben stoße ich durch Notizen im "Arbeitstagebuch" erneut auf diese Angelegenheit.
Und immer wieder machten sich Verhandlungen wegen der "Polytechnischen Zentren" notwendig. Wollten wir den Unterricht aufrecht erhalten, so waren wir gezwungen, Personal von den Betrieben zu übernehmen. Vom Bezirksschulamt erhielten wir auf unsere Frage keine Antwort.
11.09.: Anweisung vom Bezirk: "Wegen fehlender Lehrstellen soll in den Berufsschulen ein Berufsgrundbildungsjahr und für Abgänger aus niedrigeren Klassenstufen ein Berufsvorbereitungsjahr eingerichtet werden".
Hier sah ich einen Bedarf an Lehrkräften und eine Möglichkeit, ehemalige Betreuer der "Polytechnischen Zentren" einzusetzen, also Personal von den Betrieben zu übernehmen.

Mit dem Landrat nahm ich Verbindung auf, ob man die Betriebe nicht beauflagen könnte, Lehrlinge auszubilden. Er zog mir jedoch "den Zahn": "Das war vor der Wende möglich. In der sich entwickelnden Marktwirtschaft kann man die Betriebe nicht gängeln!"

Im September bereiteten wir die Personalratswahlen vor, deren Existenz die Volkskammer Anfang August beschlossen hatte. Hier wollte uns die alte "Gewerkschaft Unterricht und Erziehung" hineinreden. Das musste abgewehrt werden, hatten sich doch im Ergebnis der Wende inzwischen der "Sächsische Lehrerverband" und der "VBE" gebildet.

Für die "Lehrgangsschule" in Raum fanden wir eine kurzzeitige Verwendung über 2 - 3 Tage: Lehrgänge in Ethik für Lehrer.

Am 14.09. besuchte uns erneut eine Delegation aus dem Partnerkreis Fürth. Mir wurden zu einer Ganztagesbetreuung drei Herren zugeteilt:
1. Pfarrer und Studienrat Thaler,
2. Dekan Opp und
3. Jugendpfleger Herr Rohleder.

Ich führte die Besucher in das "Haus der Jugend", wo ich einen Gesprächspartner für Herrn Rohleder in Herrn Tischendorf fand, führte sie durch das Gebäude, das künftig Gymnasium werden würde. Alle drei Besucher begeisterten sich an der Jugendstil-Aula; das hatte ich geahnt, ich zeigte weiterhin den Gästen die Berufsschulen in Stollberg und Oelsnitz.

Hier knüpften sie für ähnliche Einrichtungen in Fürth Partnerschaftsbeziehungen.

Für den Nachmittag hatte der Landrat eine Kreisrundfahrt für alle Besucher organisiert.

Vielleicht ist es erwähnenswert, dass ich noch immer jeden Montag drei Stunden Geographieunterricht in der Niederdorfer Schule erteilte, eine Doppelstunde in der 10. Klasse und eine Stunde in Klasse 9.

Warum?

Ich hatte früher oft über die "Entscheidungen am grünen Tisch" der Abteilung Volksbildung die Nase gerümpft und behauptet: "Die haben überhaupt keinen Bezug zur Praxis!" Ich wollte diese Verbindung zur Basis nicht verlieren, wollte auch beweisen, dass ich mich nicht scheue, Unterricht zu halten, ja, dass mir diese Tätigkeit Freude bereitete.

Der Landrat hatte mir zuliebe die Dezernatsbesprechungen auf den späten Vormittag gelegt, damit ich vorher meinen Unterricht halten und doch rechtzeitig an den Besprechungen teilnehmen konnte. Dafür war ich ihm dankbar.

In der Niederdorfer Schule hatte ich mich seit Wiederbeschäftigung als Lehrer nach dem Berufsverbot von Anfang an wohlgefühlt. Hier fühlte ich mich heimisch. Der neue Direktor Schwarz war für diese drei Stunden mein Vorgesetzter, für die übrige Zeit wechselten wir die Befugnisse. Das fanden wir beide recht lustig. Die Schüler waren mir vertraut, sie waren lernwillig und diszipliniert wie früher - und nicht nur bei mir. Für sie war ich auch nicht der "Herr Kreisschulrat", sondern weiterhin ihr Fachlehrer für Geographie.

Der Russischlehrer der EOS war für die Schüler- und Lehrerbücherei seiner Schule verantwortlich. Ihn konnte ich dafür interessieren, die Bibliothek des "Pädagogischen Kreiskabinetts" zu durchforsten, welche Werke es wert seien, in seine Bücherei übernommen zu werden. Den Rest gaben wir an den Bezirk ab. Jeder, der von uns zu einer Anleitung zum Bezirk eingeladen wurde, füllte seinen Kofferraum mit Büchern. Allmählich wurde auf diese Weise ein weiterer Raum für das künftige Gymnasium frei.

Am 19.09 führte ich eine Besprechung mit den Angestellten der Jugendhilfe durch. Das "Gesetz zur Neuordnung der Kinder- und Jugendhilfe" vom 26.06.1990 hatten die betreffenden Mitarbeiter bereits durchgearbeitet. Frau Vorberg und Herr Rebeck entschlossen sich für den Vorruhestand. Den anderen erklärte ich die veränderte Zuordnung zum Dezernat IV und den notwendigen Umzug in den Barackenteil des LRA. Es gab keine Probleme.

Wolfgang Engelmann, der Geschäftsstellenleiter der CDU-Kreisstelle rief mich an, am Abend des 09.10. würde Heiner Geisler den Kreis Stollberg besuchen. Im Volkshaus Neuwürschnitz wäre für etwa 40 Lehrer, Gelegenheit mit ihm zu sprechen. Das nutzten wir gern. Es wurde ein fruchtbares und nützliches Gespräch ohne jegliche Berührungsängste.

Am 21.09. war eine Beratung mit der Stadt Stollberg angesetzt mit dem Ziel die Überführung der "Kommunalen Berufsschule" Stollberg aus der Trägerschaft der Stadt in die Trägerschaft des Landkreises zum 1. Oktober zu vollziehen. Auch dieser Akt ging problemlos vonstatten: wir fertigten ein Übergabe-Übernahme-Protokoll an.
Anschließend hatte ich eine Arbeitsberatung mit den Kollegen der Kreismusikschule auf dem Plan.
Am 25.09. suchte mich Frau Kunz, die Sekretärin der neuen "Förderschule für geistig Behinderte" auf und versuchte mich davon abzubringen, Frau Geithner als Schulleiterin zu bestätigen. Sie wäre keine "Leiterpersönlichkeit". Da ich ihre Ausführungen zurückwies, drohte sie in einer Trotzreaktion, den Personalrat einzuschalten, was mich allerdings nicht beeindruckte.
In der Post befand sich eine Einladung aus Dresden für die Gründungsversammlung des Freistaates Sachsen auf der Burg Meißen.
Am 27.09. fand die Kreistagssitzung in der Aula der Oelsnitzer Berufsschule statt. Während der Beratung spürte ich starkes Herzstechen, das sich von Minute zu Minute verschlimmerte. Christian Graß beobachtete mich, wie ich den linken Arm an die linke Brustseite drückte und die Zähne zusammenbiss. Er wandte sich an Dr. med. Dieter Weise, der ebenfalls als Mandatsträger der CDU im Kreistag saß. Gemeinsam redeten sie nach Beendigung der Kreistagssitzung auf mich ein, doch mit ins Stollberger Kreiskrankenhaus zu fahren und ein EKG vornehmen zu lassen. Ich zögerte, willigte schließlich ein. Weise nahm das EKG vor, er befürchtete einen sich anbahnenden Herzinfarkt, ließ mich deshalb nicht wieder fort. Christian brachte mir von sich einen Schlafanzug und Waschzeug. Ich war ja keinesfalls auf einen Krankenhausaufenthalt vorbereitet. Christian wollte außerdem den Landrat informieren und im Schulamt Bescheid sagen. Ich war damit für einige Tage "aus dem Rennen" genommen. Die Fürsorge durch Schwestern und Ärzten konnte nicht besser sein. Die Verpflegung war vorzüglich. Aber ich war unruhig, gab es doch so viel zu tun. Es half alles nichts. Meine Stellvertreter übernahmen meine Arbeit. Sie statteten mir einen

Krankenbesuch ab. Selbst der Landrat nahm sich die Zeit, mich zu besuchen. Christian sagte wegen der Meißner Einladung in meinem Namen ab und begründete die Absage.

Für den 2. Oktober war eine Kundgebung auf dem Oelsnitzer Marktplatz geplant. Ehepaar Häschel hatten mich gebeten, einige Worte an die Kinder und Jugendlichen zu richten. Das Konzept verfasste ich im Krankenbett und ließ es Häschels zustellen; sie verlasen es im Zusammenhang mit der Kundgebung:

"Liebe Kinder und liebe Jugendliche,
als Lehrer und Schulrat wende ich mich am Vorabend des 3. Oktober 1990 besonders an Euch. Ich möchte versuchen, den historischen Wert dieses Tages Euch nahe zu legen. Hat man doch in den vergangenen Jahren durch irgendwelche verordnete Feiern zu sogenannten historischen Ereignissen Euch gründlich den Appetit verdorben.
In dem Jahr, in dem ich geboren wurde, hatten die Nazis die Macht übernommen. Kurz nach meinem Schulanfang brach der 2. Weltkrieg aus. Ich war noch nicht konfirmiert, als das sogenannte tausendjährige Reich, wie sich das System hochstaplerisch bezeichnete, zusammenbrach, Not und Elend, Schutt und Asche zurücklassend.
Mit viel Optimismus machten sich die Menschen in allen vier Besatzungszonen an den Neuaufbau. Wir Jugendlichen ließen uns von diesem Optimismus mitreißen.
Doch schon nach wenigen Jahren führte der anfangs frohe und hoffnungsvolle Weg zurück in Angst und Dunkelheit, was leider sehr viele Menschen im Schatten der entstandenen, uns vom Westen abschirmenden Mauer gar nicht bemerkten.
Als sich im Vorjahr die Wende andeutete, ahnte noch keiner von uns, mit welchem Tempo die Entwicklung voran eilen würde. Hatte doch Erich Honecker siegreich verkündet, die Mauer würde bestimmt noch in hundert Jahren stehen. Heute sind davon nur noch sporadische Reste vorhanden. Seit dem 1. Juli dürfen wir uns sogar ohne Passkontrolle bis zum Rhein, bis zur Nordsee, bis in die Alpen bewegen. Ab morgen wird unser deutsches Vaterland wieder ein einheitliches Deutschland sein.

Die neue, alte Nationalhymne höre ich zwar noch mit gewissen Beklemmungen, da unter ihren Klängen 1939 deutsche Soldaten in fremde Länder einmarschierten. Freilich der dritte Vers ist frei vom deutschen Übermenschen.
Hütet Euch bitte vor extremen Strömungen von rechts und von links. Lasst Euch nicht erneut wieder Hass auf irgend welche Menschen einreden. Alle Menschen sind Geschöpfe Gottes. Seht in allen Menschen, egal welcher Rasse, welcher Hautfarbe, welcher Religion oder Weltanschauung sie angehören, Euere Mitmenschen, Euere Schwestern und Brüder. Seid immer tolerant. Ich meine hier nicht, dass man sich niemals streiten soll. Nein!
Aber jeder Streit muss kultiviert ausgetragen werden. Haltet Euch stets fern von Gewalt und Brutalität. Bitte!
Freut Euch von Herzen über den heutigen Abend und darüber, dass Ihr diesen 3. Oktober 1990 miterleben dürft.
Denkt nicht, dass ab morgen Euere Familie in Wohlstand leben kann. Nein, es gibt noch eine lange Durststrecke zu überwinden.
Euch Schülern wurde schon immer gesagt, wie wichtig das Lernen ist. Das muss ich auch heute wieder betonen, jedoch mit der Einschränkung, die ich allerdings auch früher schon gemacht habe: lernt kritisch. Glaubt nicht alles. Aber nützt die Euch gegebenen Möglichkeiten. Euch steht die Zukunft offen, wenn Ihr fleißig seid.
Ein abschließendes Wort an Euere Eltern, die sich mit Euch zusammen auf dem Platz versammelt haben:
Ich danke Ihnen, dass Sie heute mit hier sind und nicht Ihre Kinder allein losgeschickt haben, egal, was Sie im Innersten bewegt.
Ihre Kinder brauchen Ihre Fürsorge und Ihre Zeit, sich und ihre Probleme Ihnen nahe zu bringen. Nicht Geschenke und die Erfüllung aller Wünsche sind wichtig, sondern, dass Sie sich Zeit für Ihre Kinder nehmen! Ich wünsche Ihnen und Ihren Kindern einen fröhlichen Abend beim Umzug und morgen einen frohen Feiertag. Ich wünsche Ihnen ein frohes, friedliches, von Gott gesegnetes Familienleben. In Gedanken bin ich heute Abend in Ihrer Mitte auf dem Oelsnitzer Marktplatz und grüße Sie recht herzlich. Haben Sie Mut, Hoffnung und Gottvertrauen für sich, für Ihre Familie, für unser deutsches Volk.
In treuer Verbundenheit
Ihr Gerhard Moser"

Den ersten "Tag der Einheit" am 3. Oktober 1990 brachte ich also im Krankenzimmer zu; das Feuerwerk, was in Stollberg veranstaltet wurde, sah ich vom Fenster aus. Die DDR löste sich durch den Beitritt zur BRD auf. Auf ihrem Territorium bildeten sich an diesem Tage die fünf Bundesländer: Sachsen, Thüringen, Sachsen-Anhalt, Brandenburg und Mecklenburg- Vorpommern. Ost-Berlin und West-Berlin schlossen sich wieder zu einer Stadt zusammen.
Der befürchtete Herzinfarkt kam glücklicherweise nicht. Am 7. Oktober durfte ich das Krankenhaus wieder verlassen, so dass ich am 8.10. meinen Dienst wieder aufnehmen konnte. Ich bat meine Mitarbeiter, mich zu informieren, was sich in "meinen Fehltagen" ereignet hatte. Dann musste ich zur Dezernentenbesprechung. Dort wurde ich mit "Hallo" wegen meiner schnellen Rückkehr aus dem Krankenhaus begrüßt.
Jetzt wurde ich damit konfrontiert, Gesetze zu studieren, denn ab sofort galten die Gesetze der BRD auch bei uns. Das würde Arbeit kosten!
Als ich ins Schulamt zurückkam, bat mich Frau Gisela Jahn um ein vertrauliches Gespräch unter vier Augen. Sie äußerte den Wunsch, sie als Stellvertreterin zu entlasten. Sie wolle wieder als Lehrerin an eine Schule zurück. Ich war darüber traurig, hatte aber Verständnis für ihre Befindlichkeiten.
Von der POS II in Thalheim wurden Probleme gemeldet, die auf eine konspirative Arbeit hindeutete. Gemeinsam mit Christian Graß nahmen wir dort an einer Lehrerkonferenz teil, konnten Missverständnisse ausräumen, die entsprechenden Lehrer zurechtweisen und dazu beitragen, dass sich die Spannungen im Kollegium wieder lösten.
Kurze Zeit später rief mich Heinz Teichmann von der OS I in Oelsnitz an, einige Lehrer hätten mit Streik gedroht. Auch hier griff ich ein und sagte den Kollegen, die Streikabsichten geäußert hatten, die Meinung. Gute Unterstützung fand ich in Lore Schlie und noch einigen Kollegen der gleichen Schule. Der Streik konnte abgewendet werden.
Am 16.10. organisierte der "Sächsische Lehrerverein" eine Informationsveranstaltung in Chemnitz zu Fragen der Schulleitung und der Schulaufsicht, in der auch die in Sachsen angedachten Schularten vorgestellt wurden.

Am 22.10. fand unter der Regie des Landrates eine Beratung zwischen Gesundheitswesen und Schulamt statt, die für mein persönliches Leben sehr entscheidend wurde: Ich war ziemlich in Zeitnot, da es im Schulamt galt, vorher einige Probleme zu klären und rannte deshalb hinüber ins Landratsamt, um nicht verspätet zur Beratung zu kommen. Kurz vor der Tür zum Beratungszimmer "erwischte" ich noch Dr. Schettler, der als Amtsarzt zur gleichen Beratung geladen war. Der Landrat begrüßte uns, noch bevor wir Platz genommen hatten - alle anderen saßen schon um den Beratungstisch herum - und schon wurde die Beratung vom Landrat eröffnet.

Die "Geschützten Werkstätten" bzw. "Geschützten Abteilungen" der Betrieben, in denen geistig behinderte Menschen ihren Arbeitsplatz gefunden hatten, drohten wegzubrechen, weil entweder die Betriebe in Liquidation gingen oder diese speziellen Abteilungen aus finanziellen Gründen aufgegeben wurden. Im Kreis Stollberg gab es zu dieser Zeit rund 60 Behinderte, die so ihre Arbeit verlieren würden. Für diese Menschen musste eine Werkstatt gefunden werden, in der sie betreut werden und arbeiten könnten.

Von mir wurde erwartet, dass ich aus der großen Anzahl der polytechnischen Einrichtungen im Kreis ein oder zwei für diesen Zweck zur Verfügung stellen könnte.

Ein Herr Ulbricht, vom Arbeitsamt Zwickau, Frau Geithner, die Schulleiterin der "Förderschule für geistig Behinderte", Herr Martin, ein ehemaliger Schüler von mir, der die neu ins Leben zu rufende Werkstatt leiten sollte und eine junge Frau, die der Landrat mit "Schwester Gudrun" ansprach, waren weitere Teilnehmer dieser Beratung. Ferner waren Vertreter der Betriebe "Fabes", "KSG" und "ESDA" anwesend, die so schnell wie möglich, jedoch spätestens bis Jahresende die behinderten Mitarbeiter entlassen wollten (besser: mussten). Während Volkmar Martin als Werkstattleiter für die zu schaffende Werkstatt vorgesehen war, sollte Schwester Gudrun die dort Arbeitenden als "Sozialpädagogischer Dienst" betreuen und die "Lebenshilfe" im Kreis Stollberg schaffen, die dann die Trägerschaft für diese "Werkstatt für Behinderte" übernehmen sollte.

Zu dieser Zeit lag den Schulämtern noch der Beschluss des Ministerrates der DDR vom 25.04.1990 vor, der den unbedingten Erhalt der polytechnischen Zentren forderte. Zwar zweifelten wir an der Basis über die Einhaltung dieser Anordnung, doch anderslautende Richtlinien oder Empfehlungen gab es nicht. Auch in der Informationsveranstaltung des "SLV" am 16.10. hatte der Erhalt dieser "PTZ" noch volle Gültigkeit. So war es mir nicht möglich, zu helfen. Doch selbst wenn ich hätte ein solches "PTZ" hätte abstoßen können, wäre das keine wirkliche Hilfe gewesen, weil unsere Einrichtungen als viel zu klein für die geforderte Werkstatt befunden wurden.
Was aber hat diese Beratung mit meinem persönlichen Leben und meiner Zukunft zu tun?
Die Antwort findet der Leser im folgenden Brief, den ich fünfeinhalb Wochen später an meine Cousine Jutta, (die ich aber stets "Schwesterchen" nannte) zu Papier brachte:

Mein "schönster" Brief

Oelsnitz, d. 27.11.1990
Mein liebes Schwesterlein,
bevor ich Dir heute eine Überraschungsgeschichte erzähle, erinnere ich an den Siebentagekrieg Israels sowie an den Blitzkrieg, den das damalige nazistische Deutschland gegen Polen geführt hat.
"Mein Krieg" dauerte vier Wochen, war eigentlich gar kein Krieg, verlief somit unblutig und kennt auch keine Verlierer.
Oder soll ich lieber eine andere Einleitung wählen? Etwa aus dem Skatspiel? - "Einen Grand ouvert gewonnen!"
Oder magst Du eine klassische lateinische Überschrift? "Veni - vidi - vici".
Nein, noch anders: Als Frau ziehst Du Dir sicher folgende Überschrift vor:
"Meine - Gudrun - Love - Story"!
Sicher habe ich Dich jetzt neugierig gemacht!
Zum Verständnis muss ich Dir eine Vorgeschichte erzählen:

Irgendwann im Frühjahr 1986 auf dem Weg von der Bushaltestelle an der Hauptpost in Chemnitz zu meiner Arbeitsstelle in der Schlossstraße bei der "Schloma" beobachtete ich die entgegenkommenden Menschen, die ebenfalls ihrer Arbeitsstelle zustrebten. Der eine, schien mir, hatte noch eine Alkoholfahne, der andere schlief noch halb, der Dritte schien voller Frust zu stecken, das Gesicht des Vierten wirkte wie eine Maske, ein Fünfter bewegte sich wie ein Roboter vorwärts. Unter den vielen Passanten gab es nur ganz wenige, die freundlich in die Welt guckten. Ein hübsches, junges Frauchen aus dieser Gruppe fiel mir besonders auf. Ich dachte: "Die könnte Dir gefallen!"

Am nächsten Tag ertappte ich mich dabei, dass ich nach ihr Ausschau hielt und enttäuscht war, dass ich sie nicht entdecken konnte. Manche andere traf ich doch auch tagtäglich, die ich den oben geschilderten Gruppen 1 bis 5 zuordnete.

*Ein paar Tage später jubelte mein Herz - "Dort kommt **die** junge Frau aus Gruppe 6."*

Ich fasste mir ein Herz und grüßte die Unbekannte im Vorbeigehen mit einem freundlichen "Guten Morgen!". Mein Gruß wurde freundlich erwidert. Dabei lächelte sie. Sie hatte bezaubernde Grübchen!

Hatte ich mich verliebt? " Mensch, Du bist verheiratet!", sagte meine innere Stimme zu mir. Ich konterte: "Na und, bin ich denn meiner Lieselotte untreu?" Die Stimme des Gewissens verneinte meine Frage, ließ aber nicht locker: "Jesus sagt: ... wer eine Frau ansieht, ihrer zu begehren...". Ich hatte die "Schloma" erreicht, die Pflicht lenkte mich von dem Widerpart mit der inneren Stimme ab.

An den folgenden Tagen fehlte mir etwas, wenn "Grübchen", so nannte ich in Gedanken die schöne Unbekannte, mir nicht begegnete. Sah ich sie aber, so bebte es in mir. Natürlich merkte kein anderer Mensch etwas davon.

Bald grüßten wir uns freundlich und so selbstverständlich, wenn wir uns begegneten, wie alte Bekannte das tun. Keiner wusste Näheres vom anderen. Manche Wochen vergingen. Die ersten Rosen blühten im Garten. Montags nahm ich mir immer ein Sträußchen für meinen Schreibtisch mit. Da kam ich auf einen Wahnsinnsgedanken. Ich sah

"Grübchen" von weitem, griff mir bewusst eine weiße Rose aus der Tasche, grüßte freundlich und sprach sie an: "Bitte lachen Sie mich nicht aus, ich möchte Ihnen in aller Unschuld diese weiße Rose überreichen. Ich hoffe, dass ich Ihnen damit eine Freude machen kann. Sie sind immer so freundlich!"
Sie nahm die Rose dankbar an und lächelte dabei. Ich hatte nicht einmal ein schlechtes Gewissen! Bis zum Spätherbst 1987 wechselte manches Gartengewächs auf meinem Arbeitsweg den Besitzer. Das Frauchen gefiel mir von Begegnung zu Begegnung immer besser. Gern hätte ich sie nach ihrem Namen, ihren Beruf, ihrer Arbeitsstelle gefragt, sie zu einem Rendezvous eingeladen. Doch hier gebot meine innere Stimme ein kategorisches "Nein!"
Ende Oktober 1987 überreichte ich meiner schönen Unbekannten die letzte Rose (ja, es war eine rote!) und sprach mit Wehmut, dass es die letzte sei durch den nahenden Winter, aber auch durch den bevorstehenden Arbeitsplatzwechsel zurück in den Kreis Stollberg. Dann sah ich sie nur noch selten. Es blieb bei dem freundlichen Morgengruß.
Als meine Frau im darauffolgenden Jahr schwer erkrankte, vergaß ich diese kleine, so unschuldige Episode meiner Chemnitzer Zeit. Ich hatte nur noch den einen Gedanken, meiner Lieselotte nützlich und dienlich zu sein.
Wie Du, mein liebes Schwesterlein weißt, habe ich sie ein Jahr lang hingebend bis zu ihrem Tode gepflegt. Das ist nun auch schon wieder über ein Jahr her. Inzwischen vollzog sich die politische Wende, ist unser Vaterland - Gott sei Lob und Dank dafür! - wiedervereinigt.
Jetzt komme ich zum Bericht meines "Blitzkrieges":
22. Oktober: Es findet eine Beratung im Landratsamt wegen eventueller Überlassung eines "Polytechnischen Zentrums" für eine zu schaffende "Werkstatt für Behinderte" statt. Ich schaffe den Termin gerade so, dass ich nicht unpünktlich bin und nehme auf einen der freien Stühle Platz.
Mir sitzt eine junge Frau gegenüber, die mir bekannt vorkommt. Ich grüble, starre sie an. Sie scheint sich darüber zu amüsieren, lächelt. Ich erkenne an ihren Wangen "Grübchen".
Unser Landrat nennt sie in der Beratung vertraulich "Schwester Gudrun". Dabei werde ich auf eine falsche Fährte meiner inneren

Nachforschung gelockt. Denn Landrat Udo Hertwich und ich waren einige Jahre als Kollegen an der gleichen Schule tätig. Was liegt näher als die Vermutung: "eine ehemalige Schülerin"?
Nach der Beratung spreche ich "Schwester Gudrun" an: "Wir kennen uns. Bitte helfen Sie meinem Gedächtnis nach. Woher?" Und sie hilft meinem Gedächtnis nach: " Wir sind uns eine Zeitlang in Chemnitz auf dem Weg zur Arbeit begegnet!" Die Antwort veranlasst mich zu einem regelrechten Luftsprung. Es ist meine Chemnitzer "Rosenkönigin", "mein Grübchen"!
Vier Tage später: Vom Landrat erfrage ich Familienstand und Weltanschauung von "Schwester Gudrun". Er lächelt verständnisvoll: "Sie ist unverheiratet. Sie ist Christin."
Eine Woche später will ich von Udo Hertwich wissen, wo Gudrun arbeitet und wie alt sie ist. Beide Fragen beantwortet er mir bereitwillig. Zusätzlich erfahre ich, sie habe ein geistig behindertes Mädchen als Tochter angenommen. Anke sei inzwischen erwachsen.
Meine innere Stimme redet wieder mit mir: "Wenn eine ledige Frau ein behindertes Kind annimmt, dann muss sie wohl ein gutes Herz besitzen. Sicher hat sie sich damit abgefunden, so kaum einen Partner zu finden."
10. November
Ich habe von Amts wegen eine Einladung zur Gründungsversammlung der "Lebenshilfe, Kreisvereinigung Stollberg" erhalten. Gudrun ist im Vorstand. Das wusste ich vorher.
*Ich habe eine schöne langstielige dunkelrote Rose gekauft und eine Karte dazu geschrieben: "Lassen Sie sich grüßen im frohen Wiedersehen nach langer Pause. Diese Rose möchte anknüpfen an eine alte Tradition und die Hoffnung aussprechen, dass es vielleicht mehr als nur **ein** Wiedersehen sein könnte. Ihr alter Verehrer."*
Nach der Veranstaltung raunt sie mir zu, bis zum Schluss zu warten.
Mein Angebot, am Folgetag gemeinsam essen zu gehen, wird von ihr zwar aus objektiven Gründen abgelehnt, dafür erhalte ich aber eine Gegeneinladung zu einem Symphoniekonzert in der Chemnitzer Stadthalle.

13. November:
Symphoniekonzert. Anschließend Weinlokal. Sekt. Brüderschaft. Ein erster Kuss.
18. November
Einladung nach Chemnitz. Gemeinsamer Gottesdienstbesuch in der Schlosskirche.
Mittagsmahl zu viert, also mit Gudruns Mutter und Tochter Anke. Ein Test für mich, ob ich Anke verkrafte, wie ich auf sie reagiere und sie auf mich.
Der Test verläuft beiderseits positiv.
Ich habe für alle drei Damen Blumen mitgebracht, für Gudrun selbstverständlich Rosen. Anke erhält Alpenveilchen.
Während die Hausfrau in der Küche das Mittagessen zubereitet, unterhalte ich mich im Wohnzimmer mit der Pflegetochter.
Anke will wissen, warum ich ihr auch Blumen geschenkt habe. Ich entgegne, damit sie sich nicht benachteiligt fühle, wenn ihre Mutti und ihre Oma Blumen von mir erhielten. Schnell meint sie: "Nein, wenn Du Gudrun was schenkst, bin ich gar nicht eifersüchtig!" Ihre nächste Frage ist sehr direkt, wie es eben ihre Art ist: "Du hast wohl Gudrun gern?"
Ich bejahe und meine, wenn sich bei uns eine feste Beziehung entwickeln würde, müsste sie sich nicht an den Rand gedrückt fühlen. Ich wollte ihr Gudrun nicht weg nehmen. Sie gehöre dann ganz einfach mit dazu."
In dem Moment bringt Gudrun das Essen ins Wohnzimmer. Fast hätte sie die Schüssel fallen lassen, als Anke loslegt: "Gudrun, der will uns alle beide heiraten!"
Nach dem Mittagessen kommen Gudrun und Anke mit nach Oelsnitz. Sie fühlen sich auch in meinem Haus geborgen und bleiben über Nacht. Mein Michael serviert Kaffee und Stollen und später das Abendbrot, was er meisterhaft garniert hat.
19. November
Gudrun hat in Stollberg eine Abendveranstaltung. Ich spiele ihren Fahrer, während Michael schon vorher Anke nach Chemnitz zurückgebracht hat, bevor er wieder nach Berlin in seine Wohnung zurückkehrte.

Ich darf die Nacht über in Chemnitz bleiben.
Für uns steht fest: Wir bleiben zusammen. Wir werden heiraten. Ich hole mir alle drei ins Haus. Beide Söhne und die Schwiegertochter Gabi akzeptieren meine Entscheidung, die für sie Konsequenzen mit sich bringt. Zwar finden sie im Vaterhaus jederzeit ein Nachtquartier, wenn sie zu Besuch kommen. Aber ihre Zimmer muss ich zugunsten "meiner drei Damen" liquidieren.
Trotz meiner Blitzaktion sind alle meine Schritte gut überlegt und kein Anzeichen einer Torschlusspanik.
Das war meine "Gudrun-Love-Story" ! Hoffentlich hat sie Dir gefallen. Wie die Geschichte weitergeht, wird Gott bestimmen.
Herzliche Grüße und alle guten Wünsche sagt Dir
Dein sich verjüngt fühlender Gerhard

Nachtrag zum Brief bzw. eine Vorschau auf den Monat März des folgenden Jahres:
Schon am 8. März 1991 war Hochzeit. Als Trauspruch wählten wir die Worte Josuas: "Ich aber und mein Haus wir wollen dem Herrn dienen". Es war der gleiche Trauspruch wie in meiner ersten Ehe. Die beiden Haushalte in Chemnitz lösten wir auf. Gudruns Mutti fühlte sich ebenfalls in Oelsnitz glücklich bis sie im Jahre 1998 heim gerufen wurde in die Ewigkeit. Anke war mit dem Wohnungswechsel von Chemnitz nach Oelsnitz ebenfalls zufrieden. Nach anfänglichen Problemen, weil ich noch nicht so recht wusste, welche Befindlichkeiten Autisten haben, kamen wir gut miteinander aus, und sie erkannte mich als ihr "Väterchen" an.
Mit Gudrun verstehe ich mich ausgezeichnet. Haben wir auch nicht immer die gleiche Meinung, so kam es in all den Jahren noch nie zu einen wirklichen Streit. Tagtäglich danke ich dem himmlischen Vater für "mein Gottesgeschenk" und halte mich selbst darob für einen der glücklichsten Menschen der Gegenwart.

Ansonsten stand die Woche vom 20. bis 24. 10. "im Zeichen der Berufsschulen".
Wir durften garantieren, dass Schüler, die bereits in der "Berufsausbildung mit Abitur" standen, ihre Ausbildung weiterführen

konnten. Erst nachdem endlich die Zustimmung der Industrie- und Handelskammer" vorlag, stimmte auch die oberste Schulbehörde in Dresden zu. Es war ein harter Kampf gewesen!
In Thalheim und Auerbach lösten wir die Lehrlingswohnheime auf, weil das Niveau der Einrichtungen und die Bausubstanz zu schlecht waren. Eine Rekonstruktion lohnte sich nicht, da die ansässigen ehemaligen Betriebsberufsschulen, die in Kreisträgerschaft übergeben wurden, in Kürze sowieso geschlossen würden, wenn die Erweiterung in Oelsnitz auch diese Lehrlinge aufnehmen konnte.
Im Oelsnitzer Berufschulzentrum nahm ich an einer Lehrerversammlung teil und überzeugte mich, wie die neuen Technologiekabinette ausgestattet werden. Vom LRA bekam ich äußerst gute Unterstützung. Der Kreis wollte ein "Vorzeigeobjekt" schaffen. Ich war mit dieser Entscheidung recht zufrieden.
In der gleichen Woche ließ ich mir von Frau Geither ihre "Schule" vorstellen und über die mir noch völlig fremde Schulart einschließlich der speziellen Erziehungs- und Bildungsziele informieren. Gemeinsam gestalteten wir den Elternabend für diese Einrichtung.
Vom 29. Oktober bis zum 2. November hatte ich mich für einen Lehrgang zur Fortbildung von Schulräten in Potsdam angemeldet. Die Internatunterkunft war garantiert. Die Lehrgänge selbst fanden im "Institut für Lehrerbildung" neben der Nikolaikirche statt, nicht an der "Pädagogischen Hochschule" wie ich zur Anmeldung gehofft hatte.
Das Programm war ziemlich anspruchsvoll! Im ersten Teil ging es um pädagogische Führung und Managementprozesse im Schulwesen. Dabei waren Konferenz- und Gesprächsführung sowie Konfliktlösungen Schwerpunkte. Der zweite Hauptteil behandelte die Kompetenzen in der Schulaufsicht. Der dritte Teil vermittelte Informationen zum geltenden Schulrecht. Auch psychologische Aspekte wurden vermittelt. Ich schrieb sehr viel mit, fühlte mich dabei zurückversetzt in meine Studentenzeit. Dabei hatte ich jetzt schon mehr als ein halbes Jahrhundert auf dem "Buckel". Unter den anderen Lehrgangsteilnehmern war nicht ein einziger, den ich kannte. Wenn ich mich unter den Zuhörern umblickte, meinte ich, der älteste unter den Lehrgangsteilnehmern zu sein. Hatte nicht mein Vater auch mit 56 Jahren in Leipzig drei Monate einen

Lehrgang besuchen müssen, sogar Prüfungen absolvieren? Ich war nur eine Woche hier und brauchte keine Prüfung abzulegen! Das beruhigte mich.

Am 31. Oktober war seit langer Zeit wieder Feiertag zum Reformationsfest. Erst einen Tag zuvor informierte man uns, dass der Tag "frei" sei. Fast alle Lehrgangsteilnehmer nutzten die Gelegenheit und fuhren am 30. 10. heim. Für mich lohnte sich das nicht. Daheim wäre ich allein gewesen. Also nutzte ich den Tag, um Familie Siegfried Starke in der Geschwister-Scholl-Straße 61 einen Besuch abzustatten und anschließend durch den Park von Sanssouci zu bummeln und in Erinnerungen zu schwelgen. Es herrschte schönes Wetter. Ich platzierte mich auf eine Parkbank, auf der ich vor 45 Jahren oft gesessen und Vorlesungsstoff wiederholt hatte. Manche Liebespaare spazierten vorbei. Da kam ich mir doppelt einsam vor. Ich schmiedete einen Plan, wie ich mich "Schwester Gudrun" nähern könnte.

Die gebotenen Vorträge nützten mir für meine berufliche Tätigkeit. Der Abstand vom Schulamt bekam mir ebenfalls gut. Das Nachdenken war wichtig: Arbeit allein macht nicht glücklich. Würde ich mich familiär verändern können?

Der Leser weiß bereits die Antwort.

Am 05.11. hatte ich im Schulamt zunächst einen hohen Postberg aufzuarbeiten. Unter der Eingangspost befand sich auch eine Einladung zur Gründungsveranstaltung der "Lebenshilfe"; für den 10. November; unterschrieben von Gudrun Vettermann. Näheres ist ebenfalls dem aufmerksamen Leser aus meinem "schönsten Brief" bekannt.

Am nächsten Tag musste ich als Dezernent eine Arbeitsberatung im Bergbaumuseum abhalten, die den gesamten Vormittag in Anspruch nahm und mir viele, viele ungelöste Fragen bescherte.

Weiterhin hatte ich ein "Amt für Ausbildungsförderung" (Bafög) zu schaffen. Wir hatten keine Hochschule im Kreis Stollberg. Für die Fachschule für Krankenschwestern und -pfleger, für die Berufsschulen und das Gymnasium, so meinte ich, brauchte ich kein Amt, da genügte eine Fachkraft. Herr Stucke sollte dafür verantwortlich sein. Einen Lehrgang von einer Woche hatte er bereits in Einsiedel absolviert, zwei Wochen brachten wir ihn zu einem Praktikum in Heilbronn unter. Bis zu seiner Rückkehr fanden wir für ihn auch ein Dienstzimmer.

Die Anleitung in Chemnitz am 12.11. brachte zum ersten Mal den Begriff "Oberschulamt", der bisher amtierende Bezirksschulrat Feiereis nannte sich nunmehr: "Präsident des Oberschulamtes".
Zwei Gäste aus dem Oberschulamt Tübingen erklärten uns, wie bei ihnen in Baden- Württemberg die "Staatliche Schulaufsicht" gehandhabt werde, erläuterten die Strukturen der Schulämter, berichteten, wie der Alltag eines Schulrates abläuft. Wir Schulräte würden in Kürze als Schulamtsleiter berufen, einige unserer Mitarbeiter - abhängig von der Anzahl der Lehrer und Schüler - als Schulräte aufrücken. Wir ahnten: Sachsen würde nicht die Strukturen Bayerns, sondern die von Baden-Württemberg übernehmen.
Was war im November noch erwähnenswert?
Fraktionssitzung - Kreistagssitzung - Direktorenkonferenz - Erfahrungsaustausch mit anderen Schulräten - Hospitationsstunden in der EOS - erste Beratungen der Schulräte unter der Regie des gebildeten Oberschulamtes Chemnitz - weitere Beratungen aller sächsischen Schulräte in Dresden - Besuch von Vertretern verschiedener Verlage - Vorbereitung des Kreisschulbeirates - Personalratswahl.
Für den "Kreisschulbeirat" berief ich schließlich drei Bürgermeister, vier Direktoren, vier Vertreter des Kreiselternrates, acht Vertreter des Lehrerrates, vier Vertreter des Kreisschülerrates, die alle in ihrer Gruppe mehrheitlich gewählt wurden sowie zwei weitere Mitarbeiter des Schulamtes.
Im Ergebnis der ersten Konferenz des "Kreisschulbeirates" entstand ein Brief an Dr. Klaus Husemann, in dem die Schulstruktur unseres Kreises vorgestellt wurde und ein Mitspracherecht für das zukünftige Schulsystem in Sachsen gefordert wurde.
Monatlich fanden die Zusammenkünfte des "Kreisschulbeirates" statt. Die Mitglieder waren motiviert und engagiert. Es wurde viel Gescheites geredet. Es gab einen echten Meinungsstreit, besonders zum vorliegenden "Referentenentwurf zum Schulgesetz". Aus diesem Grund lud der Vorsitzende des "Kreisschulbeirates" Pfarrer Hermsdorf den Landtagsabgeordneten unserer Region, Herrn Stephan Reber zu einer Beratung ein, um ihn für die erarbeiteten Ideen zu gewinnen. Ich hatte ein Gremium, auf das ich mich berufen und

verlassen konnte. Aber, so frage ich mich heute, was hat der "Kreisschulbeirat" eigentlich bewirken können? Eine Antwort auf diese Frage weiß ich leider nicht.

Um den polytechnischen Unterricht für die einzelnen Schulen abzusichern, durfte ich den ehemaligen Betreuern befristete Arbeitsverträge bis zum 31.07.91 anbieten, in der Hoffnung, dass bis zu diesem Zeitpunkt die obere Schulbehörde eine Entscheidung getroffen habe, ob auch im darauffolgenden Jahr diese Art weiterbestehen darf oder ob einzelne "Profile" eingerichtet werden müssen, ähnlich wie im Bundesland Baden-Württemberg. Die Vertreter der Betriebe freuten sich, dass wir das Personal übernahmen. Christian Graß sträubte sich gegen die Übernahme zusätzlicher Personen, von denen wir uns vermutlich im Juli wieder trennten.

Am 29.11. wurden die Schulräte wieder einmal nach Dresden bestellt. Frau Stefanie Rehm, Staatsminister für Bildung, Jugend und Sport, stellte sich uns vor:

Sie sei überzeugte Christin, sei verheiratet, die Mutter zweier Kinder und von Beruf Lehrerin. Sie habe zwei Staatssekretäre an ihrer Seite: Dr. Klaus Husemann als parlamentarischen Staatssekretär und einen noch zu berufenen Staatssekretär aus den alten Bundesländern. Sie sprach über das Schulgesetz, das als Referentenentwurf vorliege; nannte die Schularten, für die sich Sachsen entscheiden werde, erwähnte Übergangsmöglichkeiten und Durchlässigkeit, betonte die Orientierungsstufe 5 und 6, den Aufbau der Gymnasien, die Garantie der Abschlüsse, die deutschlandweit, ja europaweit Gültigkeit besitzen und anerkannt werden müssten. Das laufende Schuljahr würde als Übergangsjahr angesehen, aber das neue Schuljahr müsse langfristig vorbereitet werden. Wir Schulräte waren zufrieden, die meisten unserer Forderungen schienen berücksichtigt zu sein.

Die Schulämter würden rückwirkend zum 3. Oktober 1990 dem Land unterstellt. Ab Januar 1991 übernehme die Bezahlung der Freistaat. Die Lehrer würden ja bereits vom Land bezahlt und seien alle in den Landesdienst übernommen. Wir sollten die Lehrer beruhigen, ihnen ihre Existenzangst nehmen, es wäre weder eine Kurzarbeit, noch Massenentlassungen vorgesehen. Nur von "Stasibelasteten" wollten wir uns trennen. Die Entlohnung würde schrittweise der der Altbundesländer angeglichen. Wir sollten Geduld haben.

Dann verkündete Dr. Huseman, Sachsen habe sich entschlossen die Strukturen von Baden-Württemberg zu übernehmen. Er stellte die zu bildenden Abteilungen im Kultusministerium vor:
1. Verwaltung, Haushalt, Recht 2. Grundsatzentscheidungen
3. Allgemeinbildende Schulen 4. Berufsschulen 5. Jugend, Sport
Ein Herr Fischer äußerte sich zu Finanzen und Haushalt. Er schien mir recht unsicher zu sein. Ich habe noch in Erinnerung, dass er sich dahingehend äußerte, die Treueprämien für Lehrer nach 10, 20 und 30 Dienstjahren und alle Beförderungen würden mit sofortiger Wirkung wegfallen. Die Begründung habe ich mir nicht gemerkt.
Herr Berenbruch ergriff das Wort. Er klärte die offene Frage, wie wird der sprachliche Schulabschluss geklärt: 6 Jahre in einer Sprache führe zur mittleren Reife, wobei ein Kompromiss zugelassen wurde: 1 Jahr Russisch, 5 Jahre Englisch. Auch über die künftige Lehrerausbildung klärte er uns auf.
Am Schluss konnte ich mir noch eine Antwort von Husemann holen: Was wird mit meiner Doppelfunktion Dezernent und Schulrat bzw. Schulamtsleiter, wenn die Schulämter rückwirkend ab 03.10.90 dem Land unterstellt werden. Seine Antwort: Ich solle mich schnellmöglichst von der Doppelfunktion befreien und mich für eine der beiden Möglichkeiten entscheiden.
Im Dezember erreichte uns eine Anweisung, dass die Kindergärten und die Horte an die Gemeinden abzugeben seien. Bis wann?
Vom 10. bis 17.12. 1990 war ich zu einer Fortbildung der Schulamtsleiter im Bereich Oberschulamt Chemnitz unter dem Thema "Leitung und Verwaltung in der Schule" nach Rothenkirchen eingeladen. Der Schulamtsdirektor des Landkreises Kronach Herr Heinrich Nüßlein hatte die Einladung unterschrieben. Als Tagungsstätte war der Gasthof "Hansveit" in Rothenkirchen angegeben. Ich verständigte mich mit Jörg Fiedler. Er war gern bereit mich in seinem Auto mitzunehmen.
Gudrun und Anke bat ich, sie möchten in dieser Zeit mein Haus hüten und "probewohnen".
In Rothenkirchen bot man uns ein straffes Programm. Aber man hielt eine Mittagspause von zwei Stunden ein, die es mir ermöglichten, ein Mittagsschläfchen zu halten. Danach war ich wieder frisch. Neben den Seminaren bot man uns auch kulturelle Veranstaltungen und eine

Betriebsbesichtigung an. Abends saßen wir in geselliger Runde mit einigen fränkischen Schulamtsdirektoren und Schuldirektoren zusammen. Es wurde viel gesungen! Aber nicht nur an jedem Abend, sondern auch an jedem Morgen vor Beginn des neuen Seminars. Obgleich ich selbst nicht singen kann, war ich davon begeistert. Nach dem Lied ging es zügig in der Wissensvermittlung voran:
-Aufgabenbereiche und Handlungsfelder im staatlichen Schulamt
- welche Wertvorstellungen gilt es zu vermitteln
- Planung und Durchführung von Fortbildungsveranstaltungen
-schulrechtliche und organisatorische Aspekte der Klassenbildung
-Organisation und Verwaltung im Schulamt
-Planung und Durchführung von Dienstbesprechungen.
Es waren viele Hinweise und Anregungen für unsere eigene Arbeit.
Die bayrischen Strukturen fand ich persönlich sympathischer als die von Baden-Württemberg.
Für Präsident Feiereis richteten die Veranstalter auch eine Möglichkeit ein, über "Chemnitzer Probleme" zu sprechen. Er beantwortete auch die meisten unserer Fragen, die uns unter den Nägeln brannten. So wurde uns deutlich, dass Schulämter und Schulverwaltungsämter getrennt werden müssen.
Voller Enthusiasmus fuhren wir nach dieser Woche zurück in unsere eigenen Schulämter. Es war für uns ein echter Gewinn. Die schönen, interessanten und menschlich wertvollen Begegnungen blieben unvergessen.
Nach der Rückkehr informierte ich den Landrat, über das in Dresden und durch Feiereis in Rothenkirchen Gehörte. Gemeinsam suchten wir nach optimalen Übergängen für Kulturamt, Touristik/Sport und das Schulverwaltungsamt, verschoben jedoch den Übergang auf das folgende Kalenderjahr.
.
Noch eine Bemerkung zum persönlichen Bereich: Gudruns und Ankes Probewohnen hatte sich ausgezahlt. Sie blieben bei mir wohnen. Wir bereiteten den Umzug von Gudruns Mutti vor. Gemeinsam feierten wir das Weihnachtsfest. Auch mein Vater ließ sich für diese Tage nach Oelsnitz entführen. Michael kam auf Urlaub. Am zweiten Feiertag gesellten sich Christian, Gabi und Klein-Michael dazu. Es war wunderschön.

1991

Nachdem ich das Jugendamt bereits an das Dezernat VI (Dr. Schettler) abgegeben hatte, sollten bis zum Ende des 1. Quartals das Kulturamt und das Schulverwaltungsamt dem Dezernat II (Allgemeine Kreisangelegenheiten unter Herrn Scheiter) und das Amt für Touristik und Fremdenverkehr dem Dezernat III (Wirtschaft unter Herrn Fahrhöfer) zugeordnet werden. Es dauerte dann allerdings ein wenig länger. Aber bis Ende April hatte ich mein Dezernat "abgewickelt".

Das Schulverwaltungsamt wurde ab dem II. Quartal dem Dezernat I unterstellt, das Dezernat II wurde aufgelöst.

Wenn der Leser glaubt, meine Arbeit wäre durch die Abgabe der genannten Ämter geringer geworden, so irrt er sich sehr. Es fielen lediglich die wöchentlichen Dezernatsberatungen beim Landrat weg. Zwar war ich nicht mehr für das Bergbaumuseum verantwortlich, was schon eine enorme Entlastung darstellte. Ich hatte das Gefühl, so wie das eine wegfiel, wuchs die Arbeit in den anderen Bereichen.

Im folgenden Bericht will ich den Beweis dazu liefern:

"Das Schulamt 1990/91 gilt als Einführungsjahr!"

Was dieser Ausspruch auch immer bedeuten sollte, so hörten wir ihn oft zu den Anleitungen der Schulräte sowohl beim Ministerium als auch im Oberschulamt Chemnitz.

Heute ist es mir klar, man wollte damit von beiden vorgeordneten Ämtern seine Unsicherheit verbergen, fehlende Konzepte entschuldigen und Fehler herunterspielen.

Obgleich noch kaum Konzeptionen vorhanden waren, gab es regelmäßig Anleitungen in Dresden oder Chemnitz. Für jede dieser Dienstberatungen hatte ich immer eine Frageliste zusammengestellt, auf der ich für uns in den Schulämtern brennende Fragen auflistete. Oftmals legte ich diese den jeweiligen Referenten vor Beginn der Beratung vor mit der Bitte, doch nach Möglichkeit, darauf einzugehen. Nur selten hatte ich das Glück, Antworten auf meine Fragen zu erhalten.

Neben den Dienstberatungen kamen quartalsmäßig die Tagungen des "Bildungsbeirates" in Dresden hinzu. In den "Bildungsbeirat" der CDU des Landtages in der ersten Legislaturperiode hatte mich

Dr. Klaus Husemann berufen. Vorsitzender dieses Gremiums war Dr. Fritz Hähle. Insgesamt waren wir dort ca. 15 Leute; aber meist Vertreter von Hochschulen. Mit Frau Blechschmidt, Schulleiterin aus Mülsen und dem Präsidenten des Oberschulamtes Chemnitz, Herrn Jürgen Feiereis waren wir nur drei Leute aus dem "Schulbereich". Vom Kultusministerium war neben Dr. Klaus Husemann noch Herr Berenbruch vertreten. Doch die Mehrheit kam aus dem Hochschulbereich bzw. Abgeordnete des Landtages. Kein Wunder, dass die meiste Zeit über die Erneuerung der Hochschulen beraten wurde.

Für den schulischen Bereich machte ich den kühnen Vorschlag, einen eigenen sächsischen Weg einzuschlagen und nicht die Strukturen eines Altbundeslandes zu kopieren wie man zu DDR-Zeiten vieles der "ruhmreichen Sowjetunion" nachgemacht hatte.

Ich plädierte dafür, die "Polytechnische Oberschule" mitsamt dem "Unterrichtstag in der Produktion" zu erhalten und die Lehrpläne nur ideologisch zu entschlacken. Weiter möge man dem Verlag "Volk und Wissen" den Vorzug geben, da ich im Vergleich mit westdeutschen Lehrplänen und Lehrbüchern die "DDR-Lehrpläne" systematischer gegliedert, die Lehrbücher zwar weniger bunt und auf schlechterem Papier aber inhaltlich logischer und pädagogischer aufgebaut fand.

Bei der Trennung zwischen Grundschule und Mittelschule war ich kompromissbereit.

Doch die Horte wollte ich in jedem Falle in Regie des Schulamtes und für die Eltern kostenlos belassen. Auch die Arbeitsgemeinschaften in den oberen Klassen sollten erhalten bleiben.

Ich war der Meinung, was man in den Ausgaben der Bildung einspart, muss man nach Jahren für die Ausgaben der Justiz in weitaus größeren Summen drauflegen!

Ich konnte mich leider nicht durchsetzen.

Auch forderte ich, unsere Kultusministerin möge doch bitte vor Presseinformationen den Amtsweg bevorzugen und riet, sie möge sich öfter in Briefen an Schulleiter und Lehrer wenden, um diese zu motivieren und Unsicherheiten abzubauen.

Mein Appell verhallte ins Leere.

"Kreisschulbeirat" und "Kreisschulkonferenzen" fanden seit Herbst 1990 einmal im Monat statt, erstere Beratung zum Glück im Stollberger Gymnasium, das ja auch der Sitz des Schulamtes war, die zweite Art im Wechsel an verschiedenen Schulen im Kreis.
Verantwortlich für beide war natürlich der "Kreisschulrat".
In diesen Wochen diskutierten wir in beiden Gremien den Schulgesetzentwurf. Wir erarbeiteten in unserer Blauäugigkeit in großem Fleiß Ergänzungen und Änderungen, die wir ans Kultusministerium nach Dresden sandten. Dies war gewünscht. Uns war zugesagt, auf die "Leute der Praxis" zu hören. Anfangs spielten auch der "Polytechnische Unterricht" und die Einführung neuer Fächer wie Religion, Ethik, Gesellschaftskunde eine Rolle sowie die Entwicklung der Gymnasien. Auch luden wir uns die beiden Landtagsabgeordneten Herrn Stephan Reber von der CDU und Herrn Manfred Plobner von der SPD ein. Sie sollten unsere Vorstellungen im Landtag unterstützen, da wir vergeblich vom Kultusministerium auf eine Antwort auf unseren Brief warteten.
An weitere Themen wie die Gefahr der Drogen und neuer Jugendsekten erinnere ich mich. Nach dem Inkrafttreten des Schulgesetzes entfielen diese Gremien.
Dafür war ich für den Kreis Stollberg Verbindungsmann und Ansprechpartner des "Staatlichen Schulamtes Stollberg" für die Zusammenkünfte des Kreiselternrates und des Kreisschülerrates. Erstere kamen im Jahr dreimal, letztere nur einmal zusammen.
Der Personalrat lud mich häufig zu Beratungen ein, weil noch so viele Fragen offen waren.
Meine Kollegen im Schulamt erwarteten von mir wöchentliche Dienstberatungen. Die drei Kollegen der Personalabteilung waren mit einer Beratung pro Woche nicht zufrieden, sie hätten gern die täglichen Absprachen der "ersten Stunde" beibehalten. Zugegeben, ich hatte mit Graß, Arnold und Kietz keine täglichen Absprachen mehr im Tagesplan. Jedoch nach jeder Anleitung im Oberschulamt oder Ministerium gab ich ihnen das dort Erfahrene umgehend weiter. Der Vorwurf der "Entfremdung" schmerzte

mich. Ich vertraute doch den drei engsten Mitarbeitern, vermied eine Gängelei und traute ihnen eine selbständige Arbeit zu. Den Dreien ging es zu langsam mit der Entlassung belasteter Kollegen. Ich dagegen wollte auf "Nummer Sicher" gehen, brauchte handfeste Beweise. Es brachte nichts, Entlassungen auszusprechen und diese dann nach einer Entscheidung des Arbeitsgerichtes wieder zurückzunehmen.
Ich musste mich also wieder mehr um meine Personalabteilung kümmern!

Am 13. März begrüßte ich die Anwesenden der ersten Direktorenberatung im zweiten Halbjahr mit folgenden Worten:
"Wir haben das erste Halbjahr eines hektischen, anstrengenden und arbeitsreichen Halbjahres hinter uns. Ich wünsche Ihnen weiterhin Optimismus und Zuversicht für das begonnene zweite Halbjahr. Im ersten Halbjahr haben wir in kritischer Auseinandersetzung mit dem Referentenentwurf des Landesschulgesetzes eine Reihe von Vorschlägen in einem Brief an die Staatsministerin für Kultus zusammengestellt. Viele andere Landsleute verfuhren ähnlich wie wir. Einige wenige Reaktionen aus Dresden konnten wir bereits im Amtsblatt unserer Ministerin - ich meine damit die "Freie Presse" - lesen; so am 09.03. und am 11.03."
Der ironische Seitenhieb mit dem Amtsblatt rief Heiterkeit hervor.

Mit dem Schulverwaltungsamt hatte ich einen ständigen Kontakt beizubehalten, die Übergabe an das Dezernat II war nur formal. Im Gegenteil, die Trennung zwischen "Schulamt" und "Schulverwaltungsamt" erschwerte unsere Arbeit und belastete zeitlich, denn jetzt hatte ich auch noch Besprechungen mit Herrn Scheiter, dem zuständigen Dezernenten zu führen, nicht nur mit dem Amtsleiter des Schulverwaltungsamtes .
Den Dienstagnachmittag hielt ich neuerdings für Sprechstunden frei, was von Lehrern, Eltern und anderen Personen reichlich genutzt wurde. Auf die vielen Telefonate will ich gar nicht erst eingehen. Ferner waren monatlich die Anleitung der Schulleiter zu organisieren. Die Schulleiter erwarteten im Quartal einen Besuch des

Kreisschulrates an ihrer Einrichtung sowie die Teilnahme an pädagogischen Konferenzen des Lehrerkollegiums, zumal ich mich ja jetzt von den Aufgaben des Dezernenten befreit hätte.
Die tägliche Eingangspost wurde von Frau Kirchner nunmehr vorsortiert, was für mich eine große Entlastung darstellte. Meine Antwortbriefe konnte ich erst nach Dienstschluss verfassen. Oft genügten jedoch Stichworte, aus denen meine versierte Sekretärin am folgenden Tag den Antwortbrief formulierte.
Trotzdem wurde es mir langsam lästig, so viele Abendstunden zusätzlich beruflich zu opfern. Als ich die Stelle als Dezernent und Schulamtsleiter angetreten hatte, war ich "Single", war es mir sogar recht, übervoll mit Arbeit eingedeckt zu werden, so kam ich nicht zum Grübeln, fiel mir das Alleinsein weniger schwer. Und ich wollte ja mit umgestalten, Neues aufbauen.
Jetzt aber hatte ich wieder eine Partnerin gefunden. Die Freizeit gewann erneut Bedeutung für mich. Zum Glück hatte Gudrun volles Verständnis für meine Lage und machte mir nie Vorhaltungen, ich solle beruflich kürzer treten. Eins lernte ich jedoch. Und das war schon viel! Ich nahm meine beruflichen Sorgen und Probleme nicht mehr mit nach Hause. Wenn ich die Tür des Schulamtes hinter mir schloss, konnte ich umschalten. Das Wochenende war ich nicht "im Dienst". Immer gelang es mir nicht, aber immer öfter!
In dieser Zeit hielt ich montags früh noch immer drei Stunden Geographie in Niederdorf. Ich gebe zu, die Zeit fehlte mir im Schulamt. Doch ich wollte zu meinem Wort stehen, was ich früher gefordert hatte: "Verwaltungsleute müssen Verbindung zur Praxis haben!"
Außerdem machte mir der Unterricht Spaß, zumal jetzt neue Technik zur Verfügung stand, die Lehrpläne ideologisch entschlackt und freie Unterrichtsgespräche möglich waren. Das Oberschulamt duldete meine Entscheidung - aber nur noch bis zum Ende des Schuljahres 1990/91.
Daneben arbeitete ich an der Schulstruktur und am Konzept für das Schulamt Stollberg, die ständig der neuen Situation angepasst werden musste. Hierin brauchte der Landrat meine Zuarbeit für den Kreistag.

Ach ja, fast hätte ich vergessen, aufzuzählen, dass ich ja auch an allen Kreistagssitzungen und einigen Ausschüssen teilzunehmen hatte. Dazu kamen vor jeder Kreistagssitzung die Beratungen in der Fraktion.
Das Lugauer Kinderheim, für das bis zu diesem Zeitpunkt die Stadt Lugau zuständig war, sollte ab 1. Februar 1991 endlich in Trägerschaft des Landratsamtes übergehen (bis zum 01.01. hatten wir den Vertragsentwurf nicht geschafft). Das pädagogische Personal unterstand bisher dem Schulamt. Es sollte nunmehr beim Jugendamt "angesiedelt" werden.
Die Verhandlungen mit den Beschäftigten hatte ich mir leichter vorgestellt, als sie dann tatsächlich waren. Die Erzieher verlangten die Bezahlung ihrer Überstunden, der Kämmerer spielte nicht mit. Das Landratsamt forderte eine Reduzierung der Erzieherzahl. Mit großer Anstrengung gelang es schließlich, Kompromisse auszuhandeln.

Bleibt noch ein Blick in den persönlichen Bereich:
Ende Februar benutzte ich zusammen mit Gudrun eine Mittagspause, um im Oelsnitzer Standesamt unser Aufgebot zu bestellen. Den Termin hatte ich vorher telefonisch abgestimmt. Dort wurden wir "amtlich verlobt". Als ich bei "Blumen-Büttner" für den 8. März die Blumen bestellte, raunte mir der Geschäftsinhaber zu: "Herr Moser, der Frauentag wird nicht mehr gefeiert!"
Jetzt musste ich ihm bekennen für welchen Zweck ich die Blumen benötigte.
Als Stätte für die Feierlichkeiten, hatten wir uns den "Promnitzer" ausgesucht. Doch diese Überlegung konnten wir uns bei unserer Nachfrage aus dem Kopf schlagen. Dort wurde gerade umgebaut. Gudruns Bruder half Gudrun, eine Lokalität zu finden: das Ferienheim "Waldfrieden" in Stollberg. Es hatte den Vorteil, dass dort einige unserer auswärtigen Gäste übernachten konnten. Heutzutage ist der "Waldfrieden" das Tierheim des Kreises Stollberg.
Für die beiden Tage 7. und 8. März reichte ich Urlaub ein.
Am 7. März reisten bereits Maike und Birgit aus Fürstenwalde an. Maike probte an diesem Tag in der Oelsnitzer Christuskirche an der Orgel mit Anke, denn unsere Tochter sollte zur Trauung Maike auf der Trompete begleiten.

Die ersten Märztage waren wettermäßig günstig, so brauchten wir nicht zu heizen. Um trotzdem Warmwasser zur Verfügung zu haben, schaltete ich den Boiler auf "elektrisch". Jedoch besaß meine Anlage keinen Thermostaten, der automatisch abgeschaltet hätte, wenn das Wasser im Boiler die gewünschte Temperatur erreichte. Also war Aufmerksamkeit gefragt.
Am frühen Morgen des 8. März schaltete ich also auf "elektrisch", dann startete ich das Auto und holte die bestellten Blumen. Als ich zurückkam, war inzwischen Michael aus Berlin eingetroffen und überreichte "meiner Braut" als Hochzeitsgeschenk eine Katze, die ihm vor einigen Wochen in Berlin zugelaufen war. Gudrun freute sich, ich weniger.
Aber kann man ein Hochzeitsgeschenk ablehnen? Natürlich nicht!
Maike und Birgit waren inzwischen aufgestanden und angezogen. Gudrun hatte den Frühstückstisch gedeckt. Gemeinsam wurde gefrühstückt. Dann mussten Opa, Gudruns Mutti, Gudrun und ich schon aufbrechen: Termin Standesamt. Die Eltern kamen in ihrer Funktion als Trauzeugen mit. Die anderen hatten noch Zeit, denn die kirchliche Feier war eine Stunde später angesetzt. Pfarrer Häschel führte die Trauung durch.
Als Trauspruch hatten wir uns für Josua 24, 15 b entschieden: "Ich aber und mein Haus wollen dem Herrn dienen." Der gleiche Spruch begleitete mich durch meine erste Ehe mit Lieselotte.
Gudruns Kollege Volkmar Martin hatte das Saitenspielquartett mobilisiert, in dem er selbst mitspielte und das Dr. med. Oelschlägel leitete.
Maike spielte Orgel, Anke Trompete.
Der Landrat hatte als "Gratulationsvertreter" des Landratsamtes den Dezernenten Dr. med. Schettler geschickt; er selbst kam am Nachmittag mit meinen engsten Mitarbeitern Christian Graß, Eberhard Kietz, Wolfgang Arnold und Werner Meyer eine Stunde in den "Waldfrieden". Der gesamte Tag verlief harmonisch und erfreute uns und alle anwesenden Gäste. Die Verpflegung war exzellent.
Ein Teil der Gäste verblieb für die Nacht in der Pension "Waldfrieden". Mein Vater nutzte die Gelegenheit mit meiner Cousine Christa und ihrem Manfred wieder mit nach Buchholz zu

fahren. Mit 91 Jahren hatte er an diesem Abend mit seiner Schwiegertochter noch getanzt. Er war froh, dass sein einziger Sohn wieder eine liebe Frau und mit ihr sein Glück gefunden hatte.

Michael nahm Maike und Birgit als Mitfahrer in sein Auto. In unserem PKW saßen wir zu viert: Mutti, Anke, Gudrun und ich. Als ich gegen 1.00 Uhr die Haustür aufschloss, hörte ich ein Geräusch, welches klang, als hätte jemand gerade die Wasserspülung gezogen. Aber es war doch niemand im Haus außer unserem Geburtstagsgeschenk: Katze "Murkel". Jetzt durchzuckte mich ein Schreck. Ich erinnerte mich an den elektrisch betriebenen Warmwasserboiler. Ich hatte vergessen, auszuschalten. Schnell eilte ich ins Haus und die Treppe hinunter in den Heizungskeller. Der stand unter Wasser. Mit ihm auch der Kellergang und mein Arbeitszimmer, dass ich nach unten verlegt hatte, um einen Raum für meine Schwiegermutter frei zu machen. Eilend entkleidete ich mich bis auf die Unterwäsche, bevor ich meine Arbeit aufzunehmen gedachte. Inzwischen war Michael beherzt in die Flut des Heizungskellers hineingesprungen und hatte den Haupthahn abgedreht und den durch Kohlendreck verstopften Abfluss aufgerissen. Während ich dann mittels Eimer und Wischlappen den Fußboden des Arbeitszimmers allmählich trocknete, schob Michael mit einem großen Besen das Wasser vom Kellergang in Richtung Treppe, wo Gudrun von der unteren Stufe mittels eines zweiten Besens das von Michael zugeschobene Wasser um 90° in den Heizungskeller zur Schleuse umlenkte. So waren wir etwa zwei Stunden beschäftigt; Gudrun noch im Hochzeitsornat, Michael inzwischen barfuss mit hochgekrempelten Hosen, ich - wie schon gesagt - in Unterwäsche. Ein Bild für die Götter! Leider hatte uns der Humor verlassen. Keiner von uns war auf die Idee gekommen, ein Foto zu schießen.

Die anderen vier waren auf die energische Bitte der "neugebackenen Moserin" sofort und ohne Kommentar auf ihr Zimmer gegangen ohne erst noch einmal das Bad aufzusuchen, in dem momentan sowieso kein Wasser zur Verfügung stand.

Nachdem das Wasser auf den Fußböden beseitigt war, brachten wir die feuchten Schuhe, Läufer usw. ins Freie und hingen sie irgendwo auf, in der Hoffnung, die Sonne würde am Folgetag den Trocknungsprozess übernehmen. Völlig erschöpft suchten wir unsere Schlafstätten auf. Ich befürchtete, die Warmwasserheizungsanlage sei vollständig kaputt.

Am anderen Morgen setzte ich mich ins Auto und wollte unsere Heizungsfirma auf der Pflockenstraße aufsuchen. Ein Telefon besaßen wir noch nicht. Doch nach den ersten Metern meiner Fahrt, fiel mir ein Lieferwagen vor dem Eingang des Grundstückes zum Lerchenweg 4 auf: es hatte die Aufschrift einer Heizungsfirma. Ich stoppte meinen "Golf" und klingelte bei Bräunings. Auf meine Frage, ob zufällig ein Heizungsbauer bei ihnen im Haus sei, erfuhr ich, dass ihr Sohn Udo bei einer Heizungsfirma beschäftigt und über Nacht bei den Eltern geblieben wäre. Er würde noch schlafen. Ich bat um Rat und seine Hilfe, wenn er aufgestanden sei.

Vermutlich war er aber durch mein Klingeln munter geworden. Nach etwa 20 Minuten meldete er sich bei mir, hörte sich meinen Bericht an, beäugte den Boiler und meinte: "Das ist schnell wieder in Ordnung gebracht!" Er lief zu seinem Lieferwagen und kam mit einigen Kunststoffventilen zurück, die er in den Boiler einsetzte. Dabei erklärte er mir: "Das Wasser im Boiler ist zum Kochen gekommen und hat die Ventile herausgedrückt. Der Boiler ist leer gelaufen, nachfließendes Kaltwasser aus der Leitung ist durch den Boiler hindurchgeflossen." Schon war die Reparatur beendet. "Jetzt können Sie den Zulaufhahn wieder öffnen und auch die Elektrik betätigen." Als ich nach der Bezahlung fragte, meinte er:" Nehmen Sie meine Hilfe als Hochzeitsgeschenk!" Wie war ich Udo Bräuning dankbar für seine schnelle Hilfe!

Als die anderen schließlich ihr Bett verließen, funktionierte das Wasser wieder. Die Sonne half, die nassen Utensilien zu trocknen und das "Assi-Bild" im Grundstück zu liquidieren.

Am Montag erschien ich wieder zum Dienst. Ich fragte meine Kollegen fröhlich: "Wollt Ihr wissen, wie ich meine Hochzeitsnacht verbracht habe?" Alle riefen begeistert und lüstern: "Ja!" Da erzählte ich von meiner Havarie.

Zurück zum Schulamt!

In Vorbereitung auf eine künftige gymnasiale Schulausbildung - z. Z. gab es lediglich die Abiturstufen 11 und 12 für leistungsstarke Schüler, die in sogenannten "Vorbereitungsklassen" in den Stufen 9 und 10 an einigen Polytechnischen Oberschulen zusammengefasst und bereits nach anspruchsvolleren Lehrplänen

unterrichtet wurden. Nun sollten wir recherchieren, in welchen Einrichtungen mögliche Leistungsklassen der Klassenstufe 7 dazu kommen könnten.
Mit Kollegen Arnold (verantwortl. für die Lehrer) und Meyer (Kenntnis der baulichen Einrichtungen) berieten wir uns mit den entsprechenden Direktoren.
Gemeinsam fanden wir geeignete Schulen. Die im Gebäude der EOS befindliche POS besaß nur noch die beiden letzten Klassen. Diese Schüler waren in die beiden anderen Stollberger POS umzuschulen, die Lehrer wollten wir nach Bedarf und Wunsch umsetzen.
Aber würden wir mit einem Gymnasium im Kreis Stollberg auskommen. Es bot sich die Möglichkeit, eine der beiden Thalheimer "POS" als zweites Gymnasium vorzusehen. Von Oelsnitzern wurde ich hart bedrängt, auch hier ein Gymnasium einzurichten. Ich sagte zu für den Fall, dass der Bedarf für diese Schulart die Kapazität der anderen übersteigen würde. Wir führten eine Erhebung an allen Schulen durch, die helfen sollte, dieses Problem zu beantworten, selbst wenn das Ergebnis keine endgültigen Zahlen erbrachte.
In meine Sprechstunden kamen wiederholt Eltern, die Vorwürfe gegen einzelne Lehrer vorbrachten, dass diese ihre Kinder körperlich gezüchtigt hätten. Zwar stand mir in dieser Zeit im Schulamt noch Kollege Edelmann zur Verfügung, der solchen Anschuldigungen nachzugehen und mich dann zu informierten hatte, was an den Vorwürfen richtig, was aufgebauscht oder was unrichtig war. Doch das letzte Wort hatte ich Eltern und Lehrkräften gegenüber zu sprechen.
Einige Kollegen, - in Erinnerung sind mir noch Frau Ullmann, Frau Hertwich und Herr Colditz - sprachen bei mir vor und berichteten ausführlich, wie sie "in DDR-Zeiten" drangsaliert und benachteiligt worden seien. Sie erwarteten eine Rehabilitierung. Ich sagte eine Prüfung zu. Nach Absprache mit dem Oberschulamt, setzte ich ein Rehabilitierungsschreiben auf. Mehr konnte ich jedoch nicht für die Kollegen tun. Ich erklärte ihnen, wenn sie einen finanziellen Ausgleich erwarteten, müssten sie sich direkt ans Kultusministerium oder an das Amt für Familie und Soziales wenden.

Ab dem Schuljahr 1991/92 sollte schrittweise der Religionsunterricht als Wahlpflichtfach eingeführt werden (Alternative: Ethik), beginnend mit der Jahrgangsstufe 5 und vorerst einer Wochenstunde. Beratungen mit Herrn Superintendent Kreher und dem Bezirkskatecheten Merkel machten sich notwendig, um zu erfahren, inwieweit kirchliche Mitarbeiter als Lehrkräfte einspringen könnten.
In Direktorenkonferenzen erläuterte ich das Vorhaben.
Für den 5. April 1991 wurde ich nach Dresden zur Konstitution der "Konferenz der Schulräte des Freistaates Sachsen" eingeladen. Wir trafen uns dann anfangs im Quartal, später halbjährlich als "KSS". Wir beschlossen ein Statut und eine Satzung, wählten einen Vorstand, bezahlten Mitgliedsbeiträge und erhielten ein Mitteilungsblatt.
Um den Zusammenhang zu wahren, greife ich zeitlich etwas vor:
Im Oktober 1991 wurde die "KSS" als ordentliches Mitglied in die "KSD" (Konferenz der Schulräte Deutschlands) aufgenommen. Gemeinsam waren wir der Meinung, dass wir in der Umgestaltungs- und Aufbauphase unseres Schulwesens in Sachsen eine starke Interessen- vertretung benötigten. Wir versuchten einige Dinge gemeinsam beim Kultusministerium durchzusetzen.
Im April 1992, ein Jahr nach der Bildung des "KSS", verfassten wir einen Brief unter Federführung des damaligen amtierenden Vorsitzenden, Herrn Hans-Ulrich Simon aus Werdau an Frau Staatsministerin Rehm, mit der Bitte, keine Kürzungen der Planstellen in den Staatlichen Schulämtern vorzunehmen. Im Oktober gingen unsere Bemühungen in die Richtung, eine Qualifizierung und Fortbildung der Schulräte im Amt zu erreichen, dies unter dem neu gewählten Vorsitzenden Wolfgang Ihrcke aus Riesa.
Der "Polytechnische Unterricht" sollte ursprünglich beibehalten werden, was auch ich dringend befürwortete, da es sich in der "DDR-Zeit" bildungsmäßig und erziehungsmäßig bewährt hatte. Er bereitete der überwiegenden Zahl der Schüler Freude. Ökonomisch und finanziell war das die beste Lösung. Leider setzte sich das andere Konzept durch: Mittelschulen sollen sich nach musischen, sprachlichen, technischen und hauswirtschaftlichen Profilen unterscheiden. Die Wahl der Profile lag in den Händen der

Schulkonferenzen, die wiederum sich mit den zuständigen Gemeindeverwaltungen absprechen sollten. Letztere hatten die finanziellen Lasten zu tragen.

Das Aufnahmeverfahren für die Hilfsschule sollte rechtzeitig vorbereitet werden. Herrn Drummer, den Schulpsychologen, wollte ich dazu wie auch die beiden Logopäden, Kollegen Mühlfeld und Kollegin Häußler, einbeziehen. Sie sollten ihre Untersuchungen nicht einzeln durchzuführen, sondern direkt am Aufnahmeverfahren der Hilfsschulen in Oelsnitz und Thalheim teilnehmen.

Ich war der Überzeugung, dass man gemeinsam besser und schneller herausfinden könnte, ob bei den gemeldeten Kindern ein echter Förderschulbedarf vorlag und wenn, ob eventuell sogar die Förderschule für geistig Behinderte in Gablenz die richtige Einrichtung für die Kinder sei. Dazu waren auch Absprachen mit dem Amtsarzt wegen der ärztlichen Untersuchung der Schulanfänger notwendig.

Um selbst besser entscheiden zu können, besuchte ich erneut die Gablenzer Einrichtung, um mich einen ganzen Vormittag in Unterrichtsbesuchen kundig zu machen, was hier geleistet wird.

Natürlich nahm ich auch wenigstens einen Tag an jeder der beiden Einrichtungen in Oelsnitz und Thalheim am Aufnahmeverfahren teil, war ich doch für die Förderschulen verantwortlich, also brauchte ich hier praktische Erfahrungen.

Weiterhin plagten mich die Sorgen der Berufsschulen: Während im laufenden Schuljahr die Abgänger der 10. Klassen noch kaum Probleme hatten, einen Ausbildungsplatz zu erhalten und die Berufsschüler an den noch bestehenden vier Berufsschulen im Kreis m. E. gute Lernbedingungen vorfanden.

Nicht alle Berufsschüler waren auch Abgänger der 10. Klassen im Kreis Stollberg, manche kamen von auswärts; hatten in Auerbach und Oelsnitz die Möglichkeit im Internat zu wohnen. Jedoch würden im Kreis Stollberg im kommenden Schuljahr für 570 Absolventen der 10. Klasse nur 120 Ausbildungsplätze gegenüberstehen, wie die Erhebung besagte.

Dazu kamen Abgänger aus niedrigeren Klassen und sicher auch Abiturienten, die sich nicht entschließen könnten, ein Studium aufzunehmen und damit Abgängern der 10. Klasse noch Ausbildungsplätze wegschnappten.

Wir hatten ein "Berufsvorbereitungsjahr" (BVJ) und ein "Berufsgrundbildungsjahr" (BGJ) zu sichern. Damit wurde die Kapazität unserer Berufsschulen überschritten. Es fehlten Räumlichkeiten und Lehrpersonal.
Stollberg wurde durch die Verlagerung des Berufsfeldes Metalltechnik an die Oelsnitzer Einrichtung entlastet.
Wir überlegten, wenn wir die Oelsnitzer Einrichtung erweitern, was vom Platz ohne weiteres möglich wäre, könnten wir die Auerbacher und Thalheimer Einrichtungen schließen, die bei Fortbestand ebenfalls dringende Rekonstruktionen notwendig hätten. An Fördermittel war in dieser Zeit noch nicht zu denken.
Im April entschied ein Gastreferent des Oberschulamtes, der aus Bayern oder Baden- Württemberg gekommen war. Nach einem Kurzbesuch in allen vier Berufsschulen legte er fest: "Auerbach und Thalheim sind baldmöglichst, Stollberg mittelfristig zu schließen".
Herr Hundt ordnete an: "Wenn der Kreis Stollberg es versteht, die Kapazität der Oelsnitzer Berufsschule zu erweitern, so bekommt diese Bestandsschutz, ja kann sogar parallel ein berufliches Gymnasium aufbauen, wenn nicht, müssen die Lehrlinge des Kreises Stollberg eben entsprechende Einrichtungen in Nachbarkreisen besuchen!"
Zum Glück bekannte sich der Landrat und schließlich auch der Kreistag zur Oelsnitzer Berufsschule und plante die dafür notwendigen Finanzen im Haushalt ein.
Im Mai wurde mir von dem Direktor der Alfred-Kempe-Oberschule, Herrn Helmut Röhler berichtet, ein junger Kollege habe unter Alkohol einen Verkehrsunfall verschuldet, drei Schülerinnen der 10. Klasse wären dabei als Mitfahrerinnen in seinem PKW verletzt worden. Die Polizei habe Anzeige gegen den Kollegen Schröder erstattet. Von mir erwartete man die Durchführung eines Disziplinarverfahrens. Eine Mutter und der Vater einer der verletzten Schülerinnen sprachen zugunsten des Lehrers. Der Kollege selbst war einsichtig und sich darüber im Klaren, dass er disziplinarische Konsequenzen zu erwarten habe. Schließlich schlug er selbst einen Aufhebungsvertrag vor, was ich annahm.
Ende Juni führte ich im Beisein mit Kollegen Graß eine Aussprache mit Kollegen Schwarz, dem neuen Direktor der Niederdorfer Schule (und mein Vorgesetzter an meinen ersten drei Arbeitsstunden an

jedem Montag!). Thema: Ob er Alkoholprobleme habe. Er wies die uns zugebrachten Beschwerden über ihn als bösartige Unterstellungen zurück, gab zwar zu, dass er mitunter "mal einen über den Durst trinke", aber nicht während der Arbeitszeit. Er könne sofort völlig aufhören, Alkohol zu konsumieren. Wir vereinbarten, dass er in den Schulwochen ohne Alkohol auskommt, er den Alkoholkonsum auf Wochenende und Ferienzeiten beschränkt.

Von der Thalheimer "POS II" wurde ich informiert, ein Kollege, der zehn Wochen krank geschrieben sei, wäre ohne Zustimmung des Arztes und der Schule zwei Wochen in Urlaub an die Ostsee gefahren. Ich bestellte den Kollegen Sehm ins Schulamt. Er gab seine Verfehlung zu, beteuerte, so etwas käme nie wieder vor. Er erhielt eine schriftliche Rüge.

Kollege Kunze, der "Sportbeauftragte" des Schulamtes berichtete mir von einer Beratung im Oberschulamt, in der wichtige Aussagen zum Thema Schwimmunterricht und außerunterrichtlichen Sportarbeitsgemeinschaften gemacht worden seien.

Im Oberschulamt wurden wir Schulamtsleiter bei einer Anleitung von Herrn Maßen, einem Gastreferenten aus Bayern belehrt, dass die Kindergärten umgehend in die Trägerschaft der Kommunen zu überführen seien, das Personal würde jedoch nicht gekündigt, sondern es sollten Überleitungsverträge angeboten werden.

Das bedeutete für uns, umgehend eine aktuelle Kapazitätsermittlung durchzuführen, den Betreuungsschlüssel zu überprüfen und mit den Kommunen zu verhandeln. Da Kollegin Gisela Jahn, bisher meine Stellvertreterin für Bildungsfragen und zuständig für die Kindergärten, auf ihr inständiges Bitten ihre Funktion aufgegeben hatte und wieder als Unterstufenlehrerin arbeitete, blieb diese Aufgabe an mir hängen. Zwar bekam ich Unterstützung, was die Statistik betraf, von Frau Ingrid Werner, (Fachbeauftragte für Kindergärten), die inzwischen dem Jugendamt zugeordnet worden war. Jedoch die Verhandlungen mit den Bürgermeistern musste ich vornehmen. In den meisten Fällen klappte das glücklicherweise problemlos. Einige Stadtoberhäupter weigerten sich, bestimmte Kindergärtnerinnen zu übernehmen. Ein paar von denen konnte ich in die Hortbetreuung umsetzen, wohl wissend, dass das gleiche Problem in Kürze noch einmal auf der

Tagesordnung stehen würde. Unausgebildeten, die nicht übernommen wurden, hatte ich dann doch gemeinsam mit dem Landrat zu kündigen.

Schon am 18. Juni erhielt ich von einem Herrn Gertig aus dem Kultusministerium einen Anruf betreffs der Hortnerinnen. Er wollte schnellstens eine Auflistung über die Kinderzahl, die Anzahl der Hortnerinnen, deren Qualifikation, Arbeitszeit und ihre Stellenbeschreibungen. Dabei war ich gerade erst dabei, die Unterschriften für die Überleitungsverträge der Kindergärtnerinnen einzuholen, die ab 1. Juli wirksam wurden. Das gab wieder Hektik.

In der Junidienstberatung vermittelte ich den Direktoren das Prozedere für die pünktliche Schulbuchbestellungen für das neue Schuljahr, was wegen der Vielzahl der Verlage gar nicht so einfach zu bewältigen war.

Am 28. Juni um 16.00 Uhr verabschiedete ich die Abiturienten innerhalb einer dafür angesetzten Feierstunde in der schönen Jugendstilaula der Stollberger "EOS".

Am 1. Juli informierte ich offiziell die Stollberger Stadtverwaltung über die Auflösung der "Dimitroffoberschule" im Gebäude der jetzigen "EOS" (dem künftigen Gymnasium) und die Umsetzung der Schüler an die beiden anderen Oberschulen. Gemeinsam mit den Schulleitern dieser Einrichtungen legten wir die neuen Schulbezirke fest. Die amtliche Schließung der "Dimitroffoberschule" vollzog ich am Vormittag des 5. Juli.

Einen Tag später verabschiedete ich 45 Kollegen in den Ruhe- bzw. Vorruhestand.

Von der Leitung der Oelsnitzer Berufsschule wurde ich gedrängt, im Oberschulamt wegen der Einrichtung eines Berufsgymnasiums zu verhandeln. Ich vereinbarte telefonisch mit dem zuständigen Referenten einen Termin. Ich durfte den zuständigen Schulleiter und den Stellvertreter zu dieser Beratung mitbringen. Auch wenn noch weitere Termine notwendig wurden, das Berufsgymnasium wurde genehmigt.

Am 15. Juli wurden alle Schulamtsleiter zur Anleitung ins Kultusministerium bestellt: Beginn: 10.00 Uhr; Ende voraussichtlich 15.30 Uhr. Ich war auf diese Weise von 7.00 bis 18.00 Uhr unterwegs.

Urlaub in der Hohen Tatra
Und wieder ein paar Notizen zum persönlichen Bereich!
Ab 22. Juli trat ich meinen - nach meiner Meinung wohlverdienten - Urlaub an. Gemeinsam mit Gudruns Bruder und der Schwägerin sowie Maike und Birgit fuhren wir mit zwei PKWs in die Hohe Tatra, wo wir in Zdiar telefonisch eine Hütte für eine Woche angemietet hatten. Es waren herrliche Tage!
Die Hütte lag abseits des Dorfes an einem Hang. Die PKWs stellten wir unten im Dorf in einem Gehöft ab. Nun schleppten wir unser Gepäck eine halbe Stunde bergauf. Die Hütte besaß im Obergeschoss zwei Räume mit je zwei Betten. Im Untergeschoss befanden sich drei Betten, ein großer Tisch, an dem wir alle sieben Platz finden konnten und ein Herd. Strom und Wasseranschluss gab es nicht. Eine Petroleumlampe sorgte für die Beleuchtung und half, alle Mücken abzuwehren.
Auf dem Herd kochten wir Wasser für Kaffee und Tee. Auch das Wasser für die Rasur konnte hier heiß gemacht werden. Das Wasser holten wir aus einer nahen Quelle. Etwa 100 bis 150 m abseits befand sich ein Bach. Dessen Gefälle hatte man sich zunutze gemacht und mittels eines Brettes an einem kleinen Wasserfall eine Dusche hergestellt. Dort gingen wir morgens und abends zum Duschen!
Die Toilette befand sich in einem kleinen Häuschen abseits der Hütte. Ein großer Vorplatz war ebenfalls mit einem großen Tisch und Bänken ausgestattet. Dort nahmen wir, dank des schönen Wetters, frühmorgens und abends die Mahlzeiten ein. Am Abend saßen wir am Lagerfeuer Es wurde viel gesungen. Wir unternahmen schöne Wanderungen. Esswaren kauften wir am Abend, ehe wir zur Hütte empor stampften. Unvergesslich ist mir die Floßfahrt auf dem Dunajez.
Am 12. August meldete ich mich zum Dienst zurück.
Nun konnte Christian Graß zwei Wochen Urlaub machen, so hatten wir uns abgesprochen.
Eberhard Kietz informierte mich über aktuelle Ereignisse während meines Urlaubs:

Die Eingruppierung für Schulleiter und Stellvertreter (gestaffelt nach ihrer Schülerzahl) sowie aller Lehrkräfte (gestaffelt nach ihrer Qualifikation) in die einzelnen Vergütungsgruppen lag vor, durfte den Schulen durch einen zu fertigenden Aushang übermittelt werden, musste aber auch umgehend personell untersetzt von uns an die Bezügestelle gemeldet werden. Diese Aufgabe konnte ich getrost an die Personalabteilung delegieren.

Die Verwirklichung ging leider trotz größter Anstrengungen der Kollegen nicht ganz ohne Aufregungen und Beschwerden zu verwirklichen.

Die Generalsanierung von Schulgebäuden könne beginnen, wenn der Schulträger zwei Drittel selbst übernimmt. Ein Drittel der Kosten könnte als Fördermittelzuschuss beim Ministerium beantragt werden.

Die Schulämter Schwarzenberg, Aue, Stollberg und Hohenstein-Ernstthal werden zusammengelegt. Über das Wann und Wie würde uns Präsident Feiereis rechtzeitig informieren.

In der Eingangspost hatte mir Frau Kirchner die Einladung für den 13. August zum Ministerium rot angestrichen, dass ich sie nicht übersehen konnte. Von Eberhard hatte ich erfahren, es gehe um das Prozedere der Entlassung belasteter Lehrer. Statt, dass man dies im ersten Quartal des Jahres "über die Bühne gebracht" und so das neue Schuljahr personalmäßig gesichert hätte, würde erneut Unruhe entstehen, würden Ausfälle programmiert werden.

Die Beratung leitete, besser gesagt: die Anweisungen verlas Herr Gran:

Die "Ankündigungen der Kündigungen" müssen persönlich übergeben werden. Dazu wird eine Anhörung im Beisein weiterer Vertreter des Schulamtes durchgeführt. Vorher jedoch ist die Zustimmung des Lehrerpersonalrates einzuholen. Dabei ist die Geheimhaltung zu gewährleisten. Die endgültigen Kündigungen, die die "Staatlichen Schulämter" vom Oberschulamt erhalten, müssen bis spätestens zum 30. August persönlich übergeben werden.

Elternprotesten hätten wir standzuhalten. Die Eltern sollen ihre Argumente an das Oberschulamt senden. Jegliche Erklärungen gegenüber der Presse sind zu unterlassen.

Wenn ich nicht durch meinen Kalender belehrt worden wäre, dass wir August 1991 schrieben, ich hätte schon durch den Tonfall der Anweisungen geglaubt, noch unter DDR-Verhältnissen vor der Wende zu stehen.
Natürlich war der Termin der "Anhörungen" durch die fehlende Zuarbeit der vorgesetzten Behörde nicht zu halten.
Inzwischen hatte man die Durchführung der "Anhörungen" variiert. Zwei Vertreter des Oberschulamtes kamen ins Schulamt, ich wurde als Schulamtsleiter als Dritter hinzugezogen. Die vorgesehenen Lehrkräfte wurden im zeitlichen Abstand von einer Viertelstunde bestellt. In 10 Minuten wurde ihnen Gelegenheit gegeben, Gegenargumente zu der vorgesehenen Kündigung vorzubringen. Dann berieten wir drei über eine Kündigung oder eine Zurückstellung der Kündigung, wobei ich mich bei vielen massiv für die Weiterbeschäftigung einsetzte, was in einigen Fällen auch Berücksichtigung fand.
Den Kollegen, deren Kündigung beschlossen wurde, hatte ich in der folgenden bzw. übernächsten Woche die inzwischen fertigen Kündigungen persönlich zu übergeben. Ich wählte die zwar aufwändigere, aber faire Art. Ich bestellte sie nicht ins Schulamt, sondern brachte ihnen die Kündigung in ihre Wohnung. Bei jeder einzelnen Übergabe erlebte ich persönlich in mir den "22. März 1983", den Tag, an dem mir mündlich und ohne Anhörung die fristlose Kündigung ausgesprochen worden war.
Wie konnte ich mich in jeden Einzelnen hineindenken!
Bei Gerhard Bauer, dem Direktor der Thalheimer "POS I", weigerte ich mich zweimal erfolgreich, die Kündigung zu übergeben. Das zog sich bis ins neue Kalenderjahr hinein. Ich erinnere mich noch deutlich an die Aussprache am 31. Januar 1992 mit den Herren Stosch und Lilienthal, die mich überreden wollten, Bauer die Kündigung doch zu überbringen. Nein, ich blieb stur. Gerhard Bauer wollte ich überzeugen, nach dem laufenden Schuljahr die Möglichkeit des Vorruhestandes in Anspruch zu nehmen. Widerstrebend gab die vorgesetzte Behörde nach. Und ich brachte Bauer dazu, den Vorruhestand zu beantragen.
Viele der gekündigten Kollegen obsiegten vor dem Arbeitsgericht und mussten wieder eingestellt werden.

Zurück zum Sommer 1991!
Eine Notiz in meinem Arbeitstagebuch vom 23.08.91 lautete:
"Alle Hortnerinnen werden von unserer Bezügestelle (Bavaria-Projekt) bis Oktober bezahlt.
Die Übernahme von der Kommune soll jedoch auf den 01.08.91 rückdatiert werden.
Die Schulen ermitteln bis zum 03.09.91 den Bedarf an Hortplätzen. Nach folgendem Betreuungsschlüssel ist zu verfahren:
   Horte bis 20 Kinder: 1,5 bis 2 Erzieher
   ab 21 bis 40 Kinder   3 Erzieher
   ab 41 bis 60 Kinder   4 Erzieher
Zu berücksichtigen ist, dass eine Erzieherin zugleich als Hortleiterin einzusetzen ist. Diese hat mindestens 25 Wochenstunden pädagogische Arbeit zu leisten. In Horten ab 50 Kinder kann ihr Anteil an pädagogischen Wochenstunden verringert werden, so weit der Umfang ihrer Leistungsaufgaben dies erfordert.
Die Personen, die von den Kommunen nicht übernommen werden, verbleiben zunächst im bisherigen Beschäftigungsverhältnis. Ihnen soll auf Empfehlung des Kultusministeriums in gemeinsamer Unterschrift Landratsamt und Schulamt gekündigt werden. Für die Kündigungszeit muss beim Arbeitsamt Kurzarbeit Null beantragt werden.
(Quelle: Sächsischer Städte- und Gemeindetag vom 30.07.91)".
Etwa zur gleichen Zeit suchte mich Kollege Neser, der Leiter des Logopädischen Zentrums Thalheim, auf und klagte, ihm würden vier Erzieher für seine Einrichtung fehlen. Die Personen müssten jedoch bereit sein, durchgehenden Schichtdienst zu akzeptieren. Ich versprach, ich wolle mich bemühen, zu helfen. Im Zusammenhang mit der Übergabe der Hortnerinnen an die Kommunen konnte ich wenigstens drei Kolleginnen für diese Aufgabe interessieren. So war Herrn Näser, aber auch mir geholfen.
Nachdem Kollege Graß seinen Urlaub beendet hatte, fuhren wir gemeinsam nach Raum zur "Direktorenschule". Wir besichtigten das Gebäude, ließen uns Unterlagen über die Größe der

Versammlungsräume und die Anzahl der vorhandenen Übernachtungsplätze geben und boten dann das Gebäude dem Kultusministerium als Schulungszentrum an. Leider hatte man dort keinerlei Interesse, so dass die Einrichtung geschlossen werden musste und nun allmählich verfällt.
Für den 16. September hatte uns Feiereis nach Schwarzenberg zu einer Dienstberatung bestellt. Geschlossen kamen wir der Aufforderung nach. Feiereis wollte von uns Vorschläge über den Standort des künftigen Großschulamtes und über den zunächst kommissarischen Leiter.
Ich hielt mich zurück, machte keinerlei Vorschläge, auf direkte Befragung äußerte ich, dass wir darüber nachdenken wollen. Schließlich entschied Feiereis, er würde das Schulamt "Schwarzenberg" nennen. Trotzdem solle jeder der vier Schulamtsleiter sich mit seinem Landrat in Verbindung setzen und ans Oberschulamt Vorschläge für den Standort einreichen.
Udo Hertwich war sofort bereit: "Der Standort kann nur Stollberg sein, schon wegen der zentralen Lage und günstigen Erreichbarkeit von Chemnitz aus!"
Er holte Herrn Hertel, den Leiter des Dezernat I hinzu, dann noch Herrn Hermann, dem Leiter des Baudezernats: Der Vorschlag "Schulamt Stollberg im Obergeschoss des Stollberger Gymnasiums" wurde baulich und finanziell untersetzt.
Das Oberschulamt wählte tatsächlich Stollberg als Standort. Im Juni 1992 sollte das Amt bezugsfertig sein. Bis zu diesem Datum zählten Schwarzenberg, Aue und Hohenstein-Ernstthal als Außenstellen. Der Einfachheit halber wurde ich am 19.11.91 zum "Amtierenden Schulamtsleiter" des Großschulamtes berufen, ohne gefragt zu werden, ob ich das auch wollte. Meine Kollegen aus den betroffenen Schulämtern rieten mir zu, anzunehmen. Erstens würden sie mich akzeptieren (zwischen uns stimmte "die Chemie"). Würde ich ablehnen, so müssten wir mit einem Vorgesetzten auskommen, den uns das Oberschulamt zudiktieren würde. Also nahm ich die Funktion an. Damit erhöhte sich mein Verantwortungsbereich und sogleich die zeitliche und psychische Belastung. Vor allem von letzterer werde ich im übernächsten Kapitel berichten.

Zunächst zur zeitlichen Belastung: Das Ministerium und das Oberschulamt luden nunmehr nur noch die Schulamtsleiter der "Großschulämter" ein. Die Anzahl der Personen zu den einzelnen Anleitungen verringerte sich damit beträchtlich. Es gab auf diese Weise weniger Leute, die kritische Bemerkungen zu den Aussprachen von sich gaben, einige, weil sie fürchteten, sie würden durch andere Kollegen in ihrer Funktion ausgetauscht, andere, weil sie generell weniger Neigung zu Widerspruch in sich trugen.
Aber ich wollte ja von der "zeitlichen Belastung" erzählen!
Nach den jeweiligen Beratungen arbeitete ich das Gehörte daheim auf und gab es dann in einer Dienstberatung im Schulamt Stollberg, an die Kollegen der Außenstellen weiter.
Kurios war manchmal, dass irgendwelche dringenden Erhebungen, die vom Oberschulamt eingefordert wurden, erst nach Schwarzenberg gelangten, von wo sie wiederum nach Stollberg gegeben wurden. Warum? Das Schulamt wurde damals "Schulamt Schwarzenberg mit Sitz in Stollberg" genannt. Dinge, die den Haushalt betrafen gingen zuerst nach Aue, weil dort Frau Zierold als Haushaltsbevollmächtigte ihren Sitz hatte. Ich komme aus gegebenen Umständen auf diesen Tatbestand im nächsten Kapitel zurück.
Manche Statistik habe ich seinerzeit nur beantworten können, indem ich die Zahlen schätzte und rundete mit dem Vermerk: "Genaue Angaben werden nachgereicht".
Ministerium und Oberschulamt verlangten statistische Angaben, die mitunter erst von den Schulen erfragt werden mussten und viel Zeit kosteten. Doch von uns verlangten die vorgesetzten Behörden eine sofortige Antwort. Erstaunlich, dass meine Erstmeldung nie über 5 % von den endgültigen Werten abwich.
Die Dienstberatung im Oberschulamt am 11. Oktober drehte sich in der Hauptsache um das Kündigungsverfahren. Nach der Beratung wurden wir aufgefordert, alle Personalunterlagen der im Schulamt beschäftigten Personen umgehend ins Oberschulamt zu bringen. Ich hatte an diesem Tag auf meiner vorbereiteten Frageliste vier Fragen zur Zensurenverordnung notiert und vor Beginn der Beratung abgegeben. Bis zur Wende gab es an den Schulen im Bereich der ehemaligen DDR eine Zensurenskala von

1 bis 5. Nunmehr sah man eine Skala von 1 bis 6 vor. In den Zeitungen standen merkwürdige Ankündigungen, die Eltern, Schüler und Lehrer beunruhigten.

Zu meiner Frageliste:
Gibt es Vordrucke zu den Halbjahresinformationen? -Wenn ja, woher können wir sie beziehen?
Fallen Gesamtbeurteilungen im Jahreszeugnis künftig weg?
Sollte man in den Klassen 3 nicht generell Zensuren erteilen? Die Dreiklässler erhielten doch in den Klassen 1 und 2 auch welche und werden im Jahr darauf ebenfalls wieder Zensuren erhalten?

Ist es nicht ratsam, landesweit oder wenigstens im Bereich des Oberschulamtes Chemnitz Bewertungsmaßstäbe für die Zensuren den Schulen zuzustellen? Die Lehrer warten darauf!

Eine Antwort wurde mir nicht zuteil. An diesem Tag wurden nur einige Fragen zum Thema "Kündigungen" zugelassen.

Den Kreis Stollberg teilten wir in drei Schulsprengel, für die meine drei Mitarbeiter Graß, Arnold und Kietz zuständig waren. Berufsschulen und Gymnasium behielt ich bis zur Übergabe an das Oberschulamt in meiner "Regie", wobei mir für die Berufsschulen Siegfried Landgraf zur Seite stand. Ebenso behielt ich in meiner Betreuung die drei Förderschulen sowie das Logopädische Zentrum. Mit Kollegen Weise vom Kreis Hohenstein-Ernstthal hatte ich mich abgesprochen, wir wollten neben bestimmten Querschnittsaufgaben, die zu übernehmen waren, gemeinsam die Förderschulen der vier Landkreise betreuen, für die unser Schulamt zuständig war.

Während die Entlassungen genau nach dem Arbeitsgesetzbuch abgefasst waren und je nach der Beschäftigtenzeit die Frist berücksichtigten, wurden mir vom Oberschulamt Ende Oktober für 13 Kollegen fristlose Entlassungen zugeschickt. Die betroffenen Personen hatten auf den verlangten Erklärungen, ob eine Berührung mit der Staatssicherheit vorhanden sei, diese verneint und verschwiegen, dass sie als "IM" (Informelle Mitarbeiter) tätig gewesen waren.

Ich bestellte sie im zeitlichen Abstand von einer halben Stunde ins Schulamt und übergab ihnen die fristlose Entlassung im Beisein meines engsten Mitarbeiters, Kollegen Graß. Natürlich begannen wir bei jedem einzelnen mit einem Gespräch. Die Erwiderung des ersten erschien sowohl Christian als auch mir eigentlich glaubhaft, und wir vermuteten einen Irrtum beim Oberschulamt. Als aber der zweite bis zum 13. Kollegen fast den gleichen Wortlaut zu ihrer Verteidigung von sich gaben, wurde uns klar, dass "unsere Gesprächspartner" auf dieses Gespräch von irgend einer Person vorbereitet und geschult worden waren. Ich liste diese Personen in der folgenden Tabelle auf:

Name	"Deckname"	Mitarbeit
Röhler	Frieder	seit 1985
Pfeifer, L.	Lutz Falkner	seit 30.11.1983
Heinlein, Ulrich	Ottokar	seit 1986
Papenmeyer, Christian	Axel	seit 1986
Mosel, Karli	Fritz Stern	seit 1961
Schwenke, W.	Ernst Bad	seit 1986
Tinius, M.	Schule	seit 1977
Effenberger, Peter	Thomas	seit 1974
Freitag, Gerd und Karin	Sattler	seit 16.07.1987
Nötzold, Dieter	Pythagoras	seit 1977
Wetzel, Monika	Karla	seit 29.10.1981
Hegewald, K.	Schule	seit 1983

An den folgenden Tagen hatten Christian Graß und ich mächtig zu tun, weil Schüler, besonders an der "EOS" rebellierten und gegen die fristlose Entlassung einzelner Lehrer protestierten. Auch einige Kollegen waren aufgebracht. Um eventuelle Streiks zu vermeiden, begaben wir uns an jene Schulen und standen den "Rebellierenden" Rede und Antwort, versuchten die Maßnahme zu erklären. An vielen Schulen hörten wir die Argumente: "Uns ist es egal, ob unser Lehrer bei der Stasi war, wir haben doch bei ihm etwas gelernt!" Uns erschütterte diese Meinung gehörig. Unsere Aufklärungsversuche über die Tätigkeit des Staatssicherheitsdienstes wurden uns von unseren jeweiligen Gesprächspartnern oft nicht abgenommen.

Für das "Schulamt Stollberg" hatte das Oberschulamt von mir im Oktober 1991 einen Haushaltsplan verlangt, ohne dass ich eine Anleitung erhielt, wie ein Haushaltsplan abzufassen sei. Von Frau Zierold aus Aue bekam ich telefonisch ein paar Hinweise. Mein

Kollege Eberhard Kietz half mir, die Summen zusammenzustellen für die Einrichtung einzelner Räume des künftigen Schulamtes. Er hatte es auch übernommen, mit einer entsprechenden Einrichtungsfirma aus Chemnitz zu verhandeln, ob sie kurzfristig in der Lage sei, uns mit Möbel zu versorgen. Fristgemäß am 28. Oktober konnte ich unseren "Haushaltsplan" nach Chemnitz absenden.

Mit einer "Transall" nach Brüssel

Vom 4. bis 6. November bekam ein Teil der Schulamtsleiter der ursprünglichen kleinen Schulämter eine Einladung von der Bundeswehr nach Brüssel. Die zweite Gruppe war dann eine Woche später an der Reihe. In Fahrgemeinschaft gelangten wir zum Flughafen in Leipzig. Dort trafen wir uns mit anderen Kollegen aus ganz Sachsen. Mit großen Erwartungen bestieg ich die "Transall". Es war mein erster Flug überhaupt. Nach dem Start erhielten wir die Erlaubnis, im Wechsel einige Zeit ins Cockpit zu kommen. Ich quetschte mich in eine Ecke, um dort bleiben zu können. Bei guter Sicht flogen wir in einer Höhe von 4000 bis 5000 m über dem Boden. Für mich wurde das ein geographisches Erlebnis, einen Teil Deutschlands aus der Vogelperspektive zu betrachten. Erst als wir den Rhein erreicht hatten, verließ ich das Cockpit, weil nunmehr dichte Wolken die Sicht versperrten.

Wegen dichten Nebel landeten wir nicht in Brüssel, sondern auf einen etwas westlicher gelegenen Militärflugplatz. Von dort wurden wir in einem Bus in die belgische Hauptstadt zuerst ins Nato-Hauptquartier gebracht, wo man uns die heutigen Aufgaben der Nato erläuterte. Dann ging es weiter in unser Hotel. Der Abend stand zur freien Verfügung. Wir unternahmen lediglich einen kurzen Bummel durch das nächtliche Brüssel, gingen aber bald schlafen. Der Tag war recht anstrengend gewesen.

Am anderen Tag fuhren wir sehr zeitig zur "Konrad-Adenauer-Stiftung", dann schloss sich eine Stadtrundfahrt an. Später war noch ein Rundgang durch das Zentrum von Brüssel zu Fuß angesetzt einschließlich eines gemeinsamen Abendessens. "Meeresfrüchte" probierte ich zum ersten Mal.

Am nächsten Tag fuhren wir nach Waterloo.

Schrecklich die Vorstellung, wie viel tausend Menschen unter dem großen Erdhügel ihre letzte Ruhestätte fanden und glücklich darüber, dass seit 1945 in Mitteleuropa kein Krieg mehr tobt.

Auch zum Rückflug per Nacht war es uns möglich, ins Cockpit zu kommen: Die Kollegen hatten kaum Bedarf. So blieb ich allein vorn bis kurz vor der Landung auf dem Leipziger Flughafen bei den Piloten sitzen. Interessant die erleuchteten Städte! Der Navigator beantwortete mir freundlicherweise meine Fragen: "Ist das jetzt....?"
Die Brüsselfahrt bleibt mir in ständiger Erinnerung.
Spätere Flüge zu irgendwelchen Urlaubszielen verwischten dieses Erlebnis nicht, einmal weil das Betreten des Cockpits nicht mehr gegeben war, zum anderen, weil die doppelte Höhe über den Boden keine solch gute Sicht bot.

Am 18.11. hatte ich die Direktoren zur Dienstberatung zu den Dienstpflichten zu belehren und die Ablegung eines Gelöbnisses zu fordern. Nach Belehrung über die Dienstpflichten hatten sie folgenden Text nachzusprechen und durch Handschlag besonders zu bekräftigen: "Ich gelobe: Ich werde meine Dienstobliegenheiten gewissenhaft erfüllen und das Grundgesetz für die Bundesrepublik Deutschland sowie die Gesetze wahren."
Anschließend hatten sie eine Loyalitätserklärung zu unterschreiben, dass sie sich nicht negativ über Oberschulamt und Kultusministerium gegenüber der Öffentlichkeit äußerten.
Vom 9. bis 12. Dezember fuhr ich mit Kollegen Wolfgang Arnold nach Regensburg.
Über die "Friedrich-Ebert-Stiftung" hatten wir das Angebot erhalten, uns im dortigen Schulamt kundig zu machen und uns beraten zu lassen. Die dortigen Kollegen begrüßten uns sehr herzlich. Wir bereuten die Tage nicht. Wir konnten uns manches abschauen. Allerdings gab es dort keine solche Hektik, wie sie in Sachsen herrschte. Dort lief alles seinen gewohnten Gang. Bei uns befand sich die Verwaltung erst im Aufbau. Und aus den alten Bundesländern hatte man sowohl dem Ministerium als auch den Oberschulämtern nicht gerade die besten Berater zur Verfügung gestellt.
Am 20.12. durfte ich die Berufsschulen in der Zuständigkeit dem Oberschulamt übergeben mitsamt dem pädagogischen Personal. Drei Tage später verabschiedete ich den Kollegen Siegfried Landgraf in den Vorruhestand, so wie wir es gemeinsam

abgesprochen hatten. Ich dankte ihm für seine geleistete Arbeit und wünschte ihm alles Gute für seine weiteren Jahre. Ich hatte Mühe, mich zu artikulieren. Es tat mir leid, ihn als Kollegen zu verlieren. Er hatte sich fleißig in sein neues Metier eingearbeitet und war mir eine gute Unterstützung gewesen. Auch ihm war recht eigentümlich zumute.
Am gleichen Tag ging ein Brief unserer Kultusministerin im Schulamt ein, in dem sie sich an alle Eltern und Schüler wandte und den Weg zum Abitur in Sachsen erläuterte.
Wichtige Eckdaten dieses Schreibens: Abitur nach 12 Schuljahren. Anerkennung in allen Bundesländern.
Wir vervielfältigten das Schreiben für die Schulen, diese wiederum für die Eltern.

1992

Seit September 1991 gab es Baumaßnahmen für das neue "Großschulamt" im Obergeschoss des zukünftigen Gymnasiums.
Da vor der Wende das Schulamt auch im Mittelgeschoss einige Zimmer besetzt hatte, die wir durch die Strukturveränderungen im Schulamt freizogen, war dort eine Ausweichmöglichkeit für die jeweiligen Zimmer, für die wir Baufreiheit zu schaffen hatten.
Bei den schweren Möbelstücken half uns das Hausmeister-Heizer-Trio der Schule. Aber all die Akten, Hefter, Bücher und Schreibmaschinen transportierten wir selbst.
Ich empfand die körperliche Tätigkeit als einen guten Ausgleich, während meine jüngeren Kollegen sich nur ungern daran beteiligten.
Ab 8. Januar kam Kollege Müller vom Oberschulamt eine Woche lang täglich nach Stollberg: wir bereiteten die Zuständigkeit des Oberschulamtes für das Gymnasium vor.
Einige Tage später hatte ich in den Schulen an Lehrerkonferenzen und Elternabenden teilzunehmen, die im kommenden Schuljahr nur als Grundschulen weitergeführt werden sollten: Dorfchemnitz, Brünlos, Meinersdorf, Jahnsdorf, Beutha, in Oelsnitz: die "OS IV" in Neuoelsnitz, die "OS III" in Oberoelsnitz und die "OS V" auf der August-Bebel-Straße.

Für die "ZHS" (Zentrale Hilfsschule) in Oelsnitz musste ein neues Gebäude gefunden werden: Zusammen mit Werner Meyer nahmen wir die "OS V" und die "OS IV" vom Keller bis zum Boden in Augenschein und stellten fest, die Bausubstanzen dieser beiden Gebäude sind keinesfalls besser als die der "ZHS".
Unser Sportbeauftragter für den Kreis Stollberg organisierte in dieser Zeit manche zentrale Sportkämpfe. Tischtennis, Wintersport, "Wer ist der stärkste Schüler", Federball, Fußball. Sein Wirken war beachtenswert. Das sagte ich ihm. Er freute sich über mein Lob.

Ich glaube, es war Mitte Januar, als ich einige Anrufe von verschiedensten Leuten erhielt, alle mit dem gleichen Inhalt: "Am Abend hatten sie im Fernsehen eine Mitteilung aufgeschreckt: Die Kultusministerin Frau Rehm habe ihren bisherigen persönlichen Referenten, Herrn Elmar Reich als den neuen Schulamtsleiter des Staatlichen Schulamtes Stollberg vorgestellt."
Herr Andreas Steiner, der Leiter der Gaugkbehörde in Chemnitz, suchte mich auf, berichtete das gleiche und versprach mir Rückendeckung seiner Partei - er war Vorsitzender der DSU im Kreis Stollberg (diese Partei war nach der Wende ebenfalls in Sachsen neben der CDU entstanden. Im Kreistag bestand zwischen beiden Vereinigungen Fraktionsgemeinschaft).
Ich bedankte mich für das Mitgefühl, besaß jedoch keine Ambitionen, mich mit der Ministerin anzulegen. Trotzdem fand ich ihr Vorgehen sehr merkwürdig. Sie hätte ja vorher einmal mit mir darüber sprechen können!
Am 17. Januar war ich mit unserem Landrat zur Amtseinführung des Vizepräsidenten des Oberschulamtes nach Chemnitz eingeladen. Herr Meckle kam aus dem Raum Köln und war vorher als Jurist bei der Bundeswehr tätig.

Mit dem Direktor der Erweiterten Oberschule, Kollegen Reinelt hatte ich einige Tage später ein Gespräch mit dem neuen Vizepräsidenten des Oberschulamtes vereinbart.
Wir bezweckten die Rücknahme der ausgesprochenen Kündigung.
Warum setzte ich mich für Reinelt ein?

Reinelt hatte sich nicht wieder als Direktor beworben.
Er hatte sich in der Vorwendezeit stets als "Mensch" und in der Wendezeit als sehr kooperativ gezeigt. Außerdem war er einer der wenigen Französischlehrer. Wir brauchten ihn.
Meckle blieb hart. Ich hatte keinen Erfolg.
Unter vier Augen warf er mir "alte Seilschaften" vor. Kurz klärte ich ihn über mein Berufsverbot von 1983 bis 1987 auf, betonte noch einmal, dass in der DDR nicht alle Funktionäre gegen die Menschlichkeit verstoßen hätten.
Schließlich ließ ich mich durch meine Verärgerung über seine Hartherzigkeit zu der Entgegnung hinreißen: "Herr Meckle, wenn Sie in der DDR gelebt hätten, wären Sie, davon bin ich überzeugt, ein besonders eifriger Genosse gewesen!"
Auch machte ich meinem Gesprächspartner deutlich, dass Reinelt sicher vor dem Arbeitsgericht klagen werde und nach meiner Überzeugung Recht bekommen würde. Dann müssten ihm seine Bezüge nachgezahlt werden ohne dass die Schule einen Nutzen von Reinelt gehabt hätte.
"Das ist nicht Ihr Bier, Herr Moser!" bekam ich zur Antwort.
Der Leser ahnt sicher schon, dass es genau so eintraf, wie ich vorhergesehen hatte. Nach einem halben Jahr wurde Reinelt rehabilitiert, die entgangenen Bezüge wurden selbstverständlich nachgezahlt. Leider kam er dann nicht an das Stollberger Gymnasium, sondern in die Reichenbacher Gegend, hatte einen langen Arbeitsweg. Einige Zeit später, als ich Herrn Meckle ein andermal widersprach, weil eine angeordnete Maßnahme mir völlig unpädagogisch erschien, gab er mir zu verstehen, ich sollte am Ende der Beratung einmal zu ihm kommen. Unter vier Augen machte er mir Vorhaltungen, ich würde gegen die Loyalität gegenüber Vorgesetzten verstoßen. Ich solle mich hüten, ich wäre bisher nur "amtierender" Schulamtsleiter.
Da hatte er sich aber den Falschen ausgeguckt. Ich erwiderte: "Herr Meckle, für Sie wäre es besser gewesen, die alten Kreisschulräte wären in ihrer Funktion belassen worden. Die hätten bestimmt alle Anweisungen der Oberen kritiklos aufgenommen und hätten alles, was man von ihnen wünschte, pflichtgetreu ausgeführt. Ich bin ein

Mann der Praxis. Das, was Sie angewiesen haben, lässt sich so nicht durchsetzen, weil es allen Grundlagen der Pädagogik widerspricht, selbst wenn es juristisch einwandfrei begründet werden kann".
Leider nahm Meckle jegliche Kritik persönlich. Ich hatte mir einen Feind geschaffen!
Und noch einmal zog ich mir seinen Zorn zu.
Zusammen mit Herrn Ulrich Müller, ein gekündigter Russischlehrer fuhr ich ins Oberschulamt. Ich wollte bei Herrn Stosch vorstellig werden, der für die Befragungen zur Kündigung verantwortlich zeichnete. Ich wollte darum bitten, er möge die Kündigung für Müller zurücknehmen.
Herr Stosch war jedoch in der Zwischenzeit zwischen unserem Telefonat und unserem Eintreffen im Oberschulamt kurzfristig an eine Schule gerufen worden. Er hatte seinem unmittelbaren Vorgesetzten, Herrn Meckle von seinem Termin mit mir und Müller berichtet. Meckle hatte jovial gemeint: "Herr Stosch, fahren sie getrost an die Schule und überlassen Sie das Gespräch mir!" So saß ich also wieder einmal im Dienstzimmer des Vizepräsidenten.
Ich ahnte, was das Ergebnis unserer Petition sein würde. Trotzdem fasste ich mich und trug unsere Bitte vor, die Kündigung zurückzunehmen, auch wenn Müller in den ersten Jahren seiner Lehrertätigkeit in einem Mecklenburger Dorf "Ortsparteisekretär" gewesen sei. Dort waren außer ihm nur noch zwei Kollegen an der Schule Mitglied der SED. Somit schloss er sich der Dorfgruppe seiner Partei an. Hier kam die Zahl 7 zustande. Die Genossen des Dorfes wählten ihn, den Lehrer, zu ihrem Parteisekretär. Als es ihm schließlich gelang, in den Kreis Stollberg zu wechseln, wurde er irgendwann Parteisekretär seiner Schule.
Während der "Volkswahl" im Frühjahr 1989 wurden notorische Fernbleiber der Wahlen, wie die "Zeugen Jehovas", gar nicht erst in die Wahllisten aufgenommen, um eine höhere Wahlbeteiligung melden zu können. Ein Kollege von Ulrich Müller war in einem Oelsnitzer Wahllokal im Wahlausschuss tätig und hatte das gemerkt. In einem Gespräch mit Müller, hatte er diese Praxis gerügt. Und Müller wurde bei der SED-Kreisleitung vorstellig, wertete diese Methode als Wahlbetrug. Statt die Kritik des braven, ehrlichen

Genossen Müller ernst zu nehmen, strengte die Kreisleitung ein Parteiverfahren gegen ihn an. Wäre die Wende nicht gekommen, hätte man ihn fristlos aus dem Schuldienst entfernt. Und jetzt hatte er seine Kündigung erhalten, weil er zweimal "Parteisekretär" gewesen war.
Meckle stellte Müller noch einige Fragen, die dieser beantwortete. Es ging ziemlich um den gleichen Inhalt meiner vorherigen Worte. Schließlich verkündigte Meckle zynisch: "Sie waren nun einmal in der Funktion des Parteisekretärs und das gleich zweimal. Wir haben unsere Vorschriften!" Ein "Aber" ließ der Jurist nicht gelten. Bedeppert fuhren wir heim.
Im Kreis Stollberg zeichnete es sich durch die Auswertung der gemachten Schüler-Erhebung ab, dass wir bei der Anzahl der Schüler, die aufs Gymnasium drängen würden, nicht mit dem Stollberger Gebäude ausreichten, selbst wenn das Schulamt nicht das Obergeschoss des Nordflügels belegt hätte. Thalheim und Oelsnitz kamen als neue Standorte in die engere Auswahl. Der Kreistag am 26.03.92 billigte dazu einstimmig den Antrag an das Oberschulamt. Meine Ansprechpartner zu diesem Thema waren die Herren Müller und Lilienthal.
Eine erste Ausprache mit dem Thalheimer Bürgermeister und seinem Vertreter, Herrn Schürer brachte eine schnelle Einigung: Die "OS II" wird dafür freigezogen und dem Landkreis zur Verfügung gestellt. Thalheim wird eine neue Grundschule bauen, aber nur, wenn der Kreis und das Land je ein Drittel der Kosten übernehmen.
Das Projekt unterstützte ich sowohl im Kreistag als auch in Gesprächen mit den Verantwortlichen im Oberschulamt und im Kultusministerium. Wir hatten Erfolg: Noch 1992 begann die Planung und die Erschließung des Geländes. Im Jahr darauf wurde die Grundschule gebaut. Gleichzeitig wurde die "OS II" zu einem Gymnasium umgestaltet.
In Oelsnitz als dritter Standort eines Gymnasiums kam nur die "OS I" in Frage! So aber musste die Neuoelsnitzer Schule vorläufig sowohl als Grund- als auch als Mittelschule zur Verfügung bleiben bis dafür eine neue Lösung gefunden würde.
Am Nachmittag des 31. Januar holt mich Eberhard Kietz zu einer Beratung mit einer "Firma Windisch", bei der er die für das Schulamt notwendigen Computer kaufen wollte. Ein Gerät bekam er inzwischen

unentgeltlich zur Einarbeitung und Probe. Wir mussten noch die Genehmigung des Oberschulamtes einholen. Aber wir nannten der Firma bereits die Anzahl der benötigten Geräte, soweit die vorgesetzte Behörde zustimme.

Neben der Erledigungen meiner Aufgaben im Stollberger Schulamt begann ich mich bereits um die Förderschulen zu kümmern, die ich künftig betreuen sollte.

So verhandelte ich wegen der "Förderschule für Erziehungshilfe" in Lindenau mit Herrn May vom Schulverwaltungsamt des Kreises Aue. Ich legte ihm nahe, dass wir schnellstmöglichst ein besseres und größeres Gebäude benötigen, in dem sogleich eine Heimunterbringung für diese Schülerklientel möglich sei. Er bot mehrere Gebäude an, die ich dann gemeinsam mit der Schulleiterin Frau Walter aufsuchte und nach Eignung für eine solche begutachtete. Schließlich fanden wir in der Rosa-Luxemburg-Straße in Aue den uns zusagenden Gebäudekomplex. Allerdings machten sich eine Reihe Umbauten notwendig.

Es fehlten für diese Einrichtung Erzieher. Zwei konnte ich vom Internat der Stollberger "EOS" gewinnen, da dort das Internat aufgelöst werden sollte. Eine Hortnerin aus Stollberg, Frau Reia Löschel, war ebenfalls bereit, dort als Erzieherin zu arbeiten. Die Stadt Stollberg weigerte sich, sie als Hortnerin zu übernehmen. Außerdem suchte ich eine ehemalige Schülerin auf, die Tochter meines früheren Chefs Kurt Ebert. Marlies Prskawetz hatte eine Qualifikation als Freundschaftspionierleiter und Unterstufenlehrerin im Fach Mathematik erworben und war in der Wendezeit im Babyjahr.

Ihr hatte das Oberschulamt zum 31.10.92 mit der Frist von zwei Monaten gekündigt. Wir durften sie in der Zeit der Kündigung nicht an irgendeiner Schule einsetzen, obgleich zumindestens bei den Förderschulen Bedarf bestand. Sie bekam zwar noch ihre Bezüge, aber nur bis zum Termin der Kündigung. Ich bat sie, als Erzieherin in der "Förderschule für Erziehungshilfe" vorübergehend zu arbeiten. Und sie sagte mir erfreulicherweise zu! Während die beiden männlichen Kollegen mit den Jungen - und es gab seinerzeit nur Jungen in dieser Einrichtung -, nicht zurechtkamen und sehr oft erkrankten, hatten die beiden Frauen überhaupt keine Probleme mit den verhaltensauffälligen Buben. Beide Erzieherinnen wurden von den Jungen als "Ersatzmütter" akzeptiert.

Bleiben wir noch einen Moment bei Frau Prskawetz, auch wenn ich auf diese Weise wieder einmal zeitlich vorgreife: Trotz meiner Vorstellung im Oberschulamt, wie dringend ich dort Marlies benötigte und dass sie trotz Kündigung diese Arbeit angenommen hatte, statt sich daheim auszuruhen, wurde ihre Kündigung dann durch ein zweites Anschreiben für den 31.05.93 wirksam.

Das Arbeitsgericht hob ein weiteres halbes Jahr später die Kündigung auf, genau, wie ich den Vorgesetzten im Oberschulamt prophezeit hatte. Die Bezüge wurden ihr nachgezahlt. Ich durfte sie wieder einstellen, aber nicht an der gleichen Einrichtung.

Meine Gedanken gingen zu meiner Wiedereinstellung am 1. Dezember 1987 zurück. Auch ich durfte damals nicht an der gleichen Schule wie früher unterrichten. Hatte sich durch die Wende nicht die Zeit geändert? Hatten wir uns nicht vorgenommen, uns solcher Praxis nicht zu bedienen?

Marlies Prskawetz war bereit, auch an der "Förderschule für geistig Behinderte" in Gablenz ihren Dienst zu tun. Sie arbeitet noch heute mit der gleichen Schülerklientel, da ich diese Zeilen niederschreibe. Etwa ein Vierteljahr nachdem sie dort ihre Arbeit aufgenommen hatte, traf ich ihren Vater und fragte, wie Marlies in der "G-Schule" zurecht käme.

Er meinte, sie habe ihm auf die gleiche Frage geantwortet: "Um dort an der Einrichtung klar zu kommen, muss man die Schüler lieb haben!" Ich war gerührt!

Ähnlich wie mit dem vorher geschilderten Standort Lindenau für die "Förderschule für Erziehungshilfe" verhielt es sich mit der damaligen "Hilfsschule" in Johanngeorgenstadt, die in einem ehemaligen Wohnhaus untergebracht war, das einmal für Familien der im Uranbergbau tätigen "Familienoberhäupter" gebaut worden war. Das benachbarte Wohnhaus sollte nach entsprechendem Umbau dazu kommen.

Dieser Einrichtung war eine "Abteilung für geistig Behinderte" zugeordnet. Die Klientel dieser Abteilung wurde jedoch in der dortigen Neuropsychatrischen Kinderklinik unterrichtet, teils direkt im Krankenzimmer, teils in einem durch Schränke abgegrenzten Raum des Speisesaals.

Beim Landratsamt Schwarzenberg wurde ich vorstellig. Ich erklärte, dass wir eine selbständige "Förderschule für geistig Behinderte" benötigen. Man erkannte meine Argumente an. Wir erhielten zunächst ein ehemaliges Kinderheim als Zwischenlösung, später aber eine vorbildliche Schule.
Am Dienstag, den 11.02.1992 hatte ich im Auftrag des Präsidenten des Oberschulamtes alle Schulratskollegen nach Stollberg zu einer Dienstberatung einzuladen. Herr Feiereis wurde von Herrn Polster begleitet. Außer Frau Trömel und Herrn Ebert, beide entschuldigt, waren alle Schulräte anwesend.
Feiereis hatte uns fünf Punkte mitzuteilen:
1. Das "Sitzschulamt" bleibt Stollberg, wird jetzt "Staatliches Schulamt Stollberg" genannt.
2. Der Schulamtsleiter wird Herr Elmar Reich, der z. Z. noch als persönlicher Referent der Kultusministerin tätig ist.
3. Sein Stellvertreter wird Dr. Moser
4. Die Anzahl der Pädagogen im Schulamt einschließlich Herrn Reich beträgt 9.
5. Die Entscheidung über die Schulräte fällt nächste Woche.
Ich hatte von diesem Tag an nicht mehr mit "amtierender Schulamtsleiter", sondern als "Stellvertretender Schulamtsleiter" zu unterschreiben.
Das ließ mich kalt. Was mich stärker traf, war der Punkt 4. Wir waren zur Zeit elf Schulräte. Aus Schwarzenberg kamen Herr Wellner und Frau Erler, aus Aue Herr Deml, Herr Ebert und Frau Trömel, aus Stollberg neben mir meine Kollegen Graß, Arnold und Kietz, aus Hohenstein-Ernstthal die Kollegen Oertel und Weise.
Mit Herrn Reich würden wir 12 sein. Wer sollte von meinen Kollegen abgeschoben werden?
Bevor sich Feiereis verabschiedete, teilte er mir noch mit, am nächsten Tag sei eine außerordentliche Dienstberatung im Oberschulamt. Was wollte ich machen. Wir hatten zwar die Dienstberatung der Direktoren angesetzt, aber dem Ruf der Vorgesetzten ist nun einmal Folge zu leisten.
In der Direktorenkonferenz begrüßte ich die Kollegen und nahm die Protokollkontrolle vor. Dann übergab ich an Kollegen Graß und verabschiedete mich, um nach Chemnitz zu fahren.

Dort ging es um ein "Interpretationspapier zur bevorstehenden Schulübergangsverordnung", das allen Schulen zur Verwendung in Elternabenden zur Verfügung gestellt werden sollte.
Nach meiner Rückkehr vom Oberschulamt nahm ich am Abend noch am Elternabend für die beiden Leistungsklassen 9 in der Oelsnitzer Mittelschule (OS I) teil.

11. Meine Arbeit als Stellvertretender Schulamtsleiter

Am 18. Februar wurde ich erneut nach Chemnitz bestellt. An der Beratung nahmen neben dem Präsidenten des OSA, Herrn Polster und Frau Wolf noch Herr Reich teil. Damit lernte ich meinen unmittelbaren zukünftigen Vorgesetzten erstmalig kennen.
Gemeinsam sollten die Namen der bleibenden Schulräte festgelegt werden.
Frau Trömel, Herr Weise und Herr Arnold wurden von den Vertretern des Oberschulamtes nicht bestätigt.
Ich gab ein Statement gegen den "Schlüssel 9" und für meine Kollegen ab; sprach von Sprengelaufteilungen und Querschnittsaufgaben im Schulamt.
Wir kamen nicht unter einen Hut. Das Problem sollte ein andermal entschieden werden.
Herr Reich teilte mir beim Verabschieden mit, er stünde ab 2. März zur Verfügung. Ich bekam einen Schreck, erzählte von den Provisorien im Schulamt durch die Baumaßnahmen.
"Das werde ich schon ertragen", meinte er lächelnd.
Am 19.02.92 notierte ich in mein "Arbeitstagebuch": "Heute habe ich den Rahmenvertrag mit der Fa "MachArt" unterschrieben, um abzuchecken, ob die Firma termingemäß bis Juni die Innenplanung des SSA und die erforderliche Einrichtung schaffen kann."
Ende Februar verständigte mich Herr Reich telefonisch, er wäre im Moment in Dresden noch nicht entbehrlich, sein Kommen würde sich ca. zwei Wochen verzögern.
Am 12. März war es dann so weit.

Ich hatte ihm den besseren Schreibtisch freigezogen, begnügte mich mit einem älteren Typ. Jedoch saßen wir noch immer in unserem Provisorium.

Das Landratsamt hatte mir versprochen, allerspätestens am 30. Juni könnten wir alle Räume des Schulamtes beziehen. Einige Räume waren bereits wieder benutzbar. Dafür war kein neues Möbilar nötig. Aber die Ausstattungen für das Zimmer des Schulamtsleiters, des Chefsekretariats, das Beratungszimmer und für den Korridor (Sitzbänke für Wartende) hatte Eberhard bereits bestellen müssen, obgleich - trotz häufiger Nachfrage - das Oberschulamt noch immer unseren Haushaltsplan nicht bestätigt hatte.

Wegen der notwendigen PKW-Stellflächen für das Schulamt verhandelte ich mit dem Landratsamt.

Am 18. März stellte ich den neuen Schulamtsleiter in der turnusmäßigen Direktorenberatung des Kreises Stollberg den Direktoren vor. Er stellte sich dann anschließend selbst vor und erläuterte die Struktur des "Staatlichen Schulamtes Stollberg".

Wolfgang Arnold erklärte darauf den Anwesenden die einzelnen Schritte des Bewerbungsverfahrens für Gymnasiallehrer, Schulleiter und Stellvertreter:

1. Bewerbung
2. Hospitation
3. Auswertung der Hospitation
4. (bei Schulleiter- und Stellvertreterbewerbung): Eignungsgespräch.

Er gab Anleitung, wie das Entscheidungsformular ausgefüllt werden muss.

Herr Reich ergänzte: "Die Abgabe der Bewerbungen Gymnasiallehrer sind bis zum 30.03. im "Staatlichen Schulamt" abzugeben und werden von uns an das Oberschulamt weitergereicht, die Bewerbungen Schulleiter und Stellvertreter müssen bis zum 27.03. bei uns vorliegen!"

Anschließend informierte ich über die Anträge der Schüler für das Gymnasium.

Eberhard Kietz schloss sich an mit den Erläuterungen der ausgegebenen Materialien zum Datenschutz.

Dann war ich wieder gefragt. Ich beantwortete Fragen zur "Handreichung zur Organisation des Übergangs POS - Mittelschule" für das Schuljahr 1992/93, die ich in der vorherigen Beratung am 12. Februar ausgegeben hatte mit der Bitte, sie gründlich zu studieren.
Die Antworten zu den Anfragen zum Profil übernahm der Schulamtsleiter selbst.
Nach der Beratung teilte dieser mir mit, er würde die nächsten vier Tage nochmals in Dresden benötigt und beauftragte mich, einige Schreiben zu beantworten.
Am 30. März erhielten wir einen Anruf vom Oberschulamt, es seien neue Kündigungen abzuholen, die noch im März an die Betroffenen ausgegeben werden müssten, damit die Wirksamkeit der Kündigungen terminlich eingehalten würde. Das Fatale an der Angelegenheit war, dass die Betroffenen in allen vier Landkreisen zu Hause waren, wir also für den späten Nachmittag Kollegen aus den anderen drei Landkreisen bitten mussten, "ihren Teil" aus Stollberg zu holen.
In den weiteren Tagen ging ich meinem unmittelbaren Vorgesetzten zur Hand und informierte ihn über alles, was er wissen wollte und was ich für wichtig hielt. Ich tat dies in ehrlicher Absicht, ohne ihm etwa gram zu sein, dass er nunmehr das Sagen hatte.
In den Tagen, in denen wir beide noch im provisorischen Arbeitsraum zusammensaßen, telefonierte er häufig mit der Kultusministerin, mitunter rief auch sie an. Ich bekam ja nur ein paar Brocken mit. Aber das Gesäusel mit "Stefanie, was hast Du heute für ein Kleid an?" usw. sagte mir, an dem Gerücht, was im Oberschulamt kursierte, müsste wohl was Wahres dran sein, dass Reich seine Funktion als "Persönlicher Referent" sehr persönlich genommen hätte und er deshalb Dresden mit Stollberg tauschen musste. Ich wollte nicht Zeuge werden über weitere Intimitäten und verließ dann gewöhnlich den gemeinsamen Arbeitsraum, wenn die beiden miteinander telefonierten.
Am 27. April setzte Elmar Reich - er hatte mir längst das "Du" angeboten - die Dienstberatung im Auer Schulamt an.
Dort hätten die Räumlichkeiten auch nicht für alle ausgereicht, stellte ich für mich persönlich fest. Elmar setzte uns ein "Organigramm" vor, das alle Querschnittsaufgaben, zu betreuende Schulen als auch die

künftige Zimmerverteilung im "Staatlichen Schulamt Stollberg" enthielt. Ferner ging es in dieser Beratung um die Schulbuchversorgung für das neue Schuljahr, die Profilzuweisung für die einzelnen Gymnasien und die Bewerbungstermine für die Schulleiter ab dem neuen Schuljahr.

Wir kehrten in unsere Stollberger Diensträume zurück. Unser "Chef" fuhr ins Oberschulamt.

Als er zurückkehrte, brachte er einen Stoß weiterer Kündigungen mit, die wir schnell nach den bisherigen Kreisen sortierten.

Für den Kreis Stollberg waren diesmal nur wenige dabei; die überließ er mir, sie "an den Mann zu bringen". Das plante ich für den folgenden Tag, denn an diesem Abend hatte ich das Schulamt im "Kreiselternrat" zu vertreten.

Kollege Kietz legte mir die Liste der Kollegen vor, die sich fürs Gymnasium gemeldet hatten. Eine große Auswahl hatten wir nicht. Im Gegenteil! Wir machten einzelnen Kollegen Mut, sich ebenfalls für diese Schulart zu entscheiden. Denn es hatte sich herausstellt, dass auch die Städte Thalheim und Oelsnitz wegen des großen Bedarfs an dieser Schulart weitere Standorte für die höhere Schulbildung erhielten.

Am 8. Mai war Bauübergabe durch das Landratsamt. Die Zimmer waren recht gut gelungen. Sie mussten nunmehr mit Möbilar gefüllt werden. Doch das ging eigentlich ohne große Probleme. Per Möbelwagen wurden aus Schwarzenberg, Aue und Hohenstein-Ernstthal das Möbel und die Akten der betreffenden Mitarbeiter nach Stollberg gebracht und von uns eingeräumt, wobei die Personen, die die einzelnen Zimmer bezogen, festlegten, wo welcher Schrank bzw. Tisch hingestellt werden sollte.

Die Landratsämter Schwarzenberg, Aue und Hohenstein-Ernstthal gaben das Inventar ihrer bisherigen Schulämter unentgeltlich an das "Staatliche Schulamt Stollberg" ab.

Unsere Stollberger Leute hatten jeweils nur ein Stockwerk zu überwinden, wobei uns nach gewohnter Weise, die drei getreuen Hausmeister- und Heizerleute des Gebäudes kräftig halfen.

Für das Zimmer des Schulamtsleiters Elmar Reich und das Chefsekretariat hatten wir, wie der Leser schon weiß, neues Möbiliar bestellt, auch für das Beratungszimmer und die Kleinküche sowie Sitzbänke für den Korridor. Die Verträge dazu hatte Eberhard Kietz im Januar/Februar ausgelöst.

Bis Ende Mai war der Umzug restlos vollzogen. Nunmehr kamen die entsprechenden Mitarbeiter täglich nach Stollberg.

Ich teilte mir ein großes Dienstzimmer mit Reinhard Weise mit dem ich auch gemeinsam die Förderschulen der vier Landkreise betreute.

Kurze Zeit nach der Berufung von Elmar Reich zum Schulamtsleiter warfen Herr Wellner und Frau Trömel das Handtuch. Sie kamen mit seiner Leitungstätigkeit nicht zurecht. Ersterer übernahm die Leitung des Schwarzenberger Gymnasiums, letztere die Leitung einer Mittelschule im Auer Raum.

Elmar Reich brauchte mich nicht mehr zum Einarbeiten. Die Dienstberatungen im Schulamt hatte ich jedoch als Stellvertreter weiter zu protokollieren.

Ich nutzte die freigewordene Zeit, die von mir zu betreuenden Schulen anzufahren, dort mich mit den Kollegen bekannt zu machen, ihre Probleme zu erfahren und zu hospitieren, vor allem bei den jeweiligen Bewerbern für die Schulleiterstelle.

Neben den beiden "Förderschulen für Lernbehinderte" in Thalheim und Oelsnitz waren solche in Aue und Schwarzenberg, neben der "Förderschule für geistig Behinderte" in Gablenz mit der Außenstelle in Stollberg die in Schwarzenberg, Schlema und Aue dazugekommen. Weiter war ich für die "Förderschule für Erziehungshilfe" in Aue (vorher Lindenau) sowie das "Logopädische Zentrum" in Thalheim verantwortlich.

Reinhard Weise betreute die "Förderschulen für Lernbehinderte" in Hohenstein-Ernstthal, Lichtenstein, Johanngeorgenstadt, Schneeberg, Eibenstock und die "Förderschulen für geistig Behinderte" in Hohenstein-Ernstthal und Johanngeorgenstadt.

Die Schulleiterberatungen setzten wir zusammen an, einmal, damit sich sowohl die Kollegen Schulleiter untereinander besser kennen lernen sollten als auch zwischen ihnen auf diese Weise ein umfangreicher Erfahrungsaustausch möglich wurde. Wir hatten uns abgesprochen, Reinhard übernahm es, die Anweisungen des

Oberschulamtes weiterzugeben und spielte den Moderator bei der Aussprache. Ich protokollierte. Unsere Dienstberatungen führten wir im Wechsel immer an einer anderen Schule durch, damit jeder Schulleiter die einzelnen Einrichtungen seiner Kollegen kennenlernte.
Für uns war das ebenfalls von Vorteil, waren wir doch beide Vertreter für den anderen.
So war es für uns leichter, notwendige Entscheidungen statt unseres Partners zu treffen, wenn sich dieser im Urlaub befand oder mal wegen Krankheit fehlte.
Wir hatten insgesamt weniger Schulen zu betreuen als die anderen Schulräte. Aber keiner beneidete uns. Die Probleme, mit denen wir uns herumschlagen mussten, waren bedeutend größer als die der Kollegen.
Eine drei Tage währende Schulung im Schulungszentrum Erlbach/Vogtland brachte den Durchbruch im Miteinander unserer Schulleiter. Die Gruppe wurde ein gutes Team, das fest zusammenhielt.
Übrigens begannen wir alle Dienstberatungen mit einem Lied. Herr Jens Wagner, Schulleiter der Oelsnitzer "Förderschule für Lernbehinderte" brachte auf meine Bitte hin zu den Beratungen seine Gitarre mit. Er legte das Lied fest, für das er Notenblätter vervielfältigte und übernahm für das Singen die Leitung.
Wie war ich darauf gekommen?
Zu DDR-Zeiten hatte man auf zentrale Anweisung irgendwann damit begonnen, jeden Schultag mit einem Lied zu starten. Obgleich ich selbst gar nicht singen kann, gefiel mir diese Maßnahme, und ich hielt sie auch konsequent durch. In jeder Klasse hatte ich eine musikalische Schülerin beauftragt, das jeweils gewählte Lied anzustimmen. Das klappte immer.
In den ersten Beratungen im Oberschulamt hatte Herr Albrecht, der Schulamtsleiter von Brand-Erbisdorf, ein studierter Musiklehrer, diese Methode für die Beratungen der Schulamtsleiter vorgeschlagen. Zu unserer Schulung in Oberfranken hatten wir den Brauch ebenfalls kennengelernt. Damit begannen alle Beratungen mit weniger Krampf.

Die Fahrten zu unseren Förderschulen unternahmen wir häufig gemeinsam, auch traten wir oft im Doppelpack auf, wenn wir mit den Vertretern des Landratsamtes verhandelten, um bessere Bedingungen für unsere Schulen durchzusetzen. Das hatte meistens Erfolg.
Den 15. Mai hatte unser "Chef" als Wandertag aller Schulräte festgelegt. Grund: besseres Kennenlernen der Kollegen.
Herbert Deml und Wolfgang Ebert waren mit der Organisation beauftragt.
Per PKW gelangten wir in Fahrgemeinschaft nach Schwarzenberg. Am "Waschgerätewerk" ließen wir die Fahrzeuge stehen und wanderten entlang des Oswaldbaches zur Raststätte "Fürstenbrunn" und weiter nach Waschleithe zum "Klein-Erzgebirge". Es war ein äußerst harmonischer Tag!
Am 2. Juni bat mich Elmar gemeinsam mit Frau Zierold zu einer internen Beratung über den Haushaltsplan ins "Chefzimmer". Das Oberschulamt hatte jetzt endlich die Haushaltspläne der einzelnen Schulämter begutachtet. Mir wurde in einem Anschreiben des Oberschulamtes der Vorwurf gemacht, ich hätte bei der Auslösung der Bestellungen für das neue Mobiliar und der Computer "grobfahrlässig" gehandelt. Was sich aus dieser Anschuldigung entwickelte, erfährt (wie bereits angekündigt) der Leser im nächsten Kapitel.
Anfang Juni erhielten wir Informationen über die Schülerbewerbungen für das Gymnasium.
Dafür wurde ein Riesenaufwand betrieben:
"1. Grundlage ist die Bildungsempfehlung der bisherigen Schule.
2. Wer keine Bildungsempfehlung für seine Kinder erhält, kann eine Eignungsprüfung für seine Kinder beantragen.
3. Für den Fall, dass diese nicht bestanden wird und somit die Aufnahme für das Gymnasium abgelehnt wird, ist ein Widerspruch möglich."
Das erste Widerspruchsverfahren wurde im "Staatlichen Schulamt" bearbeitet. Kam es hier erneut zu einer Ablehnung, ging das "Widerspruchsverfahren II" an das Oberschulamt.
Schließlich konnte jede Familie gerichtlich die Aufnahme ins Gymnasium erzwingen.

Probleme gab es im Kreis Stollberg in einigen Gemeinden, weil die Eltern ihre Kinder unbedingt ins Stollberger Gymnasium schicken wollten, obgleich dort die Kapazität beschränkt war, während Oelsnitzer bzw. Thalheimer Gymnasiem gleiche Qualität besaßen und für sie sogar verkehrsgünstiger lagen.

Die Besetzung der Schulleiterstellen wurden zum Teil den Schulämtern vom Oberschulamt nicht abgenommen. Wenn aber die Kommunen im Oberschulamt anriefen, erhielten sie die Auskunft, das Staatliche Schulamt sei für die Besetzungsvorschläge der Schulleiterstellen verantwortlich.

Anfang Juli musste ich die Dienstberatung im Oberschulamt wahrnehmen, da Elmar Reich seinen Urlaub angetreten hatte. In gewohnter Manier legte ich dem Präsidenten vor Beginn der Beratung eine Liste von dringenden Fragen auf den Tisch mit der Bitte, diese unbedingt zu beantworten:

Das Kündigungsverfahren gegenüber einer Reihe von Kollegen ist noch immer unentschieden.

Was wird mit den Lehrmeistern aus den bisherigen Polytechnischen Zentren und den Erzieherinnen mit Lehrbefähigung?

Die Zuweisung der Lehrer an die einzelnen Schulen hätte in dieser Woche abgeschlossen werden müssen, damit an den Schulen der Stundenplanbau beginnen kann...

Die Bereitschaft zu Teilzeit scheint im Grundschulbereich nicht alle Überhänge abzubauen. Darf das Schulamt bei Bedarf geeignete Grundschullehrer an Förderschulen umsetzen?

An den Förderschulen werden Erzieher benötigt. Neueinstellungsgesuche liegen dem Oberschulamt vor. Wann werden diese bearbeitet?

Wie geht es mit den Anträgen zur Anerkennung der Dienstzeiten weiter? Wer hat diese zu bearbeiten? Wer leitet diese an?

Eine Anfrage: Werden in Ausnahmefällen für Lehrer "Mischformen" im Unterricht Grund- und Mittelschule möglich sein, zumal wenn diese sich im gleichen Gebäude befinden?

Gibt es Fort- und Weiterbildungsveranstaltungen für Lehrkräfte an Förderschulen? (Weiterbildungsveranstaltungen für die übrigen Schularten sind bereits im Angebot).
Die "Sächsische Schulordnung" fehlt noch immer. Wann wird diese ausgereicht?
Leider erhielt ich keinerlei Antworten auf meine Fragen, nur den lapidaren Hinweis, er, Feiereis, werde in den nächsten Tagen die Fragen abarbeiten.
Im Laufe des Juli stellten wir die Personalakten der Berufsschullehrer, später auch die der neuen Gymnasiallehrer zusammen und brachten sie ins Oberschulamt.
Am Ende des Monats wurden die Personalakten der ausgeschiedenen Lehrer angefordert.
Ende August kam die Ministerin ganz plötzlich zu Besuch ins Stollberger Schulamt. Sie wollte sehen, wie Elmar sein Dienstzimmer eingerichtet hatte. Nach einer Weile wurden wir zu einer "Fragestunde" hinzugeholt. Während die anderen Kollegen Erfolgsmeldungen abgaben, fragte ich nach Zuweisungen von Lehrkräften und Erziehern für Förderschulen. Die Ministerin versprach, mein Problem nach ihrer Rückkehr nach Dresden zu prüfen.
Tatsächlich erhielt ich drei Tage später einen Anruf einer Frau Schäfer aus dem Ministerium: wir dürften die Pflegerinnen der Neuropsychiatrischen Kinderklinik in Johanngeorgenstadt als Erzieherinnen für die "Förderschule für geistig Behinderte" übernehmen. Wenn ich den Bedarf nachweisen könne, dürfte ich auch das Oberschulamt erneut auf die Einstellung von Erzieherinnen ansprechen. Das Oberschulamt würde von ihr ebenfalls verständigt.
Wenige Tage später suchte ich Herrn Dr. Schädlich und Herrn Rüdiger, beide zuständig für die Förderschulen, auf; bewaffnet mit einer Liste, in der ich für alle Förderschulen die Schülerzahl, den Betreuungsschlüssel, die Lehrerzahl, bei den "Förderschulen für geistig Behinderte" und bei der "Förderschule für Erziehungshilfe" auch die Erzieherzahl aufgelistet und in zwei Spalten die Fehlstellen farbig markiert hatte. Ich verwies auf die Zusage vom Ministerium.
Für das Personal sei Herr Polster zuständig. Also hin zu ihm. Er hatte anfangs nicht den Mut, die Zuweisungen auszufüllen. Schließlich

konnte ich ihn überzeugen. Vorsichtshalber rief er noch einmal Frau Schäfer an. Sie bestätigte ihm, was sie mir zugesagt hatte. Nun wollte er die Unterschrift des Vizepräsidenten holen. Der meinte, er unterschreibe nur, wenn neben Herrn Polster vorher auch Herr Dr. Schädlich gegengezeichnet hätte. Dessen Unterschrift bekam ich sofort. Nun musste Herr Meckle seine Zusage einhalten.
Ich vermute, er hat es zähneknirschend getan.
War das eine Freude für mich und für die betroffenen Schulen: Endlich einige Erzieherinnen zu bekommen! Und war das erst eine Freude für die Bewerberinnen!
Im September suchte ich zusammen mit Reinhard Weise, freiwerdende Einrichtungen als Ersatz bzw. Erweiterungen für die Förderschulen, die eine marode Bausubstanz aufwiesen.
Ende September nahm ich in Abwesenheit des Schulamtsleiters einen Anruf aus Dresden für unser Amt entgegen: Am Donnerstag, den 1. Oktober 1992 würde ab 9.00 Uhr Herr Rudolf vom Sächsischen Rechnungsamt zu uns nach Stollberg kommen, um die Hortproblematik des Vorjahres zu prüfen.

12. Degradierung

Im Kapitel 10 habe ich davon berichtet, dass das Oberschulamt von mir einen Haushaltsplan für das Jahr 1992 verlangte. Einige Zeit später erzählte ich, dass wir Computer und Möbel für das neue Schulamt benötigten; das Oberschulamt sich jedoch noch immer nicht äußerte, ob unser eingereichter Haushaltsplan genehmigt worden sei.
Am 2. Juni bat mich Elmar Reich gemeinsam mit Frau Zierold zu einer internen Beratung über den Haushaltsplan.
Das Oberschulamt hatte jetzt endlich die Haushaltspläne der einzelnen Schulämter begutachtet. Mir wurde in dem Anschreiben des Oberschulamtes, wie der Leser schon weiß, der Vorwurf gemacht, ich hätte bei der Auslösung der Bestellungen für das neue Möbel und der Computer "grobfahrlässig" gehandelt.
Am 18.05. gab Frau Zierold in einer Dienstberatung im Schulamt eine Gegenüberstellung unserer Planzahlen mit den genehmigten Summen bekannt, die ich in folgender Tabelle zur Kenntnis gebe:

Haushaltsplan

Ausgerichtete Mittel		**Angaben in 1000 DM**
Art	geplant	genehmigt
Büromittel	20	10
Bücher	8	2
Postgebühren	60	7,5
Telefon	60	7,5
Geräte	104	16
Computer	30	8
Möbel	70	25
f. Umzug	7	2
Dienstfahrzeug	25	19
Summe	384	97

Am 16. Juli erhielt unser Schulamtsleiter ein Schreiben vom Oberschulamt mit dem Aktenzeichen 0232.0 und dem Betreff: "Missbrauch eingeräumter Befugnisse zum Schaden des Freistaates Sachsen; Hier: Vorschriftswidrige Beschaffung von Möbeln und Ausrüstungsgegenständen".
Auch wenn der Inhalt dem Leser langweilig erscheinen mag, sehe ich mich verpflichtet, dieses Schreiben hier anzuführen.
Der Schulamtsleiter hatte mir eine Kopie ausgehändigt, da von mir zu dem Inhalt eine Stellungnahme erwartet wurde.

Wie im folgenden Text durch das genannte Datum 05.06.1992 ersichtlich, war schon vorher ein Briefwechsel erfolgt.
Davon hatte ich jedoch keine Kenntnis erhalten.

"Sehr geehrter Herr Reich,
nach den hier vorliegenden Unterlagen, in die ihre Berichte einbezogen worden sind, wurden zu Lasten des Staatlichen Schulamtes Pflichten eingegangen und Bestellungen vorgenommen, bevor überhaupt Haushaltsmittel zur Verfügung gestanden haben. Die dann zugewiesenen Haushaltsmittel reichen zur Bezahlung der bestellten Gegenstände nicht aus.

Nach den bisherigen Vorstellungen ergibt sich folgender
Sachverhalt: *I.*
Am 24.10.91 wurde dem SSA Stollberg die "Verwaltungsvorschrift zur Haushalts- und Wirtschaftsführung im Haushaltsjahr 1991 nach dem Haushaltsgesetz 1991" (für 1992 gelten vergleichbare Regelungen) übersandt.
Entsprechend der Sächsischen Haushaltsordnung vom 19.Dez.1990 enthielt diese Verwaltungsvorschrift u. a. folgende Regelungen:
Nr.2.1. Der Leiter der Dienststelle wurde zum Beauftragten für den Haushalt bestellt und war damit für die Beachtung und Einhaltung der Haushaltsvorschriften verantwortlich.
Nr.3.2. Bei den Ausführungen des Haushaltsplanes (Ausgaben) ist der Grundsatz der Wirtschaftlichkeit und Sparsamkeit strikt zu beachten.
Nr.3.10. Aufträge für Lieferungen sind grundsätzlich auszuschreiben. Aufträge bis zu einem Wert von 25 TDM konnten freihändig vergeben werden.
Nr.4.2.4. Die Beschaffung von EDV-Anlagen, die größer sind als ein PC, bedurften der vorherigen Zustimmung des Sächsischen Staatsministeriums der Finanzen, ebenso nach
Nr.4.2.5. Maßnahmen für die keine Haushaltsmittel zur Verfügung stehen und nach
Nr.4.2.7. Aufträge für Sachinvestitionen mit einem Wert von über 10 TDM.

II.
Unter dem 28.Okt. 1991 erstellte das SSA Schwarzenberg einen Haushaltsvoranschlag für 1992. Nach diesem Voranschlag waren u.a. Ausgaben für Büromöbel für je 13 Personen (13 x 3.100 DM und 13 x 2.400 DM) in Höhe von insgesamt 71.500 DM sowie für "Computer komplett vernetzt" in Höhe von 30.000 DM vorgesehen.
Eine Zuweisung von Haushaltsmitteln erfolgte erst am 14. Mai 1993.
III.
Am 27.Jan. 1992 erteilte das SSA Stollberg (Dr. Moser als Schulamtsleiter) bei der Fa. WHS Hard- u. Software Service in Thalheim den Auftrag "zur Erstellung eines Netzwerkes im Schulamt Stollberg". Gleichzeitig wurde der Fa. WHS bei zufriedenstellender

Auftragserfüllung der Auftrag zur Endrealisierung des Gesamtprojektes im Haushaltsjahr 1993 erteilt. Aus dem Haushaltsplan 1992 des SSA Stollberg wurde dafür eine Summe von 35 bis 40 TDM als verfügbar bezeichnet. Die Fa. sollte sich auch verpflichten, einen Voranschlag zu erstellen.
Am 09.Febr.1992 nahm die Fa. WHS den Auftrag an und stellte unter dem 18. Mai 1992 für die gelieferte Works-Station 20.075,95 DM in Rechnung.
IV.
Am 21.Febr.1992 unterzeichnete der stellv. Schulamtsleiter, Herr Dr. Moser mit der Fa. "Atelier für Objekteinrichtung MachArt" einen Rahmenvertrag. Nach der Anlage zu diesem Rahmenvertrag hatte die Fa. für die "bereitgestellte Summe von ca. 75.000DM" - abweichend vom Haushaltsvoranschlag - lediglich 5 Räume und einen Frühstücks- und Beratungsraum sowie den Korridor auszustatten. Unter dem 05.05.1992 stellte die Fa. MachArt für den Amtsleiterraum und das Chefsekretariat insgesamt 35.253,77 DM in Rechnung. Am 22.Mai1992 versuchte das SSA Stollberg den Rahmenvertrag aufzukündigen; diese Aufkündigung wurde jedoch von der Fa. MachArt nicht angenommen.
<u>Bewertung:</u>
Bei der Auftragserteilung, dem Abschluss des Rahmenvertrages und den Bestellungen wurde gegen die einfachsten Grundsätze der Haushaltsführung verstoßen, deren Einhaltung zum Kernbereich der Aufgaben des damaligen Schulamtsleiters gehörten. Es wurden Aufträge erteilt, ohne dass dafür Haushaltsmittel zur Verfügung standen. Die ausdrücklich vorgeschriebene Ausschreibung ist unterblieben; außerdem fehlten die vorab einzuholenden erforderlichen Zustimmungen. Dieses Verhalten ist daraufhin zu überprüfen, ob der damalige Schulamtsleiter die ihm eingeräumte Befugnis, den Freistaat Sachsen zu verpflichten, vorsätzlich (zumindest bedingt vorsätzlich) dazu missbraucht hat, den Freistaat Sachsen zu schädigen. Dafür spricht auch die Tatsache, dass die im Haushaltsvoranschlag beantragten Haushaltsmittel nicht für - wie dort vorgesehen - Büromöbel für je (2x) 13 Personen verwendet worden sind, sondern der Auftrag so erteilt worden ist, dass die Hälfte des Betrages für Ausstattung des Chefzimmers und des Vorzimmers beansprucht worden ist. So ist nicht verständlich, wie "der Aufwand von ca. 70 TDM für die komplette Möblierung 5 großer Räume" als "äußerst

gering" bezeichnet werden kann. Der vom Schulamt eingereichte Haushaltsvoranschlag orientiert sich an den "Richtsätzen für die Ausstattung von Diensträumen". Diese für alle sächsischen Behörden geltenden "Richtsätze" sehen für Räume, wie sie in einem Staatlichen Schulamt vorhanden sind, Höchstbeträge zwischen 2.100 und 3.800 DM vor (Haushaltsvoranschlag: 13 x 3.800 DM + 13 x 2.100 DM). Lediglich für den Leiter einer Ortsbehörde ist der Betrag von 4.900 DM vorgesehen.

Ebenso ist nicht einsichtig, weshalb die Arbeitsfähigkeit des Staatlichen Schulamtes Stollberg seit Beginn des Jahres 1992 blockiert gewesen wäre und deshalb im Januar 1992 Handlungsbedarf bestanden hat, wenn 15 Diensträume nicht ausgestattet werden konnten. Diese Darstellung lässt eher den Schluss zu, dass die zwingenden Vorschriften des Haushaltsrechtes bewusst und vorsätzlich missachtet worden sind. Dies gilt vor allem für den Hintergrund, dass die Ausstattung erst Mitte des Jahres 1992 geliefert worden ist und für die Ausstattung des Amtsleiterzimmers und des Vorzimmers 35 TDM benötigt wurden.

Die Ausführungen im Bericht vom 05.06.1992 zur EDV-Netzanlage vermögen nicht die Missachtung der Haushaltsvorschriften zu begründen. Die Kosten können auch keineswegs als gering bezeichnet werden.

Lediglich ergänzend sei angemerkt, dass nach den Erfahrungen des Oberschulamtes Chemnitz Behördenrabatte zwischen 30 und 35 % nicht als außergewöhnlich bezeichnet werden können.

<u>*Auftrag:*</u>

Zur Beurteilung des Sachverhaltes bitte ich ergänzend die im folgenden benannten Unterlagen vorzulegen bzw. die Fragen zu beantworten.

1. Aufstellung sämtlicher Bestellungen und Rechnungen mit Kopien der Rechnungen.

2. Original der Rahmenvereinbarungen mit der Fa. MachArt; die bisher vorliegende Ausfertigung dürfte tatsächlich erst am 16.06.1992 erstellt worden sein.

3. Liegt dem SSA Stollberg das Sächsische Gesetz- und Verordnungsblatt Nr. 5/90 mit der Sächsischen Haushaltsordnung vom 19.Dez.1990 vor? Wann ist sie eingegangen? Wer von der Schulamtsleitung hat sie abgezeichnet?

4. Für welchen Personenkreis waren die im Haushaltsvoranschlag erwähnten Büromöbel bestimmt?
5. Weshalb wurde fast die Hälfte der beantragten Mittel zur Ausstattung lediglich des Zimmers und Vorzimmers des Leiters des Schulamtes verwendet? Hat hier die Tatsache eine Rolle gespielt, dass sich Herr Dr. Moser um die Stelle des Schulamtsleiters beworben hatte?
6. Welche Notwendigkeit bestand, mit der Fa. MachArt und der Fa. WHS umfangreiche Rahmenverträge teilweise mit Verpflichtungsermächtigungen abzuschließen?
7. Hat die Fa. WHS den Kostenvoranschlag vorgelegt?
8. Welche Gründe führten zur Auswahl der beauftragten Firma? Bestehen persönliche Beziehungen?
9. Welche Personen des SSA Stollberg - außer Herrn Dr. Moser - haben an den Bestellungen sonst noch mitgewirkt?
10. Die beteiligten Personen sind förmlich anzuhören; diese Anhörung kann auch durch eine schriftliche Stellungnahme ersetzt werden.
11. Nach dem derzeitigen Sachstand haben die Beteiligten gegen ihre Dienstpflichten (§ 8 Abs. 2 BAT-O) verstoßen, indem sie eindeutigen Gesetzen und Vorschriften zuwidergehandelt haben. Ebenso bleibt eine strafrechtliche Verantwortlichkeit zu prüfen (§ 266 StGB).
Ich bitte daher, in der Vorlage auch dazu Stellung zu nehmen:
- ob - und gegenfalls welche - arbeitsrechtlichen Maßnahmen vorgeschlagen werden,
- ob die Beteiligten in der Lage sind, den verursachten Schaden zu ersetzen und inwieweit eine Diensthaftpflichtversicherung besteht.
- welche entscheidungserheblichen Tatsachen und Gesichtspunkte noch zu berücksichtigen sind.
Hochachtungsvoll Meckle"

Als ich mir die Kopie zu Gemüte führte geriet ich in Zorn. Dementsprechend fiel meine Stellungnahme aus. Doch diese Version nahm Herr Reich nicht an. Ich musste umformulieren. So kam das folgende, "milder" formulierte Schreiben zustande:

Stollberg den 24.08. 1992

"Sehr geehrter Herr Meckle!
Ihr Schreiben vom 14.07.1992 an Herrn Reich hat mich tief getroffen. Sie müssen einen vernichtenden Eindruck von mir gewonnen haben.
Darf ich zu Beginn darauf aufmerksam verweisen, dass ich kein gelernter Schulrat bin wie alle meine Amtskollegen in Sachsen auch. Keiner von uns kann sich rühmen, juristische, haushaltstechnische oder gesetzeskundige Schulungen absolviert zu haben.
Bevor das Oberschulamt oder das SMK als arbeitsfähige Behörden zum Tragen kamen, mussten die Schulämter die Absicherung des Unterrichts in allen Schularten gewährleisten. Dies zu einer Zeit, in der es noch keine Verwaltungsvorschriften gab. Unsere Entscheidungen waren lediglich vom "gesunden Menschenverstand" und unserem Gewissen verpflichtet, getragen. Zeit für intensives Selbststudium von Gesetzesblättern blieb trotz eines täglichen Arbeitstages von 12 - 16 Stunden nicht.
In der Zeit als ich kommissarisch für alle vier Kreise verantwortlich war, trafen wir uns zuerst einmal im Monat, später aller zwei Wochen. Zwischendurch beriet ich mich mit den Stollberger Kollegen. Meist wurde die Post vom Oberschulamt zuerst nach Schwarzenberg gesandt. Die Haushaltsbeauftragte hatte ihren Arbeitsplatz in Aue. So gelangte die "Verwaltungsvorschrift" von Schwarzenberg direkt zu ihr nach Aue.
Bei der Erarbeitung des Haushaltsentwurfs für 1992 erhielt ich zwar telefonisch einige Hinweise von ihr, aber die "Verwaltungsvorschrift" wurde weder erwähnt noch lag sie uns dazu in Stollberg vor. Unser Haushaltsvoranschlag orientierte sich an den "Richtsätzen für die Ausstattung von Diensträumen". Die lag uns durch die Zuarbeit des Landratsamtes Stollberg vor. Fristgemäß reichten wir den Haushaltsplanentwurf im Oberschulamt zu Händen von Herrn Häni ein. Für mich ist es unerklärlich, dass von der Haushaltsabteilung des Oberschulamtes in der Zeit von Oktober bis Mai weder uns noch dem Präsidenten signalisiert wurde, dass unser Plan zu hoch gegriffen sei.

In der EDV-Ausstattung gingen wir davon aus, dass alle Schulämter einerseits mit dem Oberschulamt und dem SMK vernetzt werden würden und später auch mit den einzelnen Schulen.
Wir wollten modern sein, für die Zukunft investieren, uns nicht mit Halbheiten abfinden. Es war also eine gute Absicht, keinesfalls eine Schädigung unseres Freistaates beabsichtigt. In Bezug auf Hard- und Software hat unser Kollege Kietz verschiedene Angebote eingeholt. Die ausgewählte Firma hatte wirklich die kostengünstigsten Angebote. Die als "verfügbar" bezeichnete Summe von 34 bis 40 TDM war geplant, nicht "verfügbar". Heute erkenne ich, dass es nicht nur ein Formulierungsfehler ist.
In der Möbelbestellung haben wir Ausschreibungen unterlassen. Uns fehlte die Zeit, Angebote einzuholen. Wir begnügten uns mit der Empfehlung des Hauptauftragnehmers, der im Auftrag des Landratsamtes die Rekonstruktion des Stollberger Gymnasiums im Rahmen des Aufbauwerks Ost koordinierte. Wir gingen davon aus, dass das Rechnungsprüfungsamt einer Kommune keiner Firma den Zuschlag geben würde, die überzogene Forderungen stellt.
Nun soll versucht werden zu den genannten 11 Punkten Stellung zu nehmen:
zu 1: - wird von Frau Zierold zusammengestellt und als Anlage 1 beigefügt.
zu 2: Das Datum 19.06.92 (in Ihrem Schreiben als 16.06. genannt) ist ein Schreibfehler und muss 19.02.92 lauten. Bedauerlicherweise habe ich diesen Schreibfehler bei der Unterschrift übersehen. Die Rechnung der Fa. MachArt vom 05.05.92 bezieht sich auf den Rahmenvertrag vom Februar.
zu 3: Das Sächsische Gesetz- und Verordnungsblatt Nr. 5/90 ist heute im SSA Stollberg vorhanden (mitgebracht von der Außenstelle Aue). Das vom Landratsamt Stollberg an das damalige Schulamt Stollberg übergebene Exemplar wurde dem Schulverwaltungsamt zugeordnet, das zu diesem Zeitpunkt noch zum Schulamt Stollberg gehörte und im August 1991 nach der direkten Unterstellung der Schulämter unter das SMK aus dem Schulamt

herausgelöst und dem Dezernat II des Landratsamtes unterstellt wurde. Uns war es bei der Erstellung des Haushaltsplanentwurfs für 1992 im Oktober 1991 nicht gegenwärtig.

zu 4: Bereits in dem Schreiben des Schulamtsleiters vom 05.06.92 wurde auf Seite 1 erwähnt, dass auf der Grundlage alter Einrichtungsnormative für Büroräume für 13 Schulräte und 13 Sachbearbeiter die Gesamtsumme für alle vorgesehenen Räume ermittelt und im Haushaltsplanentwurf 1992 (erstellt am 28.10.91) ausgewiesen wurde.

zu 5: Neue Überlegungen im Zusammenhang mit den Preisen für Büromöbel und dem zu erwartenden Limit veranlassten uns, die beantragten Mittel auf Amtsleiterraum (einschließlich Beratungseinheit der Schulräte), Chefsekretariat, Mehrzweck-Beratungsraum (mit Schulleitern, Elternvertretern usw.), Zentrales Schreibbüro und Vorraum, also publikumswirksam repräsentierend, zu konzentrieren. Eine Investition von Dauer sollte es sein, nicht dass nach 3 oder 5 Jahren aus Verschleißgründen Ersatz beantragt werden muss. Diese Entscheidung wurde von allen Stollbergern Schulräten mitgetragen. Die Ausrüstungen der genannten Räume waren in gar keinem Falle personenbezogen. Jeder von uns wusste, dass alle übrigen Räume eine Einrichtung aus Altbeständen erhalten mussten.

Am 11. Februar waren Herr Feiereis und Herr Polster als Gäste in der Beratung der Schulräte des SSA Stollberg anwesend. Der Präsident verkündete, dass Herr Reich der neue Schulamtsleiter sein würde. Mich ernannte er am gleichen Tag zum Stellvertreter. Also wusste ich sehr wohl, als ich in der darauffolgenden Woche den Vertrag mit der Fa. MachArt unterzeichnete, dass das Schulamtsleiterzimmer nicht mein Arbeitszimmer werden würde. Ich ließ mich endgültig davon überzeugen, dass der Raum repräsentativ wirken soll.

zu 6: Die Fa. MachArt wurde uns, wie schon erwähnt, vom Auftragnehmer Gesamtrekonstruktion Gebäude "EOS" empfohlen. Die Referenzen der Stadtverwaltung Stollberg genügten uns. Der Passus "Bei zufriedenstellender Auftragserfüllung..." im Auftrag vom 27.01.92 an die Fa. WHS ist von beiden Vertragspartnern nur als Absichtserklärung zu sehen (siehe Anlage "Schriftliche Erklärung der Fa. WHS").

zu 7: Am 15.01.92 lag uns ein Kostenvoranschlag der Fa. WHS schriftlich vor (siehe Anlage 2).
zu 8: Von zwei schriftlichen Angeboten (MQ Systems EDV (Anlage 3)) und einem mündlichen Angebot (Fa. Sachs. Computer) war das Angebot der Fa. WHS im Preis-Leistungs-Verhältnis das günstigste. Rabatte von 30 bis 35 % wurden uns von noch keiner EDV-Firma bzw. -Vertretung zugestanden.
zu 9: Mit den Verhandlungen sowohl mit den Baufirmen als auch mit den Anbietern hatte ich Herrn SR Kietz beauftragt. Er erstattete mir von Fall zu Fall Bericht. Wenn notwendig, wurden weitere Schulräte in eine Beratung einbezogen.
zu 10: Dieser schriftliche Bericht liegt hiermit vor.
zu 11: Zu diesem Punkt habe ich bereits in meiner einleitenden Bemerkung Stellung bezogen.
Weder bei mir noch bei Herrn Kietz besteht eine Diensthaftpflichtversicherung. Ich wäre Ihnen dankbar für ein persönliches Gespräch, um weitere Fakten, die Sie evtl. hinterfragen möchten, beantworten zu können.
Hochachtungsvoll
Dr. Moser
Stellv. Schulamtsleiter"

Ich war der Ansicht, dass mit diesem Antwortschreiben nunmehr alle Anschuldigungen gegen mich bereinigt seien, da auch keine diesbezüglichen Schreiben mehr eingingen, ich auch nicht zu dem angebotenen Gespräch bestellt wurde. Doch am 23. September 1992 wurde ich zusammen mit Herrn Reich zu Herrn Meckle ins Oberschulamt bestellt.

Als würden die Schreiben vom 16. Juli und 24. August gar nicht existieren, brachte Meckle noch einmal all die Anschuldigungen gegen mich vor, drohte mit "Gerichtsverhandlungen", "Fristloser Entlassung" und "Gefängnis". Damit gelang es ihm, mich einzuschüchtern.

Meine einzigen Gegenargumente waren: "Wenn ich schuldig gesprochen werde, dann trifft das Oberschulamt eine Mitschuld, einmal, weil versäumt wurde, uns für die Erstellung des

Haushaltsplans anzuleiten, zum anderen, weil der eingereichte Haushaltsplanentwurf in der Zeit von Oktober 1991 bis Februar, ja Mai 1992 nicht kontrolliert wurde, so dass unsererseits von einer Akzeptanz ausgegangen werden musste. Meines Erachtens hatte das Oberschulamt sogar die Fürsorgepflicht gehabt, die Haushaltsplanentwürfe zu kontrollieren, denn bei dieser Behörde musste Klarheit darüber herrschen, dass die unterstellten Schulamtsleiter mit dem Auftrag "Erstellen eines Haushaltsplans" total überfordert waren. Wozu hätte man sonst Juristen aus den Altbundesländern nach Chemnitz geholt.

All den Anschuldigungen steht das Wort des Präsidenten vom 22. Mai 1992 gegenüber, in dem er mir versicherte, ich könnte jetzt wieder ruhig schlafen, ich würde nicht "regresspflichtig gemacht."

Ich setzte noch einen Trumpf drauf:

"Außerdem ist der Schaden, der durch die Kündigungen bestimmter Lehrer trotz unserer Warnungen bedeutend größer. Denn das Arbeitsgericht hat diese aufgehoben, die Lehrer mussten wieder eingestellt und ihnen die Bezüge nachgezahlt werden!"

Sein "Kontra" lautete: "Das war im Haushalt eingeplant, Herr Moser!"

Am 15. Dezember wurden Elmar Reich und ich abermals nach Chemnitz bestellt. Erneut brachte Herr Meckle die schon bekannten Anschuldigungen vor, drohte mit "Gefängnis" oder "Fristloser Entlassung". Dann nannte er einige Beispiele, wie hochgestellte Persönlichkeiten in den Altbundesländern - in Erinnerung geblieben ist mir der Oberbürgermeister von München - "in aller Schärfe des Gesetzes" wegen ähnlicher Verfehlungen bestraft worden wären.

Meckle stellte es mir frei, ob ich strafrechtlich, zivilrechtlich oder arbeitsrechtlich zur Verantwortung gezogen werden wolle. Er müsse noch prüfen, ob meine Verfehlungen "vorsätzlich", "bösartig", "grob fahrlässig" oder "fahrlässig" zu bewerten seien. An einem Regress führe jedoch kein Weg vorbei. Statt einer vollständigen Regressforderung in Höhe von 60 TDM, solle ich eine Wiedergutmachung von 5.000 DM anbieten. Ihm war es erneut gelungen, mir Angst zu machen.

Eingeschüchtert entschied ich mich für "arbeitsrechtlich" und zur Zahlung von 5.000 DM.

Jetzt schloss sich eine Verhandlungspause an, in der Meckle und Reich unter vier Augen berieten, während ich die Pause nutzte, um die Toilette aufzusuchen.

Als ich zurückkehrte animierten mich beide, ich möchte beim Oberschulamt die Ablösung als "Stellvertretender Schulamtsleiter" beantragen.

Kleinlaut schrieb ich auf ein gereichtes Din-A-4 Blatt die Worte, die mir der Vizepräsident diktierte:

"Ich bitte um Ablösung als Stellvertretender Schulamtsleiter, um nicht mehr mit Verwaltungs- und Haushaltsaufgaben in dieser Funktion konfrontiert zu werden."

Auf der Heimfahrt sprach ich kein Wort. Trotzdem versuchte mich Elmar zu trösten. Was ich aber seinerzeit nicht wusste, dass er mich als Stellvertreter los werden wollte, um die Schulrätin Iris Erler, mit der er inzwischen ein Verhältnis begonnen hatte, in diese Funktion zu lancieren.

Das erkannte ich erst ein Jahr später, als ich im Oberschulamt meine Personalakte einsehen durfte, um einige Kopien zu erhalten. Ob irrtümlich oder absichtlich die folgende Gesprächsnotiz mit folgendem Inhalt in meine Personalakte gelangte, weiß ich nicht:

"Ist eine förmliche Abberufung von Dr. Moser als stellv. Schulamtsleiter erforderlich? Bitte Einsicht in Personalakte nehmen, ob förmliche Berufung über das SMK erfolgte. Wenn ja, dann Herrn Böringer informieren, damit über SMK entsprechende Abberufung von dieser Funktionsstelle erfolgt. Vorher kann Frau Erler nicht berufen werden."

Am Tag vor Weihnachten erhielt ich per Einschreiben mit Rückschein meine Abberufung mit sofortiger Wirkung.

"Sehr geehrter Herr Dr. Moser,
gemäß Ihrem Antrag vom 15.12.1992 entbinde ich Sie aus dienstlichen Gründen mit sofortiger Wirkung von Ihrer Funktion als Stellvertreter des Leiters des Staatlichen Schulamtes Stollberg. Hiervon wird jedoch nicht Ihre Tätigkeit als Schulrat betroffen.
Hochachtungsvoll J. Feiereis"

Nach den Weihnachtsfeiertagen wurde mir ein Änderungsvertrag zur Unterschrift vorgelegt. Ich wurde per 01.01.1993 von der Vergütungsgruppe "I a" in die "I b" zurückgruppiert. Erst die Degradierung und nun die Rückstufung schmerzten mich zwar innerlich.

Aber ich sagte mir: "Setz Dich drüber weg! Die 5000 DM hätten auch weh getan. Im Oberschulamt wissen sie nicht, wie sie die Summe verbuchen sollen, so bestrafen sie mich mit der Rückgruppierung."
Doch weit gefehlt!

Am 14. März wurde ich telefonisch aufgefordert, die Einzahlung von 5000 DM nicht zu vergessen, ohne dass mir jedoch eine Kontonummer mitgeteilt wurde.

Ich entgegnete: "Nun ist aber genug, ich lasse mich doch nicht dreifach bestrafen:
1. Degradierung, 2. Rückstufung und nun noch 3. weitere 5000 DM!"
Kurze Zeit später nannte Präsident Feiereis die Summe von 11.000 DM. Dabei sollte ich 6000 DM in zwölf Monatsraten einzahlen und anschließend den Antrag stellen, mir 5000 DM zu erlassen.
Ich blieb bei meiner Aussage vom 14. März.

Und wieder kehrte eine Weile Ruhe ein.

Mit der Post vom 10. Juni 1993 erhielt ich abermals ein Schreiben vom Präsidenten. betitelt mit folgendem Betreff:

"Schadensersatzansprüche des Freistaates Sachsen gegen Sie wegen Missbrauch eingeräumter Befugnisse zum Schaden des Freistaates Sachsen; vorschriftswidrige Beschaffung von Möbeln und Ausrüstungsgegenständen für das Staatliche Schulamt Stollberg".

Mit juristischem Dreh hatte man nunmehr einen Gesamtschaden von 63.334,42 DM ermittelt. Am Ende des dreiseitigen Schriftstückes

wurde ich aufmerksam gemacht, dass "bei Geltendmachung von Ersatzansprüchen gegen den Beschäftigten der Personalrat auf Antrag des Beschäftigten mitzubestimmen hat".
Bis zum 23.06.93 sollte ich mitteilen, ob ich von diesem Recht Gebrauch machen will.
Ich antwortete am 17.06. mit einem "Dreizeiler":
"Sehr geehrter Herr Präsident,
zu Ihrem im Schreiben vom 10.06.93 genannten Schadensersatzansprüchen erhebe ich hiermit form- und fristgemäß Widerspruch. Ich beantrage die Mitbestimmung des Personalrates."

In gleichlautende Schreiben an den Hauptpersonalrat beim SMK und an den Bezirkspersonalrat beim OSA Chemnitz schilderte ich die Vorgeschichte und die Tatsachen der Schadensersatzansprüche und heftete ganze sieben Anlagen dazu.
Der Bezirkspersonalrat, dem ich selbst in dieser Zeit angehörte, forderte den Präsidenten zu einer Erörterung auf. Die Erörterung vor dem Bezirkspersonalrat am 17. Juli übernahm der Vizepräsident, aus dessen Feder ja die gesamte Kampagne gegen mich stammte.
Selbstverständlich verließ ich in dieser Zeit den Raum wegen Befangenheit.
Nach der Erörterung versicherten mir die Mitglieder des Bezirkspersonalrates ihr Mitgefühl und ihre Überzeugung, dass ich im Recht sei. Aber sie rieten mir zur Zahlung der 6000 DM, da ich nicht Recht bekommen würde.
Der Hauptpersonalrat wandte sich an die Herren Wassermann und Friedrich vom Kultusministerium und führte eine Erörterung durch, aus der hervorging, dass die Angelegenheit von Kultus- und Finanzministerium geprüft würde. Herr Wassermann versicherte dem Hauptpersonalrat, dass man nicht an der Formulierung "grob fahrlässige Dienstpflichtverletzung" festhalten werde.

Für den 14. 09.93; 16.00 Uhr erhielt ich eine telefonische Aufforderung, mich im Oberschulamt einzufinden. Ich kam der Aufforderung nach. Am Abend fertigte ich das folgende Gedächtnisprotokoll an:
"Meine Gesprächspartner im Oberschulamt waren Herr Saccone und Frau Mittelstädt.

Sie erklärten mir zu Beginn, sie würden das Gespräch im Auftrag von Herrn Meckle führen und mir einige Angebote unterbreiten.

Meine Entgegnungen in diesem Gespräch setze ich in "Kursiv". Nun ihre "Angebote":
1. Zahlung von 6000 DM
Die Zahlung von 5000 DM bzw. 6000 DM wäre dann für mich überlegenswert, wenn ich dann endlich in Ruhe gelassen und die Rückgruppierung von "I a" in "IB" annulliert würde.
2. Die Schuldfrage über den von mir angerichteten Schaden -- würde dann nicht mehr erwähnt
-"Schaden"? Es wurde kein Geld veruntreut. Alles Möbel, alle Computer sind vorhanden.
- Das Oberschulamt hat den Haushalt aller Schulämter beschnitten.
- Es hat auch das großzügige Angebot meines Landrates, der Vorfinanzierung für die nächsten Haushaltsjahre bis der Betrag wieder ausgeglichen ist im falschen Stolz abgelehnt.
- Die Übertragbarkeit der Ausstattung von 17 auf 5 Räume war in dem Auftrag "Erstellen des Haushaltplanentwurfs für 1992" ausdrücklich erlaubt.
.

- Ich berufe mich auf das Wort des Präsidenten vom Mai 1992 "ich würde nicht regresspflichtig gemacht".
- in den Gesprächen im September und Dezember wurde ich von Herrn Meckle psychisch unter Druck gesetzt; würde genötigt den Antrag auf Abberufung zu stellen.

3. Herr Saccone verliest aus der Zeitung einen Artikel, in dem nach Recherchen des Sächsischen Rechnungshofes Unregelmäßigkeiten strafrechtlich verfolgt werden.
- Die Gleichstellung mit solchen Leuten empfinde ich als eine Beleidigung ähnlich der
Fragen von Herrn Meckle, "ob ich mir hätte mein Arbeitszimmer einrichten wollen" und
"ob ich mit der Fa. MachArt Beziehungen hätte".
- Wenn ich Schuld habe, dann trägt das OSA mindestens Mitschuld:
1. keine Anleitung

2. keine Kontrolle,
3. - kein Widerspruch gegen unseren Haushaltsplanentwurf, der 7 Monate unbearbeitet blieb;
- die angeführten Verfügungen sind mir nicht zugegangen.
- Das OSA hat seine Aufsichts- und Fürsorgepflicht verletzt; dort gab es zu dieser Zeit juristisch bewanderte Personen, im Schulamt aber nicht.

4. Saccone wirft mir vor, ich hätte gegen das Dienstschweigepflichtgesetz verstoßen, denn es gäbe Fürsprecher.
Die Kollegen im SSA Stollberg haben das alles mitbekommen. Den Bezirks- und Hauptpersonalrat habe ich mitbeteiligt. Mein Landrat weiß davon.
Übrigens hatte man 1983 den gleichen fingierten Vorwurf für meine politisch motivierte fristlose Entlassung herangezogen. Damals hatte ich keine Chance. Heute habe ich keine Angst. Wir leben in einem Rechtsstaat!

5. Das unter 1. und 2. gemachte Angebot solle gegenseitigen Schaden abwenden.
Für mich ist der Schaden schon groß genug.

6. Die Gerichts- und Anwaltskosten würden für mich zu Beginn 5000 bis 6000 DM betragen.
Ich erwiderte nichts.
Nach dem einstündigen Gespräch überreichte man mir eine schriftliche Einladung zu dem eben stattgefundenen Gespräch."

Am 19. September rief mich Herr Sacone an und wiederholte die Punkte 1. und 2.:
"Meine Erwiderung wäre aus verwaltungstechnischen Gründen nicht möglich. Das Ganze stünde in Absprache mit dem Vizepräsidenten und auch in Einvernehmen mit dem Präsidenten."
Ich antwortete: " Dann können Sie, wie ich bereits am Vortage zum Ausdruck gebracht habe, Ihr Angebot vergessen!"
Er setzte noch einen Satz drauf: "In Kürze wird Ihnen ein weiteres Schreiben des Oberschulamtes zugehen."

Dieses gelangte Ende September (Datum 24.09.93) in meine Hände. Inhaltlich glich es dem Schreiben vom 10. Juni.
Ich verständigte davon den Hauptpersonalrat.
Herr Simon nannte mir die Adresse von Herrn Rechtsanwalt Dr. Aßhauer in Düsseldorf. Der "Sächsische Lehrerverband", dem ich angehörte, bot mir Versicherungsschutz.
In den nächsten Monaten gingen einige Schreiben zwischen Aßhauer und dem Oberschulamt Chemnitz hin und her.
Kann es mir der Leser verübeln, dass ich auf Meckle eine unbändige Wut verspürte.
Ja, ich hasste ihn regelrecht! Dabei geriet ich jedoch in große Gewissenskonflikte: Als Christ darf ich keinen Menschen hassen!
Bei den Repressalien, die zu meiner fristlosen Entlassung aus dem Schuldienst am 23. März 1983 geführte hatten, durfte ich frei von Hass bleiben. Auch bei der Degradierung vom "Geschäftsführer" der Schloma zum "Stellvertreter" hatte ich dieses Gefühl nicht gehabt. Doch diesmal keimte Hass auf!
Ich hatte manche schlaflosen Nächte!
Dann befreite mich ein Traum von meinem unbändigen Hass auf Klaus Meckle!
Ich will den Traum erzählen:
"Ich war wieder einmal ins Oberschulamt zu Herrn Meckle bestellt. Ich meldete mich bei seiner Vorzimmerdame an und erhielt die Anweisung, ich möchte mich ins "Besprechungszimmer" begeben. Herr Meckle käme gleich nach. Als ich allein wieder auf dem Korridor stand, hatte ich das Gefühl, ich müsse zur Toilette. Kurz entschlossen zog ich meine Hose herunter, kauerte mich vor Meckles Tür und setzte einen großen Haufen auf die Schwelle. Dann zog ich die Hose wieder hoch und begab mich ins "Besprechungszimmer". Ich ließ die Tür angelehnt und spähte durch den Türspalt zu Meckles Zimmer, ob er beim Herauskommen in den Scheißhaufen trat."
Jetzt erwachte ich. Dabei musste ich laut lachen. Und von dieser Stunde an war mein Hassgefühl besiegt.
Immer, wenn der Name Meckle fiel oder ich seiner ansichtig wurde, dachte ich an den Traum, mir kam das Lachen an. Ich war wieder frei von Hass!

Im Laufe des ersten Halbjahres 1994 ließ ich im Schulamt Stollberg Kopien des Posteingangsbuches, in dem Frau Kirchner neben den Absender auch den Betreff und den jeweiligen Bearbeiter notiert hatte, für die Zeit von Mitte Oktober bis Mitte November 1991 anfertigen. Damit wollte ich nachweisen, dass meine Aussage: "Ich habe die Verwaltungsvorschrift nicht erhalten" der Wahrheit entspricht.
Diese Kopien übergab ich dem Rechtsanwalt als "Beweisstück Nummer 1".
Das "Beweisstück Nummer 2" waren die "Richtsätze für die Ausstattung von Diensträumen", die vom 27.09.91 stammten und in den unter dem Punkt 16.2.2 folgender Passus zu lesen war:
"Innerhalb der Höchstpreise kann das in der Anlage 1 d genannte Ausstattungssoll nach den Bedürfnissen des Einzelfalls verändert werden."
Nach der Anlage hatten wir für die ursprünglich genannte Zahl: 13 Schulräte und 13 Sachbearbeiter" die Gesamtsumme von rund 72.000 DM für die Ausstattung ermittelt.
"Beweisstück 3" wurde der Auftrag an Fa. HSW, den nicht ich, sondern mein Kollege Kietz mit "i.V." unterschrieben hatte.
Als "Beweisstück 4" diente der Rahmenvertrag mit der Fa. MachArt.
Als "Beweisstück 5" lieferte ich meine "Tätigkeitsbeschreibung als kommissarischer Schulamtsleiter und Schulrat" vom 06.01.92, in der keine Verantwortung für den Haushalt erwähnt wurde.
Telefonisch bestätigte mir Dr. Aßhauer den Eingang meiner Zuarbeit und meinte: "So eindeutig und lückenlos kann ich selten das Recht meiner Mandanten nachweisen".

Mit der Post vom 11. Januar 1995 erreichte mich ein "Mahnbescheid" des Arbeitsgerichtes Chemnitz über eine Summe von 63.347,42 DM zuzüglich 5,8 % Zinsen. Schnell erhob ich dagegen Widerspruch und verständigte den Rechtsanwalt, der meinen Widerspruch bekräftigte.
Für den Mittwoch, den 15. 02. 1995 um 16.45 Uhr erhielt ich eine Ladung des Arbeitsgerichtes Chemnitz.
Mein Rechtsanwalt teilte mir mit, dass er diesen Termin nicht wahrnehmen könne, da er davor stehe, für einige Tage ins Krankenhaus zu müssen, er aber vorsorglich Herrn Rechtsanwalt Nerger-Baumgart gebeten habe, uns in Untervollmacht zu vertreten.

Im Vorfeld wurden Klage und Widerspruch dem Arbeitsgericht zugestellt und zwischen Kläger und Rechtsanwalt des Beklagten ausgetauscht.

Als Kläger trat eine Frau Leopold, Referatsleiterin der Rechtsabteilung des Landesamtes für Finanzen auf. Die Klagebegründung war auf sechs Seiten zusammengestellt worden.

Dr. Aßhauer hatte beantragt, die Klage kostenpflichtig abzuweisen und seine Begründung auf acht Seiten dargestellt.

Rechtzeitig meldete ich mich im Sekretariat des Arbeitsgerichtes an, obgleich Herr Nerger-Baumgart noch nicht eingetroffen war. Im Sekretariat erfuhr ich, dass der Termin kurzfristig abgesetzt worden sei. Mich hatte man davon nicht benachrichtigt. Aber Herr Nerger-Baumgart war am gleichen Tag mittels eines Telefax informiert worden.

Am 17.03.95 fand ein sogenannter Gütetermin statt, ohne dass ich dazu eine Ladung erhalten hatte. Ich erfuhr es erst über den Rechtsanwalt:

Das Gericht habe zwar einen objektiven Verstoß gegen die Dienstpflichten festgestellt, aber diesen nicht als schuldhaft bezeichnet. Größte Bedenken gab es jedoch in Hinblick auf den aufgelisteten Schaden. Auf Vorschlag des Gerichts habe er folgenden widerruflichen Vergleich geschlossen: ... "Der Beklagte zahlt an den Kläger 6000 DM"...

Schnellstens ging ich in Widerruf, persönlich und auch über die Rechtsanwaltskanzlei.

Das war ja wieder der Stand von Anfang 1993 und wäre ein Schuldeingeständnis gewesen!

Der neue Termin beim Arbeitsgericht war auf den 1. September 1995, 11.30 Uhr angesetzt worden. Die Klägerseite musste vorher einige Auflagen erfüllen und bis zum 21.07.95 vortragen.

Frau Mittelstädt vom Oberschulamt hatte in dieser Zeit mächtig mit meiner Angelegenheit zu tun. Sie schrieb die Firmen MachArt und WHS an, um zu erfahren, wer seinerzeit Ansprechpartner im Schulamt gewesen war, recherchierte im Schulamt Stollberg beim nunmehrigen Stellvertreter Hübler und dem neuen Verwaltungsleiter Werzinger, ob in den damaligen vier Schulämtern Posteingangsbücher geführt worden seien, ob die

angeschafften Möbel und Einrichtungsgegenstände noch verwendbar seien und ob bei der angeschafften Computeranlage tatsächlich eine Kompatibilität vorhanden sei.
Zum Termin waren sowohl Nerger-Baumgart als auch ich geladen, der Termin fand tatsächlich statt. Ich war ziemlich aufgeregt, was sich jedoch während der Verhandlung legte.
Der Richter, Herr Asmus, verkündete das Endurteil:
1. Die Klage wird abgewiesen.
2. Der Kläger trägt die Kosten des Rechtsstreits.
3. Der Wert des Streitgegenstandes wird auf 63.334,42 DM festgesetzt.
(Der letzte Punkt war für die Abrechnung des Rechtsanwaltes wichtig, für mich die Punkte 1 und 2).
Frohgelaunt und dankbar fuhr ich an meine Arbeitsstelle zurück.
Doch nach einem Monat erkannte ich: "Es kehrt noch immer keine Ruhe ein."
Die Gegenseite war in Berufung gegangen.
Diesmal sollte ich an den Kläger einen Betrag von 40.000 DM + 5,8 % Zinsen + 13 DM vorgerichtliche Mahnkosten zahlen. Diesmal war von "pflichtwidrigen Verhalten" und von "Untreue" die Rede.
Für den 7. Juni 1996 um 13.30 Uhr erhielt ich eine Ladung des "Sächsischen Landesarbeitsgerichtes" zum Gerichtsgebäude Parkstraße 28 in Chemnitz.
Ich benutzte nach Chemnitz den Bus.
Am Abend des gleichen Tages planten wir eine Fahrt nach Fürstenwalde zu unseren Freunden, da Gudrun ihren 51. Geburtstag dort feiern wollte. Sie würde mit Anke mich nach Beendigung ihres Arbeitstages (16.30 Uhr) von Chemnitz abholen.
Für die Weiterfahrt sahen wir zwei Varianten vor: Würde ich mich psychisch dazu in der Lage sehen, so würde ich den Wagen steuern, wenn nicht, müsste das Gudrun übernehmen, obgleich sie nicht gern auf der Autobahn fährt.
Die Verhandlung führte der Vorsitzende Richter Dr. Linck. An seiner Seite saßen die beiden Schöffen Herr Egerer und Herr Suck.
Die Gegenseite war durch einen RA Köhler und die mir schon bekannte Frau Leopold vertreten. Mir zur Seite stand wieder RA Nerger-Baumgart in Untervollmacht für Dr. Aßhauer.

Ich will es kurz machen: Auch in dieser zweiten Instanz obsiegte ich. Die Berufung des Klägers wurde zurückgewiesen. Dankbar konnte ich auch dieses Gerichtsgebäude verlassen.
Ich suchte mir in den Parkanlagen eine Bank. Als ich dort allein war, sprach ich erst einmal ein inniges Dankgebet. Dann streckte ich mich auf der Parkbank zur Mittagsruhe aus. Auf Mittagessen konnte ich getrost verzichten, ich hatte keinerlei Hunger. Ich war ganz einfach glücklich. Als Gudrun und Anke mit dem Auto kamen, sahen sie mir schon von weitem das gehörte Urteil an.
Ich war in der Lage, das Steuer für die Weiterfahrt zu übernehmen.
Am nächsten Tag fuhren wir gemeinsam mit den Fürstenwalder Freunden nach Frankfurt/Oder zum "Topfmarkt" der dortigen Behindertenwerkstätte, in der Maikes Schwägerin als Betreuerin arbeitete. Wir alle waren zu einem frohen Fest eingeladen.
Kurz vor Mittag erlitt ich ganz plötzlich einen Kreislaufkollaps.
Mein "Nitrangin" hatte ich in Fürstenwalde zurückgelassen.
Ich wurde von den Freunden in den Schatten verfrachtet und erhielt sehr viel Wasser zu trinken. Allmählich wurde es mir wieder besser. Trotzdem verblieb ich im Schatten.
Ja, ich war lange Zeit durch all die Anspannungen geschritten. Jetzt war die Last abgefallen. Da kam der Kollaps.
Eine Woche später bedankte ich mich bei Herrn Dr. Nerger-Baumgart noch einmal schriftlich und zusätzlich mit einem Scheck. Auch Dr. Aßhauer schickte ich einen Dankesbrief. Beide Rechtsanwälte hatten mir Mut und Sicherheit gegeben. Schließlich bekundete ich auch dem damaligen Vorsitzenden des Sächsischen Lehrerverbandes Herrn Ehrler für den gewährten Rechtsschutz meine Dankbarkeit.
Ich war erleichtert, dass die "Nervenmühle", die sich im Sommer 1992 zu drehen begann, nun endlich nach vier Jahren zur Ruhe kam. Ich hatte psychisch mehr gelitten als ich wahrhaben wollte. Ohne den Rechtsschutz im Rücken wäre mir die Belastung, die mir meine vorgesetzte Dienststelle aufgebürdet hatte, noch weit schwerer gefallen!
Um die Kontinuität der beruflichen Degradierung nicht zu durchbrechen, habe ich in diesem Abschnitt kaum persönliche Dinge erwähnt. Und wenn, dann nur solche, die in unmittelbarem Zusammenhang mit der Degradierung standen.

Nun aber will ich doch eine einschneidende Veränderung des persönlichen Bereiches aus dem Frühsommer 1993 anführen.
In meinem Nachtrag zu Vaters Memoiren hatte ich von seinen letzten Lebensjahren berichtet, hatte von seiner Rüstigkeit zu seinem 90. Geburtstag erzählt, von meinen, dann von unseren Besuchen bei ihm und schließlich von seiner Übersiedlung zu uns nach Oelsnitz.
Er fühlte sich recht wohl auf dem "Oelsnitzer Moserhof". Mit Gudrun und Gudruns Mutti sowohl mit Anke verstand er sich prima.
Wir konnten beruhigt unserer Arbeit nachgehen, wussten wir doch beide nicht allein.
Mutti bereitete das Mittagsmahl zu; sie aßen gemeinsam. Dann folgte für beide ein Mittagsschläfchen. Die Abendmahlzeiten hielten wir gewöhnlich zu fünft. Danach erzählte ein jeder, was ihn bewegte.
Tagsüber beschäftigte sich Vater mit der Zeitung, wobei er neben seiner Brille noch eine Lupe benötigte. Auch half er der "Köchin" bei der Vorbereitung des Mittagessens, schaute bei schönem Wetter im Garten nach dem Rechten.
Da wir oft Besuch erhielten, bestand für Vater und Mutti auch viel Kontakt zu anderen Personen. Die Eltern wussten sich hineingenommen in unsere Tagesabläufe.
Am schönsten für alle fünf waren natürlich die Wochenenden, die wir gewöhnlich zusammen verbrachten.
Erst in seinen letzten drei Lebensmonaten kam Vater zum Liegen. Da wusste er, dass es mit seinem Leben zuende gehen würde.
Früh wurde er von einer Schwester des mobilen Pflegedienstes der Johanniter-Unfallhilfe gewaschen. Dann kam Schwiegertochter Gabi aus Lößnitz, die in dieser Zeit arbeitslos war und umsorgte den Opa. Am Nachmittag wurde sie von Gudrun in der Versorgung des Kranken abgelöst. Ich nutzte die Zeit nach Arbeitsende dazu, einige Zeit Vorrat zu schlafen, denn die Nachtbetreuung lag in meinen Händen.
Eine Woche vor seinem Tod schrieb Vater noch einen lieben Geburtstagsgruß für Gudrun auf eine Glückwunschkarte, denn das Sprechen fiel ihm in diesen Tagen bereits schwer.
Am nächsten Tag verlangte er nach dem Pfarrer und seinem letzten "Heiligen Abendmahl".

Dieses feierten wir zusammen mit Pfarrer Joachim Häschel.
Zwei Tage darauf brachte Vater schon keine richtigen Buchstaben mehr aufs Papier.
Jetzt blieb ich der Arbeit fern, nahm einige Tage Urlaub.
Mittels Händedruck und Augensprache erriet ich Vaters Wünsche in Bezug auf Trinken und Wasserlassen. Er konnte nicht mehr richtig schlucken, nahm aber gern ein Süppchen mittels einer Schnabeltasse zu sich.
In seiner Sterbenacht hielten wir uns fest an den Händen bis er in die Ewigkeit hinübergeschlummert war. Er freute sich auf das Wiedersehen mit seiner lieben Friedel, die er zwanzig Jahre überlebt hatte.

An seiner Beerdigung auf dem Buchholzer Friedhof beteiligten sich so viele Leute, dass die Friedhofskirche brechend gefüllt war. Pfarrer Schwan in Buchholz befand sich im Urlaub; so versah unser Oelsnitzer Pfarrer diesen Dienst und kam mit an den Ort der Beerdigung. Er kannte Vater aus den Gottesdienstbesuchen und weiteren Treffen der letzten beiden Jahre. Traurig, aber getröstet nahmen wir Abschied.

13. Als Schulrat für Förderschulen

Um den geneigten Leser nicht zu langweilen, liste ich in diesem Kapitel nicht kontinuierlich Verhandlungen, Beratungen und ähnliches auf, sondern beschränke mich auf einige Hauptschwerpunkte:
Der aufmerksame Leser weiß, dass ich in meiner Aufgabe als Kreisschulrat von Anfang an, also ab Juni 1990, die Förderschulen persönlich betreute. Damals waren es nur drei, denn ich war allein für den Kreis Stollberg zuständig. Die Direktoren der Förderschulen nahmen an den monatlichen Direktorenberatungen der Mittelschulen und Grundschulen ebenso teil wie die der Berufsschulen und der "EOS". Es brauchte keine Sonderformen.
Als die vier Kreise zu einem Schulamt zusammengelegt wurden, zuerst unter dem Namen "Schulamt Schwarzenberg", dann "Schulamt Schwarzenberg - Sitzschulamt Stollberg" und

schließlich als "Staatliches Schulamt Stollberg" machte es sich in der Regel notwendig, die Schulleiter (nun nicht mehr als "Direktoren" bezeichnet) getrennt zu Beratungen zusammenzufassen. War doch die Spezifizität der Förderschulen jeweils anders! So konnte dem gegenseitigen Erfahrungsaustausch mehr Zeit eingeräumt werden.

Die Betreuung der Berufsschulen und der Gymnasien gaben wir an das Oberschulamt ab.
Die Querschnittsaufgaben ordneten wir zusammen mit den anderen Kollegen Schulräten im Schulamt und teilten Schulsprengel auf.
Reinhard Weise und ich übernahmen die Betreuung der Förderschulen.
So wie ich die drei, später vier im Kreis Stollberg, hatte er die beiden im Kreis Hohenstein-Ernstthal bisher betreut (später kam durch Lichtenstein eine dritte in diesem Kreis hinzu).
Neben anderen Querschnittsaufgaben, die uns übertragen wurden, teilten wir die Betreuung der Förderschulen der beiden Landkreise Aue und Schwarzenberg unter uns auf.
Reinhard betreute zusätzlich die beiden Förderschulen in Johanngeorgenstadt sowie die Einrichtungen in Eibenstock, Schneeberg und Schlema, ich übernahm die beiden in Kreis Schwarzenberg und die drei in Aue, dazu kam noch die "Klinikschule" in der Auer Kinderklinik mit drei Lehrkräften.
Ich habe bereits berichtet, dass wir die Schulleiterberatungen gemeinsam durchführten, ebenso manche Schulbesuche und vor allem sehr oft bei Verhandlungen mit den Landratsämtern und Stadtverwaltungen. Wir versahen unsere Aufgaben mit Leidenschaft und kämpften um jede Lehrkraft, die sich uns bot.
Alle Lehrerinnen und Lehrer, die nur den Wunsch äußerten, an eine Förderschule zu wechseln, bekamen unsere Unterstützung. Wir lagen unseren Kollegen Schulräten so lange in den Ohren, klagten über den großen Lehrermangel in unseren Einrichtungen, bis sie nachgaben und entweder die Versetzung der betreffenden Lehrkraft befürworteten oder diese wenigstens zeitweise an eine Förderschule abordneten.

Mit den Schulleitern verband uns eine äußerst gute Zusammenarbeit. Sie wussten sich von uns gut betreut, waren informiert über Verhandlungen mit den Schulträgern, um bessere Lernbedingungen zu erreichen und über unser Ringen mit den anderen Schulräten und dem Oberschulamt, um Fehlstellen zu besetzen. Es dauerte einige Zeit, bis die Schulleiter auch untereinander so richtig in Kontakt kamen.

Entscheidend für ein richtiges Miteinander war die gemeinsame Fortbildung im Haus "Schwarzbachtal" im vogtländischen Erlbach vom 21. bis 23. Februar 1994, in den Winterferien also. Wir hatten gute Fortbildner organisiert, so den Schulpsychologen Drummer aus unserem Schulamt, aber auch einen Dozenten aus dem Partnerschulamt Villingen-Schwenningen, wo wir bereits selbst zweimal einige Tage "geschnuppert" hatten. Tags über wurde straff gearbeitet. An zwei Abend waren wir gesellig beieinander, wobei die Schulleiter selbst diverse Gesellschaftsspiele veranstalteten.

Wie es mir gelang, Hortnerinnen und Erzieherinnen, die nicht von den Kommunen übernommen wurden, für die Förderschulen zu interessieren, habe ich bereits erwähnt; ebenfalls von den Neueinstellungen.

Einmal erzählte mir der Schulamtsleiter des "SSA Zwickau", Jörg Fiedler, dass er eine Mittelschullehrerin entlassen müsse, weil sie in keiner Klasse Disziplin halten könne. Ich bat ihn, er möge sie dazu bewegen, sich an die Förderschule für geistig Behinderte in Gablenz versetzen zu lassen. Sie war einverstanden. Und siehe da, dort kam sie gut zurecht. Es klappte sogar wunderbar! Sie brachte die notwendige Liebe dieser Schülerklientel gegenüber auf, kam mit diesen Schülern in den kleineren Klassen gut zurecht. Sie lebte auf. Ich hatte wieder eine vakante Stelle besetzen können.

Dass wir für die "Förderschule für geistig Behinderte" in Johanngeorgenstadt als Provisorium zunächst ein ehemaliges Kinderheim erhielten, habe ich schon erwähnt, auch den Ausbau eines Gebäudes in Aue zur "Förderschule für Erziehungshilfe" als Ersatz für das zuvor genutzte Gebäude in Lindenau. In Lichtenstein waren Bürgermeister Sedner und sein Dezernent für Bildung Herr Labrenz, bereit, eine

"Förderschule für Lernbehinderte" im Gebäude einer Grundschule einzurichten. In Hohenstein-Ernstthal klappte es mit dem Bau eines neuen Schulgebäudes für Lernbehinderte. Ebenso war der Bau einer neuen Einrichtung für die "Förderschule für geistig Behinderte" geplant. Das Projekt war schon fertig und begeisterte Reinhard und mich. Da aber der Freistaat Fördermittel verweigerte - die Schule habe von der Schülerzahl her keinen "Bestandsschutz" - entfiel der Bau.

In Johanngeorgenstadt erreichten wir für die "Förderschule für Lernbehinderte" ein zweites Gebäude. Als "Förderschule für geistig Behinderte" wurde ein ehemaliges Ferienheim umgebaut. Die "Förderschule für geistig Behinderte" im Ortsteil Brünlasberg in Aue erhielt durch Freizug eines Kindergartens und anschließenden Umbau dieses Flügels das gesamte Gebäude zur Verfügung gestellt. Für die "Förderschule für Lernbehinderte" in Schwarzenberg wurde neben dem Schulgebäude im Ortsteil Sachsenfeld zusätzlich Raum in einer Grundschule im Ortsteil Wildenau für die Oberklassen zur Verfügung gestellt. Das Gebäude in Sachsenfeld erhielt einen Anbau. Für die "Albert-Schweitzer-Schule" (Förderschule für Lernbehinderte) in Aue, die durch den Befall von Hausschwamm im Oberbodenbereich als Schule nicht mehr geeignet war, erreichten wir den Umbau einer ehemaligen Berufsschule im Ortsteil Aue-Zelle.

Die drei Förderschulen Oelsnitz, Thalheim (mit der Außenstelle Meinersdorf) und Gablenz (mit seiner Außenstelle in Stollberg) zogen als "Förderschulzentrum" gemeinsam in ein Gebäude, das durch Um- und Anbau im Gelände des ehemaligen Bergbaubereiches in Neuoelsnitz entstanden war.

Für die neue "Förderschule für geistig Behinderte" auf dem Brückenberg in Schwarzenberg und für die Schneeberger "Förderschule für Lernbehinderte" bestanden kein Änderungsbedarf.

Die Eibenstocker "Förderschule für Lernbehinderte" konnten wir wegen der geringen Schülerzahl nicht halten. Sie wurde geschlossen. Dort fand ich das Lehrer-Schüler-Verhältnis besonders angenehm. Hier ging es wirklich "familiär" zu. Davon mussten wir uns durch das Verbot des neuen Kultusministers Dr. Rößler im Herbst 1997 "Keine jahrgangsübergreifenden Klassen mehr zu bilden!" verabschieden.

Auf meine Nachfrage beim Ministerium, ob das auch für Förderschulen gelte, wurde ich belehrt, seine Anweisung gelte selbstverständlich für alle Schularten. Und 40 Minuten Fahrtzeit sei auch für Förderschüler zumutbar.

Ja, solche Anweisungen konnten nur Personen geben, die nicht aus der Schulpraxis kamen! Was hatte mir doch einmal Klaus Meckle gesagt: "Je weniger Kompetenz, um so besser die Entscheidungsfreudigkeit!" und "Wenn nicht mehr als die Hälfte aller Unterrichtsstunden an Förderschulen ausfallen, besteht keine unabweisbare Begründung für die Zuweisung weiterer Lehrkräfte!" Auch er kam nicht aus der Schulpraxis.

Glücklich war ich allein darin, dass ich den Wünschen der Eibenstocker Kollegen entsprechen konnte. Ein Kollege äußerte den Wunsch, seine Tätigkeit künftig an der "Albert-Schweitzer-Schule" auszuüben und eine Kollegin wollte an die "Förderschule für geistig Behinderte" in Johanngeorgenstadt wechseln, die übrigen fünf wünschten, zusammenzubleiben. Diese fünf Kolleginnen konnte ich gemeinsam an die "Förderschule für Lernbehinderte" in Johanngeorgenstadt umsetzen. Dieser Umstand zeigt dem Leser erneut, wie sehr ein Lehrermangel im Förderschulbereich bestand.

Die Schulleiterin der Eibenstocker Einrichtung, Frau Guderian, hatte sich als Schulleiterin für das neue "Förderschulzentrum" in Neuoelsnitz beworben und war vom Oberschulamt für diese Stelle bestätigt worden. Die Schüler wurden je nach Wohnort auf die entsprechenden Schulen in Johanngeorgenstadt, Schneeberg oder Aue aufgeteilt. Die Eltern bezogen wir in die Entscheidung ein.

Schauen wir einmal ins Schulamt. Was hat sich seit meiner Degradierung getan?

Elmar Reichs Wunsch, Iris Erler als seine Stellvertreterin einzusetzen, ging nicht so einfach, wie er sich das gedacht hatte.

Die Stelle wurde einige Monate später "ausgeschrieben".

Um es Frau Erler nicht zu einfach zu machen, bewarben sich alle Kollegen Schulräte unseres Schulamtes ebenfalls um die Stelle. Sogar ich beteiligte mich daran, obgleich ich zuvor um Ablösung gebeten hatte. In dem Bewerbungsschreiben begründete ich meinen Entschluss damit, dass ich seinerzeit unter Druck um die Ablösung gebeten hatte. Ich war mir allerdings im Klaren, dass ich keine Chance hatte, es sei denn, Feiereis bereute, mich in "Meckles Feuerofen geworfen zu haben".

Aus dem Oberschulamt bewarb sich Bernd Hübler um diese Stelle. Er hatte die meisten Chancen. Entschied man doch in dieser Behörde, wer Stellvertreter in Stollberg werden sollte.
Ab 1. Juni 1994 wechselte Bernd Hübler zum "SSA Stollberg".
Damit wuchs die Zahl der pädagogischen Kräfte im Schulamt wieder auf elf Personen. Allerdings stand uns Bernd Hübler nicht vollständig zur Verfügung, da er als "Behindertenvertreter" für den Bereich des Oberschulamtes Chemnitz noch andere Aufgaben zu erledigen hatte.
Reich überließ jetzt vieles seinem Stellvertreter und hielt sich oft im Dienstzimmer von Frau Erler auf, mit der er auch oft gemeinsame Schulbesuche plante und dann natürlich auch durchführte. Die Kontrolle des Schulversuches einer "Jenaplanschule", die zu Erlers Sprengel gehörte, war dafür ein gefundener Anlass. Mitunter kamen beide nach Dienstschluss noch einmal ins Schulamt zurück, um die "Tagespost zu sichten".
Einmal erzählte uns der Hausmeister des Gymnasiums, in der Vermutung, einer hätte vergessen, das Licht zu löschen, habe er das Schulamt betreten, aber ins Zimmer von Frau Erler wäre er nicht gelangt, weil die Tür von innen verriegelt gewesen sei.
Anfangs klappte die Aufgabenverteilung zwischen Reich und Hübler recht gut. Doch dann traten Spannungen auf, die mitunter zu regelrechtem Streit ausarteten, so dass es alle Beschäftigten des Schulamtes mitbekamen. Zwar versöhnten sie sich wieder, doch eine gewisse Unstimmigkeit blieb zurück. War ich froh, nicht mehr Stellvertreter zu sein.
Ich hätte zwar nicht "zurückgebrüllt", hätte meinen Ärger in mich hineingefressen. Aber wie man weiß, ist hineingefressener Ärger oft Anlass für diverse Krankheiten.
Im Januar 1994 ging ein Dankbrief des neuen Kultusministers Friedbert Groß an die Lehrer, die an der Erarbeitung der Lehrpläne mitgewirkt hatten.

Hat Herr Groß in seiner kurzen Zeit als Kultusminister nicht wesentlich Neues auf den Weg gebracht, so hat er aber auch keinen Schaden angerichtet. Er wusste jedoch, auf was es an der Basis ankommt. Die Schulgesetznovellierung veranlasste mich, Ostern 1994 einen Brief an ihn sowie dem Staatssekretär Nowak und dem Abteilungsleiter der allgemeinbildenden Schulen Herrn Berenbruch sowie an die "Kommission zur Novellierung des Schulgesetzes" zu schreiben. Ich will diesen Schrieb ungekürzt einfügen:

" Sehr geehrter Herr Staatsminister, sehr geehrter Herr Staatssekretär Nowak,
sehr geehrter Herr Berenbruch, sehr geehrte Damen und Herren!
Die Schulgesetznovellierung verfolgt mich sogar in schlaflosen Nächten.
Die freien Tage über Ostern ließen in mir den Entschluss reifen, in christlicher Verantwortung meine Remonstrationspflicht als Schulrat wahrzunehmen und Sie zu bitten, in den folgenden drei Punkten, die Novellierung des Schulgesetzes noch einmal zu überdenken:
1. Umwandlung der "Internate" in "Heime" und damit eine Veränderung der Trägerschaft
"Förderschulen für Erziehungshilfe" sind flächendeckend nicht vorhanden, nicht einmal in Ballungsräumen. Die Einzugsgebiete sind daher weit gefasst. Die Verhaltensstörungen der Schüler sind meist familiär bedingt. Eine echte Hilfe und Therapie ist deshalb nur durch eine Internats- bzw. Heimunterbringung gegeben.
Wenn "Schule" und "Nachmittagsbetreuung" in einer Hand liegen, also die <u>Ganzheitlichkeit der Erziehung</u> gewahrt wird, ist durch Unterrichtsbegleitung der gleichen Erzieher, die auch für die Freizeitbetreuung verantwortlich sind, in einer Ganztags- bzw. Internatsschule ein viel besserer Kontakt zu den Lehrern gegeben und ein ganzheitliches Einwirken auf die Kinder möglich, als wenn Schule und Heim getrennte Institutionen sind. Nur so kann wirkliche und erfolgreiche Erziehungsarbeit geleistet werden.
Die finanzielle Restriktion als Ursache für die geplante Novellierung verschlechtert die erforderlichen Rahmenbedingungen für die Erziehungsarbeit und dürfte den inhaltlichen Idealen eines Ministeriums für Kultus widersprechen.

2. *Der Trägerwechsel für die Horte an Förderschulen für Lernbehinderte ist aus dem gleichen Blickwinkel zu sehen.*
Wenn man die verschiedenen Projekte der einzelnen westlichen Bundesländer betrachtet, die den Kindern teils ein warmes Mittagessen, teils die Begleitung beim Anfertigen von Schularbeiten, teils ein sozialpädagogisches Betreuungsangebot verschafft und im Gegensatz das, was bei uns aufgegeben werden soll, so kann man dazu nicht schweigen. Sind nicht schon so viele Grundschüler zu "Schlüssel- und Straßenkindern" geworden, weil die Kommunen als neue Träger der Horte einen finanziellen Anteil von den Eltern fordern, den diese nicht bezahlen können oder wollen.
Wie viel mehr wird das bei den Eltern der Förderschüler zutreffen, weil sie noch weniger die Gefahren für ihren Nachwuchs einschätzen können. Dabei bedürfen doch gerade diese eine verstärkte Betreuung. Was man heute bei der Bildung sparen will, muss man in einigen Jahren in höherem Maß für die Justiz ausgeben!
3. An vielen "Förderschulen für geistig Behinderte" existieren sogenannte Vorschuleinrichtungen, in die Kinder mit den verschiedensten Verzögerungen und Behinderungen durch Psychologen und Kinderärzte zugewiesen wurden. Dort werden sie fachgerecht betreut und gefördert; oftmals so gefördert, dass schließlich zumindest eine Einschulung in eine "Förderschule für Lernbehinderte" ermöglicht werden kann. Trennt man diese Vorschuleinrichtungen von den Förderschulen durch den Trägerwechsel ab, wird die Qualität der Förderung stark gemindert und die Lebensqualität der Behinderten beschnitten. Und das kann doch nicht beabsichtigt sein. Auch das Schulgesetz von Baden-Württemberg ordnet im § 20 die Sonderschulkindergärten <u>als schulische Einrichtungen</u> den Schulen zu.
Ich bitte darum, mich nicht als Meckerer und Querulant (oder wie es mir zu DDR-Zeiten erging als Staatsfeind) einzustufen, mir auch nicht die Verletzung des Dienstweges anzulasten, sondern dass Sie meine Argumente ernst nehmen und, sehr verehrte Damen und Herren, nochmals ernsthaft prüfen, ob auf die Novellierung des Schulgesetzes

in den von mir genannten drei Punkten aus pädagogischen, psychologischen und ethischen Erwägungen heraus nicht doch verzichtet werden sollte.
Mit freundlichen Grüßen
Dr. Gerhard Moser (Schulrat im SSA Stollberg)"

Den Landtagsabgeordneten unserer Region, Herrn Stephan Reber, konnte ich in dieser Hinsicht sensibilisieren. Er verfasste ein ähnliches Schreiben an die Minister für Finanzen, Kultus und Soziales - Milbradt, Groß und Geisler, wovon er mir eine Kopie zustellen ließ.
Gebracht hat unser Vorstoß allerdings nichts. Ich bekam nicht einmal eine Antwort auf mein Schreiben.
Einige Zeit später, im Februar 1995 verfassten die Schulleiter unserer Förderschulen ein Schreiben an das Kultusministerium, diesmal war schon Herr Dr. Rößler sein Chef, mit der gleichen Thematik. Auch das blieb seltsamerweise ohne Antwort.
Bei beiden Schreiben fragte ich mich: Vielleicht haben beide aufeinanderfolgende Minister die Briefe gar nicht gelesen? Denn Elmar Reich hatte mir einmal anvertraut, als ich ihm die unbeantworteten Schreiben an Frau Staatsminister Rehm klagte: "Den Großteil der Briefwust, die Stephanie täglich erhielt, habe ich ihr gar nicht erst vorgelegt!"
Vom 13. (Sonntag) bis 18. November 1994 fuhr ich mit Reinhard Weise zum Partner-Schulamt in Villingen-Schwenningen. Herr Libowski, der dortige Schulrat für Förderschulen nahm uns mit zu seinen Schulbesuchen in den verschiedenen Förderschulen und gab uns beiden einen guten Einblick in seinen Aufgabenbereich, wovon wir beide profitierten.
Mit Beginn des Schuljahres 1994/95 starteten wir im Bereich unseres Schulamtes einen Schulversuch, der vorher an einer ausgewählten sächsischen Schule ausprobiert worden war: "Hauptschulabschluss an der Förderschule für Lernbehinderte". Wir bestimmten dafür die "Albert- Schweitzer-Schule", denn Aue war der zentralste Standort.
Mit diesem "Schulversuch" betraten wir Neuland.
Ich machte den Schülern am Anfang der Klassenstufe 8 Mut, sie könnten in drei Jahren (also nach der 10. Klasse) den

Hauptschulabschluss erwerben, verschwieg auch nicht, dass man von ihnen mehr als üblich an Fleiß und Zeitaufwand für die Schule verlangen würde und dass nur eine besonders gute Arbeitseinstellung und eine starke Selbstdisziplin sie zum Ziel führen würden.
Herr Mädler war den Schülern ein verständnisvoller Klassenleiter. Die Klasse bestand aus 17 Schülern, davon waren sechs Mädchen.
Selbst von Oelsnitz kamen zwei und von Johanngeorgenstadt ein Schüler zum Unterricht nach Aue.
Fast jeden Monat besuchte ich einmal für ein paar Stunden die Klasse.
Immer wieder war ich überrascht, wie fleißig und ordentlich die Jungen und Mädchen waren, höflich untereinander und zu den Lehrern.
Im Vorfeld dieses Schulbesuches hospitierte ich gemeinsam mit Christian Graß einige Unterrichtsstunden in einer Hauptschulklasse in Niederwürschnitz. Dabei erlebten wir Schlimmes. Die Schüler machten, was sie wollten. Es spielte gar keine Rolle, dass hinten zwei Schulräte saßen. Lediglich bei der stellvertretenden Schulleiterin in Mathematik waren die Schüler diszipliniert.
Die Lehrer gaben den Schülern zu verstehen: "Ihr seid die Letzten!" Ist es da ein Wunder, dass sie sich auch so aufführten?
An der "Albert-Schweitzer-Schule" herrschte absolute Disziplin. Es gab einen guten Zusammenhalt. Die Schüler fühlten sich als "Elite", benahmen sich korrekt, halfen sich gegenseitig. Nur in den Fächern Mathematik und Deutsch merkte man an den Leistungen, dass es sich um eine "Förderschule für Lernbehinderte" handelte. Hier war die meiste Arbeit zu leisten.
Durch ihr Vorbild war diese Klasse ein lobendes Beispiel für andere Klassen der Schule. Sie wurden damit Miterziehende der jüngeren Schüler. Das hob ich (an dieser Stelle greife ich zeitlich etwas in die Zukunft, was sich aber speziell zu diesem Thema nicht anders machen lässt) auch in der Abschlussrede am 11. Juli 1997 hervor, sprach ihnen und den Lehrern Lob und Anerkennung aus. Ich erinnerte an den Namensgeber der Schule, dessen Worte: "Über alles erhoben ist die Hilfsbereitschaft von Mensch zu Mensch" auch für sie Priorität gewonnen habe. und gab ihnen am Schluss meiner Rede die Wünsche von Jörg Zink auf den weiteren Weg ins Leben:

"Was ich Dir wünsche?
Nicht, dass Du der schönste Baum bist, der auf Erden steht.
Nicht, dass Du jahrein, jahraus leuchtest von bunten Blüten an jedem Zweig.
Aber, dass dann und wann an irgendeinem Ast eine Blüte aufbricht,
dann und wann etwas Schönes gelingt,
irgendwann ein Wort der Liebe von Dir ein Herz findet,
das wünsch` ich Dir!"
Ich gebe zu, die nachfolgenden Klassen mit der gleichen Zielrichtung konnten das Niveau dieser ersten "Versuchsklasse" nicht erreichen.
Unvergessen bleibt mir die Weihnachtsaufführung am 18. Dezember 1996 mit dem Singspiel "Ein großer Tag für Vater Martin" nach der .gleichnamigen Erzählung von Leo Tolstoi. An diesem Tag fand die monatliche Schulleiterberatung in der "Albert-Schweitzer-Schule" statt. Die Schule bot das Singspiel als Kulturprogramm. Die Aufführung klappte wunderbar. Das Strahlen der Kinderaugen und ihre Begeisterung begleiten mich noch heute in der Erinnerung.
Im Gedächtnis ist mir geblieben, dass es in den Jahren 1995 und 1996 oft zu Auseinandersetzungen zwischen Elmar Reich und Wolfgang Arnold kam, so dass letzterer einige Wochen wegen akuter Herzprobleme vom Arzt aus dem Rennen genommen wurde.
Im Januar und Februar 1996 nahm ich im Regierungspräsidium an einem Verwaltungslehrgang teil: das sogenannte "Boppacher Modell". Die Kollegen waren teils vorher, teils nachher an der Reihe.

Für die beiden Tage 19./20. Januar 1996 fand unter der Regie unseres Schulamtsleiters eine Fortbildung für die Schulleiter der Förderschulen auf dem Rabensberg statt. Übernachtungs- und Verpflegungskosten trug das Schulamt.
Elmar Reich stellte die Schulentwicklungsplanung für die nächsten Jahre an den Anfang. Den Schulleitern wurde vor Augen gestellt, dass in den nächsten Jahren nicht nur Grund- und Mittelschulen, sondern auch Förderschulen geschlossen würden.
Herr Drummer referierte über die Themen "Aufmerksamkeitsdefizitsyndrom" und "Hyperkinetisches Syndrom"; Frau Erler erläuterte, wie Arbeitszeugnisse aussehen müssen. Herr Hübler sprach zum Datenschutz.

Das Sport- und Bildungszentrum auf dem Rabensberg bot uns am Rande der Tagung ein abwechslungsreiches Freizeitangebot: Fitnessräume, Schwimmhalle, Solarium, Sauna, Kegelbahn und Sporthallennutzung. Die Schwimmhalle nutzten wir mehrmals!
Im Jahre 1996 mussten wir im "SSA Stollberg" je ein halbes Jahr auf Graß und Kietz verzichten, die ins Oberschulamt abgeordnet wurden, weil dort eine Unterbesetzung zu verzeichnen war. Die ursprünglichen 13 technischen Kräfte unserer Dienststelle wurden schon ab April 1992 auf sieben Planstellen + fünf Gehaltssachbearbeiter festgelegt; Frau Schumann aus Hohenstein- Ernstthal schied aus (AÜG).

Irgendwann im Sommer 1996 verfügte der Schulamtsleiter, ich dürfe nicht mehr die Förderschulen im Kreis Stollberg betreuen, "die Beziehungen seien zu familiär".
Anlass für die Veränderungen in der Betreuung sei es, Kollegen Weise zu entlasten, der von Eberhard Kietz die Querschnittsaufgabe "Koordinierung von Fortbildungsveranstaltungen" zu übernehmen hatte. Denn Eberhard wurde erneut ins Oberschulamt abgeordnet; diesmal sogar für ein volles Jahr. So erhielt ich die beiden Schulen in Johanngeorgenstadt sowie die in Eibenstock, Schneeberg und Schlema zugeteilt. War es seine Entscheidung oder Meckles Idee? Das habe ich nie herausbekommen. Elmar war bekannt, dass ich ungern das Auto benutzte. Nun musste ich mehr "Kilometer schruppen". Nach dem ersten Ärger dachte ich an das Sprichwort: "Wenn Dir das Schicksal eine Zitrone reicht, so mach` Dir eine Limonade daraus!" Ich genoss die Fahrten durch die herrliche Landschaft des oberen Erzgebirges. Besonders im Herbst war das wirklich ein Genuss. Ich erfreute mich an dem bunten Bild der Herbstfärbung der Bäume. Durch die oft gemeinsamen Fahrten mit Reinhard kannte ich die Strecken und Gebäude der zu betreuenden Schulen, die ich nunmehr zu übernehmen hatte. Wegen der gemeinsamen Dienstberatungen war ich mit allen Schulleitern verbunden. Wegen unserer gegenseitige Vertretertätigkeit kannte ich alle Sorgen dieser Einrichtungen. So gab es keine Probleme durch den Tausch. Die Probleme durch Lehrer- und Platzmangel an den Schulen waren keinesfalls ausgeräumt. Diese zu mindern, betrachteten wir als unsere Aufgabe!

Im Herbst 1997 kam es zum Eklat zwischen Reinhard Weise und Elmar Reich. Reinhard sandte ein Beschwerdeschreiben an den Präsidenten Feiereis und schilderte den Hergang, nannte mich für einige der aufgezählten Differenzen als Zeuge. Vom Vizepräsident des Oberschulamtes, Herrn Droste, (Herr Meckle war auf seiner Karriereleiter inzwischen zum Kultusministerium gewechselt) erhielt ich für den 18. Dezember eine Einladung für ein klärendes Gespräch, da mich Reinhard als Zeuge der Auseinandersetzungen benannt hatte.
Etwa zu dieser Zeit begannen für mich die Auseinandersetzungen mit einem Dr. Paulig vom Kultusministerium, der mir die prekäre Situation an den Förderschulen unseres Schulamtsbereiches nicht glaubte und mir vorwarf, ich würde übertreiben. Erst musste ich ständig Berichte liefern, die mir glücklicherweise Elmar Reich unterschrieb, dann kam Herr Dr. Paulig mehrfach nach Stollberg, um meine Angaben zu überprüfen, fuhr sogar an einzelne Schulen und stellte dort Befragungen an. Dabei passierte es, dass es in den "Förderschulen für Lernbehinderte" in Thalheim und Oelsnitz Kontroversen in der Hortbetreuung gab. Beide Schulleiter hatten in der Hortbetreuung die Busaufsicht einbezogen, in der auch die Schüler höherer Klassen mit gezählt wurden. Jetzt war die Butter braun! Mir warf er mangelnde Kontrolle vor, den beiden Schulleitern Manipulierung und Betrug. Er wollte eine Degradierung beider Schulleiter durchsetzen. Ich hatte mächtig zu tun, diese Gefahr abzuwenden!
Die Dienstberatung für die Schulleiter und Stellvertreter am 8. Juli 1998 führten wir wegen der räumlichen Nähe zum künftigen "Förderschulzentrum Oelsnitz" in der Gaststätte "Grand Slam" durch. Im Anschluss an die Beratung hatte für alle ein gemeinsames Mittagessen bestellt. Grund dafür war mein vorgesehener "Ausstand", wohlwissend, dass ich zu der für mich letzten Dienstberatung zum 31. August dazu keine Gelegenheit haben würde, weil dieser Termin als "Auftaktveranstaltung" für das neue Schuljahr deklariert war und alle Schulleiter des Schulamtsbereichs gemeinsam in die Aula des Gymnasiums eingeladen waren. Außerdem würden zur "Auftaktveranstaltung" die Stellvertreter nicht dabei sein. An diesem Tag wurde auch schon der Termin für die letzte gemeinsame Beratung aller Förderschulen des SSA Stollberg für den 4. und 5. Dezember in der neuen "Förderschule für geistig Behinderte" in

Johanngeorgenstadt (mit Übernachtung) vereinbart. Die Deklarierung "Letzte gemeinsame Veranstaltung" war so gewählt, weil das "SSA Stollberg" durch die Strukturveränderungen der Schulaufsicht Sachsens zum Jahresende aufgelöst wurde, wobei einige Schulen künftig vom "Regionalschulamt Zwickau" (Kreis Aue-Schwarzenberg), die anderen vom "Regionalschulamt Chemnitz" betreut wurden.

In meinen Abschiedsworten bedankte ich mich bei allen Anwesenden dafür, dass in den acht Jahren nach der Wende mit allen Schulleitern und Stellvertretern eine so gute konstruktive Zusammenarbeit möglich war und dass das Schulleiterkollegium sich so harmonisch zusammengefunden habe. Ich meinte, dass mir in den ersten Wochen nach meinem Ausscheiden die Zusammenarbeit mit Herrn Weise und den Schulleitern sicher fehlen werde. Auch betonte ich, dass ich traurig sei, dass vieles, was ich hätte so gern verwirklichen wollen, mir nicht gelungen sei. Ich wünschte allen Anwesenden weiterhin eine gedeihliche Zusammenarbeit und eine gute Gesundheit, den Erhalt ihres Engagements, ihres Humors und ihrer Hoffnung.

Weiterhin bat ich die Schulleiter, deren Ansprechpartner ich bisher gewesen sei, um eine ebenso gute Zusammenarbeit mit Herrn Weise.

Dann aber trat ich erst einmal meinen anteiligen Jahresurlaub, meinen allerletzten Urlaub meiner beruflichen Tätigkeit, an.

14. Mein letzter Urlaub in meinen 42 Dienstjahren

Zusammen mit Schwager Heinz und Schwägerin Annelies hatten wir uns als Urlaubsziel die "Seiser Alm" in Südtirol ausgesucht. Cousine Edith war aus Heidenau angereist, damit Mutti in der Zeit unserer Abwesenheit nicht allein sein brauchte.

Am Samstag, den 25. Juli starteten wir im "Zweierkorso" bereits 4.30 Uhr, weil wir befürchteten, dass durch Ferienbeginn an diesem Tag die Autobahn überfüllt sein würde. Vermutlich dachten andere Urlaubsreisenden so wie wir, denn sowohl die A 72 als auch die A 9 waren schon zu dieser frühen Stunde stark frequentiert.

In Nürnberg verließen wir die Autobahn und benutzten für die Weiterfahrt die B 15 über Landshut - Dorfen - Rosenheim. Viel besser kamen wir auch nicht voran, denn bei Ortsdurchfahrten verloren wir viel Zeit. Aber wir lernten auf dieser Strecke neue, uns noch unbekannte Gegenden unserer deutschen Heimat kennen. In Rosenheim hielten wir Mittagspause (einschließlich eines Schläfchens für den ältesten Reiseteilnehmer), bevor wir wieder auf die Autobahn auffuhren. Über Innsbruck gelangten wir zur Brennerautobahn nach Italien. Nach Entrichtung von Mautgebühren sowohl vor dem Brenner in Österreich in Höhe von 16 DM, als auch beim Verlassen der Autobahn bei Klausen in Südtirol in Höhe von weiteren 6 DM (die Vignette für die Benutzung der Autobahn in Österreich von rund 23 DM muss noch hinzugerechnet werden) benutzten wir erneut Landstraßen.

Da wir die Abfahrt über die Eisackbrücke in Waidbruck dank schlechter Hinweisschilder verpassten, lernten wir das gesamte Eisacktal bis kurz vor Bozen kennen. Dann führte uns die Straße über unzählige Serpentinen hinauf über Völs und Seis zur Seiser Alm. Zwölf Stunden nach dem morgendlichen Aufbruch bei Kilometerstand: 715 erreichten wir unser Urlaubsziel.

Jetzt gedachten wir nach unserer Unterkunft zu fragen. Aber wen sollten wir ansprechen? Wo fanden wir eine offizielle Informationsstelle?

Heinz redete mit der Eisverkäuferin am Rande des Parkplatzes. Und sie war just die Vermieterin unseres gebuchten Quartiers.

Sie ließ ihren Eiswagen einfach stehen und zeigte uns unser "Appartement", bestehend aus einer großen Tiroler Stube mit Essecke für sechs Personen, Fernseher, Geschirrschrank, Sofa, einer zusätzliche klappbaren Schlafcouch für zwei Personen und einem Balkon mit dem Blick auf einen großen Parkplatz für 300 bis 400 Fahrzeuge. Zwischen Wohnungstür und Wohnzimmer befand sich ein kleiner Flur mit Kleider- und Wäscheschrank sowie Garderobe. Von hier waren auch die Zugänge zur Küche und Toilette einschließlich Duschkabine.

Vom Wohnzimmer aus führte eine schmale Treppe ins Obergeschoss zu zwei weiteren Schlafgelegenheiten: ein Doppelbett, nach unten nur durch Vorhänge getrennt und ohne Fenster; die andere

Schlafgelegenheit für Anke befand sich unter der Dachschräge, jedoch durch eine richtige Tür abgetrennt und mit einem kleinen Fenster versehen.
Im Obergeschoss stand ebenfalls ein kombinierter Kleider- und Wäscheschrank. Dort befand sich eine weitere Nasszelle.
Während unsere Vermieterin zu ihrem Eiswagen zurückeilte, entluden wir unsere Fahrzeuge und schleppten unsere Koffer und Rucksäcke ins Quartier, bezogen unsere Betten und setzten uns zusammen zum gemeinsamen Abendbrot, das wir uns ebenfalls mitgebracht hatten.
Anke drängte auf einen Weg ins Freie. Da wir sie nicht allein auf Erkundigung schicken wollten, ging ich mit; dies auch um die Drehgefühle in meinem Schädel durch die vielen "Tornandi" almaufwärts und die stechenden Kopfschmerzen loszuwerden.
Wir waren froh, uns die Beine vertreten zu können und liefen bis zur Bergstation des Sesselifts am Hotel "Panorama". Beide begeisterten wir uns an dem herrlichen Rundblick und der sauberen Luft. Denn während des Abendbrots gab es ein kurzes Gewitter, das die Atmosphäre wieder erfrischt hatte. Gudrun, Heinz und Annelies hatten in der Zwischenzeit die Schränke und Kästen eingeräumt. Heinz versuchte vergeblich mit der Heimat zu telefonieren.
Mit dem nächtlichen Schlaf klappte es leider nicht so, wie wir es uns gewünscht hatten. Der Straßenlärm vor dem Haus verstummte auch nachts nicht. Für Gäste endete zwar die Autofahrt am nahen Parkplatz, nicht aber für Einheimische und andere "Befugte".
Meine Schnarchversuche konnte Gudrun zwar relativ unproblematisch "abstellen", nicht aber die von Heinz und Annelies. Dazu kam, dass Heinz uns jede Nacht im Schlaf eine Geschichte erzählte, die er sicher irgendwie lustig fand, denn meist lachte er laut dazu. Wir aber kannten den Schlüssel zu seiner Traumsprache nicht, die uns unverständlich blieb. Und am anderen Morgen konnte er sich an nichts erinnern.
Am Sonntag frühstückten wir gemeinsam und in aller Gemütlichkeit, wie wir es von daheim gewöhnt waren. Verpflegung hatten wir genügend mitgebracht.
Gegen 11.00 Uhr starteten wir zu einem gemeinsamen Erkundungsgang. Bis zum Hotel "Panorama" spielte Anke die "Fremdenführerin". Dann liefen wir weiter zur "Laurinhütte", nahe

der Felswand des Schlern. Hier bogen wir in das davor befindliche Tal ab, tranken an einer Almhütte ein Glas Frischmilch direkt vom Erzeuger. Alte Tiroler Bauern schenkten uns die Erfrischung ein. Nach einem großen Rundgang erreichten wir zur "Vesperzeit" wieder die Ferienwohnung. Nach der "Brotzeit" hatten wir Lust zu einem weiteren Rundgang. Diesmal liefen wir ein Stück entlang der Straße, dann landeinwärts zur "Ritsch-Schweige". Über Wanderwege gelangten wir zurück zu unserer Schlafstelle. Zwischen Abendbrot und Schlafengehen spielten wir fast täglich eine Runde Romme.
Am Montagmorgen stiegen wir bei strahlendem Sonnenschein auf die noch höher gelegene "Puflatschalm", um uns auf die Überwindung von Höhenmetern zu trainieren: "Puflatschhütte", "Arnikahütte", "Hexenbänke". Hier verzehrten wir unsere Mahlzeit, die wir im Rucksack mit uns geführt hatten. Jetzt kam Nebel auf.
Trotzdem entdeckten wir Türkenbund, Alpenaster und Spinnwebhauswurz als für uns neu in der Alpenregion. Als kurze Zeit der Nebel aufriss, erkannten wir in der Ferne Kastelruth, St. Michael und den "Schafstall". Aber langes Schauen war uns nicht vergönnt. Es bahnte sich ein Gewitter an. Noch vor seiner Entladung erreichten wir die "Puflatsch-Bergstation". In der überfüllten Gaststätte mussten wir uns mit einem Stehplatz begnügen. Nach dem Gewitter liefen wir bei nachlassendem Regen bergab. Zum Vesper genossen wir den frisch gepflückten aromatischen Quändeltee, ein Symbol des Bergurlaubs für uns seit wir ihn 1992 in der Hohen Tatra zum ersten Mal gesammelt und getrunken hatten.
Erneut gewitterte es. Wir warteten. Das Gewitter wurde immer heftiger. Ein paar Mal verlöschte sogar das Licht. Als das Unwetter endlich vorbei war, erkundeten Gudrun, Anke und ich, sozusagen als "Spähtrupp" die Anfänge und Abkürzungen des Wanderweges nach Kastelruth, denn diese Wanderung hatten wir für den folgenden Tag geplant. Auf dem Rückweg kauften wir ein Pfund Brot für 4.600 Lire und eine Flasche Fit für 2.700 Lire.
Langsam hatten wir uns an die nächtlichen Geräusche gewöhnt und schliefen besser.

Am Morgen gelangten wir auf den erkundeten Pfaden über die Pensionen "Zorn" und "Seelaus" zum "Frommer". Dann benutzten wir den offiziellen "Seiser-Alm-Weg" nach Kastelruth. War das ein wunderschöner Waldweg, auch wenn er sich teilweise zum Kletterweg gestaltete! Unterwegs fanden wir viele Pilze (das "Pilzsammelverbotsschild" entdeckten wir erst Tage später). Beim "Turmwirt" kehrten wir ein und schwelgten bei Salatteller und Spinatspätzle. Dann schauten wir uns den sauberen, auf vornehme Gäste bedachten Ort an, tauschten in einer Bank DM gegen Lire. Per Bus ("Silbernagel") kehrten wir zur Seiser-Alm zurück.

Jetzt putzten wir gemeinsam die gesammelten Pilze. Gebraten waren sie für uns eine schmackhafte Bereicherung des Abendbrots.

Am Mittwoch verließen wir bei Kaiserwetter bereits kurz nach 8.00 Uhr das Haus. Die Besteigung des "Schlerns" stand auf unserem Programm. Wir wählten den Weg über die "Gstatscher Schweige" und "Saltnerhütte" und quälten uns den "Touristensteig" hinauf. Gegen 11.30 Uhr erreichten wir das "Schlernhaus" auf 2457 m NN. Über ein riesiges Geröllfeld gelangten wir zum "Petz", den mit 2563 m NN höchsten Punkt des Schlern. Nun konnten wir einen herrlichen Rundumblick genießen. Irgendwann mussten wir uns davon lösen und den Weg fortsetzen: zurück zum "Schlernhaus" (12.15 Uhr), noch ein weiteres Stück bis zur Abzweigung in Richtung "Tierset-Alpl-Hütte". Unterwegs fanden wir ein schattiges Fleckchen für unser Mittagsmahl aus dem Rucksack. Dann marschierten wir auf der Hochfläche weiter. Immer wieder genossen wir den wundervollen Weitblick auf viele, viele Bergspitzen. In dieser Bergwildnis trafen wir auf ein Mutterschaf mit ihrem neugeborenen Lämmlein. An einer anderen Stelle entdeckten wir an zwei Stellen das berühmte Edelweiß. Und das auf Kalkgestein! Nach kurzer Rast wanderten wir entlang der wuchtigen "Roßzähne". Die vielen bunten Alpenblumen haben einen natürlichen Steingarten entstehen lassen.

Und weiter ging es im Zickzack über das Geröllfeld talwärts. Anke hatte dabei ziemliche Probleme und musste von uns stellenweise geführt werden. Nachdem wir den Fuß der Berggruppe erreicht hatten, strebten wir dem "Panorama-Hotel" zu. Dann benutzten wir die Straße abwärts und erreichten unser Quartier gegen 18.30 Uhr.

Gudrun kochte eine schmackhafte Pilzsuppe, Heinz und Annelies bereiteten den täglichen Gemüsesalat. Anke und ich dagegen faulenzten und pflegten unseren Muskelkater.

Am Donnerstag gelang es uns erst gegen 10.00 Uhr das Haus zu verlassen. Muskelkater? Müdigkeit? Zunächst nahmen wir den Bus bis zur Endstation "Saltria". Dort begann unsere aktive Tätigkeit. Wir wanderten über "Floralpina" und "Tiroler" mit dem "Luis-Trenkner-Denkmal" zum "Berghaus Zallinger", wo eine kleine renovierte Kapelle unsere Bewunderung erregte und weiter zur "Plattkofelhütte" (2300 m NN). An dieser Stelle hatten wir von "Saltrina" aus runde 600 m Höhe bewältigt.

Den Rückweg nahmen wir über die "Murmeltierhütte"; dann etwas weiter, aber weniger steil an der "Saltner-Schwaige" vorbei zurück zu "Saltrina". Von hier benutzten wir den Bus bis zum Hauptparkplatz. Dann war "Kaffeetrinken" im Quartier angesagt; danach ein Bummel bis zu den Ferienhäusern "Sabrina" und "Anemone".

Nach dem Abendbrot tranken wir zum Rommespiel Tirolerwein.

Am Freitag starteten wir noch später: erst 10.30 Uhr: alle fünf im Pkw von Heinz. Wir fuhren über Bozen nach Meran. Dort bummelten wir durch die Stadt. Uns faszinierte die südliche Flora: Pinien, Zedern, Zypressen, essbare Kastanien, Feigenbäume, Bambus, Hibiscusbüsche, Kakteen und eine Reihe uns unbekannter Bäume. Im gemütlichen Garten eines Hotels speisten wir gut zu Mittag. Während wir anschließend in einem Supermarkt neue Vorräte für die Verpflegung der nächsten Tage kauften, ging draußen ein kurzer, aber heftiger Gewitterschauer nieder. Beim Weg zum Auto schien bereits wieder die Sonne. In der Nacht erlebten wir dann ein Gewitter auf der Seiser-Alm.

Den Samstag erkoren wir zum Ruhetag. Annelies, Heinz und ich sammelten auf einer Wiese Quändeltee. Gudrun kochte das Mittagessen. Anke half ihr dabei. Nach dem Essen gönnten wir uns einen Mittagsschlaf.

Gegen 14.00 Uhr "kutschierte" uns Heinz hinunter nach Seis. Der saubere, schmucke Ort gefiel uns sehr. Es gab kein Haus ohne Blumen im Vorgarten und an den Fenstern. Kirche und Friedhof machten ebenfalls einen sehr gepflegten Eindruck.

Wir genehmigten uns einen Eisbecher und warteten auf den Beginn des Dorffestes. Auf Aushängen war der Beginn mit 17.00 Uhr ausgezeichnet. Doch um diese Zeit ließen sich die Einheimischen noch nicht auf dem Dorfplatz sehen. Die Musikband "Wulpertinger" baute ihre Technik auf. Sie prüften, prüften, prüften. Erst um 19.00 Uhr setzte die Musik ein. Jetzt konnten wir das Temperament von Anke erleben! Den "Wulpertingern" gelang es tatsächlich bei der Menge, die sich inzwischen eingefunden hatte, Stimmung zu erzeugen. Die angebotenen Roster schmeckten uns nicht, den Rotwein dagegen fanden wir lecker. In der Pause erwarb Anke eine CD, um sich daheim noch öfters diese Gruppe anzuhören.

Von unseren Plätzen aus konnten wir den Kirchturm sehen und dahinter die "Euringer Spitze" des Schlern. Um die Romantik zu vollenden, erschien auch noch die Mondsichel hinter der Bergspitze. Das Dorf feierte bis in die Nacht. Dabei waren auch Kinder. Am Sonntag verließen wir nach einem guten Frühstück nach 10.00 Uhr die Ferienwohnung und wanderten die "Puflatsch-Alm" hinauf, die uns an diesem Tag schon weniger steil erschien als beim ersten Mal.

Wir liefen bis zum "Grödner-Kreuz". Von dort benutzten wir den Abstieg des "Schnürlsteigs", der in den Wanderhinweisen eigentlich nur für geübte Wanderer empfohlen wurde. Aber die Bedingungen fanden wir gar nicht so schlimm. Nach etwa 90 Minuten fand Heinz einen wunderschönen Lagerplatz, wo wir eine ganze Stunde verweilten beim Essen und beim Schauen.

Anschließend fanden wir einen bequemen und schattigen Waldweg bis zur Fahrstraße, die von "Pufels Bulla" am "Puflerbach" entlang über die "Heißbäck-Schwaige" zum Zentrum der Seiser-Alm zurückführte. Wir vesperten; dann verbrachten wir die Zeit mit Lesen und Schreiben von Ansichtskarten. Nach dem Abendbrot unternahmen wir noch einen kleinen Verdauungsspaziergang. Und wieder rundeten Rommespiel und Tirolerwein den Tag ab.

Am Montag stand auf unserem Plan der Aufstieg zur "Langkofelhütte". Deshalb war zeitiges Aufstehen angesagt. Trotz des wolkenverhangenem Himmels nahmen wir den Bus um 8.15 Uhr bis zur Endstelle "Saltria". Um 9.15 Uhr öffnete die Kabinenbahn. Außer uns warteten nur eine Handvoll weiterer Touristen. Alle hofften, dass sich die Wolken verziehen würden.

Oben an der "Wilhelmshütte" berieten wir uns kurz und entschlossen uns, doch weiter zu wandern, in der Hoffnung auf eine Wetterbesserung. Unser Wunsch erfüllte sich leider nicht. Kurz vor "Zallingers" begann es zu gießen. Wir stellten uns unter. Ich glaube, wir haben dort eine volle Stunde auf das Ende des Regens gewartet. Dann gaben wir unser Vorhaben auf und liefen im Regen nach "Saltrina" auf den Weg zurück, den wir bereits am Donnerstag schon einmal aufwärts benutzt hatten. Per Bus gelangten wir wieder zu unserer Ferienwohnung. Dort ließen wir uns eine selbst zubereitete Pilzsuppe schmecken. Was dann? Mittagsschlaf bis zur Vesperzeit, dann mit dem Pkw hinunter nach Seis zum Einkauf durch die dicke Wolkenfront. Von Seis aus konnten wir bei trockenem Wetter nach St. Valentin wandern. Wir kehrten zurück zum Parkplatz und fuhren durch die dicke Wolkenwand hinauf zur Seiser-Alm.

Am Dienstag weckte uns die Sonne, der Himmel war strahlend blau. Um 9.30 Uhr fuhren wir mit dem Bus zur "Ritsch-Schweige". Dann liefen wir die Straße entlang zur Bergstation der Drahtseilbahn nach St. Ulrich. Ständig kamen Gondeln hoch. Wir aber sollten laut Aushang bis 10.30 Uhr warten. Nach langer Verhandlung gestattete man uns die Talfahrt eine halbe Stunde früher: Tal- und Bergfahrt zu einem Vorzugspreis von 18.000 Lire pro Person.

Für uns erwuchs jetzt ein Zeitproblem. Wir hatten gelesen, dass die aus dem 13. Jahrhundert stammende Kirche "St. Jakob" nur Dienstag, Mittwoch und Donnerstag und nur zwischen 11.00 und 12.00 Uhr zu besichtigen sei. Wir eilten durch den Ort und die 300 Höhenmeter bergauf. In dem von uns benutzten Reiseführer wurden für den Aufstieg nach "St. Jakob" 120 Minuten angegeben. Wir bewältigten die Strecke in 45 Minuten. Aber uns hing die Zunge heraus. Kurz vor 12.00 Uhr erreichten wir die Kapelle: Es gab keine Besichtigung. Die Kirche wurde restauriert. Der Restaurator wollte gerade die Kapellentür verschließen und zum

Essen gehen. Ihn packte das Mitleid mit uns. Er ließ uns ein und verschob seine Mahlzeit. Nach der Besichtigung legten wir nahe der Kapelle eine lange Mittagspause ein, um uns von der Anstrengung des im Eiltempo erbrachten Aufstiegs zu erholen. Ich hielt sogar auf dem Waldboden ein kurzes Mittagsschläfchen. Heinz sammelte inzwischen Pilze für das Abendbrot.

Bergab nahmen wir uns mehr Zeit und wählten auch den bequemeren Weg. Unser nächstes Ziel war die "Antoniuskapelle". Jetzt hatten wir bei dem Gang durch St. Ulrich auch einen Blick für die wunderschönen Häuser, Gärten und Anlagen. Die Pfarrkirche schließlich begeisterte uns mit ihren wertvollen und prachtvollen Schnitzereien.

St. Ulrich ist das Zentrum des Latinischen Sprachraumes. So waren alle Aufschriften dreisprachig.

Hier gibt es auch eine "Latinische Mittelschule" und eine entsprechende Berufsfachschule. Auf diese Weise versucht man, diese Sprache zu erhalten.

Aber es treten die gleichen Probleme wie bei uns in Sachsen im "Sorbischen Sprachraum" auf, dass sich immer weniger Menschen tatsächlich dieser Sprache bedienen.

Nach dem Kauf eines Riesenbrotes, das kaum in meinen Rucksack passte, leisteten wir uns einen Eisbecher. Dann eilten wir zur Seilbahn. Punkt 16.00 Uhr bestiegen wir die Gondel. Wiederum waren wir fünf allein in einer Kabine. Die meisten Touristen kamen uns jetzt in den talwärts fahrenden Gondeln entgegen. Von der Bergstation aus benutzten wir den Bergpfad zur "Ritsch-Schweige". Von dort gelangten wir mit dem Bus zum Quartier.

Ausruhen, Duschen, Abendbrot, Romme, Tirolerwein - Gute Nacht!

Am Mittwoch, den 5. August fuhren wir mit dem Auto über Kastelruth, Waidbruck, Barbarino (schiefer Kirchturm!) nach Ritten zu den Erdpyramiden, die uns recht beindruckten.

Dann fuhren wir über Langenmoos nach "Maria-Saal". Hier aßen wir zu Mittag. Und weiter gelangten wir über Langenmoos nach Klobenstein.

Von all den hier genannten Orten hatten wir eine gute Sicht auf den Schlern und die Seiser- Alm: greifbar nahe. Gegen 16.30 Uhr erreichen wir wieder unsere Ferienwohnung.

Am folgendem Tag holten wir die Wanderung nach, die wir am Montag wegen des Dauerregens abbrechen mussten: Bus bis "Saltria", Seilbahn zur "Wilhelmshöhe", zu Fuß zu "Zallingers". Hier drehte das ZDF gerade eine "Heimatmelodiensendung". Wir aber kraxelten auf steilem Pfad zur "Langkofelhütte" (2253 m NN). Dort herrschte ein dichtes Volksgewühl.

Wir plazierten uns etwas abseits auf dem Dach eines Wasserhäuschens und nahmen dort unser Mittagessen ein, das wir im Rucksack mit uns führten. Den Aufstieg zur "Langkofelscharte" schenkten wir uns, hätten wir doch weitere 300 Höhenmeter überwinden müssen.

Den Abstieg nahmen wir über einen bequemeren Zickzackweg.

Punkt 16.00 Uhr langten wir in der Ferienwohnung zur Vesperzeit an. Anschließend bummelten wir zur "Laurinhütte", wo wir zum Urlaubsende gut zu Abend speisten, was wir wegen der milden Temperaturen auf der Freiterrasse erledigten.

Wir beobachteten eine plötzlich auftretende Windhose, die eine Menge Heu auf die Terrasse warf. Dann erlebten wir einen einmalig schönen Sonnenuntergang.

Bei romantischen Mondschein schlenderten wir zurück zu unserer Ferienwohnung und legten uns schlafen.

Den Freitag benutzten wir zum Kofferpacken und zum gründlichen Säubern der Wohnung.

Mir hatte man für diesen Tag den Küchendienst zugewiesen, aber eine leichte Übung: Suppe anrühren und vorm Anbrennen bewahren.

Nach dem Mittagsschlaf suchten wir uns eine Stelle im Halbschatten mit dem Blick auf die Felsenwand von Platt- und Langkofel sowie zum Schlern zum Einprägen und als Urlaubsausklang. Wir bezahlten unser Quartier: für die 14 Tage zusammen 2800 DM; das sind pro Tag und Person 40 DM.

Der Wecker riss uns am Samstag 5.30 Uhr aus unseren Träumen. 6.10 Uhr Start: Über die vielen, vielen Tornanti hinunter bis Waidbruck.

Über das Eisacktal und dem Brennerpaß erreichten wir kurz vor Insbruck die Autobahn, die wir jedoch bereits an der Abfahrt Aachensee/Zillertal verließen, um an den Ostufern von Aachensee und Tegernsee neue Eindrücke zu sammeln.

Bei Holzkirchen nahmen wir wieder die Richtung zur Autobahn, benutzten den Autobahnring östlich von München und strebten über Nürnberg, Hof und Plauen in Richtung Heimat.
Ab und zu schalteten wir an dem heißen Tag eine Verschnaufpause für unseren Clio ein. Mitunter ging es auch nur "Stopp and Go". Einmal war sogar eine Vollbremsung notwendig, um einen Auffahrunfall zu vermeiden.
Um 16.30 Uhr kamen wir gut daheim an; dankbar für die herrlichen zwei Urlaubswochen mit so vielen schönen Erlebnissen und für die Bewahrung. Gelassen konnte ich meine letzten Arbeitstage antreten.

15. Ein "Siebenjähriger Krieg" im Kampf um Anerkennung der Beschäftigungszeiten (oder "Beharrlichkeit führt zum Ziel!")

Was ich in diesem Abschnitt erzähle, ereignete sich parallel zu dem in den Kapiteln 11 bis 13 Geschilderten. Der Inhalt ist jedoch besser verständlich, wenn er als Einheit vorgetragen wird. Auch berührt er die Ereignisse dieser drei Kapitel nicht.
Trotzdem beanspruchte dieser "Nebenkampfplatz" nicht unerheblich eine große Portion meiner seelischen Kräfte. So war doch ein zweiter Prozess auf dem Arbeitsgericht durchzustehen und anschließend eine Menge Schreibarbeit zu erledigen. Den Sieg konnte ich erst verbuchen, als ich bereits ins "Rentnerleben" eingetreten war.
Warum führte ich überhaupt diesen Kampf?
Ich war mir darüber von Anfang an im Klaren, dass dieser Streit mir nicht einen Pfennig mehr Lohn bzw. Rente einbringen würde und ich mir für die Anerkennung der vollen Dienstzeiten auch nichts kaufen könnte.
Mir ging es einzig und allein um das Prinzip, um die Gerechtigkeit, die ich in all meinen Lebens- und Berufsjahren angestrebt habe, dienstlich wie auch privat. Und es war ein echter Kampf gegen die Bürokratie in unserem demokratischen Rechtsstaat Deutschland.
Aber ich will alles der Reihe nach erzählen!

Mit dem Datum vom 8. September 1992 kam vom Oberschulamt ein schon im Aufbau typisch bürokratisches Schreiben an alle unterstellten Schulämter zur Weitergabe an die Schulleiter der Grund- und Mittelschulen im Regierungsbezirk Chemnitz mit dem Titel:

"Vollzug der Tarifverträge über die Anerkennung der Beschäftigungszeiten -
hier: Anerkennung aufgrund von Nachweisen in Form beglaubigter Kopien
Bezug: Schreiben des Oberschulamtes Chemnitz an alle Beschäftigten in den Schulen
vom 08. Mai 1992".
Im genannten Schreiben wurde verlangt, dass alle Unterlagen in beglaubigter Kopie abzugeben seien. Diese Forderung war unterstrichen, damit sie jeder auch ernst nahm.
Die nächsten Sätze will ich, um die Bürokratie zu betonen, ebenfalls zitieren:
.
"Die Beglaubigungen werden z. B. von der Leitung der Schule (gebührenfrei) oder von einem Notar (gebührenpflichtig) vorgenommen. Das Oberschulamt weist darauf hin, dass Beglaubigungen grundsätzlich mit dem Dienstsiegel zu versehen sind. Ist ein solches Dienstsiegel nicht vorhanden, kann ersatzweise auch der runde Dienststempel, wie er z. B. für Zeugnisse verwendet wird, benutzt werden".
Es folgte ein Beispiel. Danach ging es mit der Anleitung weiter:
"Neben der Beglaubungsmöglichkeit durch den Notar gemäß § 42 des Beurkundungsgesetzes sowie den Beglaubigungen durch die Staatlichen Schulämter und Oberschulämter werden auch Beglaubigungen folgender Behörden anerkannt:
a, Gemeinden
b, Landratsämter
c, Regierungspräsidien,
diesen Behörden steht kraft Gewohnheitsrecht das Recht zu, Beglaubigungen vorzu- nehmen. Im Übrigen erfolgt die Anerkennung von Beglaubigungen durch die o. g. Behörden im Vorgriff auf das

Landesverwaltungsverfahrensgesetz, das dem Sächsischen Staatsministerium für Kultus im Entwurf vorliegt und dieses Jahr noch verabschiedet wird.
Ferner wird auf § 33, Abs.1, Satz 1 (Bundes)Verwaltungsverfahrensgesetz verwiesen, nach dem jede Behörde befugt ist, Abschriften von Urkunden, die sie selbst ausgestellt hat, zu beglaubigen. Das (Bundes) Verwaltungsverfahrensgesetz gilt gemäß Einigungsvertrag, Anlage I, Kapitel II, Sachgebiet G, Abschnitt III, Nr. 1 Buchstabe a) im Freistaat Sachsen für die Ausführung von Landesrecht durch die Behörden des Freistaates.
Mit freundlichen Grüßen
Keil, Reg.Amtmann

Wir Angehörigen des Staatlichen Schulamtes Stollberg waren bereits vorher dazu angehalten, die Kopien unserer Abiturzeugnisse und die Zeugnisse der Staatsexamen, des Arbeitsbuches mit allen Seiten von unserem neuen Schulamtsleiter mit Dienstsiegel und Unterschrift beglaubigen zu lassen und diese mit dem erhaltenen und ausgefüllten mehrseitigen Fragebogen im Oberschulamt abzugeben. Vorsichtshalber hatte ich auch die von Tetzner unterschriebene Erklärung vom 29. November 1989, die eine Annullierung der fristlosen Entlassung vom 22.03. 1983 vorsah, ebenfalls kopiert und beglaubigen lassen.

Anfang Dezember 1992 erhielt ich die Bestätigung meiner eingereichten Unterlagen unter der Nummer 11325569. Dabei stellte ich fest, dass man die Zeit meines Berufsverbotes herausgerechnet hatte. Ich empfand es als Ironie, dass man mir bestätigte, die Zeit davor würde als Beschäftigtenzeit anerkannt, weil die Zeit des Berufsverbotes als "unschädliche Unterbrechung" festgestellt worden sei.

Prompt meldete ich form- und fristgemäß Widerspruch gegen die Feststellung meiner Beschäftigungszeiten an. Ich räumte ein, dass es zwar richtig sei, dass ich vom 23.03.83 bis 30.11.87 meine Tätigkeit als Lehrer unterbrechen musste, aber meine Rehabilitierung vom 29.11.89 habe doch eindeutig eine Annullierung der fristlosen Entlassung bestätigt. Ja, ich setzte noch

folgenden Abschnitt dazu: "Juristisch ist die "Annullierung" in meinem Falle so zu verstehen, als hätte die fristlose Entlassung nicht stattgefunden, als hätte ich nie meine Tätigkeit als Lehrer unterbrochen."
Ich bestand darauf, dass der mir übersandte Bogen schnellstens korrigiert werde.
Mit der Post vom 2. Februar 1993 wurde mir der Eingang meines "Einspruchs gegen den Feststellungsbescheid zur Anerkennung von Beschäftigungszeiten" bestätigt und darauf hingewiesen, dass erst im März/April 1993 aus "eingabetechnischen Gründen" mit der Bearbeitung von Widersprüchen begonnen werden könnte.
Ende Juli 1993 schrieb ich an die Frau Keil, Reg.Amtsmann, im Oberschulamt und mahnte die Bearbeitung meines Einspruches an.
Am 10. Januar 1994 antwortete mir ein Herr Lenk: "Wir bestätigen den Eingang Ihrer Nachfrage zur Bearbeitung Ihres Einspruches zur Feststellung über die Anerkennung von Beschäftigtenzeiten". Er begründete, es sei durch die große Anzahl von Änderungen und Neuberechnungen zu Verzögerungen bei der Bearbeitung der Einsprüche gekommen. Er versicherte mir, man sei bemüht, diese so schnell wie möglich aufzuarbeiten.
Ich hatte Geduld bis zum 21. Juni 1994. Dann brachte ich mich durch ein erneutes Schreiben bei Herrn Lenk in Erinnerung. Diesmal wies ich darauf hin, wenn ich bis zum 01.08.1994 keine positive Antwort erhalten würde, ich beim Verwaltungsgericht Zwickau "Untätigkeitsklage" einreichen würde.
Der von mir gesetzte Termin verstrich. Ich wartete weitere drei Wochen. Dann riss mir der Geduldsfaden und ich erhob beim Verwaltungsgericht Zwickau "Untätigkeitsklage gegen das Oberschulamt Chemnitz in bezug auf Bearbeitung eines Widerspruchs zur Feststellung meiner Beschäftigungszeiten". Ich schilderte den Grund meiner Klage, legte Kopien des in dieser Angelegenheit vorhandenen Briefwechsels mit dem Oberschulamt bei und bat das Verwaltungsgericht, es möge das Oberschulamt veranlassen, endlich meinen Einspruch zu bearbeiten. Ich erhielt umgehend eine Bestätigung meines Schreibens, wurde aber darauf

hingewiesen, wenn ich keinen Beamtenstatus hätte, sei für einen Rechtsstreit um die Anerkennung von Beschäftigungszeiten das Arbeitsgericht zuständig.
Ich telefonierte mit Frau Nestler vom Verwaltungsgericht Zwickau. Sie meinte, ich solle sie schriftlich um Weiterleitung meiner Klage an das Arbeitsgericht Chemnitz bitten. Dieser Aufforderung kam ich ganz schnell nach.

Mit der Post vom 7. September 1994 erhielt ich per Einschreiben mit Rückschein Antwort von einem Assessor Salzer vom Oberschulamt auf meinen Einspruch:
"Nichtanerkennung von Beschäftigungszeiten
Bezug: Ihr Einspruch vom 07.12.1992
Sehr geehrter Herr Dr. Moser,
mit Schreiben vom 07.12.1992 legten Sie gegen die Berechnung Ihrer Beschäftigungszeiten Einspruch ein. Sie begründeten Ihren Einspruch damit, dass bei der Feststellung der Beschäftigungszeiten der Zeitraum vom 23.03.1983 bis 30.11.1987 nicht berücksichtigt worden war, obwohl Ihre Rehabilitierung vom 29. November 1989 eine Annullierung Ihrer fristlosen Entlassung festlege."

Herr Salzer verwies in seinem zweiseitigen Schreiben auf die Vorschriften des § 19 im BAT-Ost, wo im Absatz 1 festgelegt sei: "Beschäftigungszeit ist die bei demselben Arbeitgeber nach Vollendung des achtzehnten Lebensjahres in einem Arbeitsverhältnis zurückgelegte Zeit, auch wenn sie unterbrochen ist" ... sowie "Ist der Angestellte aus seinem Verschulden oder auf eigenen Wunsch aus dem Arbeitsverhältnis ausgeschieden, so gilt die vor dem Ausscheiden liegende Zeit nicht als Beschäftigungszeit."
Bei mir würde der Zeitraum vom 01.09.56 bis zum 22.03.83 angerechnet, "da es sich bei Ihrem Ausscheiden aus dem Schuldienst um ein aus heutiger Sicht unverschuldetes Ausscheiden handelte und eine Nichtanrechnung dieses Zeitraumes eine unbillige Härte im Sinne des zitierten § 19 BAT- O dargestellt hätte." Dann folgte wieder die

Feststellung, die Tätigkeit bei der Genossenschaft des Schlosser- und Maschinenbauerhandwerks sei keine Tätigkeit gewesen, die nach den oben genannten Vorschriften anrechenbar wäre.
Dann folgte der bemerkenswerte, mich schockierende Satz:
"Eine Anerkennung kann auch nicht aus der am 29.11.1989 durch den Rat des Kreises Stollberg, Abt. Volksbildung, abgegebenen Rehabilitierungserklärung hergeleitet werden."
Weiter war zu lesen: "Ihr erzwungenes Ausscheiden aus dem Schuldienst stellt sich als rechtsstaatswidriger hoheitlicher Eingriff in ein Arbeitsverhältnis dar. Dieses politisch motiviert erscheinende Unrecht kann durch die tarifvertraglichen Bestimmungen des BAT-O nicht geheilt werden."
Ich las im BAT-O den Absatz 4 des § 19 nach:
"Andere als die vorgenannten Zeiten dürfen bei Bund und Ländern nur durch Entscheidung der obersten Dienstbehörde im Einvernehmen mit der für das Personalwesen (Tarifrecht) zuständigen obersten Dienstbehörde als Beschäftigtenzeiten angerechnet werden."
Also muss ich mich direkt als Kultusministerium wenden, schoss es mir durch den Kopf.
Aber erst einmal wollte ich das Schreiben von Herrn Assessor Salzer zuende lesen:
"Vielmehr ist darin eine Fallgestaltung zu sehen, die dem Zweiten SED- Unrechtsbereinigungsgesetz unterfällt, das abschließend sämtliche Ansprüche der Betroffenen von Unrechtsmaßnahmen regelt." Es folgte die Adresse der zuständigen Chemnitzer Behörde und der Hinweis. *"Auf Antrag prüft die Behörde, ob ein dem Zweiten SED-Unrechtsbereinigungsgesetz unterfallendes Geschehen vorliegt und welche Ansprüche auf Ausgleich sich daraus ergeben."*
Wegen des § 19, Abschnitt 4 hatte ich auf der Ebene "Oberschulamt" keine Chance, denn die Juristen klammerten sich an die dortigen Festlegungen. Sollte ich die eingeleitete Klage zurückziehen und mich direkt an die Regierung wenden? Sollte ich gar aufgeben und mich mit den Gegebenheiten abfinden?
Ich begriff nicht, dass die Juristen die Bemerkung "Annullierung der fristlosen Entlassung" in dem Rehabilitationsschreiben nicht zu meinen Gunsten auslegten. Ich sah in der Nichtanerkennung der fast

fünf Jahre meines Berufsverbotes eine nachträgliche Bestätigung der Willkürhandlung von SED und Staatssicherheit durch den Rechtsstaat BRD.
Das Ergebnis eines intensiven Nachdenkens in einer schlaflosen Nacht war folgende Entscheidung: Ich wollte das Arbeitsgericht Chemnitz entscheiden lassen. Sollte ich dort den Rechtsstreit verlieren, konnte ich mich noch immer an die Regierung in Form einer Petition wenden!
Das Arbeitsgericht Chemnitz legte einen Termin der Güteverhandlung fest. Ich wurde für den 25.10.1994   10.15 Uhr ins Justizgebäude Zwickauer Straße 54 in Chemnitz geladen.
Ich will es kurz machen: Der Richter schien mich gar nicht für voll zu nehmen und benutzte die gleichen Argumente wie das Oberschulamt. Eine gütliche Einigung kam nicht zustande.
Der Termin zur Verhandlung vor der Kammer des Arbeitsgerichts Chemnitz wurde für den 13.02.1995 15.30 Uhr bestimmt. Bis zum 30.12.1994 sollte ich erneut Stellung nehmen und etwaige Beweismittel mitteilen. In der schriftlichen Begründung fand ich zusätzlich folgenden Passus, den ich zuerst gar nicht verstand:

...*"Des weiteren fehlt der Klage das Rechtsschutzbedürfnis, da selbst bei Anerkennung der Vordienstzeiten der Kläger keinen rechtlichen Vorteil aus der Entscheidung ableiten konnte."* ...

Ich benötigte wohl doch einen Anwalt. So wandte ich mich an den Sächsischen Lehrerverband, um zu erkunden, ob ich auch in dieser Angelegenheit auf Rechtsschutz rechnen könne und Rechtsanwalt Dr. Aßhauer sich erneut meiner annehmen würde. Der Rechtsschutz wurde gewährt.
Nun musste ich alle Argumente, die seinerzeit zur fristlosen Entlassung geführt hatten, die beantragte und gewährte Rehabilitierung in der Wendezeit und die widersprechenden Auffassungen im Begriff "Annullierung der fristlosen Entlassung" Herrn Dr. Aßhauer schriftlich erläutern.
Im Warten auf sein Antwortschreiben verstrich die Zeit.
Ich sah den Termin 30.12.94, den mir das Gericht für eine erneute Stellungnahme gesetzt hatte, in Gefahr und bat das Arbeitsgericht

daher erst einmal um eine Verschiebung des gesetzten Verhandlungstermins, da ich dabei sei, in der strittigen Angelegenheit ein Gutachten einzuholen.
Am 29.12.94 kam die erwartete Post von Dr. Aßhauer.
Der freundliche Antwortbrief stammte vom 20.12.94, war aber durch eine falsche Postleitzahl später in meine Hände gelangt.
Aus dem Schreiben will ich nur zwei Abschnitte auszugsweise zitieren:

..."Den Deutschen Gesetzen ist es fremd, Prozesse "wegen des Prinzips" zu führen. Die Gerichte sind nämlich nicht dafür da, Gutachten anzufertigen ("im Prinzip"). Geht es um generelle Klärungen, so sind Gutachter einzuschalten. Die Gerichte werden nur aktiv, wenn eine ganz konkrete Beeinträchtigung der Rechte des Klägers bzw. der Klägerin vorliegt." ... "Die Klage sollte nicht fortgeführt werden, Sie werden den Prozess verlieren. Bitte teilen Sie uns so schnell wie möglich mit, ob Sie sich unserer Ansicht anschließen. Wir würden dann die Klage in Ihrem Auftrage zurücknehmen, der Termin am 13.02.1995 entfiele" ...

Ich wollte nicht aufgeben!
Das teilte ich Dr. Aßhauer am gleichen Tag mit.
Schon am 4. Januar 1995 antwortete er mir mit folgenden wenigen Zeilen:

"Sehr geehrter Herr Dr, Moser,
ich will Sie nicht daran hindern, den Termin am 13. Februar 1995 wahrzunehmen. Wenn Sie meinen, Sie hätten eine Chance, dann gehen Sie bitte zu diesem Termin hin und stellen den Antrag aus der Klageschrift. Das Gericht wird entscheiden.
Aus meiner Sicht sehe ich nach wie vor keine Erfolgsaussichten. Aber vielleicht haben Sie eine "kleine" Chance, wenn Sie darauf hinweisen, dass Ihnen am 01.09. 1996 ein Betrag von 800,-- DM nach 40 jähriger Dienstzeit entgeht.
Mit freundlichen Grüßen
Dr. Aßhauer, Rechtsanwalt

Am 23. Januar 1995 teilte er mir zusätzlich mit, nach seiner Kenntnis gäbe es keine "juristische Grundsatzentscheidung über den Begriff "Annullierung". Auch gab er mir zu verstehen, dass er am Tag der Verhandlung nicht nach Chemnitz käme, weil er nur Verhandlungen führe, die er auch gewinnen würde. Das nahm ich ihm auch nicht übel. Diese Schlacht musste ich also ohne Rückendeckung schlagen. Am 9. Januar sandte ich die vom Arbeitsgericht geforderte erneute Stellungnahme ab, die ich im folgenden vollständig aufführe, weil ich an späterer Stelle mehrmals Bezug nehme:

.." Der Antrag auf Anerkennung der Klage wird aufrechterhalten:
Die Anerkennung der Vordienstzeiten ab 01.09.1956 durchweg ohne Herausrechnung der Zeit vom 23.03.83 bis 30.11.87.
Begründung:
In der Erklärung des damaligen Kreisschulrates Herrn Tetzner vom 29.11.89 auf meine beantragte Rehabilitierung wurde die für den strittigen Zeitraum erfolgte fristlose Entlassung annulliert. "Annullieren" heißt aber: "für ungültig, für nichtig erklären".
Diese Tatsache wird durch die damalige Entscheidung unterstützt:
1. Sofortiges Aufrücken in die letzte (zwölfte) Steigerungsstufe rückwirkend ab Oktober 1988.
2. Aushändigung der "Pestalozzimedaille für dreißigjährige Dienstzeit".
3. Anerkennung meiner Lohnnachzahlungsforderungen (Differenzbeträge).
Also spielt es gar keine Rolle, dass ich in dem streitbefangenen Zeitraum bei der Genossenschaft des Schlosser- und Maschinenbauerhandwerks Karl-Marx-Stadt beschäftigt war, weil (ich betone diese Tatsache erneut!) die nachträgliche Annullierung der fristlosen Entlassung so zu verstehen ist, als hätte diese gar nicht stattgefunden und ich durchweg als Lehrer und damit beim "selbigen Arbeitgeber" beschäftigt gewesen wäre. Die Behauptung der Beklagten, der Klage fehle das Rechtsschutzbedürfnis wird vom Kläger mit Nachdruck zurückgewiesen. Konkret berührt mich die Durchweg-Anerkennung der Beschäftigungszeiten am 1.9.96 durch die Zahlung von 800 DM nach vierzigjähriger Dienstzeit. Bei Nichtanerkennung würde mir die gesamte Summe und die Urkunde für vierzigjährige Dienstzeit entgehen, weil ich im August 1998 das Rentenalter erreiche und die 40 Jahre erst am 12.05.2001

für die Jubiläumszuwendung errechnet würden. Zu diesem Zeitpunkt bin ich schon nicht mehr Bediensteter des Freistaates Sachsen."

Es kam, wie es kommen musste und es Dr. Aßhauer vorausgesehen hatte. Ich verlor den Prozess. Beide Parteien hatten ihre Argumente vorgetragen. Sinngemäß wiederholte ich die oben angeführten Tatsachen. Herr Richter Boltz hielt sich nur an die Paragraphen des BAT-O. Auf meine Bitte, er möge doch mit dem "gesunden Menschenverstand" urteilen, konnte er nicht nachkommen. Er wusste damit nichts anzufangen. Ich hatte lediglich ein Lachen bei den beiden, sich sonst teilnahmslos verhaltenden Schöffen Frau Mehlan und Herrn Reich erwirkt.

Das Endurteil lautete "im Namen des Volkes":
1. Die Klage wird abgewiesen. 2. Die Berufung wird zugelassen.
3. Kosten des Rechtsstreits trägt der Kläger. 4. Der Streitwert wird auf 800,-- DM festgelegt.

Auf den weiteren 7 Seiten folgten die unterschiedlichen Auffassungen der beiden Parteien, die Entscheidungsgründe des Gerichts sowie eine Rechtsmittelbelehrung. Diesmal befolgte ich den Rat meines Rechtsanwaltes und verzichtete auf die Einlegung einer Berufung.

An dieser "Front" hatte ich die Schlacht verloren, aber ich war nicht bereit, zu kapitulieren. Mein "Kampf" ging weiter! Sogleich verfasste ich ein Schreiben an den Petitionsausschuss des Sächsischen Landtages. Zeitgleich wandte ich mich an das Amt für Familie und Soziales.

Der Eingang meiner Petition wurde mir vom Petionsausschuss bestätigt und deren Bearbeitung zugesichert. Gleichzeitig bat man mich, von Nachfragen abzusehen. Ich übte mich in Geduld. Im Dezember 1995 erhielt ich eine Antwort von dem Vorsitzenden des Petitionsausschusses Thomas Mädler : "Der Petition kann nicht abgeholfen werden". Als Anlage zu meiner Information lag der Bericht des Petitionsausschusses bei. Enttäuscht von dieser Antwort wandte ich mich erneut an diesen Ausschuss, dem ich vorwarf, er habe sich die Bearbeitung allzu leicht gemacht, weil er gleich wie das Arbeitsgericht Chemnitz den Hergang nur formal untersucht hätte, statt die von mir in meinem Schreiben gelieferte Widerlegung sowie den Absatz 4 des § 19 BAT-O zu beachten. Ich beklagte, dass der Petionsausschuss nicht die politisch motivierte fristlose Entlassung beachtet und damit - wie auch der Richter am Arbeitsgericht Chemnitz - mit den Mitteln der Rechtsstaatlichkeit das mir zugefügte Unrecht durch die SED-Machthaber sanktioniert habe. Weiter schrieb ich: "Ihr Ermessensspielraum wäre gewesen, bei meiner vorgesetzten Dienststelle auf den Absatz 4 des §19 BAT-O zu drängen, denn in meinem speziellen Fall hätte kein Angestellter des Oberschulamtes Chemnitz, sondern allein der oberste Dienstherr entscheiden müssen. Und das hätte ein Petionsausschuss des Sächsischen Landtages unbedingt in die Wege leiten können und müssen!

Das Amt für Familie und Soziales schien auf meiner Seite zu stehen. Von dort hatte ich inzwischen eine Rehabilitationsbescheinigung erhalten, die mir bescheinigte, dass ich als "Verfolgter" im Sinne des §1 Absatz 1 BeRehaG gelte. Auf Anraten dieser Behörde legte ich dem erneuten Schreiben an den Petitionsausschuss eine Kopie der genannten Rehabilitationsbescheinigung bei. Ich formulierte den Satz: "Vielleicht hätten Sie bei der Bearbeitung meiner Petition unter Vorlage dieser Bescheinigung anders entschieden". Dieses Schreiben wertete der Petitionsausschuss als eine erneute Petition. Ich wurde informiert, man habe meine Petition den Landtagen der anderen neuen Bundesländer zugeleitet.

Einige Zeit später erfuhr ich von der Landtagsabgeordneten unserer Region, Frau Uta Windisch, sie habe von Herrn Staatsminister Dr. Rößler gehört, dass die Mitgliederversammlung der Tarifgemeinschaft deutscher Länder auf ihrer Sitzung am 28.10.98 unter der Berücksichtigung des Beruflichen Rehabilitationsgesetzes, die einzelnen Länder ermächtigt habe, bei der Anerkennung von Beschäftigungszeiten nach sorgfältiger Prüfung des Einzelfalles entsprechende Zeiten im Rahmen des § 19 BAT-O anzurechnen.

Im Laufe des Sommers erhielt ich von den Landtagen der anderen neuen Bundesländer mehrmals Post. Man teilte mir mit, dass man meinen "speziellen Fall" bearbeiten würde, ihn bei der Tarifgemeinschaft deutscher Länder zur Beratung einbringen werde und schließlich, dass man an Hand "meines Präzedenzfalles" nunmehr in ihren Ländern, "diese Zeiten" als Beschäftigungszeit berücksichtige. Thüringen beglückwünschte mich, dass nunmehr "mein Problem endlich" gelöst sei. Von Sachsen vermisste ich ein derartiges Schreiben. Ich entschloss mich in meiner Hartnäckigkeit, am 17. Juli 1998 ein drittes Schreiben an Herrn Mädler, dem Vorsitzenden des Petitionsausschusses zu senden.

... *"In diesen Tagen erhielt ich beiliegendes Schreiben vom Thüringer Landtag (ich hatte ein Kopie beigelegt). Wäre ich Thüringer, würden mir also die fünf Jahre Berufsverbot als Dienstzeiten anerkannt werden. Aber ich bin Sachse! Und wie wird der Freistaat Sachsen entscheiden? Wird sich der Petionsausschuss noch einmal damit beschäftigen? Sollte mir die Anerkennung der Dienstjahre für die Zeit des Berufsverbots einst post humum bescheinigt werden?..."*

Und der Petionsausschuss beschäftigte sich erneut mit meiner Angelegenheit. Dies versicherte mir dessen Geschäftsstelle mit der Post vom 07. 08. 1998 mit folgenden Worten:

... *"Da Sie in Ihrem Schreiben auf Ihre bereits abgeschlossene Petition eingehen und die Wiederaufnahme eines bereits durch Beschluss des Landtages beendeten Petitionsverfahrens nur in dem Fall möglich ist, dass neue Gesichtspunkte, die dem Ausschuss bei der Erstbehandlung noch nicht bekannt waren und die eine andere inhaltliche Beurteilung zu Folge haben, dem Ausschuss zur Kenntnis gegeben werden, wird Ihr Schreiben einer diesbezüglichen Prüfung unterzogen. Über das Ergebnis werden Sie in Kürze informiert."* ...

Am 3. September teilte mir die Geschäftsstelle mit, dass im Ergebnis der Vorprüfung meines Schreibens festgestellt worden wäre, dass eine Wiederaufnahme des Petitionsverfahrens unter den von mir vorgetragenen neuen Gesichtspunkten vorgenommen werde.

Mit der Post vom 2. Juli 1999 - Ich war also bereits in Rente! - kam der Bescheid vom Petitionsausschuss: *"Die Petition wird für erledigt erklärt"*.

In einer Anlage stand folgendes: ... *dass "anhand des Beschlusses der Mitgliederversammlung der TdL in Abstimmung mit dem Sächsischen Staatsministerium für Finanzen die vom Petenten entsprechend seiner*

Rehabilitierungsbescheinigung außerhalb des öffentlichen Dienstes verbrachte Verfolgungszeit vom 23.03. 1983 bis zum 30.11.1987 als Beschäftigungszeit nach § 19 Abs. 4 anerkannt wird."
Umgehend wandte ich mich an den Direktor des Regionalschulamtes Chemnitz, dem ehemaligen Leiter des "Staatlichen Schulamtes Annaberg" Ingolf Huth (wie der aufmerksame Leser weiß, wurden das Oberschulamt und die einzelnen Schulämter mit Ende des Jahres 1998 aufgelöst) mit der Bitte um Verständnis, dass ich auf die Ausreichung einer Urkunde für vierzigjährige erfolgreiche Tätigkeit im Bereich der Bildung bestehen würde, wobei ich eine Kopie des letzten Schreibens des Petitionsausschusses beilegte.

Nach acht Wochen mahnte ich mein Verlangen erneut an, da keine Reaktion auf mein Ersuchen zu verzeichnen war. Diesmal baute ich die ironische Bemerkung ein:

"Sollten Sie jedoch einen der zahlreichen Juristen im Bereich des Regionalschulamtes mit der Angelegenheit beauftragt haben, so könnte wohl erst eine Untätigkeitsklage beim Verwaltungsgericht notwendig werden, um diesen zur erwarteten Tätigkeit zu zwingen, wie es im August 1994 notwendig war."

Und nun erhielt ich einen Antwortbrief, den mein alter Kontrahent Saccone unterzeichnet hatte. Wie es sich für die bürokratische Art solcher Schreiben gehört, wurde erst auf mein Verlangen mit der entsprechenden Begründung eingegangen. Dann kamen folgende Bemerkungen:

"Das Regionalschulamt ist zwischenzeitlich selbstverständlich nicht untätig gewesen, sondern hat sich in Ihrer Angelegenheit mit dem Sächsischen Staatsministerium für Kultus in Verbindung gesetzt mit der Bitte um wohlwollende Prüfung. In diesem Zusammenhang wird darauf verwiesen, dass das Ausstellen von Dankurkunden für Mitarbeiter des Höheren Dienstes, wie in Ihrem Fall, ausschließlich in der Zuständigkeit der Obersten Dienstaufsichtsbehörde liegt, sofern keine ausdrückliche Delegation an das Regionalschulamt erfolgt. Insofern bleibt die abschließende Prüfung durch das Staatsministerium für Kultus abzuwarten. Die längere Bearbeitungszeit bittet das Regionalschulamt unter Hinweis auf die sehr hohe Arbeitsbelastung in der Verwaltung zu entschuldigen. Über das Ergebnis der abschließenden Prüfung werden Sie umgehend in Kenntnis gesetzt."

Am 28. September 1999 erhielt ich abermals ein Schreiben vom Regionalschulamt:
..."*das Sächsische Staatsministerium für Kultus hat dem Regionalschulamt Chemnitz die Dankurkunde aus Anlass Ihres 40-jährigen Arbeitsjubiläums zugesandt. Herr Direktor Huth möchte Sie für Dienstag, den 05.10.1999 in das Regionalschulamt Chemnitz (Zimmer 219) einladen, um Ihnen die Urkunde persönlich auszuhändigen...*"
Am 5. Oktober 1999 bekam ich die von Dr. Matthias Rößler persönlich unterzeichnete Dankurkunde durch Ingolf Huth ausgereicht. Der Urkunde war noch ein Schreiben beigelegt, in dem das Ministerium feststellte:
... "*bereits am 31.08.1996 hatten Sie vierzig Dienstjahre vollendet. Aus Anlass dieses Arbeitsjubiläums erhalten Sie nachträglich die beiliegende, durch Herrn Staatsminister Dr. Rößler unterzeichnete Dankurkunde.*"
Es folgten noch einige Bemerkungen des Bedauerns der Verzögerung.

Meinen "Siebenjährigen Krieg" im Kampf um die Anerkennung der Beschäftigungszeiten hatte ich damit siegreich beendet. Meine Hartnäckigkeit hatte sich gelohnt!

Meine "Postkreidezeit"
16. "Rentner haben niemals Zeit!"

Diesen "Ausspruch" hört man vielerorts, wenn über den Tagesablauf eines Mitbürgers die Rede ist, der sein 65. Lebensjahr erreicht bzw. überschritten hat.
Ich behaupte: Der Ausspruch stimmt nicht!
Und dies sage ich, obgleich ich nach dem Eintritt in die nunmehr neue Lebensphase nach dem 1. September 1998 nicht eine einzige Stunde Langeweile verspürt habe.
Man hat genügend Zeit, nur nutzt man sie zu wenig!
Ich habe mich bemüht, meine Zeit zu nutzen. So war in den ersten Jahren meiner Rentnerjahre mein Arbeitstag durch verschiedene ehrenamtliche Tätigkeit voll ausgelastet.

Davon vor allem will ich in diesem Abschnitt berichten.

Als Rentner spürt man nicht mehr den enormen Zeitdruck, dem man als Berufstätiger ausgesetzt ist. Man kann seine Zeit besser planen, seine Arbeit besser einteilen, auch wenn man nach wie vor an bestimmte Termine gebunden ist.

Auch die Hobbies, soweit vorhanden, können viel besser gepflegt werden.

Manche berufstätigen Menschen sehnen sich danach, das Rentnerleben endlich zu erreichen, können das Datum der Beendigung der Berufstätigkeit kaum erwarten. Wenn gesundheitliche Probleme eine Rolle spielen, ist das allgemein verständlich. Sicher auch, wenn einem seine Arbeit anekelt oder gar, wenn Mobbing im Spiel ist.

Das war bei mir nicht so. Habe ich doch immer meine Arbeit gern gemacht und mich jeweils voll engagiert. Zugegeben, es gab auch Tage, ja bestimmte Zeitabschnitte, in denen mir die Arbeit schwer fiel, in denen ich hätte schier verzweifeln können. Aber dank der Hilfe unseres Herrgottes habe ich auch solche Tage meistern können und immer wieder Kraft für die Bewältigung des Alltags erhalten.

Bei mir kam in den letzten zwei, drei Jahren der Berufstätigkeit ein "Alterskomplex" hinzu. Ich wollte mindestens das gleiche leisten wie meine jüngeren Kollegen. Das ist mir auch immer gelungen.

Im Sommer 1996, also zwei Jahre vor meinem Ausscheiden aus dem Schulamt, spürte ich doch eine Art Mobbing durch unseren Amtsleiter.

Ich ließ mir zwar nichts anmerken, blieb stets sachlich, selbst wenn er mir einen gefertigten Bescheid wegen irgendwelcher Formulierungen ein drittes Mal schreiben ließ, und mich auch ständig mit neuen "Querschnittsaufgaben" eindeckte.

Von der Veränderung der Betreuung der Förderschulen habe ich im 13. Kapitel erzählt.

Schon als Lehrer war ich gewohnt, kein zweites Frühstück einzunehmen. Ich frühstückte am Morgen vor dem Verlassen des Hauses ordentlich und nahm mir dabei auch Zeit. Lieber stand ich eine Stunde früher auf. Das behielt ich in meiner "Schlomatätigkeit" bei; ebenso später im Schulamt. So war ich telefonisch auch während der "Frühstückszeit" erreichbar.

Hin und wieder holte man mich doch zum "Frühstück" in die "Cafeteria", weil etwa ein Kollege anlässlich seines Geburtstages "einen ausgab".
Bei so einer Zusammenkunft wurde einmal "von der Zeit danach" (gemeint ist nach Beendigung der Berufstätigkeit) erzählt. Meine Kollegen wollten konkret von mir wissen, was ich denn plane, ich sei ja schließlich dem Rentenalter am nächsten.
Ich meinte, ich würde wochentags weiterhin beim Weckerklingeln 5.15 Uhr aufstehen und gemütlich mit meiner Frau frühstücken, denn sie müsse ja weiterhin zur Arbeit. Dann würde ich Tätigkeiten im Garten erledigen, denn die machten in früher Morgenstunde am meisten Freude. "Nach dem Mittagessen lege ich mich eine Stunde aufs Ohr. Darauf freue ich mich heute schon". Durch die Tätigkeit im Kreistag und den dazugehörigen Ausschüssen sowie im Kirchenvorstand bliebe ich weiterhin gesellschaftlich tätig. Außerdem warte die CDU-Ortsgruppe von Oelsnitz darauf, dass ich in der nächsten Legislaturperiode mich auch für den Stadtrat zur Verfügung stelle, setzte ich meinen Bericht fort. Noch während ich überlegte, was noch zu sagen sei, stellte mir der Amtsleiter die Frage: "Und was machst Du an Regentagen und wenn Du in keiner Versammlung bist?"
"Ich habe mir vorgenommen, manche Arbeit im Haushalt zu übernehmen, um meine Frau zu entlasten, werde aber auch wieder mehr lesen können. So habe ich als Bub die "Karl-May-Bücher" geliebt, fast verschlungen. Nach der Wende habe ich über den Berthelmann-Buchklub die gesamte erhältliche Karl-May-Bibliothek erworben. Dann werde ich mir noch einen Schach-Computer kaufen. Und schließlich habe ich vor, meine Memoiren zu schreiben, wie es mein Vater auch getan hat!"
"Kommen wir in Deinen Memoiren auch vor? fragte Wolfgang Arnold interessiert.
"Aber klar doch", antwortete ich.
Jetzt erzählten die anderen von ihren Plänen. Von dieser Stunde an änderte Elmar Reich seine schroffe Art mir gegenüber. Er begegnete mir jetzt freundlich und höflich durch all die weiteren Monate, die ich noch im Amt war. Das registrierte ich voller Freude und Dankbarkeit!

Schon im Frühjahr 1998 wurde bekannt, dass sich mit Jahresende die Struktur der Schulaufsicht verändert: Im Regierungspräsidium Chemnitz würde es zwei "Regionalschulämter" geben: Chemnitz und Zwickau. Die Schulen unseres Schulamtes würden dann teils von dem einen, teils von dem anderen betreut werden. Die Schulen der Kreise Stollberg und dem ehemaligen Kreis Hohenstein-Ernstthal fielen an Chemnitz, die im Kreis Aue- Schwarzenberg an Zwickau. Demzufolge würden einige Kollegen ihren Arbeitsort künftig in Zwickau, andere in Chemnitz haben.

Ich fragte im noch bestehenden Oberschulamt an, ob man mir gestatte, über das Erreichen meines Rentenalters hinaus ein Quartal länger zu arbeiten, um keine Lücke in der Betreuung "meiner" Schulen entstehen zu lassen und eine kontinuierliche Übergabe in die Wege zu leiten. Das wurde mir verwehrt. Erstens müsse man Personal abbauen. Zweitens wäre es meinem Kollegen Weise zumutbar, ein Vierteljahr "meine" Schulen mit zu betreuen. Ich dürfe lediglich den Wunsch äußern, ob ich schon zu Beginn des Monats August oder erst nach Ende des Monats mein Arbeitsverhältnis beenden wolle.

Obgleich ich meine Arbeit recht gern verrichtete, praktizierte ich mehr als Geck für die letzten 150 Arbeitstage die "Bandmaßmethode", wobei "Bandmaßanschnitt", "Halbzeit", "die letzten 5o", "die letzten 25" und die "letzten 10" gewisse Höhepunkte darstellten.

Dabei war ich mir im klaren, dass ich mich nicht wirklich auf den letzten Arbeitstag freute.

Schließlich trat ich mit dem 1. September 1998 ins Rentnerleben ein.

Von der Verabschiedung von den Schulleitern und Stellvertretern unserer Förderschulen habe ich schon berichtet. Auch im Schulamt plante ich meinen "Ausstand".

Merkwürdigerweise und für mich unverständlich, musste ich auf Wunsch des Schulamtsleiters den Ausstand in zwei Etappen vornehmen: mit den Kollegen Schulräten an einem Tag, an einem anderen Tag mit dem technischen Personal. Neben der Bewirtung hielt ich eine Abschiedsrede, die ich hier wörtlich einfließen lassen will: Abschied

"Abschied ist die Geburt der Erinnerung". Diesen Satz von Salvador Dali möchte ich erweitern: Der Abschied ist zugleich die Geburt eines neuen Abschnittes in meinem Leben. Ich werde im

neuen Lebensabschnitt mehr Freizeit haben und mehr Zeit für gesellschaftliche Verpflichtungen. Aber ich werde auch die jetzige Arbeit vermissen. Ich habe meine Arbeit gern getan, wie eigentlich jede bisherige Arbeit. Und ich werde die Kollegen und Kolleginnen vermissen, mit denen ich gut zusammengearbeitet habe.

Die Abschiedsworte, die ich hören durfte, haben mir gut getan, das gebe ich unumwunden zu. Ich bedanke mich recht vielmals dafür.

Es ist immerhin besser, wenn die Zurückbleibenden es bedauern, wenn man geht, als dass sie fragen, wann geht er endlich.

Mit allen Kollegen und Kolleginnen bin ich eigentlich recht gut ausgekommen, genauso wie mit den Schülern in den Jahren meiner Lehrertätigkeit. Dafür bin ich von Herzen froh und dankbar. Woran lag das? - Nicht etwa an Nachsichtigkeit. Als Lehrer sagte man mir sogar Strenge nach. Aber ich war und bin immer um Gerechtigkeit bemüht und um die Einheit von Wort und Tat.

Ich gebe mir Mühe, mich in die Haut des anderen hineinzudenken, seine guten Seiten zu erkennen und mir Zeit für seine Sorgen und Probleme zu nehmen. Ich versuche gerecht zu sein und zu helfen, wo ich kann.

So wie ich am Morgen meines 65. Geburtstages im Herrnhuter Losungsbüchlein lesen konnte (aus Hosea 10,12): "Säet Gerechtigkeit und erntet mit dem Maß der Liebe".

Ich will das Rezept für eine gute Zusammenarbeit verraten: Ich bete täglich darum, dass ich keinen kränke.

Stets zu allen freundlich zu sein, das ist mir nicht immer gelungen. Aber wenn durch mich ein kleines bisschen Wärme zu meinen Mitmenschen rübergekommen ist, so ist das für mich schon eine Existenzberechtigung.

Nicht das Streben nach Glück ist meine Devise - so haben es mir meine Eltern vorgelebt -,

sondern andere glücklich zu machen oder wenigstens anderen nützlich zu sein, egal wer, ohne Ansehen der Person.

Und durch diese Praxis wurde ich selbst ein zufriedener und überaus glücklicher Mensch.

In meinen 42 Dienstjahren habe ich nicht nur Gutes erlebt, sondern auch manches Schwere, so als Kind vor 1945 oder während des Studiums, das fünfjährige Berufsverbot; aber nicht nur unter dem SED-Regime und durch die Stasi-Überwachung, nein erstaunlicherweise auch nach der Wende.

Der Bibelspruch "Die Menschen gedachten es böse zu machen, aber Gott gedachte es gut zu machen" hat sich in meinem Leben mehrmals bewahrheitet.
*Für mich war ein festes Gottvertrauen in jeder Lebenslage immer **der** Halt. Alles, was auf mich im Leben zukam, habe ich aus Gottes Händen genommen. Nur dadurch habe ich psychisch und physisch durchgehalten. Und deshalb ist mir auch jede Menschenfurcht fremd geblieben.*
Natürlich bin ich durch meine direkte, unverblümte Art oft angeeckt. Mitunter sagte ich von mir: ich werde nie ein richtiger Staatsbürger sein. In letzter Zeit denke ich jedoch anders. Und ich behaupte, ich bin kein schlechter Staatsbürger!
*Bei aller Bescheidenheit ohne Zivilcourage und ohne eine kritische Einstellung jedes einzelnen Bürgers breiten sich ja **die** Menschen aus, die die anderen Menschen mit Frust erfüllen. Und so habe ich auch als Rentner nicht vor, mich zu ändern.*
Lassen Sie mich mit einem kleinen Gedicht schließen, das ich persönlich für mich bei Reiner Kunze fand, übrigens ein gebürtiger Oelsnitzer, der am gleichen Tag wie ich geboren wurde:
"Silberdistel
Sich zurückhalten an der Erde
Keinen Schatten werfen auf andere
Im Schatten der anderen leuchten."

Im September bildete ich mir ein, ich hätte Urlaub. Dann war ich schon mitten drin in meinem neuen Lebensabschnitt.
Zwar stehen mir für die Schilderung der nachfolgenden Zeit weder "Arbeitstagebücher" noch entsprechende Protokolle zur Verfügung. Als Gedankenstützen dienen die aufbewahrten Terminkalender. Die sind jedoch auch recht brauchbar.
Aber die Prioritäten haben sich verändert.
In den ersten Jahren meiner Rentnerzeit spielen verschiedene gesellschaftlichen Aufgaben eine große Rolle. Nach deren Beendigung, nehmen Schilderungen von Urlaubserlebnissen bzw. bestimmte Kurzfahrten eine dominierende Rolle ein.
Aber das ist ja sicherlich ganz normal!
Wie geplant, stand ich mit Gudrun an ihren Arbeitstagen 5.15 Uhr auf, so dass wir, wie gewohnt, zusammen in aller Ruhe frühstücken konnten.

Nachdem sie mit Anke das Haus verlassen hatte, zog es mich in den Garten, soweit es nicht gerade regnete. Dort arbeitete ich bis Mittag. Und es gab viel zu tun, hatte ich doch all die Jahre den Garten nur sporadisch versorgt und nur immer das allernötigste getan.
Das Mittagessen bereitete ich mir so zu, dass ich dazu nicht allzu viel Zeit benötigte.
Montags verzehrte ich gewöhnlich die Reste des vergangenen Sonntagessen. Am Dienstag kochte ich jeweils so, dass das bereitete Essen bis zum Freitag reichte, wobei ich aller vier bis fünf Wochen eine "Gräupchenwoche" plante.
Meine Kollegen hatten mir zum Abschied ein "Mobiltelefon" geschenkt, damit ich für sie erreichbar war, wenn sie Fragen an mich hatten oder meinen Rat suchten. Nicht nur sie, sondern auch die Schulleiter machten davon regen Gebrauch.
Aber keiner von ihnen störte mich zwischen 13.00 und 14.00 Uhr in meinem Mittagsschlaf, der sich noch heute als das schönste Geschenk "meiner Rentnerzeit" darstellt.
An Regentagen erledigte ich die Korrespondenz mit meinen Freunden aus alter Zeit und einigen Verwandten, denn das "Briefeschreiben" behielt ich bei, trotz des nunmehr vorhandenen Telefonanschlusses.
Eine Reihe von Veranstaltungen beschäftigten mich auch weiterhin:
Am 3. September wurde das neue Gebäude der "Förderschule für geistig Behinderte" in Johanngeorgenstadt eingeweiht. Die Lehrer hatten die letzten beiden Ferienwochen für den Umzug in das neue Gebäude genutzt. Für die Schulleitung und den Träger der Schule war es eine Selbstverständlichkeit gewesen, mich dazu einzuladen.
Reinhard nahm mich ab Stollberg mit seinem "Panda" mit. Die Einweihung war eine feierliche Angelegenheit, zu der auch das noch existierende Oberschulamt Chemnitz Vertreter entsandt hatte. Zeitlich schafften wir gerade so die Rückkehr nach Stollberg, dass ich pünktlich zur Beratung "Jugendhilfeausschuss" erscheinen konnte.
Ein Wochenende später erzählte mir Gudrun, sie bekäme ihre ehemaligen Kollegen von der Poliklinik Stollberg zu Besuch; ca. 16 Leute.
Gemeinsam räumten wir Tische und Stühle in die Garage und gestalteten den Raum entsprechend aus. Gudrun hatte Kuchen gebacken und den Tisch gedeckt. Gegen vier Uhr sollte der Besuch anrücken.

Aber nicht ihre ehemaligen Kollegen rückten an, sondern meine Schulleiterinnen und Schulleiter der Förderschulen mit Reinhard Weise und Kollegen Bieker vom Oberschulamt standen vor der Tür.
Ich hatte mich doch schon durch "meinen Ausstieg" in der vorletzten Dienstberatung am 8. Juli und dann in der "Gesamtschulleiterberatung" an meinem letzten Arbeitstag verabschiedet. Aber sie wollten mich mit diesem Besuch noch einmal persönlich überraschen. Sie brachten mir ein Ständchen und überreichten Geschenke. Jens Wagner hatte seine Gitarre dabei. Nach dem Kaffeetrinken saßen wir noch eine weitere Stunde zusammen und sangen gemeinsam. Für mich war das ein unvergesslicher Tag!
Gudrun hatte mich angeschwindelt. Übrigens das einzige Mal in unserer bisherigen Ehe. Ihr blieb gar keine andere Wahl, denn der Besuch sollte doch die Überraschung sein. Aber zum Ausgestalten und Einräumen der Garage brauchte sie mich.
Am 16. September fand die nächste Kreistagssitzung statt. In der Pause spendierte ich anlässlich meines 65. Geburtstages für alle Mitglieder, gleichgültig welcher Fraktion sie angehörten, einen Imbiss.
Zwei Tage später besuchte ich mit der CDU-Fraktion auf Einladung von Frau Windisch den Sächsischen Landtag und danach das Kloster "Marienstern".
Das war auch wieder ein Erlebnis!
Einen Tag später nahm ich an der Kreiskonferenz der CDU im "Paradies" in Brünlos teil.
Am 23. September eröffnete Andreas Steiner, der damalige Bezirksleiter der "Gaugkbehörde in Stollberg eine Ausstellung. Er hatte mich gebeten, zur Ausstellungseröffnung ein Grußwort zu sprechen.
Am 27. September zur Bundestagswahl hatte ich als Leiter eines der Oelsnitzer Wahllokale zu fungieren. Vorher gab es dazu zwei Anleitungen.
Der Kulturausschuss tagte am 1. Oktober. Der Abend des gleichen Tages war durch eine Sondersitzung des Kirchenvorstands belegt. Der Jugendhilfeausschuss kam eine Woche später zusammen. Zwei Tage danach fuhr ich zur Sitzung des Landesbruderrates der "Bekennenden Kirche Sachsens" nach Dresden. Dann tagte die Herbstsynode der Ephorie Stollberg, in die mich Superintendent Schädlich berufen hatte.

Und so ging es die weiteren Wochen bis zum Oktober.
Mitte November begleitete ich mit Billigung von Reinhard Weise vier Tage den Kollegen Seehaus vom "Staatlichen Schulamt Zwickau" auf dessen Wunsch hin zu seinen "Antrittsbesuchen" an den Förderschulen des Kreises Aue-Schwarzenberg, deren Betreuung er ab Januar vom "Regionalschulamt Zwickau" aus zu übernehmen hatte. So konnte ich dazu beitragen, dass zwischen Schulleitern und dem zukünftigen zuständigen Schulrat von Anfang an Vertrauen aufgebaut wurde, was alle Beteiligten als recht angenehm empfanden.
Das Wochenende zum 1. Advent bekam Oelsnitz Besuch aus der Partnerstadt Sprockhövel. Wir hatten uns auch als "Quartierleute" gemeldet. Das Ehepaar Brandt fühlte sich bei uns wohl.
Für den 4. und 5. Dezember hatte ich eine Einladung von der "Förderschule für geistig Behinderte" in Johanngeorgenstadt erhalten. Dort hielt Reinhard seine letzte gemeinsame Dienstbesprechung der Schulleiter aller Förderschulen des "Staatlichen Schulamtes Stollberg" ab. Uns wurde ein umfangreiches "Kulturprogramm" durch die Schüler und Lehrkräfte dieser Einrichtung und die Teilnahme an der "Mettenschicht" im Johanngeorgenstädter "Glöckl" geboten. Anschließend fand ein gemütliches Beisammensein bis zu "später Stunde" statt. Wir übernachteten in der Schule.
Die Schulleiterin wollte mir einen besonderen Gefallen erweisen und wählte für mich den "Snuzzlerraum" aus. Ich sollte auf dem dort aufgestellten Wasserbett schlafen.
Doch das war für mich kein Vergnügen. Erstens strömte der Raum und das Bett derart viel Wärme aus, das ich überhaupt nicht einschlafen konnte, selbst nachdem ich das Fenster aufgerissen hatte. Das Wasserbett war viel zu weich. Endlich entschloss ich mich, auf dem Fußboden zu nächtigen. Dort fand ich endlich Schlaf.
Am 21. Dezember war ich Gast an der "Albert-Schweitzer-Schule" in Aue zum Weihnachtsprogramm. Dieser Einladung kam ich auch in den Folgejahres stets mit großer Freude nach.
In den Tagen zwischen Weihnachten und Neujahr besuchte uns mein Patenkind Angela mit Familie, die nach der Wende von Dresden nach Husum umgezogen waren und die wir im Zusammenhang mit unserem Urlaub in Schleswig-Holstein im

Sommer 1995 aufgesucht hatten. Sie wollten über Silvester "bei Muttern" in Dresden verbringen. Angela erzählte, sie habe inzwischen zum Glauben gefunden und fühle ich sehr, sehr glücklich. Das freute mich natürlich. Was ich aber damals noch nicht wusste, war die Tatsache, dass sie der Sekte der mystischen, nichtchristlichen "Gralsbewegung "ins Netz" gegangen war. Es blieb an dem Tag leider keine Zeit zu einem tieferen Gespräch. War doch unser Besuch bei uns nur zum Mittagessen und Kaffeetrinken "zwischengelandet" und auf dem eigentlichen Weg nach Dresden.
Gegend Abend des gleichen Tages reisten Maike und Birgit aus Fürstenwalde an, die wir vom Stollberger Bahnhof abholten und mit denen wir den Jahreswechsel verbrachten.
Zum Jahreswechsel dachten wir - wie wir es immer zu Silvester hielten - über herausragende Ereignisse des zuende gehenden Kalenderjahres nach:
Seit September war ich Rentner.
Doch die Erinnerungen an ein Ereignis zu Beginn des Jahres 1998 beschäftigten uns an diesem Abend weit mehr als alle anderen. Gudruns Mutti war am 24. Januar im Alter von 93,5 Jahren verstorben. Etwa ab Juli zuvor fiel uns auf, dass sie mitunter mit ihrer Umgebung nicht mehr klar kam, manches verwechselte, vieles vergaß.
Wir hatten Sorge, sie den Tag über allein zu lassen. Durch Vermittlung von Frau Annemarie Häschel, unsere Oelsnitzer Pfarrfrau kamen dann von Montag bis Freitag, wenn wir nach Stollberg zur Arbeit fuhren, Frau Ingrid Thielemann und Frau Brigitte Bittrich ins Haus und blieben bei unserer Seniorin bis wir wieder heim kehrten. Sie halfen ihr beim Waschen und Anziehen, teilten ihr die verordneten Tabletten zu, bereiteten gemeinsam das Frühstück und das Mittagessen vor und nahmen auch gemeinsam die Mahlzeiten ein. Die beiden erzählten und scherzten mit ihr. Mutti hatte nicht das Gefühl, "betreut zu werden", sondern betrachtete die beiden als lieben Besuch.
An den Nachmittagen, Abenden und vor allem an den Wochenenden kümmerten wir uns besonders um Mutti, die aber selbst noch immer aktiv sein wollte und selten ruhte. Nur eine halbe Stunde nach dem Frühstück, eine Stunde nach dem Mittagessen und nachts legte sie sich lang. Morgens vor dem Frühstück las sie regelmäßig in den Herrnhuter Losungen, abends vor dem Schlafengehen in der Bibel. Wir hatten ihr

jeweils "Großdrucke" besorgt. Damit kam sie beim Lesen gut zurecht. Gemeinsam freute sie sich mit auf die nahe Zeit, in der ihr Schwiegersohn sein Rentenalter erreichen würde. Dann würde er ständig bei ihr sein!
Im Spätherbst passierte es, dass sie die Tageszeiten verwechselte und schon zur nachtschlafender Zeit das Bett verlassen und sich für den Tag zurecht machen wollte.
Zweimal stürzte sie dabei.
Die gelegte Klingel, die gedacht war, uns bei Bedarf herbeizurufen, benutzte sie nicht. Deshalb entschlossen wir uns, sie auch nachts nicht mehr allein zu lassen.
Auf einer bequemen Matte, die wir mit in ihr Zimmer brachten, schlief jeweils derjenige von uns, der "Nachtbereitschaft" hatte. Auch einen Nachtstuhl hatten wir in ihr Zimmer gestellt, damit sie nachts nicht das Zimmer verlassen musste. Schwager Heinz und Schwägerin Annelies beteiligten sich hin und wieder ebenfalls an der "Nachtbereitschaft".
Mutti war gern bereit, sich an Wochenendspaziergängen zu beteiligen. Von der "Johanniter- Unfallhilfe" hatten wir uns einen zusammenklappbaren Rollstuhl ausgeliehen.
Entweder fuhren wir ein Stück mit dem Auto in die Natur und starteten von dort eine Tour oder wir unternahmen einen Spaziergang direkt von daheim.
Ich entsinne mich, welchen Spaß es Mutti bereitete, als wir sie durch den Wald zur Prinzenhöhle schoben oder auf Wald- und Feldwegen der Oelsnitzer Umgebung.
Ihr akkurates Reinigungsbedürfnis behielt sie bis zu ihrem letzten Tag bei. Täglich verlangte sie vor dem Schlafengehen zu duschen. Gudrun half ihr dabei.
In der Nacht auf den 24. Januar, ich hatte "Nachtbereitschaft", half ich ihr auf ihr Verlangen so gegen 6.00 Uhr auf den Nachtstuhl. Jedoch sackte sie dort nach einer Weile so zusammen, dass ich ihr nicht mehr allein helfen konnte auf ihr Nachtlager zu kommen. Ich musste Gudrun wecken. Gemeinsam brachten wir sie wieder auf ihr Lager.
Gudrun meinte: "Ab sofort müssen wir Muttis Schlafcoach mit einem richtigen Krankenbett tauschen!". Es war ein Samstag.
Beim Brötchenholen sollte ich bei der "Johanniter-Unfallhilfe" ein Krankenbett bestellen, wie wir es schon die letzten Tage vor Opas Tod im Hause hatten. Gesagt, getan!

Als ich zurückkam und berichtete, das Bett würde gegen Mittag angeliefert werden, meinte Gudrun: "Du kannst das Bett wieder abbestellen, Mutti ist soeben in meinen Armen hinüber in die Ewigkeit entschlummert."

So wie mein Vater in Buchholz an der Seite seiner lieben Friedel beerdigt werden wollte, so hatte Gudruns Mutti den Wunsch, in Chemnitz auf dem Friedhof der Schlosskirche an der Seite ihres lieben Kurt ihre letzte Ruhestätte zu finden, den sie vierzehn Jahre überlebt hatte.

1999

Das Jahr 1999 lief relativ ruhig an. Neben den gewohnten Sitzungen des Kreistages, der entsprechenden Ausschüsse, des Kirchenvorstandes sowie sporadisch auch des Bezirkskirchenvorstandes hatte ich nunmehr Zeit, manche Hausarbeit zu erledigen, fand aber auch genügend Zeit, wieder mehr zu lesen.
Doch halt, ich begann in der zweiten Januarwoche auch mit einer neuen Beschäftigung, die mich zwar zeitlich nicht so sehr belastete, aber auf die ich mich auch vorbereitete und die indirekt dazu beitrug, mich geistig fit zu halten.
Um was geht es?
Eine ehemalige Schülerin rief mich an und bat um eine Nachhilfe in Mathematik für ihren Sohn Philipp, dem der Übergang von der Mittelschule zum Gymnasium gerade in diesem Fach schwer gefallen war und inzwischen mit schlechten Noten bedacht wurde. Ich sagte zu. Von da an kam Philipp ein bis zweimal in der Woche, jeweils ein bis zwei Stunden zu mir in die Wohnung. Wir beschäftigten uns nicht nur mit dem gerade fälligen Stoff, sondern konnten manche Lücke aus früheren Stoffgebieten schließen. Mir durfte er Fragen stellen, die er entweder aus zeitlichen Gründen oder weil er sich genierte, im Unterricht nicht anzubringen wagte. Wie freute ich mit ihm, dass er wieder Erfolg im Fach spürte und nach einer gewissen Zeit auch bessere Zensuren in Leistungskontrollen und Arbeiten erhielt.

Parteifreunde hatten mich bearbeitet, ich möchte mich doch als Kandidat für den Landtag zur Verfügung stellen, um so neben Frau Windisch aus Meinersdorf einen weiteren Platz der CDU für den

Kreis Stollberg zu erobern. Sie gingen von meinen hohen Stimmzahlen für den Kreistag aus. Selbst Udo Hertwich riet mir zu. Trotzdem bat er mich, zusätzlich wieder für den Kreistag zu kandidieren. Das wunderte mich insofern, da wir zu manchen Problemen oft verschiedener Ansicht waren. Nur tauschten wir alle Meinungsverschiedenheiten unter vier Augen aus. Mitunter prallten die Gegensätzlichkeiten auch innerhalb der Fraktionssitzung aufeinander, doch niemals in der Öffentlichkeit. Als ich ihn zu bedenken gab, dass wir so oft verschiedene Vorstellungen hätten, meinte er: "Gerade deshalb brauche ich Dich! Du bist ehrlich, bist fair! Auf Dich kann man sich verlassen!" So beschmeichelt, meldete ich mich für einen Listenplatz der CDU für den Landtag.

Am 6. Februar fuhr ich zusammen mit einigen anderen Delegierten für den Landesparteitag nach Dresden. Ich erinnere mich nicht mehr an alle Namen. Die Herren Vorberg, Unfried und Dr. Claußner sind mir in Erinnerung geblieben. Um 9.30 Uhr begann die Versammlung. Für die Formalitäten: Wahl der Versammlungsleitung, Wahlkommission usw. ging sehr viel Zeit verloren. Dann sprachen neben Professor Biedenkopf noch andere Prominente. Als es schließlich daran ging, dass sich die Kandidaten kurz vorstellen sollten, war schon die Mittagszeit vorbei.

Als ich an der Reihe war, nannte ich als Motiv für meine Kandidatur: meine nunmehr freie Zeit nach dem Erreichen des Rentenalters, meine beruflichen Erfahrungen im Schulamt, aber auch meine extrem guten Stimmenanteile in der Kommunalwahl. Ich erwähnte auch, dass ich ganz einfach mich einbringen möchte für unsere CDU-Politik im Freistaat Sachsen. Bei all diesen Vorstellungen missfiel mir, dass ein Großteil der Versammelten gar nicht mehr zuhörte, sondern nur dann, wann der Kandidat aus ihrem Wahlbezirk zur Menge sprach. Die eigentliche Wahl fiel erst am Abend, wobei die Festlegung der Spitzenplätze noch relativ zügig erfolgte.

Dann aber kam ich mir wie auf einem Basar vor, weil jeder Kreis versuchte, seinen Vertreter weiter vorn zu platzieren als die vorbereitete Liste vorsah. Manche Leute liefen von Tisch zu Tisch und schacherten regelrecht: "Wenn Ihr für unseren Vertreter stimmt, stimmen wir auch für Eueren!" Dieses Verhalten widerte mich regelrecht an. Kurz vor Mitternacht verließen wir den Saal, obgleich das Prozedere noch nicht beendet war. Mein Platz war zwar inzwischen sicher, aber so weit hinten, dass ich nur Chancen hätte, gewählt zu werden, wenn etwa 75 % der Wähler ganz Sachsens ihre Stimme für die CDU abgeben würden. Also brauchte ich mir keine Hoffnung zu machen. Das alles ließ mich einigermaßen kalt. Ich war nur froh, endlich die Versammlung verlassen zu können.

Nach den Winterferien traf ich in der Stadt eine ehemalige Schülerin, die als Koordinatorin bei der "Oelsnitzer Schülerhilfe" beschäftigt war. Es würde an Mathematiklehrern für den Nachhilfeunterricht fehlen, ob ich mir, jetzt als rüstiger Rentner, vorstellen könnte, mit einzusteigen. Ich sagte Angelika spontan zu. So gab ich ab Ende Februar ersten Nachhilfeunterricht "außer Haus". Hier hatte ich neben der Zeit mit Philipp zweimal in der Woche jeweils 90 Minuten zwischen zwei und vier Schülerinnen aus den Klassen 7 bis 10 zu unterrichten. Ja, es waren nur Mädchen. Sie alle wollten lernen, scheiterten aber im Unterricht an der Methodik des betreffenden Lehrers bzw. an der Undiszipliniertheit der Mitschüler, die eine normale Unterrichtsführung des Lehrers nicht zuließen.

Mit der Zunahme der Sonnenstunden bekam ich allmählich zeitliche Probleme, weil ich noch lieber im Garten gearbeitet hätte. Aber ich hielt mich an das Sprichwort: "Wer A sagt, muss auch B sagen".

Ab 8. Mai nahm ich zwei Wochen Urlaub von der Schülerhilfe. Mit Heinz und Annelies flogen wir nach Menorca.

Menorca-Urlaub 08.- 22.05.1999

Abflug in Dresden 08.05.99 um 5.00 Uhr. Zwischenlandung auf Ibiza 7.30 - 8.15 Uhr.

Ankunft Flughafen Mahon (Moa) 8.55 Uhr. Per Bus der Reisegesellschaft Ankunft in "Son Bou" gegen 11.00 Uhr. Nach dem Mittagessen unternahmen wir einen ersten Spaziergang zur Steilküste östlich der Hotelanlage (zerklüftetes Kalkgestein; subtropische Vegetation) und genossen dort den phantastischen Meerblick bis zum Sonnenuntergang.

Am Sonntag unternahmen wir eine Strandwanderung in westl. Richtung; ein sehr langer Sandstrand; nach 2 Stunden Fußmarsch wurde der Strand steinig, bald begann die Steilküste. In "Sant Tomas" stießen wir auf stark zerklüfteten Korallen- und Foraminiferenkalk. Interessant fanden wir die vielen Buchten, Tore, Höhlen, Schluchten.

Picknick hielten wir in einem Pinienhain. Dann liefen wir den gleichen Weg zurück.

Den Montagvormittag verbrachten wir am Strand.

An den Folgetagen gingen wir vor dem Frühstück und nach der Rückkehr von den Wanderungen bzw. Fahrten an den Strand, um zu schwimmen. An diesem Nachmittag nahmen wir uns einen Spaziergang in das Villenviertel von "Son Bou" und des benachbarten "Sant Claime" bis zum Hotelkomplex "Sant Valentino" vor.

Den nächsten Tag wanderten wir zur "Cala de Llucalari"; dabei mussten wir die "Barrens" (Schluchten) in weiten Bogen umgehen. Erst die 3. Abzweigung war begehbar.

Hier war ursprünglich ein Wohngebiet geplant und schon mit den Erschließungsarbeiten begonnen worden (Straßen, Stromanschlüsse). Dann durfte dort doch nicht gebaut werden. Wir entdeckten einige Landschildkröten in dem Dickicht, die wir lange beobachteten. Auf dem Rückweg fanden wir am „Tor von Son Bou" einen interessanten Wanderweg bis zur Klippe an früheren Höhlenwohnungen vorbei. Einige schienen wieder bewohnt zu sein. Auf einem steilen Abstieg gelangten wir hinunter zum Strand.

Am Mittwoch wanderten wir landeinwärts in östliche Richtung. Unterwegs trafen wir zwar Schildkröten und Eidechsen, auch einige Rinderherden, aber keinen Menschen.

Am Donnerstag nahmen wir das Angebot des dortigen Reisebüros an: Rundfahrt mit dem Bus ab Hotel über Alajor, Mercadel, Perrerias, Tudons. Hier besuchten wir eine "Narita (Naus)"; eine Grabstelle aus der Bronzezeit. Dann gelangten wir nach Ciudadela, die frühere Hauptstadt (ca. 21 000 Einw,). Der Stadtbummel war recht interessant. Die Rückfahrt gestaltete sich über Mercadel, den Monte Toro hinauf zur Kapelle "Mare de Deu del Toro". Dort staunten wir über eine übermannsgroße Figur des segnenden Christus, ähnlich dem Monument "Cristo Redentor" hoch über Rio de Janeiro in Brasilien.

Der Bus brachte uns weiter nach Norden zur Siedlung Fornells (ein alter Fischerhafen an einer liebliche Meeresbucht). Dann fuhren wir nach Moa, zur jetzigen Hauptstadt der Insel über die „Tramuntanastraße".

Hier durften wir einen Ausflug mit einem Glasbodenkatamaran unternehmen und lernten dabei die interessante untermeerische Flora und Fauna kennen. Anschließend war der Besuch einer Gin-Destille vorgesehen. Über "Cala En Porter" kamen wir nach "Son Bou" zurück.
Am Freitag wollten wir zur prähistorischen Ausgrabung nach Santa Monica über Sant Claime wandern. Die Wanderkarte war jedoch nicht aktuell. Wir kamen nicht durch. Die Landbesitzer hatten die Wanderwege annektiert und durch Mauern und Tore abgetrennt.
Es gelang mir, unsere Familie zu bewegen, die ersten drei oder vier Tore zu überklettern; Menschen waren ohnehin nicht zu sehen. Doch dann streikte Gudrun und blies zum Rückzug.
Am Samstag blieben wir am Strand und an der Steilklippe östlich vom Hotel.
Doch am Sonntag trieb es uns wieder zu einer Strandwanderung nach "Sant Tomas". Picknick hielten wir an der Steilküste. Auf dem Rückweg trübte sich der Himmel ein. Am Abend kam Sturm auf.
Wir kümmerten uns um ein Mietauto, weil wir am folgenden Tag prähistorische Grabstätten aufsuchen wollten, die wir auf den Wanderwegen nicht erreichen konnten: Der "Torre d`En Gaumes" war ein Höhepunkt!
Dann fuhren wir in Richtung zur "Cala de Llucalari". Dort trafen wir auf ein altes militärisches Gelände mit Bunkern und Unterständen.
Weiter gelangten wir nach "Torralba d`En Salori", dann zur Bucht "Cala En Porter" und anschließend zur "Cova d En Xorri", eine Gaststätte in einer riesigen Höhlenanlage. Weiter fuhren wir die Küstenstraße entlang bis "unta-prima". Hier trafen wir auf malerische Buchten. Die weitere Fahrtroute wählten wir über "Sant Lluis", am Flughafen entlang nach „Binisafäller", dann über St. Climent, und um Moa herum zurück nach "San Bou".
Am Dienstag benutzten wir wiederum das Mietauto, diesmal westwärts, zuerst zur malerischen Bucht "Cala Galdani", dann über Ciutadella zum "Kap Artrutx" an der SW-Ecke der Insel, schließlich zu den malerischen Buchten "Cala Blanca" und "Cala Santrandia"; darauf zur NW-Ecke "Punta Nati"; unweit entdeckten wir eine romantische „Seeräuberbucht" mit einem Höhlendurchgang zum Meer. Wir mussten zurück über Ciutadella

und dann wieder nach N zu "San Morell". Schließlich gelangten wir zu dem privaten Naturschutzgebiet „La Wall". Hier verlangte man Eintritt. Doch der Betrag lohnte sich: eine ideale Badebucht.
Am Mittwoch unternahmen wir noch einmal eine Fahrt. Über "Mercadel" gelangten wir nach N an die „Tramuntana" und zur Künstlerkolonie "Fornells"; von hier zu Fuß zur Einsiedlerkapelle „Eremit de la Lourdes".
Und weiter mit dem Auto zum "Cap de Cavalleria" und zum "Port d`En Addaira" - die Bucht ist ein Paradies für Surfer -, zum "Cap de Favaritx" (hier staunten wir über die schräg aufgerichtete Schieferplatten). Die Kirche "Sta Marina" fanden wir verschlossen. Bei "Es Grau" sahen wir wabenartig verwittertes Schiefergestein. Auf der Rückfahrt nach "San Bou" kam starker Sturm auf, von fern wetterleuchtete es. Doch die Sichtverhältnisse waren gut. Wir konnten die Küste von Mallorca erkennen. Am Abend gaben wir das Mietauto zurück.
Am Donnerstag benutzten wir den Bus nach Mao, wo wir einen Stadtbummel unternahmen. Wir besichtigten die Kirche "Sta Maria" und am Hafen einen orientalischer Markt. Mittag aßen wir in einer Pizzeria. Dann brachte uns der Bus zurück zu unserem Hotel. Am Abend bummeten wir nach dem nahen "Sant Jaume".
Am Freitag nahmen wir Abschied von der Insel: stiegen noch einmal über die Höhlenansiedlung zur Steilküste hinauf. Für den Abstieg benutzten wir den Steilhang. Eine Weile verharrten wir am Strand, dann liefen wir noch einmal durch die Ortschaft.
Am Samstag den 22.05. pünktlich 7.10 Uhr holte uns der Bus ab und brachte uns zum Flughafen. 9.30 Uhr startete das Flugzeugs. Unterwegs durften wir sogar eine Weile ins Cockpit, was bei dem wolkenfreiem Himmel besonders attraktiv war. Dankbar registrierten wir daheim: "Das war wieder ein erlebnisreicher Urlaub!"
.

Anfang Juni fuhr Gudrun mit einer Behindertengruppe ins Riesengebirge und ich folgte in der gleichen Zeit einer Einladung nach Neuwied, um an den Feierlichkeiten zu Alfreds 75. Geburtstag teilzunehmen.
Rechtzeitig zur Kreistags- und Stadtratswahl am 13. Juni trudelten wir wieder daheim ein.

In der ersten Fraktionssitzung der CDU der gewählten Stadträte, an der diesmal nach der Eingemeindung von Neuwürschnitz auch die dort wohnenden Vertreter teilnahmen, schlugen die Mitglieder mich als 1. Stellvertretenden Bürgermeister vor. Bei der ersten Stadtratsitzung am 19. Juli ging dieser Vorschlag mit Einstimmigkeit "über die Bühne". Die SPD hatte Frank Plobner als zweiten Stellvertreter und die PDS Horst Landmann als dritten Stellvertreter nominiert. Auch diese Vorschläge wurden von allen gewählten Stadträten akzeptiert.
.

Im Juli fand ich in der Zeitung eine Ausschreibung der Firma Lux GmbH, Hamburg, die Leser aufforderte, sich als "Hausmann des Jahres" zu bewerben.
Spontan setzte ich mich an den Computer und verfasste eine Bewerbung zum "Hausmann des Jahres 2000":
"Sehr geehrte Damen und Herren,
hiermit bewerbe ich mich gemäß Ihrer Ausschreibung als "Hausmann des Jahres".
Anbei meine Begründung:
In meiner ersten Ehe (1958/89) durfte ich kaum im Haushalt helfen, da dies gegen die Ehre der Hausfrau ging (sie war nicht berufstätig). Die Kindererziehung (zwei Söhne: 1959 und 1967) sahen wir als unsere gemeinsame Aufgabe an. In den letzten beiden Lebensjahren meiner Frau, als ihre Kraft durch die fortschreitende, unheilbare Krankheit immer mehr abnahm, durfte ich ihr mehr zur Hand gehen. Zuletzt brachte sie mir hausfrauliche Kniffe bei, die die Zubereitung verschiedener Speisen betraf, was mich vorher eher weniger interessiert hatte. Nach ihrem Tod hatte ich meinen Haushalt neben meiner beruflichen Arbeit allein zu versorgen; die Buben waren aus dem Haus.
Seit Frühjahr 1991 bin ich wieder glücklich verheiratet. Meine Frau ist berufstätig. Sie brachte eine Pflegetochter mit in die Ehe, die in einer Werkstatt für Behinderte beschäftigt ist. Von Anfang an erledigten wir die Arbeiten im Haushalt gemeinsam.
Meine um 12 Jahre jüngere Partnerin ist noch voll berufstätig. Aber ich bin seit September 1998 Altersrentner. Sofort habe ich freiwillig und gern die Funktion des Hausmannes übernommen. Nur an

Näharbeiten und Stopfen traue ich mich nicht heran. Auch das Bügeln wird hauptsächlich von meiner Frau übernommen. Aber Staubsaugen, Staubwischen, Fußboden säubern, Fensterputzen, Aufräumen, Müll wegbringen, selbst einmal einen Knopf annähen, Wäsche waschen, diese aufhängen, sortieren, legen, mangeln, z. T. auch das Bügeln einfacher Wäschestücke wie Tischtücher wird von mir besorgt. So erreiche ich, dass meine liebe Frau nach ihrem anstrengenden Arbeitstag noch etwas Freizeit übrig behält und wir auch mehr Zeit zusammen verbringen können.

Für den Garten habe ich trotzdem genügend Zeit, den ich in den letzten Jahren meiner beruflichen Tätigkeit arg vernachlässigen musste. Auch die beiden Katzen und zwei Kaninchen werden in der Regel von mir versorgt. Das Geschirrspülen übernimmt seit einigen Jahren die Technik. Was nicht in den Geschirrspüler darf, wird selbstverständlich von mir gesäubert.

Mein Mittagessen koche ich mir in der Woche selbst. Der Einfachheit halber bereite ich dabei das Essen immer gleich für mehrere Tage vor, so dass ich an den anderen Tagen Zeit spare und ich das Essen nur aufwärmen muss. Meine Frau und unsere Tochter essen im Betrieb. Wenn sie nach Hause kommen, ist von mir bereits der Kaffeetisch gedeckt. Auch für den Abend bereite ich das Mahl vor. Dabei gibt es fast täglich auch immer zum Abschluss einen Gemüse- oder Obstsalat. Mitunter überrasche ich meine Damen mit einer besonderen lukullischen Kreation. Aus den Gartenfrüchten bereite ich Marmelade und Obstsäfte für den Winter. Kuchen habe ich auch schon selbst gebacken.

Die Einkäufe erledigen wir in der Regel Freitagnachmittag gemeinsam. Wenn wir aber zu dieser Zeit etwas anderes vorhaben oder wenn zwischendurch etwas besorgt werden muss, erledige ich das Einkaufen allein.

Natürlich sind Haushalt und Garten nicht alles. Ich bin gesellschaftlich tätig, seit 1990 im Kirchenvorstand und im Kreistag, seit ich Rentner bin auch im Stadtrat; einmal in der Woche bin ich in der Schülerhilfe im Fach Mathematik tätig, um noch eine Weile "im Stoff" zu bleiben.

Im Winter und bei Regenwetter bin ich mit handwerklichen Arbeiten beschäftigt, die halt in einem Eigenheim anfallen. So habe ich im Januar und Februar dieses Jahres den Oberboden

wärmeisoliert und mit Paneelen verkleidet. Hin und wieder komme ich trotzdem zum Lesen. Durch unseren großen Freundeskreis haben wir häufig Besuch.
Ich bin mit meinem Leben recht zufrieden. Dank meiner Unterstützung wird meine Gattin im Haushalt nicht überbelastet, hat sie doch als Psychiatriediakonin in einer WfB genügend Stress. Wir finden Zeit zum Tischtennisspielen, zu Spaziergängen, zu Radtouren - zumindest an Wochenenden.
Die beste Überraschung gelang mir in der ersten Septemberwoche des Jahres 1997, als ich noch berufstätig war: Ich nutzte die Woche, in der meine Frau mit Behinderten (einschließlich unserer Tochter) zu einer Freizeitmaßnahme in ein Ferienheim gefahren war. Am Montag räumte ich das Wohnzimmer aus (ich hatte einen Urlaubstag genommen). Am Dienstag und am Mittwoch waren die Parkettleger tätig, am Donnerstag schaffte der Tapezierer (alles nach vorheriger genauer Terminabsprache mit den Handwerkern). Am Freitag (erneut ein Tag Urlaub) und Samstagvormittag hatte ich genügend Zeit zur Verfügung, das Wohnzimmer wieder einzuräumen. Eine genaue Trennung der Schrankinhalte in Kartons und Stiegen (mit Beschriftung und Listen) gestattete mir, alles wieder genau an seinen Platz zu stellen und original einzuräumen. Vorher wurden natürlich alle Bücher abgestaubt, das Geschirr abgewaschen. Beim Möbeltransport am Montag und Freitag half mir ein Bekannter.
Und wie stolz war ich, dass mir die Überraschung gelungen war! Der Nebenerfolg: Ich hatte in dieser Woche drei Kilogramm von meinem Übergewicht abgebaut. ..."
Meine Bewerbung wurde von Fa "Lux" zwar bestätigt, doch in den Endausscheid gelangte ich nicht. Es gab noch bessere Hausmänner.

Ende Juli besuchten uns während des "WfB-Urlaubs" Marliese und Klaus aus Nußloch. Mit ihnen unternahmen wir Ausflüge nach Annaberg, dem Fichtelberg und in die Sächsische Schweiz. Auch an den Feierlichkeiten anlässlich Christians 40. Geburtstag im Zwönitzer "Jägerhaus" konnten sie teilnehmen.

Nach den Sommerferien häuften sich manche Termine. Zu den Veranstaltungen des Kreistages mit den entsprechenden Ausschüssen kamen nunmehr regelmäßige Stadtratsitzungen sowie solche des Verwaltungsausschusses und Besprechungen der drei Stellvertreter mit dem hauptamtlichen Bürgermeister.
Häufig bat mich Herr Richter, bestimmte repräsentative Aufgaben als sein erster Stellvertreter wahrzunehmen, weil er plötzlich nach Dresden oder Chemnitz gerufen oder schon durch andere Veranstaltungen gebunden war. Auch trafen wir rechtzeitig Absprache, damit ich während seines Urlaubs die notwendigen Unterschriften für die Stadt leisten konnte.
Wir kamen sehr gut miteinander aus. Da sein 1. Stellvertreter schon Rentner war, konnte dieser so gut wie alle Vertretungen wahrnehmen. Die beiden anderen wurden kaum belastet.
Ende September musste ich sogar die Fahrt unserer Delegation in die tschechische Partnerstadt Mimon leiten. Zum Glück hatten wir einen Dolmetscher dabei. Aber die meisten Vertreter von Mimon waren sowieso der deutschen Sprache mächtig. Wir dagegen hatten keine tschechischen Sprachkenntnisse, was ich etwas als blamabel empfand. Man zeigte uns nicht nur die Stadt, sondern auch den ehemaligen Truppenübungsplatz der Roten Armee, der nicht mehr genutzt wurde und einen ziemlich "versteppten" Eindruck machte. Ich sagte zum Bürgermeister von Mimon, ich könnte es mir sehr romantisch vorstellen, dort mit einer Schafherde durchs Gelände zu ziehen. Die Bemerkung war scherzhaft gemeint. Er aber musste sie ernsthaft aufgefasst haben, denn den ganzen Tag sprach er mich immer wieder auf dieses Thema an: ich könnte das Land nicht kaufen, nur pachten, eventuell durch einen Strohmann usw. Er wollte nicht begreifen, dass ich meine Aussage nicht wirklich in die Tat umsetzen wollte.
Am 19. September fand die Landtagswahl statt. Erwartungsgemäß kam die CDU als stärkste Partei heraus, schaffte sogar die absolute Mehrheit. Aber mein Listenplatz war nicht dabei.
Ende September fuhren wir zu dritt eine Woche in den Harz. In Ilsenburg hatten wir eine Ferienwohnung gemietet.
In meinem folgenden Reisebericht sind an einigen Stellen Zitate aus Heines "Harzreise" enthalten, gekennzeichnet durch Kursivdruck.

Unsere Harzreise (25.09.- 02.10.1999)

Für die Fahrt in den Harz nutzten wir zwischen Hohenstein-Ernstthal und Weimar die A 4. Dann befuhren wir Bundesstraßen über Kölleda und Bad Frankenhausen. Wir besuchten den Kyffhäuser. Auf Grund der guten Fernsicht bestiegen wir auch den Turm und wurden mit einer idealen Fernsicht belohnt. Auf der Weiterfahrt kamen wir durch Kelbra, Berga und Nordhausen. Dann erlaubten wir uns einen Abstecher nach Neustadt. Dort hatten Gudrun und Anke vor vielen Jahren einmal Urlaub gemacht und wollten auf diese Art ihre Urlaubserinnerungen auffrischen. Für mich war es erstaunlich, über welches Erinnerungsvermögen die beiden verfügten. Über Wernigerode war es dann nicht mehr weit bis zum Ziel. Gegen 17.00 Uhr erreichten wir Ilsenburg. Dank einer Wegskizze, die uns die Vermieter bei der Bestätigung unserer Anmeldung beigelegt hatten, fanden wir leicht das Quartier. Das Haus lag unweit der Ilse in einer ruhigen Lage. Ringsum Laubwald. Das Haus war ziemlich neu, es bestand erst fünf Jahre. Die hübsch eingerichtete und saubere Ferienwohnung bestand aus einem großen Aufenthaltsraum mit Sitzecke, Küchenzeile und Essteil, zwei Schlafzimmern und einer Nasszelle. Eine Terrasse gehörte außerdem zu dieser Ferienwohnung, die wir aber wegen der vorgerückten Jahreszeit nicht nutzten.
Nachdem wir uns eingerichtet hatten, unternahmen wir noch vor dem Abendbrot einen ersten Stadtbummel. Erfreulich, wie fast alle Häuser schmuck vorgerichtet und mit Blumen geschmückt waren. Übrigens war uns dies auch in Neustadt und in allen durchfahrenen Orten aufgefallen. Der Baumbestand machte einen gesunden Eindruck.
Nach dem Abendessen - wir hatten genügend Proviant mitgebracht - las ich meinen beiden Damen aus dem Buch von Marlo Morgan "Traumfänger" vor: spannende Erlebnisse einer amerikanischen Ärztin mit Aborigenes in der australischen Wüste.
Da am folgenden Sonntag in Ilsenburg kein Gottesdienst stattfand, erkundeten wir nach dem Frühstück weitere Teile der Stadt, auch das Schloss und die geöffnete Klosterkirche.
Die Einnahme des Mittagessens in der romantischen "Vogelmühle" wurde uns wegen Überfüllung verwehrt. Die "Rote Forelle" erschien uns zu teuer. So lenkten wir unsere Schritte zum Griechen. Dort hat es uns allen drei recht gut geschmeckt. Nur die Menge war nicht zu bewältigen.

Den Regenguss nach Verlassen des Gasthauses nutzten wir zur Besichtigung des "Hüttenmuseums". Wir waren in dieser Zeit die einzigen Besucher, hatten dadurch Zeit und Muse für die Besichtigung der einzelnen Ausstellungsstücke und Dokumente. Wir waren von der Art der Gestaltung sehr angetan. Als wir dann wieder auf die Straße kamen, war der Regenschauer vorbei und die Sonne strahlte von einem weiß-blauen Himmel. Jetzt konnten wir die geplante Wanderung zum Ilsestein verwirklichen. Unterwegs entdeckten wir manche Feuersalamander, die wir eine ziemliche Weile beobachteten. Speziell zum Ilsestein zitiere ich erstmals Heinrich Heine:

"Auf die Berge will ich steigen, wo die dunklen Tannen ragen, Bäche rauschen, Vögel singen, und die stolzen Wolken jagen."

"Der Ilsestein ist ein ungeheuerer Granitfelsen, der sich lang und keck aus der Tiefe erhebt. Von drei Seiten umschließen ihn die hohen, waldbedeckten Berge, aber die vierte, die Nordseite, ist frei, und hier schaut man über das unten liegende Ilsenburg und die Ilse weit hinab in das niedere Land. Auf der turmartigen Spitze des Felsen steht ein großes, eisernes Kreuz, und zur Not ist da noch Platz für zwei Menschenfüße".

Zu unserer Zeit passten wir alle drei bequem nebeneinander an dieser Stelle. Entweder war der Dichter mit Überfußgröße geplagt oder man hat im Laufe der vielen Jahre die Stelle so abgetrampelt, dass das Platzproblem heute nicht mehr besteht. Ilsenburg war gut zu sehen, aber der Brocken hatte sich in einen Nebelschleier eingehüllt. In der Gaststätte "Am Ilsestein" tranken wir Tee. Anke und ich aßen jeder ein Stückchen Pflaumenkuchen. Nur unsere kalorienbewusste Gudrun verzichtete auf den Kuchen. Auf dem Rückweg benötigten wir keine Regenkleidung, die ich für alle Fälle im Rucksack mit mir führte. Nach dem Abendbrot las ich wieder aus "Traumfänger" vor.
Am Montagmorgen regnete es. Wir bestiegen unseren Clio und fuhren nach Schierke. Dort konnten wir uns den Ort, der zum ehemaligen Sperrgebiet gehörte, trockenen Hauptes ansehen. Auch hier hatte sich seit der Wende viel getan!
Wir fuhren zurück nach Ilsenburg und zur "Fürst-Stollberg-Hütte". Einige der Beschäftigten konnten die Stillegung verhindern, indem sie die Hütte erwarben.

Sie fertigen, wie früher auch, Reliefs, Gitter, Bilder, Figuren; aber neuerdings auch Brunnen und Laternenpfähle aus Gusseisen an. Es ist ungeheuer viel Handarbeit notwendig. In der Woche wird für Besucher täglich um 14.00 Uhr Schaugießen veranstaltet. Auch diese Einnahmen werden für die Aufrechterhaltung des Betriebes benötigt. Und der Zuspruch ist recht beachtlich! Wenn man die vielen, vielen notwendigen Handgriffe vor Ort erlebt, versteht man besser die stolzen Preise für die erzeugten Exponate.

Nach der Besichtigung holten wir uns Kuchen vom Bäcker. Gemütlich vesperten wir in der Ferienwohnung. Diesmal schloss auch Gudrun sich nicht aus. Anschließend nutzte ich den Aufenthalt im Quartier zu einem kurzen Schläfchen. Das Wetter erlaubte uns erneut einen Spaziergang durch den Ort bis zur Abendbrotzeit. Dann lasen wir nur eine kurze Zeit und gingen zeitig schlafen, um am nächsten Morgen ausgeruht, den Hauptgipfel des Harzes in Angriff zu nehmen.

Der Abmarsch war um 7.00 Uhr geplant. Jedoch auf Grund eines fehlenden Weckers hatten wir ganze neunzig Minuten Startverzögerung, was Anke besonders positiv verbuchte.

Auf dem Wegweiser in Ilsenburg war die Wanderung zum Brocken und zurück mit 26 km ausgewiesen. Doch unser Quartier lag etwas näher zum Ziel und verkürzte so die Strecke um zwei Kilometer. Der Weg war vorbildlich als "Heinrich-Heine-Wanderweg" dokumentiert.

Hier erlaube ich mir erneut, den Dichter zu zitieren, da seine Schilderung im wesentlichen auch heute, 160 - 170 Jahre später, noch zutrifft:

"Durch die Tannen will ich schweifen, wo die muntre Quelle springt, wo die stolzen Hirsche wandeln, wo die liebe Drossel singt."

Erst verlief der Weg an der Ilse entlang, dann bog er aber im scharfen Winkel ab.

Und wieder Heine:

" Die Berge wurden hier noch steiler, die Tannenwälder wogten unten wie grünes Meer, und am blauen Himmel oben schifften die weißen Wolken. Die Wildheit der Gegend war durch ihre Einheit und Einfachheit gleichsam gezähmt. Wie ein guter Dichter liebt die Natur keine schroffen Übergänge. Die Wolken, so bizarr gestaltet sie auch zuweilen erscheinen, tragen ein weißes oder doch ein mildes, mit dem blauen Himmel und der grünen Erde harmonisch korrespondierendes Kolorit, so dass alle Farben einer Gegend wie leise Musik ineinander

schmelzen, und jeder Naturanblick krampfstillend und gemütberuhigend wirkt. ... Bald empfing mich eine Waldung himmelhoher Tannen, für die ich in jeder Hinsicht Respekt habe. Diesen Bäumen ist nämlich das Wachsen nicht so ganz leicht gemacht worden, und sie haben es sich in der Jugend sauer werden lassen. Der Berg ist hier mit vielen Granitblöcken übersäet, und die meisten Bäume mussten mit ihren Wurzeln diese Steine umspannen oder sprengen, und mühsam den Boden suchen, woraus sie Nahrung schöpfen können. Hier und da liegen die Steine, gleichsam ein Tor bildend, übereinander, und oben drauf stehen die Bäume, die nackten Wurzeln über jene Steinpforte hinziehend, und erst am Fuße derselben den Boden erfassend, so dass sie in der freien Luft zu wachsen scheinen. Und doch haben sie sich zu jener gewaltigen Höhe empor geschwungen, und, mit den umklammernden Steinen wie zusammengewachsen, stehen sie fester als ihre bequemen Kollegen im zahmen Forstboden des flachen Landes. So stehen im Leben auch jene großen Männer, die durch das Überwinden früher Hemmungen und Hindernisse sich erst recht gestärkt und befestigt haben. ...Allerliebst schossen die goldenen Sonnenlichter durch das dunkle Tannengrün. Eine natürliche Treppe bildeten die Baumwurzeln. Überall schwellende Moosbänke, denn die Steine sind fußhoch von den schönsten Moosarten, wie mit hellgrünen Sammetpolstern, bewachsen.
Liebliche Kühle und träumerisches Quellengemurmel. Hier und da sieht man, wie das Wasser unter den Steinen silberhell hinrieselt und die nackten Baumwurzeln und Fasern bespült. Wenn man sich nach diesem Treiben hinabbeugt, so belauscht man gleichsam die geheime Bildungsgeschichte der Pflanzen und das ruhige Herzklopfen des Berges. An manchen Orten sprudelt das Wasser aus den Steinen und Wurzeln stärker hervor und bildet kleine Kaskaden. Da lässt sich gut sitzen. Es murmelt und rauscht so wunderbar, die Vögel singen abgebrochene Sehnsuchtslaute, die Bäume flüstern, wie mit tausend Mädchenaugen schauen uns an die seltsamen Bergblumen, sie strecken nach uns aus die wundersam breiten, drollig gezackten Blätter, spielend flimmern hin und her die lustigen Sonnenstrahlen, die sinnigen Kräutlein erzählen sich grüne Märchen, es ist alles wie verzaubert, es wird immer heimlicher und heimlicher, ein uralter Traum wird lebendig, die Geliebte erscheint - ach, dass sie so schnell wieder verschwindet!"

Das hatte ich allerdings dem großen Dichter voraus, meine Geliebte war immer bei mir und blieb auch an meiner Seite!

"Je höher man den Berg hinaufsteigt, desto kürzer, zwergenhafter werden die Tannen, {gemeint sind natürlich die Fichten}, sie scheinen immer mehr zusammen zu schrumpfen, bis nur Heidelbeer- und Rotbeersträucher {gemeint sind Preiselbeeren} und Bergkräuter übrig bleiben. Da wird es auch schon fühlbar kälter. Die wunderlichen Gruppen der Granitblöcke werden hier erst recht sichtbar; diese sind von erstaunlicher Größe."

Uns empfing der Gipfel nebelverhangen. Mit Mühe fanden wir den Eingang zum Brockenhotel; nicht nur wegen des Nebels, sondern vor allem wegen der regen Bautätigkeit an diesem Gebäudekomplex. Das Mittagessen war gut und kaum teurer als unten im Tal. Da wir brav aufgegessen hatten, kam, wie zu Kinderzeiten, auch eine Wetterbesserung. Die Wolken rissen auf und verschwanden nach weiteren 15 Minuten fast ganz. Ein zauberhafter Fernblick: Kyffhäuser, Großer Inselberg, usw. usw. waren klar zu erkennen. Wir freuten uns! Zwei Brockenbahnen warteten wir ab und beobachten sie, wie sie rund um den Gipfel bis zur Endstelle schnauften.

Wir ahmten nicht Heine nach, der seinerzeit im Brockenhotel übernachtete, sondern machten uns an den Abstieg. Während wir aufwärts 3, 5 Stunden benötigten, brauchten wir für den Abstieg eine Stunde weniger.

Ich holte schnell noch Kuchen vom Bäcker und eine rote Rose aus dem Blumenladen (nicht wie Heine, der in Goslar weiße Glockenblumen von einem Fensterbrett einer Schönen gemaust hatte, um dann noch Küsse einzufordern).

Kaum hatten wir uns an den Kaffeetisch gesetzt, da prasselte draußen ein Regenschauer nieder. Hatten wir Glück, dass wir "daheim" waren! Nach einem kurzen Nickerchen kamen wir im "Traumfänger" wieder ein Stück voran. Am Abend entkorkten wir eine Flasche mitgebrachten Wein und feierten den gelungenen Tag.

Am Mittwoch steuerten wir mit unserem Auto Goslar an, um die traumhafte Kaiserstadt zu besichtigen.

Hier verkneife ich mir Heinezitate, weil wir die Stadt ganz, ganz anders erlebten als der Dichter. Während der Fahrt regnete es noch. Beim Rundgang durch die Stadt war schon kein Regenschutz nötig.

Nur einen Mangel stellten wir in Goslar fest: Das erwartete Glockenspiel mit Rundgang am Rathaus fiel kommentarlos aus und enttäuschte uns und andere etwa hundert Schaulustige, die wie wir geduldig ausgeharrt hatten. In der "Butterkanne" speisten wir zu Mittag.
Das ehemalige Hospital ist heute ein Domizil für Kunsthandwerker für Gold, Seide, Glas und Holz mit zusätzlichem Verkauf. Dort verweilten wir eine ganze Zeit.
In der Marktkirche betrachteten wir die eindrucksvollen Chorfenster. Ich fand darunter einen Hinweis: "Sie stammen von Johannes Schreiter (1991). Das war der Bruder meines ehemaligen Klassenkameraden Gotthard!
Anschließend fuhren wir nach Hahnenklee, wo wir die nach norwegischem Vorbild errichtete Stabkirche besuchten. Ein Vorgeschmack auf den Sommerurlaub 2000 in Norwegen; - so Gott will! Sogar Anke fand Gefallen an der Stabkirche.
Am Donnerstag war, da wieder Regenwetter vorausgesagt wurde, dem Besuch von Claußthal- Zellerfeld vorbehalten.
Hier kann ich nur einen einzigen "Heinesatz" zitieren, der für uns teilweise zutraf, wenn man die "12" durch "11" und "die Kinder" durch "einige Kinder" austauscht.

"In dieses nette Bergstädtchen, welches man nicht früher erblickt, als bis man davor steht, gelangte ich, als eben die Glocke 12 schlug und die Kinder jubelnd aus der Schule kamen".

Zuerst besuchten wir die dort befindliche größte Holzkirche Deutschlands, die 2000 Menschen Platz bietet. Neben dieser Kirche aus Holz gibt es in Claußthal-Zellerfeld auch viele Holzhäuser. Wir wollten die berühmte Mineraliensammlung der Universität gleich gegenüber der Kirche besichtigen.
Um 12.00 Uhr kamen wir an. Und eben in dieser Minute wurden die Räume verschlossen. Es gab keine Ausnahme.
Aber auf den Korridoren und Gängen waren so viele Exponate zu bewundern. Schnell waren da zwei Stunden um. Wir hatten so doch genügend gesehen. Jetzt meldete sich bei uns der Hunger.
Wir speisten nicht in der "Krone" wie Heine, sondern im Ratskeller.
Die Rückfahrt durch das idyllische Okertal, jetzt bei aufgeheitertem Wetter, erfreute uns. Auch nahmen wir uns Zeit zum Besuch des

"Kleinsten Königreiches der Welt: Romkerhall". Erst hielten wir das Ganze für einen gastronomischen Trick. Aber die ausgereichten Prospekte belehrten uns, dass das nicht nur einen "Kundenfang" darstellte, sondern ein historischer Hintergrund bestand.

Am Freitag freuten wir uns über schönes Wetter auf unserer Wanderung zur Plessenburg . Der Weg war recht bequem zu gehen. In der Gaststätte grüßte uns ein Bild des Erzgebirgsrebellen Karl Stülpner von der Wand. Auf meine verwunderte Frage, erfuhren wir, dass die Betreiber der Gaststätte aus dem Erzgebirge und zwar aus Antonsthal stammten. Eine weitere hübsche Überraschung erlebten wir hier. Ein kleiner schwarzer Kater, der sich bei unserem Kommen vor der Haustür gesonnt hatte, war durch nachfolgende Gäste unbemerkt in die Gaststube geschlüpft. Er strich unter den Tischen entlang. Als er bei uns anlangte, verweilte er. Plötzlich sprang er in Gudruns Schoss, rollte sich zusammen und begann zu schnurren.

Nach dem angenehmen Aufenthalt und einem guten Mahl nahmen wir den Rückweg noch einmal über den Ilsestein.

Diesmal war von dort der Brocken deutlich zu erkennen. Über Ilsenburg spannte sich in diesem Moment ein doppelter Regenbogen. Leider streikte gerade in diesem Moment der Fotoapparat. Und wieder führte uns der Weg durch das Terrain der Feuersalamander. Tatsächlich durften wir erneut einige Prachtexemplare bewundern.

Am Samstag, unserem Rückreisetag, unternahmen erst noch einen Abstecher nach St. Andreasberg, wo wir an einer Befahrung in eine alte Silbergrube teilnahmen. Es ging moderner und ungefährlicher zu als Heine bei seiner Grubenfahrt in Claußthal-Zellerfeld beschreibt.

Die Heimfahrt wählten wir über Bad Lauterberg, Nordhausen und Weimar.

Dankbar für die Bewahrung und die schönen Eindrücke nahmen wir "unserer Harzreise" in unser Gedächtnis auf.

Am 10. Oktober wurde Pfarrer Geisler im Gottesdienst verabschiedet. Er wechselte nach Kesselsdorf. Wir ließen ihn ungern ziehen. Er wollte näher zu den pflegebedürftigen Schwiegereltern wohnen.
Nun begann eine längere Vakanz für unsere Gemeinde. Im Kirchenvorstand beschlossen wir, sonntags nur eine Predigtstelle für Vertreter zu benennen und Gottesdienste im Wechsel Christuskirche (Oelsnitz) und Kreuzkirche (Neuoelsnitz) abzuhalten. Am Nachmittag des gleichen Tages wurde das neuerbaute Gemeinschaftshaus eingeweiht. Ich sprach als Vertreter des Kirchenvorstandes ein Grußwort.
Am 16. Oktober wurden wir von der "Förderschule für geistig Behinderte" in Schwarzenberg zu einem Benefizkonzert in die Kaverne des Pumpspeicherkraftwerkes Markersbach eingeladen. Es war ein schönes Erlebnis. In der Pause durften wir auch die Turbinen besichtigen, was vor allem Anke mächtig interessierte.
Zwei Tage später fand in Neuwürschnitz die Grundsteinlegung für den Anbau der Neuwürschnitzer Grundschule statt, die selbst gründlich umgebaut wurde. Zu einer weiteren Grundsteinlegung wurde ich vom Bürgermeister für den 12. Oktober beordert: das Wohngebiet am Poetenweg.
Am 30. Oktober war ich zu einem Klassentreffen eingeladen; Schüler, die ich zwanzig Jahre vorher nach ihrer mittleren Reife verabschiedet hatte. Es war schön, sie alle wieder zu sehen.
In der zweiten Novemberhälfte traf ich mich wöchentlich einmal mit Herrn Hora, dem Bürgermeister unserer späteren Partnerstadt Chodov. Er hatte in unserer Stadtverwaltung ein Praktikum zu absolvieren. Dazu musste er regelmäßig Berichte schreiben. Ich half ihm, seine Berichte in richtigem Deutsch abzufassen, was ja für einen Ausländer durchaus problematisch sein kann.
Daneben liefen die anfangs erwähnten Sitzungen und Nachhilfestunden.
Trotzdem fand ich weiterhin genügend Zeit für Garten und Haushalt und natürlich auch für meinen beliebten Mittagsschlaf.
Am 10. Dezember fuhr ich, einer entsprechenden Einladung folgend, wieder einmal an die "Albert-Schweitzer-Schule" nach Aue zu einem sehr schönen Weihnachtsprogramm.
Ansonsten verlief die Advents- und Weihnachtszeit relativ ruhig und harmonisch.

Das Jahr 2000

Als die Nachrichten über die an der Steuer vorbeigeschmuggelten Spendengelder der CDU die Medien beschäftigte, erschien ein Leserbrief meines ehemaligen Kollegen Helmut Scheibner in der "Freie Presse", in dem er einige CDU-Mitglieder hart angriff, unter anderen auch mich, weil "wir uns dazu in Schweigen hüllen würden".
Ich setzte mich an den Computer und verfertigte einen Leserbrief als Antwort.
Den nahm aber die "Freie Presse" nicht an. Telefonisch stritt ich mich mit dem Leiter der Stollberger Filiale, dann schrieb ich einen Brief an Scheibner, den ich hiermit in meinen "Memoiren" festhalte:

"Oelsnitz/E. den 27.01.2000
Entgegnung des glücklichsten Oelsnitzer gegenüber dem verbittertsten Mitbürger
(zum Leserbrief in der "F P" am 27.01.2000 unter der Überschrift: "Kreis-CDU schweigt"):
Lieber Helmut,
es wäre für Dich besser gewesen, mir zu schreiben oder mich anzurufen, "um mich zum Reden zu bringen". Vielleicht hätte ich Dir scherzhaft entgegnet, ich schweige, weil meine Millionen nicht auf einem Schweizer Konto geparkt sind, sondern im Himmel! So aber hast Du mich zusammen mit Herrn Engelmann, Herrn Hertwich und Herrn Reber öffentlich genannt, also muss ich Dir auch öffentlich antworten.
Ehrlich gesagt, ich habe mich über diesen Artikel sehr geärgert. Aber im Gegensatz zu Dir, lasse ich mich auch durch Dein erneutes Schmutzkübelentleeren nicht zum Hass verleiden. Im Gegenteil, ich bedauere Dich, dass Du noch immer in Deinem ultralinken Denken verharrst. Du verwendest die Vokabeln "Untreue, Bestechlichkeit, schwarze Konten und Wahlbetrug". Das alles muss ich persönlich zurückweisen. Ich war nie untreu, weder in der Ehe, noch im Beruf oder sonst wie. Bestechlichkeit war mir auch immer fremd, schwarze Konten führte ich nicht und Wahlbetrug habe ich ebenfalls nicht begangen.

Habe ich Dich je privat oder öffentlich gerügt über Deine unduldsame SED- Politik, als Du Stellvertretender Direktor an der "Oberschule I" und unser Vorgesetzter warst? Im Gegenteil, ich habe Dich immer in Schutz genommen, weil Du von Deiner Idee überzeugt warst, ich Dich trotz allem für einen guten Pädagogen hielt und es auch gute Zeiten mit Dir gab. Habe ich Dich je für den Wahlbetrug Deiner Parteioberen in der Systemzeit verantwortlich gemacht ?
Natürlich nicht! Habe ich Dich für die Untreue und Selbstbedienung Deiner Parteiführer aus der Staatskasse oder der Solidaritätskasse (wie Harry Tisch) angeklagt?
Habe ich mich an Dir oder Deinen Gesinnungsgenossen nach der Wende zu rächen versucht für erduldete Repressalien und Demütigungen durch Partei und ihrem "Schild und Schwert" sowie der fünf Jahre Berufsverbot ? Auch das nicht, weil ich mich als Christ bekenne und als Christ mich vor Gott verantworte. Ich bin nicht überheblich und auch nicht stolz, aber hier muss ich betonen, dass ich mich in meiner gesamten Berufszeit nachweislich stets um Toleranz und Überparteilichkeit, um Objektivität, Anstand und Hilfsbereitschaft bemühte.
Auch im Kreistag und im Stadtrat bin ich bestrebt um konstruktive Zusammenarbeit, ebenfalls mit Deiner jetzigen Partei, der PDS. Frage doch Deine Genossen danach! Ich habe mich noch nie auf "dem hohen Ross sitzend" gesehen! Aber als "Saubermann" fühle ich mich schon.
Ich bekenne mich dazu, dass ich vor zehn Jahren angetreten bin, um mitzuhelfen, die "Bevölkerung von SED-Leid zu befreien", wie Du in Deinem Leserbrief formulierst. Das hieß wiederum, die eigene Person zurückstellen und zu kämpfen. Und ich bin glücklich, dass die "SED-Zeit" überwunden ist. Dafür bin ich unserem Herrgott Tag für Tag dankbar.
Auch heute als Rentner, oder wie Du schreibst, als pensionierter Schulrat, versuche ich meine Kraft und Autorität einzubringen, vorwiegend für die Benachteiligten.
Auch nach der Wende habe ich mir in meiner Tätigkeit im Schulamt Stollberg meine eigene Meinung behalten und habe mich gegen alles zur Wehr gesetzt, was ich für falsch hielt. Ich kämpfte gegen Bürokratie und Inkompetenz; nicht für mich - für andere - Genau wie vor der Wende; Helmut!

Du aber sitzt in der "Hassecke" und bewirfst andere völlig grundlos mit Unrat.
Mit mir haben drei weitere Kreisbürger Deinen Schmutz zu spüren bekommen.
Wolfgang Engelmann hat in der Zeit als Bundestagsabgeordneter sehr, sehr viel für unsere Region erreicht. Und er war nie überheblich in dieser Zeit, das musst Du doch wohl zugeben.
Herr Udo Hertwich, unser Landrat, setzt sich mit seiner ganzen Kraft für die Entwicklung des Kreises Stollberg ein und muss privat viel zurückstellen. Das kannst Du aus der Ferne gar nicht beurteilen. So wird er vermutlich auch keine Zeit haben, auf Deine Vorwürfe zu antworten.
Und nun zu Helmut Kohl, unserem Altbundeskanzler:
Du erwähnst ihn zwar nicht, aber vermutlich bezieht sich Dein erster Satz im aktuellen Leserbrief auf ihn mehr, als auf die, die Du namentlich aufführst. Auch hier sage ich Dir meine offene Meinung.
Für mich ist und bleibt Helmut Kohl der Kanzler der deutschen Einheit, ein Mann von geschichtlicher Bedeutung wie kein zweiter Mensch der Gegenwart. Ihm ist keine persönliche Bereicherung nachzuweisen. Ihm gilt noch sein Ehrenwort. Na und; mir übrigens auch!
Er hat Spendengelder für seine Partei angenommen und sie auch in diesem Sinne verwendet. Er hat nicht ordentlich abgerechnet. Das finde ich auch nicht in Ordnung. Aber geklaut oder veruntreut hat er nichts - ich sag es noch einmal - im Gegensatz zu Deinen früheren Parteiführern in der "Diktatur des Proletariats".
Und was in Hessen passiert ist, wird untersucht. Jawohl, in einer Demokratie wird nichts unter den Teppich gekehrt. Was kriminell ist, wird auch bestraft.
Also Helmut, begib Dich selbst auf den Boden der Tatsachen, sei zufrieden mit Deiner Rente, die wesentlich höher ist, als sie Dir Dein Arbeiter- und Bauern-Staat je hätte geboten. Höre auf, mit Schmutz zu werfen, mach Dich von Deinem Hass frei und wenn Du noch was Nützliches tun willst, dann engagiere Dich in der Stadt oder im Kreis wie andere Deiner PDS-Genossen - das rät Dir ein noch tätiger aber rundum glücklicher Pensionär,
Dein ehemaliger Kollege Gerhard Moser
(PS : Diesen Brief wollte ich in der "Freien Presse" veröffentlichen. Aber er kam zurück.)"

Ende Februar wurde das "Förderschulzentrum" des Landkreises Stollberg auf dem ehemaligen Gelände des Steinkohlenwerkes "Karl Liebknecht" in Neuoelsnitz eingeweiht, das die beiden Förderschulen für Lernbehinderte und die Förderschule für geistig Behinderte zusammenführte.

Anfangs hatte ich mich dieser Zusammenführung widersetzt, weil ich befürchtete, dass dies zum Nachteil der geistig behinderten Schüler gereichen würde. Das ist, aus heutiger Sicht, glücklicherweise nicht eingetreten.

Frau Guderian, die neuernannte Schulleiterin dieser nunmehr gemeinsamen Einrichtung (früher Schulleiterin der Eibenstocker Förderschule; nach der Schließung dieser Einrichtung an der Thalheimer Einrichtung als Stellvertreter tätig) lud mich zur Einweihungsfeier ein und bat um ein Grußwort. Dieser Aufforderung wollte ich mich nicht entziehen, zumal ich ja gerade in diesen Tagen wieder einmal den sich im Urlaub befindlichen Bürgermeister zu vertreten hatte.

Zeitlich kam ich gerade so zurecht, da ich vorher auch ein Gebäudeteil der Grundschule wieder für den Unterricht freigeben durfte.

"Sehr geehrte Damen und Herren, liebe Mädchen und Jungen,
ich bin zwar kein Schulrat für Förderschulen mehr und auch nicht mehr im Amt. Was will ich dann heute hier?
Privat habe ich schon am "Tag der offenen Tür" der Schulleitung meine Aufwartung gemacht. Aber als Rentner muss man sich nicht nur ausruhen. So komme ich heute in der Funktion meines Ehrenamtes als "Erster Stellvertreter des Bürgermeisters" der "Schulstadt Oelsnitz" und überbringe Ihnen zum Unterrichtsbeginn des zweiten Schulhalbjahres am neuen Standort und nunmehr alle unter einem gemeinsamen Dach im Namen des Bürgermeisters und aller Stadträte von Oelsnitz die herzlichsten Glückwünsche. Wir freuen uns sehr, dass das "Förderschulzentrum" auf Oelsnitzer Flur errichtet wurde.
Was gibt es Schöneres, als etwas Neues einzuweihen und zu eröffnen, egal ob es sich um ein Haus, ein Geschäft oder gar um eine neue Schule handelt.
Besonders anerkennenswert, dass die Widmung der neuen Schule vom Kultusministerium vorgenommen wird. Für mich persönlich eine Freude, Herrn Schwägerl wieder einmal zu begegnen.

Es ist noch keine Stunde her, da habe ich in der Grundschule im Ortsteil Neuwürschnitz ein Gebäudeteil nach seiner Sanierung für den Unterricht wieder freigeben dürfen. Bei dieser Gelegenheit habe ich in sehr glückliche Kindergesichter blicken dürfen.
Ich kann mir denken, dass in dieser Runde nicht alle wunschlos glücklich sind, weil der Weg jetzt weiter ist, weil sich vielleicht die Klassenzusammensetzung ändert oder eine Veränderung in der Unterstellung erfolgt ist.
Ich wünsche Ihnen allen, dass die gemeinsame Arbeit unter besseren Arbeits- und Lebensbedingungen über die von mir angedeuteten Veränderungen hinweghelfen und alle sehr schnell erkennen, dass die Bilanz doch auf der Habenseite fixiert ist.
Dem Lehrkörper wünsche ich ein schnelles und gutes Zusammenwachsen in fester Kameradschaft und ehrlichem Miteinander. Den Schülern gebe das neue Umfeld die gewünschte Geborgenheit und Ansporn zu einer guten Lerneinstellung, zu Toleranz und freundschaftlichem Miteinander. Möchte das Zusammensein von beiden Schularten sich konfliktlos gestalten. Dazu wünsche ich allen Gottes Schutz und Segen."

Im Frühjahr dieses Jahres nahmen wir uns vor, das Dach unseres Hauses neu decken zu lassen. Es sollte richtigen Dachschiefer erhalten! Im Jahre 1973 war ich ja froh gewesen, überhaupt die Asbestschiefer zu erhalten, die mir der Oelsnitzer Dachdecker Conrad anbot, da er eben in diesem Jahr sein Geschäft aus Altersgründen aufgab. Jetzt 27 Jahre später war das Dach zwar immer noch dicht. Aber wie lange noch? Mit der Asbestentsorgung gab es in dieser Zeit schon Probleme. Die würden sicher in späteren Jahren nicht geringer werden.
Manfred Müller hatte inzwischen sein Dachdeckergeschäft seinen Sohn Andreas abgegeben. Es blieb in der Verwandtschaft. Andreas sagte zu, die von seinem Vater gedeckten Kunstschiefer zur Entsorgung zu bringen und das Dach neu mit richtigen Dachschiefern zu decken. Mein Schwager Heinz riet mir, doch bei dieser Angelegenheit gleich den Aufgang zum Oberboden durch den Einbau einer Gaube zu erleichtern. Dazu war eine Genehmigung des Bauamtes notwendig. Diese erhielt ich recht schnell. Der Einbau der Gaube wurde ebenfalls in der neuen Generation verwirklicht. Andreas

Günther machte mir ein gutes Angebot. Im Jahre 1973 hatte sein Vater den Dachstuhl aufgesetzt. Um die Modernisierung komplett zu machen, nahm ich mit unserer Heizungsfirma Uwe Schreiber Verbindung auf und bestellte eine Solaranlage, mittels der die ansonsten mit Heizöl betriebene Anlage nunmehr von der Sonne vorgewärmtes Wasser ansaugen kann. Damit wird Heizöl gespart. Mit dem Erwerb dieser Solaranlage wollten wir einen bescheidenen Anteil für die Umwelt beitragen. Denn eine rein rechnerische Überlegung war sie nicht, weil sich die Ausgaben erst nach vielen Jahrzehnten amortisieren, die der Bauherr sicher nicht mehr erleben wird. So gab es im Frühjahr wieder einmal "Baumaßnahmen auf dem Moserhof".

Für eine Fünftagefahrt nach Wien meldeten wir uns bei "Scheibnersreisen" an. Unter "wir" zähle ich neben uns drei noch Heinz und Annelies sowie Gudruns Cousine Edith.
Die Fahrt begann am 1. Juni. In einem bequemen bis auf den letzten Platz gefüllten Reisebus gelangten wir über Passau nach Wien. Die Unterbringung erfolgte im ruhig gelegenen Pressbaum, einem Vorort der österreichischen Hauptstadt.
Nachdem wir unsere Zimmer bezogen hatten, also gleich am ersten Abend, brachte uns der freundliche Fahrer, Michael Scheibner, zum Wiener Prater, dem wohl bekanntesten "Rummelplatz" Europas. Anke fuhr mit Heinz Skoterbahn. Wir freuten uns über ihre Begeisterung. Sie stellte sich mit dem Lenken des Gefährtes recht geschickt an. Alle miteinander ließen wir natürlich das "Wiener Riesenrad" nicht aus. Von oben genossen wir den Blick über das Lichtermeer von Wien.
Am zweiten Tag besuchten wir das weltberühmte Schloss "Schönbrunn". Leider war die Zeit recht knapp bemessen. Weiter ging`s zur Besichtigung des in den Jahren 1983 bis 1985 erbauten "Hundertwasserhauses" an der Ecke Löwengasse/Kegelgasse. Dem Gedränge nach mussten an diesem Tag alle Besucher Wiens zur gleichen Zeit sich das gleiche Ziel vorgenommen haben! Das Haus begeisterte uns.

Wir sahen auf dem weiteren Bummel durch Wien manche Fiaker, fotografierten auch das Museum mit dem davorstehenden Denkmal der Maria Theresia, das Burgtheater, den Stephansdom, das Schloss, die Hofburg mit dem Denkmal von Kaiser Franz und vieles andere mehr. Wir verweilten jeweils längere Zeit an den Denkmälern von Johann Strauß, Franz Schubert, W. Amadeus Mozart und Beethoven sowie am Reiterstandbild von Kaiser Joseph II.

Der dritte Tag führte uns nach Eisenstadt. Kurz zuvor besuchten wir einen Steinbruch, in dem Kalkstein für viele, viele Wiener Bauten gebrochen wurde. Natürlich nahm sich der ehemalige Geographielehrer Moser ein schönes großes Handstück als Souvenir mit.

In Eisenstein interessierte uns sowohl das Schloss Esterhazy als auch die Haydnkirche und der dort befindliche Kalvarienberg. Dort gestaltete man den Leidensweg des Heilands in Form eines "Passionsweges" mit lebensgroßen Figuren nach. Dann kamen wir in das Judenviertel, das in der damaligen Zeit in menschenverachtenswerter Art um 18.00 Uhr durch eine Kette abgesperrt wurde.

Das Mittagessen war in einer urigen Zigeunerkneipe bestellt.

Nachdem wir uns durch das wohlschmeckende Mahl gesättigt hatten, gelangten wir mit einer Kutschfahrt durch die nahen Weinfelder. Dann wechselten wir wieder in den Bus, der uns durch eine pusztaähnliche Landschaft zum Neusiedler See brachte. Unterwegs beobachteten wir viele Storchennester. Bei spiegelglatter Wasserfläche verbrachten wir zwei Stunden auf dem flachen See nahe der ungarischen Grenze.

Am vierten Tag fuhren wir zum Kloster Melk. Einfach prachtvoll, sowohl von außen als auch von innen! Von seiner Terrasse ließen wir bei prachtvollem Kaiserwetter unsere Blicke über die Donaulandschaft schweifen. Schließlich schauten wir das Außengelände an: sehr gepflegt und mit vielen romantischen Stellen im Park.

Es folgte eine Donaufahrt durch die Wachau, vorbei an Spütz und Weißenkirchen bis nach Dürnstein. Dort sagten wir dem Dampfer "Servus", bummelten durch den wunderschönen Ort bis uns der Bus abholte und ins Quartier zurückbrachte. Am gleichen Abend erlebten wir einen "Folklore-Abend" im Hotel.

Am fünften Tag traten wir die Heimfahrt an, wobei wir in Regensburg Mittagspause hielten. Die Zeit dafür war so reichlich bemessen, dass für uns sogar ein Besuch des Doms und ein gemütlicher Bummel durch die Altstadt zwischen Inn und Donau möglich wurde. Es waren fünf wunderschöne Tage!

Am 8. Juli nahmen wir an einer Fahrt des Ehepaarkreises der Oelsnitzer Kirchgemeinde nach Halle in die "Franckischen Stiftungen" teil.
Ich hatte sie seit der Zeit meines Schülerseins - es könnte 1947 oder 1948 gewesen sein - nicht wieder gesehen. Einige Erinnerungen waren geblieben:
Onkel Otto war hier als Hausmeister tätig gewesen. Tante Martha, Vaters Schwester, betrieb einen kleinen Laden, in dem die Internatsschüler gewissen Schulbedarf und Näschereien erwerben konnten. Ich dachte zurück, dass ich bei Tante Martha das "Essen von Zwiebeln" gelernt hatte. Ich, der vorher an keine Zwiebel heran konnte, so dass meine Mutti, jegliche Soßen durchs Sieb rührte, bevor sie auf den Tisch kamen, sollte in Halle auf einmal Kartoffelbrei mit gebratener Zwiebel essen. Ich genierte mich, zuzugeben, dass ich keine Zwiebel essen würde. Ich aß. Und siehe da, es schmeckte! Am anderen Tag gab es Zwiebelkuchen. Der schmeckte mir sogar hervorragend. Als ich wieder nach Hause kam und meiner Mutti das alles berichtete, freute sie sich, nunmehr alle Soßen ohne Verzögerungen auf den Mittagstisch stellen zu können.
Aber ich wollte doch eigentlich berichten, dass die "Franckischen Stiftungen" sich schon sehr verändert haben, dass man viel gebaut und modernisiert hat.
Selbstverständlich sahen wir uns auch die Altstadt an und besichtigten den Dom. Schließlich suchten wir die Moritzbastei auf und sahen uns die dort vorhandene Kunstausstellung an.

Norwegenurlaub

Die Idee, einige Stabkirchen in Norwegen kennenzulernen, stammte von Maike. Schon im Sommer 1999 konnten wir uns für diesen Plan erwärmen. Ein Besuch der in Hahnenklee stehenden Stabkirche zu unserem Herbsturlaub im Harz verstärkte in uns das Projekt.
Bei Marco Polo konnten wir nachlesen:
"Stabkirchen sind immer ausschließlich aus Holz. Sie stammen aus dem 11. bis 16. Jahrhundert. Der grundsätzliche Unterschied zu den Blockhäusern alter Bauernhöfe:

Beim Blockbau sind alle tragenden Wände aus waagerecht liegenden, aufeinander geschichteten Stämmen (Balken) gefertigt. Die Stabkirche dagegen ist an einem "stav" oder bis zu 20 "staver", senkrecht stehenden Masten (Stäben, Ständern) aufgehängt. Ebenso wie Fenster sind Zwischendecken und Ausmalungen spätere Zufügungen.
Auch Kreuze auf den Dächern sind "jung", während die Drachenköpfe auf den Dächern aus der Frühzeit stammen, Erbe aus Wikingertagen. Einst gab es 1000, heute gibt es noch 29 Stabkirchen in Norwegen. Manche sind so stark umgebaut, dass sie kaum noch als solche zu erkennen sind. Die meisten liegen im Südwesten des Landes".

Gudrun kam auf die Idee, für diese "Stabkirchen-Sightseeing-Tour" statt mehrerer PKWs einen Kleinbus zu chartern. Ein Telefonat mit Maike signalisierte Zustimmung. Eine Rücksprache Anfang November mit Herrn Scheibner, dem Chef von "Scheibners Reisen, Oelsnitz" erbrachte den Preis: ein Kleinbus mit Fahrer kostet pauschal pro Tag 500 DM + Fährkosten.

Frank Scheibner stellte uns einen Novasolkatalog zur Verfügung. Wir wählten drei, vier Objekte aus, die dann leider bereits in der von uns avisierten Zeit ausgebucht waren. Erneut stellten wir eine Prioritätenliste auf: Voraussetzung war, eine oder mehrere Ferienwohnungen nahe beieinander (kein Hotel, wegen der geplanten Selbstversorgung) für 14 Personen, die Zeit 23.07. bis 05.08., die Lage möglichst nahe der meisten Stabkirchen. Diesmal hatten wir Erfolg!

Am 16.11.99 buchten wir über "Scheibner-Reisen" drei Finnhütten in "Vang-Grindastrand" in Mittelnorwegen. Die notwendigen Buchungen der Fähren von Dänemark (weil wir am 22.07. erst das Noldemuseum in Fegetasch-Neukirchen bei Niebüll in Schleswig-Holstein besuchen wollten) und von Norwegen zurück wollte Frank Scheibner selbst vornehmen.

Weihnachten schenkte uns Maike ein wunderschönes Buch über die Stabkirchen Norwegens. Dies war besonders hilfreich in der Vorplanung für die einzelnen Exkursionen vom geplanten Standort aus.

Leider wurde uns erst zwei Wochen vor Fahrtbeginn der Name des Fahrers bekannt, mit dem wir dann einen Termin für eine Absprache zu den Exkursionen vereinbarten. Da von der Firma erst jetzt die Fähre gebucht wurde, ergaben sich ungünstige Zeiten, mit denen wir uns abfinden mussten.

Nach Rücksprache mit dem Fahrer, Herrn Jürgen Tennstädt, veränderten wir etwas den Ablauf der geplanten Exkursionen. In täglicher Absprache wurde dann "vor Ort" die Feinplanung für den nächsten Tag festgelegt.
Nach diesem Vorwort soll jetzt der Versuch einer kurzen Reisebeschreibung folgen:
Fr. 21.07. 2000.
15.00 Uhr Fahrt von Oelsnitz über Nossen nach Fürstenwalde.(rd.300 km) Bei Familie Posch gemeinsames Abendessen. Übernachtung bei Freunden. Am anderen Morgen gemeinsames Frühstück bei Helga und Hubert Fickelscher, die zwar verreist waren, aber ihre Wohnung zur Verfügung gestellt hatten. Ihre "Mieterin" Annelie Schreiter bewirtete uns. Dann starteten wir in Richtung Niebüll; vorher gab es für uns einen Kurzbesuch des Hamburger Hafens. Am Ziel angekommen, (rd. 450 km) besuchten wir das Noldemuseum, das uns viel Freude bereitete, ebenso der wunderschöne Garten am Museum. Die Übernachtung hatte Maike in Gästezimmern des Museums bestellt. Vorher nahmen wir ein gemeinsamen Abendbrot in der "Guten Stube" einer nahen Gaststätte ein. Die Zeit zwischen Bestellung und Servieren vertrieben sich Cornelia, Ulrike und Juliane mit den reichlich vorhandenen Puzzlespielen, die anderen mit Erzählen und Zuhören.
So. 23.07./Mo. 24.07.
Nach gemeinsamen Frühstück brachen wir gegen 8.00 Uhr nach Friedrichshavn auf (rd. 400 km). Da wir gut vorankamen, hatten wir Zeit zum Besuch des malerischen dänischen Fischerstädtchen Saeby, kurz vor Friedrichshavn.
Dort lichtete die "Peter Wessel" um 15.30 Uhr die Anker. Bis zur letzten Minute bangten wir, dass der Bus auf die Fähre durfte. Da dessen Maße falsch gemeldet worden waren, konnte der geplante Stellplatz nicht belegt werden. Als letztes Fahrzeug kam unser Bus schließlich an Bord. Jetzt erfuhren wir, dass wir das Fährgeld noch gar nicht bezahlen müssen, sondern erst nach Rechnungsstellung der Reederei an den Besteller. So musste ich die gesamte Summe von 3300 DM immer mit mir herumschleppen.
Zurück zum Schiff! Das Wetter ließ es zu, dass wir die Überfahrt auf dem Sonnendeck verbringen konnten. Gegen Abend wurde es jedoch so windig, dass sich das Deck allmählich leerte und sich

dafür die Gaststätten des Schiffes füllten. In den Gängen kamen wir uns wie auf dem Berliner Bahnhof Zoo vor, überall lagen schlafende Menschen herum.
Die Ankunft der Fähre in Larvik fand planmäßig 21.45 Uhr statt. Weder in Dänemark noch in Norwegen verlangte man von uns den Pass, auch der Zoll kümmerte sich nicht um uns.
Jetzt begann eine große Anstrengung für Herrn Tennstädt, der wie wir nicht auf der Fähre hatte schlafen können, nämlich die Fahrt nach Vang-Grindastrand. (erneut reichlich 400 km). Gegen 4 Uhr am Morgen erreichten wir unsere Finnhütten. Schnell wurden die Quartiere bezogen, dann sanken wir todmüde in den Schlaf bis gegen Mittag.
Nach einer ersten Mahlzeit gingen wir an die Erkundung der näheren Umgebung bei regnerischem Wetter. Wir suchten eine Einkaufsstelle auf. Dabei statteten wir auch der Kirche in Vang einen Besuch ab: eine Holzkirche, die heute den Platz einnimmt, wo einmal die Stabkirche gestanden hatte, die Friedrich Wilhelm 1840/41 für 80 Taler erwarb und in Brückenberg (Bierutowice) bei Karpacz im Riesengebirge neu errichten ließ.

Di. 25.07.
Erste Exkursion zu den Stabkirchen **Lomen - Hurum (Hore) - Hegge -Hedal -Reinli** .
Bei der ersten stark umgebauten Kirche hätten wir zwei, bei der zweiten, die außen starke Verbreiterung aufwies und damit als Stabkirche erst auf dem zweiten Blick erkannt wurde, eine Stunde warten müssen. Die dritte, in der ebenfalls wie in den ersten beiden die ursprünglichen Laubenumgänge nicht mehr erhalten sind, hatte gerade an diesem Tage geschlossen.
Wir konnten die drei somit nur von außen bewundern, bzw. (bei der ersten) durchs Schlüsselloch schauen. Aber dafür waren die Glockentürme unverschlossen, die wir wie selbstverständlich bestiegen. Von Hegge hatten wir gelesen, dass sie aus dem Jahre 1180 stamme und dass dort über der Zwischendecke interessante Schnitzereien zu bewundern seien: Odin (Wotan), der einäugige Germanengott. In den Quellen wurden keine Vermutungen geäußert, wer, wann, warum die heidnischen Masken in ein Gotteshaus integriert hat.
Auf der Weiterfahrt hielten wir bei einer Silberschmiede, in der zusätzlich wunderschöne Keramikarbeiten hergestellt und auch viele Bilder ausgestellt und angeboten wurden. Die Frauen deckten sich mit

Keramik ein. Anke unterhielt sich mit der Künstlerin und konnte von ihr auf kollegialer Basis einigen Silberdraht zum Selbstkostenpreis erwerben.

In Hedal (oder Hedalen) bekamen wir einen fairen Gruppenpreis. Ein junger Mann erklärte uns in deutscher Sprache das Bauwerk. Das Schmuckstück dieser Kirche ist das Westportal. An den Schnitzereien sind vor allem die Archivolten (die profilierte Stirnseite der Bögen) bemerkenswert, die nur durch drei dünne, hinter Tierhälsen versteckte Linien gekennzeichnet sind, die zusätzlich von Blattwerk durchzogen werden. Auch der Bodenrahmen, der den "Steven" die notwendige Stabilisierung verschaffte, ist hier gut erhalten. Ein mittelalterlicher Reliquienschrein und ein Triptychon mit Kruzifix und später aufgetragene Rosenmalerei sowie eine Madonna aus dem 13. Jahrhundert wurden als besondere Schätze gezeigt.

In Reinli durften wir als "Großfamilie" sogar für nur 70 NOK die Kirche besichtigen.

Diese Kirche ist wesentlich jünger. Kanzel, Altargemälde und die Orgelempore in der Apsis hinter dem Altar stammen aus dem 17. Jahrhundert. In dieser Stabkirche ruhte der Schwellbalken des Laubengangs auf den vorstehenden Enden des Bodenrahmens. Die unteren Schwellen sind in den Ecksäulen verzapft. Im Schiff stehen keine freien Säulen. Im offenen Dach befindet sich ein "hängender" Zentralmast, der auf einem der fünf Querbalken ruht und durch Knaggen und Streben in alle vier Richtungen abgesichert ist. Der Dachreiter machte auf uns allerdings einen armseligen Eindruck. Die Fenster in der Wand des Umgangs hatten, wie in Hedalen, die Form von Schlüssellöchern und erinnerten an eine Wehrkirche.

Wir kehrten zurück nach Grindastrand. Die gesamte Stecke betrug 295 km.

Die "Mädchen" nahmen ein kühles Bad in unserem "Haussee", Heinz und Jürgen fuhren zum Angeln hinaus. Ohne Erfolg! Nach dem Abendessen versammelten wir uns zur Auswertung des Tages und zur Vorbesprechung des nächsten.

Mi. 26.07.

Statt des geplanten Ruhetages am See gab es eine Fahrt zu den Stabkirchen **Oye** und **Borgund**.

In Oye, der kleinen Fischerkirche, die wahrscheinlich um 1100 gebaut wurde, kassierte eine alte resolute Dame und schaltete eine Kassette ein, auf der alles Wissenswerte auf Deutsch erklärt wurde. Die Restauration wurde 1953 begonnen und nach vielen Unterbrechungen 1965 vollendet - im alten Stil, einschließlich des Umgangs.

Heinz und Annelies, die noch nicht bezahlt hatten, schauten durch den Umgang zum Fenster herein. Der "weibliche Dragoner" versuchte die beiden mit ihrem Krückstock zu vertreiben. Wir amüsierten uns köstlich über den Gegensatz, die keifende alte Dame und die freundlich lächelnde Annelies, die kein Wort von dem Geschimpfe verstand.

Auf der Weiterfahrt machten wir an der "Tomaskirche", oben auf dem Hochplateau halt. Hier stand früher einmal eine Stabkirche. Später errichtete man dort eine ganz moderne Kirche, in der in Schlichtheit und Nüchternheit die Stabbauweise angedeutet wird. Ein Meisterwerk moderner Architektur!

Die "Borgunder Kirche" ist wohl die besterhaltene und sicher die meistbesuchte Stabkirche, auch die mit den meisten Schnitzereien. Sie stammt aus dem Jahr 1150 und wurde kaum verändert. Gleich daneben steht eine neue Holzkirche, die heutzutage für den Gottesdienst benutzt wird. Sie war leider verschlossen.

Durch Jürgens Hinweis hielten wir an einer Lachstreppe. An einer schmalen Stelle des Flusses hat man sie für die flussaufwärts zum Laichen springenden Lachse errichtet und gleichzeitig Beobachtungsstellen für interessierte Besucher geschaffen, die wir natürlich inspizierten. Leider war zu unserem Besuch die Zeit für die Lachse noch nicht gekommen.

Das nächste Ziel: "Laerdal" mit seinem Lachsmuseum. Wir tätigten in diesem Ort verschiedene Einkäufe. Laerdal haben wir in den weiteren Tagen oft besucht als Ausgangspunkt weiterer Exkursionen. Wir erkundeten die Fährzeiten. Auf der Rückfahrt machten wir noch einmal 90 Minuten an der "Tomaskirche" halt. Einige von uns wollten den dortigen Berg erklettern. Maike war der Gipfelstürmer. Ihr folgten Birgit, Maria, Ulrike und Juliane. In einer zweiten Gruppe kamen Gudrun, Anke und ich hinterher. Der Weg war nicht nur gut markiert, sondern auch durch abgelegte Kleidungsstücke unserer ins Schwitzen gekommenen Vorkletterer gekennzeichnet. Wir drei kehrten kurz vor dem Gipfel um, weil wir einschätzten, den vereinbarten Zeitpunkt 18.00 Uhr nicht einzuhalten zu können. An diesem Berg habe ich viele Wacholderbeeren verzehrt, die mir gut bekommen sind.

Der Tacho zeigte für diesen Tag 222 km an.

Do. 27.07.

Vorbei an den am Vortag besuchten Stabkirchen Oye, Borgund gelangten wir nach Lunde, wo sich uns ein idealer Blick auf den Jostedalsbreen-Gletscher bot. Aufenthalt unterwegs gab es nur - wie auch am Vortag - durch Schafe und später durch Ziegen, die die Fahrbahn für sich beanspruchten.

Von Laerdal ging es durch den Tunnel nach Fodnes, dann setzten wir mit der Fähre nach Mannkeller über den Ardals-Fjord, dann weiter nach Sogndal am Ende des Sogndal-Fjord (der mit 205 km längste Fjord Norwegens) bis nach Fjärland. Dort machten wir Pause und hatten die Möglichkeit zum Besuch des Gletschermuseums. Es war zwar mit 70 NOK Eintritt pro Person sehr teuer; aber es lohnte sich!

Dann näherten wir uns dem Gletscher, dann steuerte Jürgen den Bus noch ein kurzes Stück in Richtung Lunde, dann wendete er. Aus dieser Richtung hatten wir einen phantastischen Blick auf den Gletscher, der vom Hochplateau überquillt und ins Tal bricht. Am Gletschersee machen wir Mittagsrast (bis zum Gletschermaul darf man wegen der Gefahr des Eisschlags nicht).

An unserem Lagerplatz hatten wir ständig zu tun, einige Kühe davon abhalten, mit uns zu mahlzeiten. Schließlich verzogen wir uns in ein Gestrüpp und hatten dort unsere Ruhe.

Gudrun, Anke und ich liefen, nein sprangen, über Gletscherbäche und sumpfige Wiesen bis zum Altschnee.

Gudrun fotografierte Wollgras und Blüten des gefleckten Knabenkrauts. Schließlich trennten wir uns von dieser aufregenden Landschaft und kehrten zurück nach Kaupanger.

Die Stabkirche **Kaupanger** stammt aus dem 17. Jahrhundert und gehört mit ihren 20 Steven zu den großen. Die schlanken Masten verlaufen von oben nach unten, ohne von Kapitellen oder Balkenzungen unterbrochen zu werden. Außer den geformten Abflachungen an der Spitze weisen sie keine weiteren Verzierungen auf und vermitteln dem Bauwerk einen gewissen "gotischen" Eindruck. Im Jahre 1965 wurde sie zuletzt restauriert und dabei in ihrer alten Substanz wieder hergestellt.

Wir setzten über den Kaupangerfjord nach Laerdal über und nach weiteren 100 km erreichten wir Grindastrand.

Der Tacho für diesen Tag: 377 km.

Fr. 28.07.
Ruhetag. Für den Bus. Die meisten (9) wanderten über den "Utsiktspunkt Fugleberg" zum Helinsee. Aus dem Wald hörten wir mitunter das Bimmeln der Kuhglocken. Kurz vor dem Ort kam eine Kuh auf uns zu, wollte getätschelt werden und geleitete uns als Leittier in den Ort. Am Helinsee machten wir Mittagsrast. Dabei rutschte der älteste Wanderteilnehmer zum Gaudi der anderen mit dem Hinterteil in einen Kuhfladen und musste so gekennzeichnet den Heimweg antreten. Kurz bevor wir aufbrachen, bedrängte uns wieder einmal eine Kuhherde, die sich ausgerechnet an unserer Raststätte lagern wollte. Der Ruhetag war anstrengend: wir sind 24 km gewandert. Aber schön war es! Die Mädchen gingen schwimmen. Jürgen und Heinz betätigten sich als Angler, aber noch ohne Erfolg. Am Abend skateten die vier männlichen Teilnehmer. Willi war haushoher Favorit! Vor dem Schlafengehen fanden wir uns zur Planung für den Folgetag zusammen: Fahrt nach Stalheim mit einer dreistündigen Fährfahrt durch Naerofjord-Auerlandsfjord -Sognefjord und Laerdalfjord (Abzweige des langen Sognefjord).
Sa. 29.07.
Start 8.00 Uhr über Laerdal, zur Stabkirche **Undredal.**
Auf engen Serpentinen mit wundervollen Ausblicken gelangten wir hinauf zum Stalheim-Hotel. Die Hotelleitung gestattete großzügigerweise allen Touristen, die Gartenanlage zu betreten, wo diese den Blick auf die Täler wie aus einem Flugzeug genießen konnten: Blick auf zwei malerische Wasserfälle und dem "Jordalsberg", der einem Zuckerhut ähnelt. Schon 1885 wurde hier ein Hotel gebaut: Die hervorragende Lage machte das Hotel zu einem beliebten Urlaubsort für europäische Nobilitäten. Der deutsche Kaiser Wilhelm II. war hier 25 Jahre hintereinander Urlaubsgast. Im 2. Weltkrieg war das Hotel von den Deutschen besetzt. Das jetzige Hotel wurde 1960 erbaut. Nach zwei Stunden Aufenthalt fuhren wir die steilen Serpentinen wieder hinunter. Oft hielten wir den Atem an. In der kleinsten Stabkirche Norwegens, ganz in Weiß gehalten, erholten wir uns von den ausgestandenen Ängsten. Ab Gutvangen benutzten wir ein Fährschiff, mit dem wir in drei Stunden durch die oben genannten Fjorde nach Laerdal gelangten. Das schöne Wetter

gestattete uns, die ganze Zeit auf Deck die Landschaft zu genießen. Von Laerdal brauchten wir noch ca. 1,5 Stunden für die 100 km bis Grindastrand.
Der Tachostand des Buses zeigte 310 km an.

So. 30.07.
"Ruhetag". Der Bus brachte uns am "Tyinsee" (1083 m NN) und "Tyinholmen" vorbei auf einer nur in den drei Sommermonaten befahrbaren Straße bis "Eidsbugarden" zum "Bygdinsee". Hier kletterten wir über den "Rentierfelsen", wo einige verblieben, und weiter auf den Berg "Slota fjellaet". Dabei mussten wir ca. 500 m Höhenunterschied bewältigen, einige Schneefelder und Gletscherbäche überwinden. Von oben genossen wir den schönen Blick auf die beiden Seen. Beim Aufstieg fand ich einen wunderschönen Quarz, den ich aufrechtstellte, um ihn beim Abstieg nicht zu verfehlen. Da wir auf dem Berg unser Mittagsmahl gehalten hatten, das übrigens fast immer aus einem großen Joghurtbecher mit Müsli bzw. Brödli, einer Banane, einem Apfel und vieler Schlucke aus der Wasserflasche bestand, war beim Abstieg der Rucksack leer, frei für den Quarz. Jetzt erinnert er mich im Garten an unseren Norwegenurlaub.
Nach dem Abstieg bewunderten wir ein im Aufbau befindliches Freiluftmuseum, sicher eine Wickingerburg.
Tagestacho: 115 km.

Mo. 31.07.
Start um 8.00 Uhr. Fahrt über Laerdal - Fodnes - mit der Fähre nach Mannkeller, weiter über Kaupanger, Sogndal, Solvorn, mit der Fähre nach Urnes. Die Fährleute wollten erst unseren Bus nicht an Bord nehmen. Aber Jürgen hatte zwei Flaschen Korn dabei. Das stimmte den Kapitän um. Drüben besichtigten wir die Stabkirche
Urnes.
Sie ist die älteste der erhaltenen Stabkirchen. Ihre Schnitzereien sind berühmt. Bis in die erste Hälfte unseres Jahrhunderts war Urnes nur auf dem Wasserweg erreichbar.
In der Nähe der Kirche befanden sich viele Himbeer- und Kirschplantagen, die vermutlich durch das günstige lokale Klima hier am Fjord, von den Bergen vor kalten Winden geschützt sehr große Erträge brachten.

Jetzt sahen wir der Rückfahrt der Fähre zu, die einen verdächtigen Zickzackkurs nahm. War der Kapitän ein solcher Spaßvogel oder hatte er wirklich die beiden Flaschen Korn getankt?
Wir setzten unsere Busfahrt fort über "Kroken", "Skjolden Turtagro", ein Aussichtspunkt in 1000 m Höhe und weiter hinauf zum "Sognefjell" im Jotonheimen-Nationalpark und nach "Jotonheimen". Die Landschaft war hier sehr rauh.
Immer wieder hatten wir herrliche Blicke auf vergletscherte Höhenzüge, Kuppen, Gipfel und eisbedeckte Seen. Die Dauerschneereste verführten uns zu einer Schneeballschlacht. Die hohen Markierungspfosten entlang der Straße ließen uns die winterlichen Verhältnisse ahnen. Wir gelangten nach "Elveseder" und zum Museumshotel "Elveseter Hotel", einem umgebauten Gutshof im alten Stil. Hier hat Prof. Rasmussen sein Museum eingerichtet. Er erbaute 1924 dort das nationale Monument "Sagasoyla", auf dem die Geschichte Norwegens dargestellt ist.
Seine beiden Auerhähne ließen laute Balztöne erschallen. So schien es wenigstens. Beim Nähertreten entdeckten wir hinter den Skulpturen die Lautsprecher.
Das nächste Ziel war die große, fensterlose Stabkirche **Lom,** die uns stark beeindruckte. Sie soll die besterhaltene sein; außen zwar stark umgebaut, innen aber sehr schön erhalten.
Die Rückfahrt gestaltete sich über "Garmo", wieder übers Hochplateau, wo wir kurz an einem Zelt und Verkaufsstand einer Samin hielten.
Dort liefen einige Rentiere herum, die wir fotografieren wollten. Die Rückfahrt erfolgte am anderen Ende des schon bekannten "Bygdinsees" vorbei über "Lidar" und "Hurum".
Der Tacho zeigte heute 404 km.

Di. 01.08.

Wir unternahmen noch vor der geplanten Wanderung eine "kleine" Ausfahrt zum Tyinsee über die B 53, dann links am See entlang über "Sletterust" und "Ardal" (ein idealer Blick von oben auf Stadt und Industrieanlagen), hinunter zum Ardalfluss, Ardalsee und Ardalfjord über Fodres, Laerdal bis Maristuen, einer ehemaligen Poststation (heute Museum) des alten Königsweges von Bergen nach Oslo.
Mittagpause!

Erst jetzt begann unsere Wanderung (13 km) auf dem alten Königweg bis zur "Tomaskirche". Es war ein wunderschöner Wanderweg, trotz eines kurzen Hagel- und Gewitterschauers. Wir hatten ja, wie immer, unsere Regenkleidung dabei.
An der "Tomaskirche" wartete der Bus und brachte und nach Grindastrand ins Quartier.
Tachostand: 196 km.
Mi. 02.08.
Das Tagesziel: **Lillehammer.**
Die Stadt, in der 1994 die Olympischen Winterspiele stattfanden, liegt am Nordende des ca. 100 km langen Mjösasees. Nach einer kurzen Stadtrundfahrt besichtigten wir die große Sprungschanze. Von dort genossen wir einen wundervollen Blick auf die Wintersportmetropole Norwegens. Wir hielten Mittagspause. Anschließend gelangten wir zum Freiluftmuseum "Maihaugen". Sein Begründer, der Zahnarzt Anders Sandvig, sammelte und bewahrte hier 150 Gebäude vor dem Verfall: Bauernhäuser, Vorratsspeicher, Almhütten, Schulen und die Stabkirche von Garmo (Nahe Lom). Interessant für uns waren auch die etwa 30 alten Handwerksbetriebe, in denen einst z.B. Tischler, Buchbinder, Weber und Silberschmiede ihren Beruf ausübten. Wir verzichteten aus Zeitgründen auf eine Führung. Da aber das meiste auch deutsch ausgeschildert war, konnten wir uns einen guten Überblick über das "norwegische Ballenberg" verschaffen. Gegen 14.30 Uhr traten wir die Rückkehr an.
Der Tacho zeigte 348 km.
Do.03.08.
Start 10.00 Uhr. Auf einer Mautstraße über "Hensasen" und "Tjednhaug" gelangten wir zum "Fleinsendinsee", dann östlich über "Beilo" und "Beitostolen" an den uns schon bekannten "Bygdinsee" und weiter zur Jugendherberge "Valdres Flyi", wo wir uns für die geplante Tageswanderung absetzen ließen. Die Uhr zeigte 12.30 an.
Es regnete leise, was einige bewog, im Bus zu bleiben, der zurück an den "Bygdinsee" fuhr, wo wir Wanderer dann gegen 14.30 Uhr eintreffen wollten.
Nach einer Stunde konnten wir unsere Regenbekleidung ausziehen und Mittagsrast halten. Später wurde es warm, so dass wir uns sogar der Anoraks entledigen konnten. Der gesamte Weg war jedoch so nass, dass wir große Bogen laufen mussten und aus den

veranschlagten 13 km wurden 15 oder 16. Auch unsere Verspätung um zwei Stunden rührte daher. Natürlich nahmen wir auch Rücksicht auf Cornelias Beinverletzung.
Wir sahen Rentiere! Erst entdeckten wir eine Herde von zehn Tieren, dann eine mit 19 oder 20 Tieren, später eine Mutter mit ihrem Jungen, schließlich ein einzelnes Tier. Eine Herde von neun Tieren ließ uns bis auf ca. 300 m herankommen. Wir waren happy!
Der Weg zog sich ungeheuer in die Länge. Ein mittelschwerer Abstieg kam dazu. Aber alle neun Wanderteilnehmer waren sich einig: Das war ein gelungener Tag! Tacho:128 km

Fr. 04.08.
Ein absoluter Ruhetag. Er diente dazu, schon mal die Koffer zu packen, das Quartier gründlich zu reinigen, auszubaumeln und Kräfte für die nächsten beiden Tage zu sammeln. Ich freute mich besonders über den lang entbehrten Mittagsschlaf. Am Abend veranstalteten wir eine zünftige Abschiedsfete.

Sa. 05.08. Abreisetag
Nach dem Frühstück und dem endgültigen Kofferpacken verließen wir unser Urlaubsquartier.
Von Grindaheim-Vang fuhren wir in östliche bzw. südöstliche Richtung auf der E 16 bis "Leira"; dann bogen wir rechts auf die B 51 ab nach Südwest bis "Gol". Hier fuhren wir an einer Stabkirche vorbei, die nicht in der Karte und in der Literatur erwähnt wurde, bzw. von der es hieß, sie befände sich im Osloer Museum. Später erfuhren wir, es sei eine Imitation, die vor fünf Jahren errichtet wurde. In "Gol" wechselten wir auf die B 7 nach Südost. Da wir die Abzweigung in "Nesbyen" verpassten, mussten wir bis "Bartnes" und dann über unbefestigte Wege hinunter ins Numedal. Dort besichtigten wir die Stabkirche **Uvdal.**
Hinter dem bescheidenen Äußeren dieser Kirche verbarg sich im Innenraum üppige Wandmalerei aus dem 17. Jahrhundert: Ranken und Rosen. Nur der vordere Teil des Schiffs mit dem polygonen Mittelmast war noch orginal erhalten. Er stützte den Glockenturm und bildete mit den Wänden, der Dachkonstruktion und sogar dem Bodenrahmen eine Einheit.
Im Umfeld war man dabei, ein Freilichtmuseum zu errichten, einen vollständigen Bauernhof, eine Alm, viele Vorratsspeicher. Die alte

Schule wird zu Ausstellungen und als Cafe genutzt. Auf die Stabskirche Nore verzichteten wir aus Zeitgründen. Sie soll der von Uvdal vollkommen gleichen.

Und weiter ging unsere Fahrt auf der B 40 etwa eine halbe Stunde in südliche Richtung bis nach "Veggli". Hier mussten wir links abbiegen, wo wir am Ostufer des Flusses Lagen die Stabkirche **Rollag** erreichten. Das Bauwerk wurde um 1200 gebaut. Es wird heute noch zu Gottesdiensten benutzt. Der "Umgang" ist nicht mehr erhalten, er wurde für die Kirchenerweiterung gebraucht. Von der mittelalterlichen Konstruktion sind heute nur noch die vier runden Ecksäulen im Schiff und Fragmente einer Stabkonstruktion in den Seitenwänden übriggeblieben. Im 17. Jahrhundert wurde erheblich umgebaut, auch Fenster eingebracht. Der Altar stammt aus dieser Zeit. Die Kanzel und das spätgotische Kruzifix sind rund 100 Jahre jünger.

Auf Schleichwegen kamen wir auf die B 40 (wir brauchten also nicht zurück) und zur Stabkirche **Flesberg.** So wie sich dieses Bauwerk heute präsentiert, lässt sich zur Bauweise nicht mehr sagen, als dass es einst zu den großen Stabkirchen zählte und Burgund ähnlich war.

Wir blieben auf der B 40 (in südliche Richtung) über Kongsberg bis Saggrenda, dann bogen wir nach West auf die E 134 und gelangten zur Stabkirche **Heddal,** die größte von allen Stabkirchen Norwegens. Der Bischofsstuhl aus dem Mittelalter ist noch vorhanden. Eine junge kompakte Norwegerin führte uns durch die "Kathedrale aller Stabkirchen". Man kann hier Einflüsse beider Stabkirchengruppen nachweisen. Der Chor weist mehr in Richtung Kaupanger, während das Schiff eher der Borgundgruppe entspricht.

Nach einer Kaffeepause setzten wir unsere Fahrt erst auf der E 134, dann auf der B 41 fort, entlang des Nisser-Sees und des Nidelva-Flusses nach "Svenes", nunmehr entlang des Tovdalselva-Flusses nach Kristiansand. Die etwa 70 000 Einwohner zählende Stadt ist die fünfgrößte des Landes und der wichtigste Fährhafen. Der Grundriss ist schachbrettartig angelegt. Schon gegen 21.00 Uhr hatten wir unser Ziel erreicht. (geschätzte Strecke: 620 km)

Da uns bis zur Abfahrt der "Christian IV." um 0.30 Uhr (die sich dann noch etwa 40 Minuten verzögerte), genügend Zeit zur Verfügung stand, wagten wir einen nächtlichen Bummel durch die Stadt bis Mitternacht. Es waren erstaunlich viele junge Leute unterwegs, auch einige schräge Typen. Alle machten einen fröhlichen Eindruck. Uns belästigte keiner.

Auf dem Schiff belegten wir unsere "Pullmannsessel". Eine Nachbuchung von Kabinen war nicht möglich. Zum Glück hatte wenigstens unser Fahrer nach seiner Mammuttour eine Kabine, denn am nächsten Tag wurde ebenfalls durch die lange Tour durch Dänemark über Fürstenwalde und Nossen nach Oelsnitz seine ganze Kraft und Aufmerksamkeit gefordert.
Bei uns war an Schlafen war kaum zu denken, denn das Stampfen der Schiffsmotoren und die unbequeme Sitzhaltung ließ dies einfach nicht zu. Dafür wurde uns ein wunderschöner Sonnenaufgang im Skagerrak beschert.
So. 06.08.:
Planmäßige Ankunft in Hirtshals 6.30 Uhr. Auch hier kümmerte sich weder die Passkontrolle noch der Zoll um die Ankommenden. Durch die Halbinsel Jütland gelangten wir südwärts zur deutschen Grenze. Ohne Halt ging es durch Schleswig-Holstein und Hamburg und weiter in Richtung Osten über den Berliner Ring nach Fürstenwalde, wo die ersten acht Businsassen schon an ihre Bettzipfel dachten, obgleich es erst Kaffeezeit war. Nach kurzem Aufenthalt ging es für die übrigen über Nossen, wo uns 19.00 Uhr Heinz und Annelies verließen, nach Oelsnitz zum Moserhof, den wir 19.40 Uhr erreichten. Wir bedankten uns bei Jürgen Tennstädt für seine meisterhaften Fahrkünste, seine Aufgeschlossenheit und wie er sich großartig in unsere Gemeinschaft eingebracht hat.
Ein Dankgebet stieg aber auch nach oben für all das, was wir sehen und erleben durften, für die Bewahrung und gesunde Rückkehr.

Noch ein Vorhaben für Oelsnitz keimte in mir durch unsere Norwegenfahrt auf. In vielen Kirchen waren die Bilder der dort in der Vergangenheit tätigen Geistlichen an einer Wand angebracht. Das wünschte ich mir auch für Oelsnitz. Ich begann im Pfarramtsarchiv nach Fotos, in alten Amtskalendern und anderen Unterlagen nach den Personalien früherer Pfarrer unserer Gemeinde seit der Reformationszeit zu forschen. Das war allerdings schwieriger, als ich es mir zu Anfang vorgestellt hatte. Ich brauchte ein ganzes Jahr dazu, bis ich alle notwendigen Unterlagen zusammengetragen hatte. Von vielen Geistlichen waren Bilder im Archivraum der Pfarramtskanzlei vorhanden. Von den noch Lebenden beschaffte ich mir Fotos, zwei schickten mir auf

meine Bitte ihr "Konterfei". Die waren jedoch im Vergleich zu den anderen Bildern zu klein. Ich ließ diese von einem Fotografen entsprechend vergrößern.
Als ich dann im September 2001 alle Daten und alle Fotos zusammen hatte, brachte ich meinen Plan im Kirchenvorstand zur Sprache. Ich hatte Erfolg. Zwar sollten die Bilder nicht in der Kirche, sondern im Pfarrsaal angebracht werden. Damit war ich zufrieden. Rechtzeitig vor der Festwoche anlässlich des Kirchweihfestes (die Christuskirche wurde 275 Jahre alt) wurden die Bilder gerahmt und im Pfarrsaal angebracht. Bei dieser Tätigkeit half mir Matthias Häschel. Als alle Bilder an der Wand prangten, nahm ich mir ein weiteres Vorhaben in Angriff: Warum sollte nicht eine ähnliche Galerie ehemaliger Bürgermeister im Oelsnitzer Rathaus angebracht werden? Der Stadtrat stimmte meinem Vorhaben zu. Herr Winter vom Stadtarchiv und die Hauptamtsleiterin Frau Schaarschmidt der Stadt halfen mir, die Galerie zu verwirklichen.
Kehren wir zum August 2000 zurück!
Am 18. August besuchten uns Ankes Schwestern Ines und Manuela.
Ich möchte jetzt erzählen wie es dazu gekommen ist:
Ankes leibliche Mutter war 1990 gestorben, die Großmutter im Jahre 1999. Als Ines den Erbschein für die Großmutter beantragte, meinte die entsprechende Bearbeiterin des Fürstenberger Amtsgerichtes, sie brauche dazu die Zustimmung beider Schwestern. Die von Manuela hatte sie ja. Aber wo war Anke? Die Mutter hatte Ines einst erzählt, Anke sei von einer anderen Frau adoptiert worden. Dann war nie wieder von ihr die Rede. Ines suchte Hilfe in den Samariteranstalten in Fürstenwalde, wo sie Ankes Adresse bekam. So kam im Frühjahr 2000 eine Anfrage des Gerichtes zu uns, die auch von Gudrun einschließlich der erbetenen Telefonnummer beantwortet wurde. Ines erhielt eine Durchschrift davon. Wenige Tage später rief sie bei uns an und meldete sich als die große Schwester von Anke, zwei Tage später bekamen wir auch einen Anruf der jüngeren Schwester. Dieser ersten Kontaktaufnahme folgten zunächst weitere Telefonate und schließlich der erste Besuch. Anke war "happy".
Unsere Verwandtschaft ist ja auch für sie "die Verwandtschaft". Aber nun selbst zwei leibliche Schwestern zu haben, das tat ihrer Persönlichkeitsentwicklung gut! Übrigens kamen nachfolgend viele weiteren gegenseitige Besuche zustande.

Schließlich nahm mich Ines am Sonntag auf ihrer Rückfahrt mit nach Fürstenwalde. Hubert Fickelscher, der eine Urlaubswoche dafür eingeplant hatte, und ich hatten Maike zugesagt, ihre Wohnung mit Parkett auszustatten: Hubert als "Meister", ich als Handlanger. So sparte ich für eine Strecke die Zugfahrt. Nach getaner Arbeit konnte ich vor meiner Rückfahrt noch meinem Michael in Berlin einen Besuch abstatten.

Am 5. September war es meine Aufgabe als erster Stellvertreter des Bürgermeisters mit dem Vertreter der Sächsischen Staatsregierung, Herrn Buttolo die Wiedereröffnung der neugebauten Lugauer Strasse feierlich zu begehen.

Am 10. September stellte sich unser neuer Pfarrer der Gemeinde vor. Für uns war es eine Gebetserhörung. Reinald Richber stammte aus Hessen. Im Hunsrück hatte er sein Vikariat absolviert. Eine Anstellung im Bundesland Hessen war unsicher. Da kam das Angebot der Sächsischen Landeskirche, fünf Vikare aus Hessen zu übernehmen, für ihn gerade recht. Und die Bestätigung der entsprechenden Gremien erfolgte überraschend schnell, war doch der Sohn Lars Schulanfänger. So konnte man ihm einen Schulwechsel ersparen. Für unsere Gemeinde war die Vakanzzeit beendet.

Ende September meldete sich eine Frau Babette Bauer bei mir. Sie berief sich auf Andreas Steiner, dem Leiter der Chemnitzer "Gauckbehörde" und wollte mich wegen meiner Stasiakte und den Repressalien in der "SED-Zeit" interviewen, weil sie an einer Doktorarbeit über dieses Thema schreiben würde. Sie versprach mir, dass ich nach Fertigstellung ihrer Arbeit diese einsehen dürfte. Leider habe ich nie wieder etwas von ihr gehört und weiß deshalb gar nicht, ob diese Doktorarbeit überhaupt fertiggestellt worden ist.

Am zweiten Advent bekam Oelsnitz Besuch von der Partnergemeinde Sprockhövel. Auch wir gaben wieder einem Ehepaar ein Nachtquartier. Im "Rundbau" kamen wir Stadträte mit unseren Ehepartnern und allen Gästen zu einem gemütlichen Beisammensein zusammen. Dabei wurden die Partnerschaftsbeziehungen zwischen beiden Städten von den Bürgermeistern besiegelt und die entsprechenden Urkunden ausgetauscht.

Und wieder näherte sich ein Jahr seinem Ende. Die Advents- und Weihnachtszeit versuchten wir so ruhig wie möglich zu begehen, was uns auch gelang.

2001

Wenden wir uns dem Jahr 2001 zu!
Das erste Quartal hatte wenig Höhepunkte. Neben den üblichen Versammlungen durch die Tätigkeit im Kreistag und im Stadtrat war für mich die Vertretung des Bürgermeisters in den Winterferien von Belang. Ich besuchte einige hochbetagte Bürger der Stadt, denen ich zum Geburtstag gratulierte, leistete die notwendigen Unterschriften, betätigte mich in der Schülerhilfe.
Für den März hatten wir uns in Chemnitz bei Pfarrer Dr. Stephan für eine Reise nach Israel angemeldet, die er mit seiner Gemeinde durchführen wollte.
Leider bekamen die meisten Leute, die sich dafür angemeldet hatten durch erneute Unruhen im "Heiligen Land" Angst und stornierten am 4. März ihre Anmeldungen. An diesem Tag sollten wir letzte organisatorische Hinweise erhalten. Also fiel die Reise aus, bzw. wurde auf einen unbestimmten Termin verschoben. Dabei hatte ich gehofft, endlich meinen Plan von 1990 verwirklichen zu können! Ich war enttäuscht.
Kurze Zeit später traf ich mit Frau Jähn, der Schulleiterin der "Albert-Schweitzer-Schule" in Aue zusammen. Ich erzählte ihr von meiner gescheiterten Hoffnung, Israel besuchen zu können. Sie meinte, in Zschorlau, ihrem Heimatort, würde der Chor der Landeskirchlichen Gemeinschaft im Herbst nach Israel reisen. So viel sie wüsste, wären noch einige Plätze frei. Sie wolle sich erkundigen und sich wieder bei mir melden. Nach einigen Tagen erhielt ich die Nachricht, die Veranstalter würden sich freuen, wenn weitere Interessenten sich beteiligen würden. Nach Rücksprache mit Maike und Birgit, Heinz und Annelies sowie Werner und Eike aus Thierfeld meldete ich inzwischen telefonisch Stefan Markus neun Personen an. Der freute sich und schickte die Anmeldeformulare. Im Herbst wäre eine Zusammenkunft der Teilnehmer, wir sollten uns den 14. September vormerken.

Radtour durch das Altmühltal

Mit Maike und Birgit meldeten wir uns zu einer Fahrt ins Altmühltal, die "Scheibner-Reisen" über Ostern anbot: 4 Tage, Halbpension, Radtouren mit Busbegleitung für 495 DM. Die Fahrt war sehr gut organisiert. Es waren durchweg leichte und zumeist ebene Etappen, vorwiegend auf Radwegen. Die Anreise am Karfreitag brachte die Teilnehmer nach Hipoltstein. Die im Autoanhänger verstauten Fahrräder wurden ausgeladen. Wir radelten die letzten 25 km entlang des Main-Donau-Kanals über Berching bis Beilngries. Die Landschaft war einzigartig, die Orte sehr ansprechend.

Am Samstag nahmen wir uns 40 km vor und radelten zur Bischofs- und Universitätsstadt Eichstätt. Auf die zahlreichen Sehenswürdigkeiten des Barockstädtchens wurden wir in einem geführten Rundgang aufmerksam gemacht. Die Dörfer, die wir unterwegs passierten, hatten sich für Ostern wunderschön herausgeputzt. Vor allem bewunderten wir die mit Blumen und Ostereiern geschmückten Brunnen.

Der Bus brachte uns von Eichstätt zurück in unser Hotel nach Beilngries.

Am Ostersonntag radelten wir über Dietfurt und die "Dreiburgenstadt" Riedenburg nach Kelheim. Eigentlich wollten wir in Riedenburg die aus dem 12. Jahrhundert stammende Rosenburg besichtigen. Aber das Wetter machte uns einen Strich durch die Rechnung. Es war unangenehm kalt. Ein kalter Schneeregen vermieste uns die Tour. Einige Teilnehmer der Radgruppe stiegen bereits in Riedenburg in den Bus. Wir hielten bis Kelheim, wo sich Altmühl und Donau vereinen, durch. Wir nahmen an einer Schifffahrt durch den Donaudurchbruch teil. Faszinierend die wildromantischen Wald- und Felslandschaft des Jura!

Es war die Besichtigung der prunkvollen barocken Klosterkirche Weltenburg angesagt. Für diese Kirche konnte ich mich nicht gerade begeistern: die Kuppel fand ich zwar phantastisch, aber die vielen wulstartigen Darstellungen an den Seitenwänden schreckten mich eher ab. Dafür entschädigte mich der Besuch der "Befreiungshalle" auf dem Michelsberg. Sie wurde im Auftrag des bayrischen Königs Ludwig I. im Jahre 1842 zur Erinnerung an die Befreiungskriege

gegen Napoleon begonnen, jedoch nach mehrfachen Baustopp und nach Verzicht des Königs auf den Thron infolge der Revolution von 1845 erst im Oktober 1863 zum 50. Jahrestag der Völkerschlacht von Leipzig eingeweiht. Ludwig hatte den großen Monumentalbau - ein bayrisches "Völkerschlachtdenkmal" - mit seinen Privatmitteln zuende bauen lassen. Der Bau fand meine Bewunderung!
Die Rückfahrt nach Beilngries erfolgte im Bus.
Da keine Wetteränderung vorauszusehen war, beschlossen alle Teilnehmer, den Folgetag ohne Radtour zu verbringen. Mit dem Bus fuhren wir nach Solnhofen und zum "Bürgermeister- Müller- Museum". Hier bewunderten wir neben vielen anderen Versteinerungen den berühmten "Archaeoopteryx", den Urvogel.
Auf der Heimfahrt wurden wir wegen des Ausfalls der Radtour mit einem Aufenthalt in Bamberg entschädigt, den wir zur Besichtigung des Doms und der Altstadt nutzten. Diese vier Tagen hatten sich trotz des weniger guten Wetters gelohnt!

Ende Mai bat mich Herr Richter erstmals, die Feier der Geburtstagskinder der Senioren für die Monate April/Mai (es wurden stets zwei Monate zusammengezogen) in der Begegnungsstätte der Volkssolidarität zu übernehmen, weil er dienstlich verhindert war. Später kam eine solche Veranstaltung öfters auf mich zu. Ich erarbeitete mir eine Rede, die ich hier mit anführen will:

" Liebe Geburtstagskinder der Monate April und Mai,
es ist eine gute Tradition hier im Veteranenclub den Geburtstag des Monats der Oelsnitzer Bürger und Bürgerinnen zu feiern und dabei - wenn auch für die meisten erst nachträglich - die besten Wünsche für das neue Lebensjahr aus dem Munde des Bürgermeisters übermittelt zu bekommen. Herr Richter bedauert es sehr, gerade heute und zu dieser Stunde nicht selbst bei Ihnen zu sein.
Liebe Anwesende, sicher haben Sie Verständnis für diese Entschuldigung und auch dafür, dass Sie heute mit meiner Person vorlieb nehmen müssen. Als Rentner habe ich ja Zeit!
Da Sie selbst auch Rentnerinnen bzw. Rentner sind, kennen Sie ja diesen Spruch. Ich hoffe, Sie kontern nicht sofort mit dem Gegenargument: Rentner haben niemals Zeit!

Nun, weder die eine, noch die andere Behauptung ist richtig. Nein, wir stehen nicht mehr im Berufsleben und damit nicht mehr unter Druck.
Wenn Sie trotzdem den Eindruck haben, <u>kaum</u> Zeit zu haben, so seien Sie stolz darauf. Sie haben die Einsicht, etwas mit Ihrer Zeit anzufangen. Sie wissen, dass Sie noch gebraucht werden, dass Sie noch etwas leisten können, dass Sie von Ihrer Umgebung akzeptiert werden, selbst noch manche Interessen besitzen, was um Sie herum passiert in Stadt und Land.
Woher ich das weiß? Erstens sieht man Ihnen das an. Und zweitens, sonst wären Sie heute nicht hierher gekomen. In unserem vorgerückten Alter häufen sich zwar auch manche Wehwehchen, die wir früher nicht kannten. Zugegeben! Aber denken wir nicht immer daran. Orientieren wir unseren Tages- und Wochenplan nicht nur am Einnehmen irgendwelcher Tabletten und an Arztterminen.
Was soll ich Ihnen zu Ihrem diesjährigen Geburtstag wünschen?
Nicht etwa Reichtum, Erfolg oder gar einen Lottogewinn. Nein, in unserem Alter wissen wir, dass es wichtigere Dinge gibt: Gesundheit, Geborgenheit, Zufriedenheit, inneren Frieden und Gottes Segen. Das sollen meine Wünsche sein.
Ich habe bei meiner Vorbereitung noch ein Segenswort für Sie herausgesucht. Es stammt von Jörg Zink . Ich zitiere:
"Gesegnet seien Deine Wege, der Tag erhelle Dein Gesicht.
Ein frischer Wind Dein Herz bewege, es segne Regen Dich und Licht.
Bis wir dereinst uns wiedersehen, führt auch Dein Weg durch Flut und Brand,wird Gott verborgen mit Dir gehen und halten Dich in seiner Hand"
Wollen wir nicht fragen, was kann die Stadt, das Land, der Bund für uns tun. Sondern fragen wir lieber, was können wir noch für unser Land, für unsere Stadt tun. Und tun wir es dann auch."
Da die Gäste gewöhnt waren, dass der Bürgermeister bei dieser Gelegenheit den neuesten Stand der Stadtsanierung bekannt gab und Höhepunkte des städtischen Lebens aufzählte, hielt ich mich daran und verfuhr auf die gleiche Weise. Die entsprechenden Hinweise hatte ich mir vorher von den Bediensteten der Stadtverwaltung besorgt. Anschließend bot die Musikschule "Fröhlich" eine Stunde lang ein buntes Programm, wobei die Senioren Kaffee tranken und Kuchen

aßen. Schließlich durfte ich jedem der Geburtstagskinder noch eine Rose in die Hand drücken. An den leuchtenden Augen sah ich, dass den Anwesenden der Nachmittag gefallen hatte.

Für den 10. Juni war die Bürgermeisterwahl angesetzt. Mit folgendem Beitrag im "Oelsnitzer Volksboten" erlaubte ich mir, für Hans-Ludwig Richter Wahlpropaganda zu machen:

"Liebe Oelsnitzer Mitbürger,

mit meinen folgenden Worten möchte ich Stellung nehmen zu der Bürgermeisterwahl.

Ich kenne Herrn Richter aus meiner beruflichen Tätigkeit in der Zeit als Schulamtsleiter bzw. Schulrat ab Juni 1990. Zwar hatten wir oft unterschiedliche Auffassungen zur damaligen Schulnetzplanung, aber ich schätzte schon damals seine Sachlichkeit und seine Ehrlichkeit. Ab September 1998 bin ich Altersrentner. Auf Bitten der Oelsnitzer Parteifreunde stellte ich mich im Sommer 1999 zu den Wahlen nicht nur für den Kreistag, sondern auch für den Oelsnitzer Stadtrat. Nach den Wahlen nominierte mich meine Fraktion für den ersten Stellvertreter des Bürgermeisters. Seit dieser Zeit lernte ich Herrn Richter noch besser kennen und noch mehr schätzen. Die Eigenschaften "Sachlichkeit" und "Ehrlichkeit" habe ich schon erwähnt. Ich schätze seine Verhandlungsführung, seine Einsatzbereitschaft, seine Weitsicht und seine Kompetenz. Hatte ich mich schon zur Bürgermeisterwahl vor sieben Jahren eindeutig für ihn ausgesprochen, so möchte ich das für die diesjährige Wahl mit Nachdruck erneut zum Ausdruck bringen. Wir Oelsnitzer können uns keinen besseren Bürgermeister wünschen.

Er vertritt die Interessen der Stadt mit ganzer Kraft, er ist äußerst flexibel und zeigt immer und überall Präsenz, auch auf Kosten seiner Freizeit. Ich bewundere seine Sachlichkeit auch gegenüber unsachlich vorgebrachten Argumenten seitens einzelner Bürger. Er lässt sich nicht provozieren.

Ebenso bewundere ich seine Zähigkeit und sein diplomatisches Verhandlungsgeschick gegenüber vorgesetzten Behörden oder anderen Verhandlungspartnern, wenn es um Fördermittel oder überhaupt um das Wohl und die Interessen der Stadt geht.

Was sich in dem noch 1989 so tristen Oelsnitz unter seiner Leitung alles zum Positiven verändert hat, muss ich eigentlich gar nicht

aufzählen, das erkennt jeder, der mit offenen Augen durch die Stadt geht. Trotzdem sei mir gestattet, einige Schwerpunkte zu nennen:
die beachtliche Verbesserung der Infrastruktur wie Wasser, Abwasser und Straßenbau
aus der zur Wendezeit entstandenen Industriebrache am Bergbaumuseum ist ein blühendes Gewerbegebiet geworden.
Dort wurde eine moderne Mittelschule - auch ohne Fördermittel - geschaffen.
Durch seine Intervention fand das Förderschulzentrum hier seinen Standort.
Ich möchte noch den Erhalt des Kulturhauses als neue Stadthalle erwähnen
und den Bau des neuen Aussichtsturms.
Er überzeugte Investoren, sich hier niederzulassen; Paradebeispiel die "Feinschneide- Technik".
Die Einwohner von Neuwürschnitz identifizieren sich als Oelsnitzer Bürger unter seiner Leitung als Bürgermeister. Darüber bin ich froh und dankbar.
Zu all seinen Bürgern ist Herr Richter stets freundlich und höflich. Seinen Mitarbeitern in der Stadtverwaltung ist er ein konsequenter, sachlicher und höflicher Vorgesetzter. Die Sitzungen des Stadtrates werden genau so gut vorbereitet wie die der Ausschüsse und straff geleitet. In den Sitzungen des Kreistages besticht Herr Richter durch seine Fachkompetenz und seine Gesetzeskenntnis.
Die Verbindung zu den Partnerstädten Mimon in Tschechien und Sprockhövel im Ruhrgebiet, auch ehemalige Zentren des Kohlebergbaus, wurde durch seine Einsatzbereitschaft gefestigt bzw. überhaupt erst möglich.
Liebe Mitbürger,
bitte wetteifern Sie mit mir und zählen Sie sich weitere Glanzlichter auf, die dazu beitragen, das Wohnen und Leben in Oelsnitz angenehm zu machen und die uns bewegen, mit guten Gewissen am 10. Juni 2001 Herrn Hans-Ludwig Richter erneut als Bürgermeister für unser Stadt zu wählen.
Glück auf!
Ihr Mitbürger Dr. Gerhard Moser"

Das Wochenende 08. bis 10. Juni nahmen wir an einem Besuch der Partnergemeinde in Osnabrück teil. Um auch unsere Stimme für die Bürgermeisterwahl zur Geltung zu bringen, entschlossen wir uns zu einer vorherigen Briefwahl. Für die Fahrt nach Osnabrück wollten wir zuerst eine mittleren Bus, dann einen Kleinbus benutzen. Da aber immer mehr Gemeindeglieder absprangen, starteten wir schließlich nur im Corso von drei PKWs. Das Treffen in Osnabrück war für uns mehrfach interessant. Erstens machten wir uns mit der Partnergemeinde bekannt, zweitens ergaben sich interessante Gespräche und drittens lernten wir die Stadt kennen, in der wir drei vorher noch nie gewesen waren.

Die nächsten beiden Wochen musste ich erneut den im Urlaub befindlichen Bürgermeister vertreten, Unterschriften leisten und Zeit zur Gratulation vieler Jubilare finden. In dieser Zeit befand sich auch unser Pfarrer im Urlaub. So rückte ich bei einigen wenigen in Vertretung mit zwei Blumengebinden an.

Nach zehn Jahren wieder eine Rundreise durch Süd- und Westdeutschland

Ende Juli entschlossen wir uns in der Zeit der Werkstattschließung zu einer Rundreise. Diesmal nahmen wir uns nicht ein so großes Pensum vor wie zehn Jahre früher.

Zuerst kehrten wir bei Familie Mazilescu in Nürnberg ein, bei denen wir zwei Nächte blieben. Am ersten Abend besuchten wir mit unseren Gastgebern eine "Open-air- Musikveranstaltung" der Nürnberger Symphoniker. Ich schätzte die Menschen auf der riesigen Kurzrasen-Wiese auf 20.000. Am anderen Tag stand die doppelte Anzahl in der Zeitung; noch einen Tag später korrigierte man die Zahl auf 45.000 Menschen. Während der Veranstaltung ging es sehr diszipliniert zu, ebenso nach der gelungenen Veranstaltung, die mit einem exklusiven Feuerwerk endete. Am zweiten Tag besuchten wir den Nürnberger Tiergarten, der uns ebenfalls gut gefiel.

Der zweite Anlaufpunkt war Affaltrach bei Heilbronn. Wir suchten Ankes jüngere Schwester Manuela auf. Sie hatte für uns extra Kuchen gebacken. Wir verlebten mit ihr einen schönen Nachmittag. Anschließend ging es weiter nach Nußloch zu Otts. Dort blieben wir zwei Nächte. Ein Ausflug nach Heidelberg lohnt sich immer. Diesmal kam eine Fahrt auf den "Königsstuhl" dazu. Mit der Drahtseilbahn gelangten wir hinunter zum Schloss, dann bis in die Stadt, wo wir auch zu Mittag speisten. Auch der Karzer wurde mit besucht. Anschließend kehrten wir mit der Drahltseilbahn zurück auf den "Königsstuhl", wo der PKW geparkt war. Wiederum bei schönem Wetter fuhren wir weiter nach Neuwied zu Jutta und Alfred, wo wir drei Nächte verbrachten. Die Autobahn benutzten wir nur bis Mannheim. Ab Mainz wechselten wir auf das rechtsrheinische Ufer (zehn Jahre zuvor hatten wir auf unserer Rundreise die westliche Uferstraße benutzt). Die Mittagspause legten wir in St. Goarshausen ein mit einem längerem Bummel durch diesen schönen Weinort am Rhein.

Jutta und Alfred zeigten uns eindrucksvolle Punkte der vulkanischen Osteifel. Lustig fand ich einen Hinweis an einer Gaststätte: "Unser Haus ist bis zum nächsten Vulkanausbruch zu folgenden Tageszeiten geöffnet..." Am Sonntag ging es dann weiter auf der Bundesstraße am rechten Rheinufer bis Bonn. Dort wurde die Straße automatisch zur Autobahn, die wir dann bis Recklinghausen nutzten. Mit Absicht hatten wir den Sonntag zur Durchfahrt durch das Ruhrgebiet gewählt, weil an diesem Tag LKW-Fahrverbot besteht. Bei Christiane und Ulrich Seidel blieben wir drei Nächte. Wir erkannten auf zwei gemeinsamen Radtouren, dass das Ruhrgebiet längst nicht mehr das schmutzige, verrauchte Schwerindustriegebiet des Landes ist. Wir erlebten auch diesmal saubere Landschaften. Mit viel Geschick haben die Verantwortlichen die Nachfolgenutzung des Steinkohlegebietes in den Griff bekommen. Eine Tour führte uns zum Rhein-Herne-Kanal, dann entlang der Emscher, einst eine stinkende Kloake, heute ein sauberes Gebiet, weiter zum Dortmund-Ems-Kanal. Wir besichtigten ein zum Museum umgestaltetes ehemaliges Schiffshebewerk in Hinrichsburg, einst das älteste Schiffshebewerk Deutschlands. Es war für uns äußerst interessant.

Aber entsetzt waren wir über die Fassadengestaltung in Recklinghausen. Das Bauamt musste hier sehr großzügig verfahren haben. Ein größeres Durcheinander der verschiedensten Baustile konnte ich mir nicht denken. In Gedanken hinterfragte ich das "Warum" beim Chefarchitekten der Großstadt und erhielt auf die gleiche Weise folgende Antwort: "Ich habe mit Absicht die verschiedensten Baustile nebeneinander zugelassen als Komposition

unserer Weltoffenheit, unserer Toleranz, so wie auch die Bevölkerung von Recklinghausen bunt gemischt ist. So gibt es bei uns keine Fremdenfeindlichkeit. Warum sollte ich die Straßenzüge uniformieren?"
Die Heimfahrt am 1. August ging problemloser, als wir befürchtet hatten. Es war zwar viel Verkehr auf den Autobahnen, aber ohne Stau. Zwischen Kassel und Eisenach wechselten wir von der Autobahn auf die Landstraße und besuchten in Eisenach eine liebe Bekannte, Anni Lässer, bei der Anke als Kind mitunter ihre Ferien verbracht hatte.

Am 18. August schauten wir mit Heinz und Annelies in Annaberg-Buchholz den "Buchholzer Festumzug" zur 500-Jahrfeier an. Die Veranstalter hatten sich eine ungeheure Mühe gegeben, die einzelnen Festwagen zu gestalten. Vor allem wollte man die Annaberger übertrumpfen, die ihre 500-Jahrfeier fünf Jahre vorher begangen hatten.
Am nächsten Tag musste ich in der Auer "Helios-Klinik" zur Behebung eines Wasserbruchs Einzug halten, so war es über meinen behandelnden Urologen vereinbart worden. Zwar lebte ich mit dem Bruch schon zwei Jahre ohne Beschwerden. Aber der Facharzt riet zur Operation, der Bruch sei größer geworden. Auch diese Woche im Krankenhaus ging vorbei. Am Samstag konnte mich Gudrun schon wieder nach Hause holen.

Der September war erneut durch Baumaßnahmen auf dem Moserhof geprägt. Es war im Zusammenhang mit der Abwasserverlegung auf dem Lerchenweg ein Zwangsanschluss verfügt, in deren Zusammenhang unsere Kleinkläranlage liquidiert wurde. Die Ausschachtungsarbeiten traute ich mir wegen der eben erst überstandenen Operation nicht zu. So beauftragte ich damit die Firma Schleenbecker .
Der bevorstehende Straßenbau veranlasste mich, gleich noch die Stromzuführung zu unserem Haus vom gegenüberliegenden Mast von der bestehenden Freileitung in ein Erdkabel zu vertauschen. Ein Antrag bei der Energieversorgung brachte mir zwar Zustimmung, jedoch mit der Auflage: Selbstfinanzierung. Was blieb mir übrig. Nun hatten wenigstens die Übernachtungsgäste,

die auf dem wärmeisolierten Oberboden schliefen, keine Angst mehr bei Gewitter, weil sich dort vorher der Stromkasten der ins Haus gelangenden Freileitung befand.

Der 11. September 2001 wird wohl im Gedächtnis der gesamten Menschheit haften bleiben, was damals in New York passiert ist. Wie die Verbrecherorganisation "El Kaida" tausende unschuldige Zivilisten brutal tötete, um den USA und der westlichen Welt zu zeigen, wozu radikalislamitische militante Fanatiker fähig sind.
Und drei Tage später fand unsere Zusammenkunft in Zschorlau statt, wo letzte Einzelheiten für die Israelreise geklärt werden sollten. Der Saal der "Landeskirchlichen Gemeinschaft" war gefüllt. Es knisterte förmlich, so gespannt waren die Anwesenden, ob die Reise stattfinden werde. Es gab ein "Für" und ein "Wider". Einige befürchteten den Ausbruch des "Dritten Weltkrieges". Als selbst der Reiseleiter Edmund Prill bekannte, dass er Angst habe, in diesen Tagen nach Israel zu reisen, sprangen die meisten Interessenten ab. Auch Heinz und Annelies zogen ihre Anmeldung zurück. Nur ein kleines Häuflein Reisewilliger blieb übrig. Stefan Markus vermerkte dies auf der Namensliste. Er versprach, mit noch anderen Leuten zu reden. Wenn die Mindestzahl zusammenkäme, würde er sich bei uns melden. Niedergeschlagen kehrten wir heim. Ich glaubte nicht daran, dass die Reise zustande kommen würde. Um so überraschter und erfreuter war ich, als zehn Tage später Stefans Anruf uns erneut nach Zschorlau rief zur Festlegung der notwendigen Formalitäten für die Reise. Halleluja!
Eigentlich hatte ich mir zur Wendezeit nur wegen einer geplanten Israelreise einen Reisepass ausstellen lassen, weil ich schon 1991 in das "Land meiner Träume" reisen wollte. Doch damals hatte ich Gudrun kennengelernt. Die Hochzeit war mir wichtiger als die Reise. Im folgenden Jahr baute ich einen Totalschaden mit dem "VW Golf". So hatte die Neuanschaffung eines Autos Priorität. In den folgenden Jahren kam immer etwas anderes dazwischen. Jetzt endlich sollte es mit einem Israelbesuch klappen. Anfang Oktober war es dann endlich so weit!
Den 29. September, ein Samstag, nutzten wir erst noch zu einer Fahrt an die Elbe, um Ankes Geburtstagsgeschenk einzulösen: eine Fahrt mit einem Raddampfer von Pirna nach Bad Schandau und zurück.

Unmittelbar nach ihrem Geburtstag fuhren die Dampfer nicht, weil die Elbe Hochwasser führte. An diesem Septembertag war schönes Wetter. Wir konnten auf Deck sitzen. Anke aber war die meiste Zeit im Maschinenraum, wo ihr freundlicherweise das Schiffspersonal einen Platz eingeräumt hatte. Der Maschinist war nicht wenig erstaunt, dass sich eine Frau so sehr für die Technik begeistern kann. Das Mädel haben wir selten so glücklich gesehen.

Israelreise
Am Morgen des 6. Oktober holte ich Maike und Birgit vom Zug in Chemnitz ab. Am Folgetag starteten wir früh 4.00 Uhr mit dem PKW nach Zschorlau; d.h. wir fuhren zunächst nach Thierfeld, wo Maike und Birgit in das Auto von Werner und Eike umsteigen konnten, während ihr Gepäck in unserem Wagen verblieb, das aber nunmehr nicht mehr auf dem Schoss behalten werden musste. Mit beiden PKWs ging es weiter nach Zschorlau. Dort konnten unsere Autos für die Reisezeit verbleiben. Wir stiegen in einen Kleinbus zu Reiseteilnehmern aus Zschorlau um und gelangten so gut nach München. Das Flugzeug startete zwar erst 13.00 Uhr, aber aus Sicherheitsgründen hatten wir uns drei Stunden vor dem Abflug der Maschine auf dem Flughafen einzufinden. Nach strenger Befragung und Handgepäckkontrolle durften wir die Boing 767-200 der EL-AL besteigen. Die Flugroute verlief über Österreich, das östliche Slowenien, Kroatien, Serbien, Mazedonien, Griechenland und das Mittelmeer. Gegen 16.40 Uhr setzte die Maschine sicher und ruhig auf dem Flughafen "Ben Gurion" auf. Die Uhr brauchten wir nicht zurückzustellen, da in Israel bereits Winterzeit herrschte, während wir in Mitteleuropa noch in der Sommerzeit lebten. Ungefähr nach einer Stunde hatte unsere Reisegruppe auch den letzten Koffer, so dass alles Gepäck, in den vollklimatisierten Bus verstaut werden konnte. Reiseführer "Zwicka" (es ist sein Spitzname) stellte sich vor. Der Busfahrer wurde "Jimmi" genannt. Der Bus brachte uns vorbei an Tel-Aviv, Netanya, Hadera, Haifa und Akko nach dem rund 160 km entfernten Shavei Zion in Westgaliläa. Das "Hofit Hotel Beit Hava" erreichten wir 19.15 Uhr. Wir erhielten einen Willkommenstrunk, dann unsere Zimmerschlüssel. Nachdem wir uns erfrischt hatten, trafen wir uns zum gemeinsamen Abendessen. Anschließend spazierten wir trotz des anstrengenden Tages noch einmal an das nahe Ufer des Mittelmeeres bei recht milden Temperaturen, bevor wir uns schlafen legten.

Der erste Tag (08.10.01)
"Shavei Zion" (es bedeutet "Rückkehr nach Zion") hat heute rund 700 Einwohner und ist eine Gründung deutscher Juden, die 1938 nach der Kristallnacht in das britische Mandatsgebiet Palästina kamen. Sie stammten überwiegend aus dem Schwäbischen.
Nach den damaligen Bestimmungen durfte ein Haus, das mit einem Dach versehen war, nicht wieder abgerissen werden. Die jüdische Gruppe erbaute zwischen Sonnenauf- und untergang gemeinsam und nacheinander ihre Häuser. In der Mitte des Platzes wurde ein Beobachtungsturm errichtet. Rund um die Häuser errichtete man einen doppelten Bretterzaun mit Steinen dazwischen. Nur Schießscharten für die Verteidigung blieben frei. Das sahen wir als Modell in einer Gedenkstätte. Schon damals versuchten die in der Nähe wohnenden Araber die Neuankömmlinge wieder zu vertreiben. Die aber legten in dem öden und unbewohnten Landstrich Felder an und bewässerten diese.
Heute ist "Shavei Zion" ein leistungsfähiges Kibbuz. Es betreibt Rindermast und Hühnerhaltung, baut aber auch Tomaten, Advokado, Baumwolle, Orangen und Obst an.
Die Einwohner pflegen eine archäologische Stätte (die Reste einer byzantinischen Kirche): der Mosaikfußboden ist teilweise erhalten.
Für die Senioren des Kibbuz, es sind meist nur Frauen, ist mit finanzieller Unterstützung der Stadt Stuttgart ein Altersheim entstanden. Unser Chor erfreute die Damen mit einigen Liedern. Mit ihnen konnten wir uns deutsch unterhalten. Sie zeigten uns stolz ihre Zimmer, die wie Apartments in einem Fünfsternehotel anmuteten.
Im Nachbarort besuchten wir ein Ferienheim für Holocaustgeschädigte (Menschen, die im KZ waren bzw. deren engste Angehörige), das "Liebeswerk Israel Zedakah" in Beth-El. Es wird vom Missionswerk Bad Liebenzell finanziert. "Zedakah" heißt soviel wie Gerechtigkeit,
Wohltätigkeit. Das Heim wird von deutschen Mitarbeitern bewirtschaftet. Die Wartezeit für Erholungssuchende (für zwei Wochen, kostenlos, jeweils 42 Gäste) beträgt inzwischen drei Jahre. Während der Tage des Laubhüttenfestes nutzte eine Gruppe messianischer Juden das sonst ausgebuchte Heim.
Im Schutzraum des Heimes (jedes israelische Gebäude muss einen Schutzraum besitzen, sonst schreitet das Bauamt ein!) zeigte man uns eine Multimediaschau über den Bau und die Entwicklung des Heimes und des umgebenden Parks.

Den Nachmittag verbrachten wir am Strand des Mittelmeers mit Schwimmen, Sonnenbad und Muschelsuchen. Für den Abend waren wir zur Synagogenfeier eingeladen: Schabbatbeginn. Gegen 17.30 Uhr fanden wir uns in der Synagoge ein: die Männer mit einer Kopfbedeckung, die Frauen bedeckten ihre Schultern durch ein Tuch und trugen lange Röcke.
Männer und größere Knaben nehmen in der Synagoge den Mittelraum ein. Die Frauen sitzen links und rechts in abgeteilten Galerien, damit sie nicht die Männer weder bewusst noch unbewusst vom Gottesdienst ablenken.
An diesem Tag feierte man nicht nur Schabbatbeginn, sondern auch das Ende des Laubhüttenfestes und die "Thora-Freude". In der Lesung wurde das letzte Kapitel des 5. Mosebuches beendet, diese Thorarolle geschlossen und die neue Thorarolle des ersten Mosebuches prozessionsartig durch die Synagoge getragen.
Wir bewunderten den Vorsänger, einen schmächtigen Menschen mit einer wundervollen Stimme. Er hatte viel zu singen! Nach dem Gottesdienst erhielten die Kinder Süßigkeiten. Sie tanzten freudig im Vorraum der Synagoge.
Nach dem Abendbrot probierten wir anlässlich des Schabbatbeginns ein Glas von dem schweren israelischen Rotwein.

Der zweite Tag (09.10.)
Nach dem Frühstück, pünktlich 8.00 Uhr fuhren wir mit dem Bus nach Akko (Acre). Die geschichtsträchtige Stadt hat heute rund 50.000 Einwohner. Soviel Einwohner sollen es auch zur Zeit der Kreuzritter gewesen sein, als Juden, Mohammedaner und Christen friedlich zusammen wohnten. Akko ist ein Fischereihafen. An Sehenswürdigkeiten zeigte uns "Zwicka" die "El Jezzar Mauer", die Krypta der Johanniter (das zweitälteste Beispiel gotischer Architektur), eine alte Karawanserei und einen orientalischen Basar.
Weiterfahrt nach Nazareth.
Zu Jesus Zeiten habe Nazareth etwa 120 Einwohner gehabt, heute seien es 100.000. Es zählt zu den "gemischten Städten", wo Juden, Araber und Christen meist friedlich zusammen wohnen, ist aber wohl die größte arabische Stadt innerhalb Israels.
Wir suchten die Verkündigungskirche auf. Sie wurde 1965/69 von Geldern der Katholiken der ganzen Welt erbaut und ist heute die größte Kirche im Mittleren Osten. Trotz verblüffender Modernität fügt

sie sich gut in die historische Atmosphäre ein. Die Basilika besteht aus zwei übereinanderliegenden Kirchen, in die Elemente der Byzantinischen Zeit und der der Kreuzfahrer mit einbezogen wurden. Gleich neben diesem Bauwerk steht die wesentlich kleinere 1914 erbaute Josefkirche. An dieser Stelle sollen einst Wohnung und Werkstatt von Josef gestanden haben.

Die Mittagsrast hielten wir in einem Selbstbedienungsrestaurant eines Kibbuz am Stadtrand von Nazareth. Von Weitem erkannten wir das arabische Dorf Kafr Kana, die Stätte der Hochzeit von Kanaan.

Die Weiterfahrt führte uns über Afula durch eine fruchtbare Ebene, das "Jezreel- (oder Yizreel-)Tal" { "Gott sät"], später am "Taborberg" vorbei, den wir aus zeitlichen Gründen nicht besuchen konnten, zum "Sachne-Nationalpark" und den "Quellen von Ein Harod".

So ein schön angelegtes Freibad hatten wir noch nicht gesehen. Leider konnten wir nur eine Stunde bleiben, doch es reichte für ein Bad.

Wir kamen nach "Megiddo" (die Festung, die die Ebene bewacht). Die Ausgrabungen zeigten die Reste von Zisternen, Wassertrögen, Kasematten, Getreidespeichern und des Palastes. Salomo unterhielt hier eine Garnison mit 400 Pferden samt Streitwagen.

Wir stiegen die 183 Stufen zum Wassertunnel hinunter, der unterirdisch zur Wasserquelle außerhalb der Festung führte; durch diesen besaß die Festung immer Wasser . Die Quelle selbst war ummauert und mit Steinen und Erde überbaut. Heutzutage ist die Quelle versiegt. Das Wasser wird von den Menschen der umliegenden Dörfer in Tiefbrunnen abgefangen. Sie benötigen es für ihre Landwirtschaft.

Entlang des kleinen "Kishonbaches" fuhren wir in Richtung Haifa. Wir gelangten an Melonenfeldern, Obst- und Orangenplantagen vorbei. "Zwicka" erzählte uns, dass der Obst- und Gemüseexport wertmäßig noch vor den Diamanten und den High-Tech- Erzeugnissen an erster Stelle steht.

Im Hotel blieb wieder Zeit, dass wir uns vor dem überreichlichen, schmackhaften Abendbrot frisch machen konnten. Vor dem Schlafengehen trieb es uns erst noch einmal an das Ufer des Mittelmeeres.

Dritter Tag (10.10.)

Erstes Tagesziel war Safed (Zefat), die "Stadt auf dem Berge". Die Stadt liegt gut 1000 m über dem Jordantal und besitzt ca. 20.000 Einwohner. Safed zählt seit dem 16. Jahrhundert zu den heiligsten jüdischen Städten. Berühmte Rabbis lebten und lehrten hier. Eine chassidische Synagoge suchten wir auf. Der Kirchendiener war mit unserem Besuch einverstanden. Da wir zehn Männer in der Reisegruppe zählten, durfte ein jüdischer Gottesdienst stattfinden. "Zwicka" fungierte als Vorsänger. Da außer dem Kirchendiener, seinem Sohn und "Zwicka" keine weiteren Juden im Raum waren, mussten wir uns nicht getrennt von unseren Frauen niederlassen. Der Chor sang hebräische und deutsche Lieder. "Zwicka" beantwortete unsere Fragen zur Synagoge und zum jüdischen Gottesdienst.

Safed verfügt über ein recht ansprechendes, viel Atmosphäre ausstrahlendes Stadtbild. Die Haupteinkaufsstraße ist größtenteils eine Fußgängerzone. Die Stadt besitzt ein "Künstlerviertel". In niedrigen, verschachtelten Häuschen leben etwa 60 Maler und Bildhauer. Auf den Straßen fielen uns viele orthodoxe Juden durch ihre Kleidung, Hut, Bart und Schläfenlocken auf. Einer von ihnen sprach uns wegen unserer nationalen Schuld an. "Zwicka" konnte ihn beruhigen, wir wären Freunde des Landes.

An den Hängen baut man unterhalb von Safed bis auf etwa 750 m NN Wein an. Daneben gibt es viele Olivenhaine. Zur Zeit unseres Besuches war die Vegetation recht trocken. Das Land wartete auf Regen.

Wir passierten das Dorf "Rosh Pinna", eine Gründung rumänischer Juden um 1882. Mit finanzieller Unterstützung des Barons Rothschild konnten die Siedler damals das Land erwerben, urbar machen und bebauen.

Unser nächstes Ziel war der "Berg der Seligpreisung" am Nordufer des Sees Genezareth. Unser Chor sang in dem Gotteshaus einige Choräle. Von der Kirche aus liefen wir in ziemlichen Tempo an Bananenpflanzungen vorbei hinunter zum "Galiläischen Meer". Am See suchten wir die "Kirche der Brotvermehrung" in "Tabigha" auf. Sie wurde von deutschen Benediktinern 1936 errichtet. Aber schon im 5. Jahrhundert stand hier eine byzantinische Kirche mit den schönsten, noch heute erhaltenen Mosaiken des Heiligen Landes.

Der Bus brachte uns nach Kapernaum, wo wir archäologische Ausgrabungen besichtigten.

In einer nahen Gaststätte aßen wir den "Petrusfisch", den es nur im See Genezareth gibt. Erschreckt waren wir, dass der Wasserspiegel um 7 m tiefer lag als normal. Man benötigte nunmehr drei

Landungsbrücken, dass wir in das Fischerboot gelangen konnten, das dem Boot des Petrus nachgebaut worden war. Es brachte uns nach Tiberias, heute eine rein jüdische Stadt, eine der vier heiligen Städte des Landes. Die Stadt besitzt ca. 45.000 Einwohner und liegt 206 m unter NN.
Bevor wir in unser Hotel zurückkehrten, suchten wir noch die Taufstelle im Jordan auf, wo Johannes der Täufer gewirkt haben soll. Dann ein letzter Fotostopp an der Stelle, wo wir wieder in Meeresspiegelhöhe ankamen.
Nach dem Abendbrot hörten wir einen interessanten Vortrag über die Entwicklung der Kibbuzin.

Donnerstag (11.10.)
Start: 8.00 Uhr. Über Achihud, ein Dorf jemenitischer Juden und die saubere und gepflegte mit sehr viel Grün versehene Stadt Karmi`el, mit deren Bau erst 1965 begonnen wurde, fuhren wir durch Nordgaliläa zu den Golanhöhen. Vorher passierten wir noch die Siedlungen Korazim und Elifelet und das Hulatal.
Im vorigen Jahrhundert fanden die ankommenden Siedler hier noch malariaverseuchte Sümpfe vor. Das unbrauchbare Land kaufte Rothschild den Arabern ab. Die Einwanderer legten das Land trocken und machten es urbar.
Heute existieren im Tal eine Reihe von Kibbuzim, die Obst, Orangen, Bananen, Wein, Dattelpalmen, Ölbäume und Gemüse anbauen. Die Arbeiten auf den Feldern waren bis zur Eroberung des Golan sehr gefährlich, weil die fleißigen und friedlichen Bauern oft vom Golan aus beschossen wurden. Der Betonbunker unmittelbar neben dem Kinderspielplatz der Stadt Kiryat Shmona führte uns diese Gefahr deutlich vor Augen.
In der Gemeinde Hagoshrim entdeckten wir eine Plantage, in der Mangobäume wuchsen.
Wir fuhren weiter zum Bania, einem der drei Jordanquellflüsse. Vom Busfenster aus erkannten wir einige alte syrische Bunker und ein umzäuntes Gebiet, das aus syrischer Zeit noch vermient ist. Und schon waren wir am Eingang des Nationalparks "Banias". Ein Fußpfad führte zu den vom Hermon (2224 m NN) herabkommenden Bania, der hier im Nationalpark einen etwa 10 m hohen Wasserfall besitzt. Die Wassermenge war enorm, sogar jetzt in der trockenen Zeit. Uns wurde deutlich, dass die Golanhöhen nicht nur strategisch, sondern auch für den Wasserbedarf enorm wichtig für Israel sind.

Wir besuchten in unmittelbarer Nähe die archäologischen Ausgrabungen von "Caesarea Philippi". Nach "Merom Golan" bestiegen wir den 1200 m hohen "Bentalberg". Von hier oben hatten wir in westliche Richtung einen guten Blick ins Hulatal. Nach Osten blickten wir nach Syrien. Vor uns lag die Stadt "Kunetra (Quneitra)", die Israel an Syrien zurückgegeben hat. Die Stadt wurde jedoch nicht wieder von syrischen Siedlern bezogen, sondern wird für militärische Übungen benutzt. Von Norden her grüßte uns der Hermon.

Auf den Golanhöhen durften wir die heute nicht mehr genutzten Unterstände, Bunker und Laufgräben durchwandern, was uns sichtlichen Spaß bereitete. An den Krieg von 1973 wollten wir in diesem Moment nicht denken.

Über "Ein Zivan" und "Katzrin" gelangten wir nach "Gamla". In einer Gedenkstätte erlebten wir eine Multimediaschau. Dann durften wir zur Festungsruine "Gamla", das "Massada des Nordens" wandern, besser klettern. "Zwicka" passte gut auf, dass jeder seine gefüllte Wasserflasche bei sich trug. Über uns kreisten die Geier als wäre über die Zeiten die Mär weiter gegeben worden, dass dort etwas zu holen sei. Doch die Aasvögel mussten erfolglos abdrehen. Dank der Wasserflaschen gelangten wir alle wieder zurück zum Bus.

Über "Bethseida (Beit Saida)" am nordöstlichen Ufer des Sees "Genezareth", "Almagor" und wieder Korazim und Akko gelangten wir am Abend wieder in unser Hotel in "Shavei Zion".

Freitag (12.10.)
An Akko vorbei fuhren wir an diesem Tag nach Haifa, dem Haupthafen Israels.

Haifa ist nach Jerusalem und Tel Aviv mit inzwischen 340.000 Einwohnern die drittgrößte Stadt und ein wichtiger Industriestandort des Landes. Es ist auch Sitz einer Universität und einer Technischen Hochschule. Selbst ein kleiner Flughafen existiert hier. Es gibt eine U-Bahn mit bereits sechs Stationen vom Hafen bis hinauf auf die 500 m hohe Hochebene des "Karmels". Haifa ist eine "gemischte Stadt": Juden, Araber und andere Moslems, Drusen und Christen wohnen hier friedlich beieinander.

Im 19. Jahrhundert siedelte sich hier eine deutsche Kolonie der "Templer" an.

In Haifa befindet sich aber auch das höchste Heiligtum der weltweit etwa 5 Millionen zählende Glaubensgemeinschaft der Bahai-Anhänger. Ihr Schrein ist ein Wahrzeichen der Stadt inmitten eines wunderschönen "persischen" Parks.

Auf der Weiterfahrt kamen wir durch das Drusendorf "Daliyat el Karmel", wo wir aus dem Busfenster Kopftuch tragende Frauen und Männer mit großen Schnurbärten, einer fezartigen Kopfbedeckung und manche sogar mit Beutelhosen beobachteten. Unser Ziel war die "Karmel-Gedenkstätte". (Näheres liest man in 1. Könige 18).

Ich streifte nach der Besichtigung ein wenig in die Umgebung und entdeckte zwei drusische Frauen, die Flatenbrote herstellten. Ich hole die anderen herbei. Der im gleichen Moment mit dem Auto ankommende Druse sprach kurz mit Frau und Tochter. Dann schenkte er uns ein Fladenbrot, von dem alle 25 Reiseteilnehmer probieren durften.

Unsere Fahrt ging wieder vom "Karmel" hinunter in den nördlichen Teil der Sharon-Ebene und über "Zichron Ya`akov", wo der helle Jurakalk abgebaut wird, den man in Jerusalem für den Bau der Häuser benötigt. Der helle Steinbruch im krassen Farbwechsel zu den grünstrotzenden Plantagen!

Das nächste Ziel: das geschichtsträchtige "Caesarea (Qesariyya)" am Mittelmeer.

Hier gab es viel zu sehen und zu fotografieren. Erhebend für mich, wie unser Chor im alten Amphitheater seine Choräle sang. Waren wir doch auch hier die einzigen Besucher, wo sonst eine Reisegruppe nach der anderen hindurchgeschleust wird.

Nach einer erholsamen Mittagspause gelangten wir über "Hadera" (früher ein malariaverseuchter Sumpf, 1891 gegründet und heute über 40.000 Einwohner), und die Großstadt "Netanya" (im Jahre 1928 inmitten von Sanddünen gegründet, wegen des angenehmen Klimas und eines schönen Strandes heute ein beliebter Ferien- und Badeort; 110.000 Einwohner) nach Tel Aviv.

Die Stadt wurde 1910 gegründet. Heute ist sie das wichtigste Wirtschaftszentrum des Landes und als Doppelstadt Tel Aviv - Jaffa die zweitgrößte Stadt Israels mit einer halben Million Einwohner. Der Großraum bildet sogar ein Ballungsgebiet von zwei Millionen Menschen.

Bei der Stadtrundfahrt kamen wir an der Pizzeria vorbei, wo sich wenige Tage zuvor ein arabischer Terrorist in die Luft sprengte und dabei viele israelische Jugendliche sowie zwei Touristen aus Amerika in den Tod riss.

Unser Tagesziel war heute Jerusalem, das wir gern vor Schabbatbeginn erreichen wollten. Wir begrüßten die "Stadt des Friedens" mit einer Psalmlesung (Psalm 122).

Unsere Unterkunft erhielten wir in dem mächtigen Kibbuzhotel "Ramat Rachel". Nachdem wir uns in unseren Hotelzimmern eingerichtet und erfrischt hatten, trafen wir uns im Speisesaal zur Feier des Schabbatbeginns. Viele israelische Großfamilien befanden sich schon mitten drin in ihrer Feier. Nach dem Mahl wollten wir die Altstadt aufsuchen.

Vom Zionsberg aus betrachten wir die beleuchtete Stadt. "Zwicka" benannte uns die wichtigen Gebäude. Dann gelangten wir durch das "Kidrontal" zur Altstadt. Vor dem Damskustor beräumten Araber die letzten Reste ihres Marktes. Ein großer Gegensatz zu der sonst herrschenden Schabbatruhe! Durch das "Löwentor" betraten wir die Altstadt und befanden uns im Moslemviertel. Wir liefen um den Tempelberg herum zur Klagemauer und erreichten das jüdische Viertel. Heute am Schabbat waren nur wenige Juden unterwegs. Wir konnten ohne den sonst üblichen Andrang den scharf bewachten Platz vor der Klagemauer betreten und uns der Klagemauer nähern; streng getrennt die Abschnitte für Frauen und Männer.

Ich schaute auf meine Armbanduhr: 22.00 Uhr. Verstohlen blickte ich hinauf auf den Tempelberg und zu der Stelle, von wo schon so oft extreme Moslems die unten Betenden mit Steinen beworfen hatten. Heute war dort oben Ruhe!

Beim weiteren Gang durch die Altstadt verlor ich die Orientierung. Vielleicht waren auch die Eindrücke etwas viel. Ich registrierte noch eine alte, ruinenhafte Synagoge, das Herodianische Wohnviertel, eine bedeutende archäologische Ausgrabungsstätte und die große vergoldete Minora hinter Panzerglas - beleuchtet und streng bewacht. Müde strebten wir unserem Hotel zu.

Samstag (13.10.)

Nach dem Frühstück zog es uns erneut auf den Ölberg. Heute genossen wir den Anblick Jerusalems im Tageslicht. In der "Dominus Flavit-Kirche" ["Der Herr hat geweint"] hielten wir unsere Andacht.

Durch das Fenster schauten wir auf den Tempelberg. Der Chor sang. Für meine Ohren: ein Engelschor! Der Franziskanermönch, der, wie er uns sagte, aus Fulda stammte, schien wie ich zu empfinden. Er war von unserer Gruppe so begeistert, dass er uns zum "Garten Gethsemane" begleitete, in dem wir noch einige über 2000 Jahre alte Ölbäume fanden.

Wir besichtigten die dreischiffige "Gethsemane Basilika of Agony", die "Kirche der Nationen" und die russisch-orthodoxe "Maria-Magdalene-Kirche", dann kehrten wir vorbei an Marias Grab durchs Kidrontal zur Altstadt zurück, die wir ein zweites Mal durch das "Löwentor" betraten, passierten einen Basar und eine arabische Schule, aus der lautes Kinderlärmen klang, liefen an der "St. Anna-Kirche" vorbei zum "Schafstor" ("Herodestor") und zum Teich "Bethesda", wo wir die Ausgrabungen besichtigten. Anschließend lenkten wir unsere Schritte in die im 12. Jahrhundert erbaute "St. Anna-Kirche". Kein Warten! Unser Chor sang. Dabei wurde die wundervolle Akustik deutlich. Danach eilten wir die "via Dolorosa" entlang von einer Leidensstation zur anderen: "Verurteilungshofkapelle", daneben der wuchtige "Ecce homo-Bogen", dann die "Verurteilungskirche", die "Kirche der Schwestern Zion" durch einen stark bevölkerten Basar zur "Grabeskirche". Wieder war kein Warten nötig, wir durften sofort eintreten.

Sechs Religionsgemeinschaften haben diese Kirche regelrecht unter sich aufgeteilt, recht unübersichtlich und sehr hinterfragenswert.

In der einzigen evangelischen Kirche Jerusalems, der "Erlöserkirche" fühlten wir uns wohler. Täglich wurde hier mittags 12.00 Uhr eine Andacht gehalten, heute von einer jungen Pastorin aus der Nähe von Nürnberg. Unser Chor umrahmte die Andacht musikalisch.

Dann gab es Mittagessen. Danach statteten wir dem Abendmahlssaal", im Kreuzritterstil erbaut, einen Besuch ab. Nach der moslemischen Eroberung befand sich hier eine Koranschule. Nach dem "Sechstagekrieg" wurde das Gebäude wieder als Kirche geweiht.

Und weiter ging`s! Am Rande des "Hinnomtales" zum Grab Davids, die zweitheiligste Stätte der Juden nach der Klagemauer. Dicht daneben hat man einen "Märtyrerraum" zum Gedächtnis der von den Nazis ermordeten Juden eingerichtet. Dann besuchten wir die katholische Kirche "Dormitio Sanctae Mariae" [Todesschlaf der heiligen Maria].

Entlang der Außenseite der westlichen Altstadtmauer, vorbei an der Zitadelle mit dem Davidsturm begaben wir uns durch das "Jaffator" in das Armenische Viertel der Altstadt. Während die anderen zur Basarstraße liefen, um einige Andenken einzukaufen, blieb ich erschöpft innerhalb des Jaffatores auf einer Steinbank sitzen und betrachtete das Leben der Einheimischen.

Als alle Reiseteilnehmer vollzählig zurück waren, begaben wir uns zum Bus, der uns zurück ins Hotel "Ramat Rachel" brachte. Nach dem Abendbrot war eine Stadtrundfahrt und ein Bummel durch die Fußgängerzone der Jerusalemer Neustadt angesagt.

Sonntag (14.10.)
Um 9.00 Uhr waren wir in der Knesset angemeldet. Vor der fünf Meter hohen "Menorah" blieb Zeit für eine Gruppenaufnahme. Beim Betreten der Knesset mussten wir nicht einmal den Pass vorweisen. Das Wort unseres Reiseleiters genügte. Da die Parlamentsferien erst am Folgetag zuende gingen, durften wir sogar den Plenarsaal betreten, auch einige wenige andere Räume, darunter die Bibliothek. In der "Chagall-Halle" wurden uns die Mosaiks und Wandteppiche nach dem Entwurf des begnadeten Künstlers gezeigt und erklärt. Nach einundeinerhalben Stunde verließen wir die Knesset und fuhren zur Holocaustgedenkstätte "Yad Vashem" am "Har Hazikaron" (Hügel des Gedenkens) und zum "Tal der verschollenen Gemeinden". Das Ganze einfach ergreifend! 13.20 Uhr fuhren wir weiter zum größten und modernsten Krankenhaus des Nahen Ostens, dem "Hadassah-Medizinzentrum". In diesem Komplex besuchten wir die Krankenhaussynagoge und bewunderten darin die von Marc Chagall geschaffenen zwölf Glasfenster, die die 12 Stämme Israels symbolisieren.

Kurz vor 15.00 Uhr zeigte man uns im westlichen Vorort "Bet Vegan" im Garten des "Holyland Hotels" auf einem Areal von 1000 qm das im Maßstab von 1 : 50 gefertigte Modell "Jerusalem zur Zeit Jesu".

Auf der Rückfahrt durchfuhr der Bus den Stadtteil Jerusalems, in dem die "streng orthodoxen" Juden wohnen, gegründet 1872. Diese Menschen leben heute noch so wie vor hundert Jahren: die Männer fast nur in Kaftan und mit Hut, die Frauen kaum ohne Kopftuch.

In der Jaffastraße fielen uns einige moderne Hotels auf.

Um 16.20 Uhr waren wir in der berühmten Diamantschleiferei angemeldet. Israel importiert Rohdiamanten und exportiert geschliffene Brillianten in alle Welt, ein wichtiges Exportgut. Zuerst zeigte man uns einen Film, dann durften wir zuschauen, wie die Diamanten geschliffen werden. Schließlich versuchte man in der Verkaufsabteilung auch uns als Kunden zu gewinnen. Doch keiner von uns war so finanzkräftig, dass er hier die angebotenen Preisvorteile hätte nutzen wollen.

Montag (15.10.01)
Bereits 5.30 Uhr war Aufstehen angesagt, 6.30 Uhr Frühstück. Dann genossen wir vom Dach des Hotels einen Rundblick über Jerusalem, das flächenmäßig größer sein soll als Paris. Wir schauten zum nahen Bethlehem, das uns wegen Unruhen versagt blieb.
Eine Stunde später startete der Bus durch die Judäische Wüste, die gleich hinter der Metropole begann, in Richtung zum südlichsten Punkt des Landes: Elat. Auf der Fahrt war ein Höhenunterschied von 1200 m zu überwinden, denn Jerusalem liegt rund + 800 m NN und das Ufer des Toten Meeres rund - 400 m NN.
Wir passierten einige Satellitenstädte von Jerusalem, kamen an nomadisierende Beduinen vorbei, die Schafe und Ziegen sowie einzelne Esel mit sich führten.
Beim Topographischen Punkt 0 m NN wartete ein Beduine mit einem Kamel auf Reisegruppen, die jedoch in diesen Tagen ausblieben. Wir hielten. Birgit und Anke ritten auf dem Kamel einige Meter im Kreis. Von weitem tauchte der "Berg der Versuchung" auf. Bald gelangten wir an das Tote Meer. Im Dunst dahinter erkannten wir das "Mohabiter-Gebirge."
Wir steuerten "Qumran" an: Hier Multimedienschau und Besichtigung der Ausgrabungen.
Nächster Halt bei "En Gedi", wo sich am Steilhang die Höhle befindet, in der sich einst David vor Saul verborgen hatte. Nächster Halt bei den Schwefelquellen von "En Boqeq" und "Neve Zohar", wo schon Kleopatra gekurt haben soll.
Etwa 4 km vom Toten Meer entfernt steht "Massada," 434 m höher. Hier hatten sich die Zeloten unter Eleazar nach dem Fall von Jerusalem verschanzt. Nach dreijähriger Belagerungszeit nahmen die Römer im Jahre 73 die Festung ein. Die Menschen in der Festung hatten sich kurz zuvor umgebracht, denn sie wollten nicht in die Hände der Römer fallen.
Die Besichtigung dieser Festung war für uns ein ähnliches "Highlight" wie "Gamla" oder die Golanhöhen .

Am hoteleigenen Strand des Hotels "Lot" durften wir dem Badevergnügen im Toten Meer nachgehen. Es war schon belustigend, zu sehen, wie die Leute auf dem Wasser liegen.
Gegen 17.00 Uhr gelangten wir nach Elat (Eilat). Der Busfahrer kurvte mit uns als Zugabe eine Rundfahrt durch die sich stürmisch entwickelnde und vom Tourismus geprägte Stadt, ehe er uns vor dem Hotel "Nova" absetzte und wieder seine Heimfahrt nach Haifa antrat.
Während wir in den übrigen Teilen Israels bis auf eine einzige Gruppe keine ausländischen Touristen antrafen, schien der Touristenschwund an Elat vorbeigegangen zu sein. Der Flughafen hat eine recht kurze Landebahn, wird dadurch nur von kleineren Maschinen und nur durch "EL AL" angeflogen.
Zum Abendbrot gab es ein ziemliches Durcheinander. Bäuerinnen, die überwiegend aus der ehemaligen UdSSR stammten, hatten hier einen Kongress und aßen zeitgleich mit uns zu Abend. Lautschnatternde, meist übergewichtige Damen drängten von beiden Seiten zum "Kalten Büfett". Ich geriet zwischen diese "Fleischwalze". Meine noch vorhandenen Russischkenntnisse ermöglichten mir, lebend an unseren Tisch zu gelangen.
Nachdem wir uns gesättigt hatten, gingen wir durch die Stadt noch einmal zu Fuß, streckten unsere Beine ins Rote Meer. Die Lufttemperatur betrug zu dieser Tageszeit noch immer 35°C. An diesem Abend verabschiedeten wir unseren treuen "Zwicka". Er hatte seine Sache ausgezeichnet gemacht. Ihm gebührt Lob und Anerkennung.

Vorletzter Tag (16.10.)
Nach dem Frühstück gelangten wir in drei Jeeps (je 7 Personen + Fahrer) in die Wüste Negev (vier unserer Gruppe wählten die Alternative: Unterwassermuseum). Von "Havat Hayen" aus ging es einem Wadi aufwärts. Unser Reiseleiter war ein gebürtiger Schweizer, der schon seit 23 Jahren in Israel lebt, mit einer Jüdin verheiratet ist und seit 17 Jahren geführte Safaris in die Negev anbietet. Enorm, welche Kenntnisse er besaß, was er uns alles über die Wüste erzählte.
Unter einer schattenspendenden Akazie hielten wir Mittagsmahl. Während er uns zu einer Fundstelle von Versteinerungen führte, bereiteten die beiden Beduinen den Tee und das Mittagessen vor. Zu dem wohlschmeckenden Tee verzehrten wir Pietataschen mit Wurst, Quark, Tomaten und Gurke sowie diversen Saucen, aber auch Kekse und Apfelsinen.

Dann ging ein Jeep kaputt. Während die drei Fahrer versuchten, den Wagen zu reparieren, durften wir selbständig durch die Wüste stromern. Nach einer reichlichen Stunde wurde es deutlich, dass sich der Jeep nicht reparieren ließ. Es wurde zum Aufbruch gemahnt. Die Insassen des kaputten Wagens wurden kurzerhand auf die anderen beiden Jeeps verteilt, der Fahrer des kaputten Gefährtes blieb allein in der Wüste zurück und sollte in der Nacht abgeschleppt werden.

An diesem Abend legten wir uns zeitig schlafen, denn schon um 1.00 Uhr sollten wir telefonisch geweckt werden.

Mittwoch (17.10.)
Wir waren schon vor dem Läuten des Telefons munter. Um 1.30 Uhr wurde ein "Frühstück" gereicht. Um 2.00 Uhr brachte uns ein Bus zum Flughafen, den wir in wenigen Minuten auch zu Fuß erreicht hätten. Die Tore waren noch verschlossen. Dann wieder eine strenge Kontrolle und Aufgabe des Gepäcks. Wir liefen die wenigen Minuten zu dem relativ kleinen Propellerflugzeug, ich schätzte etwa 50 Sitzplätze; aber nur 30 bis 35 Passagiere. Um 5.00 Uhr erhob sich unser "Vogel".

In der Morgendämmerung erkannten wir das Tote Meer, später Jerusalem. Nach 50 Minuten landeten wir auf dem Flughafen "Ben Gurion". Nach einer Stunde Wartezeit durften wir eine Boing 757-200 der "El Al" besteigen. Dank eines Fensterplatzes konnten wir die Route des Heimfluges genau verfolgen, die östlicher verlief als beim Hehrflug von München: Cypern, westliche Türkei, Marmarameer, an der Westküste des Schwarzen Meeres entlang, Bukarest, dann ein großes Stück dem Lauf der Donau folgend, die Dolomiten, wieder die Donau, die Isar, ein Umflug von München und gegen 11.00 Uhr Landung auf dem Münchner Flughafen.

Nachdem alle ihre Koffer zurück hatten, suchten wir die geparkten PKW auf und schon ging es im Konvoi nach Zschorlau.

Ehe wir uns trennten, fanden wir uns noch einmal zusammen zu einem gemeinsamen Dankgebet für die gütige Bewahrung. Auch Stefan Markus dankten wir für seine ausgezeichnete Organisation. Er hatte seine Aufgabe mit Bravour gemeistert. Schließlich bedankten wir uns bei Jürgen, der auf der Israelreise am jeweiligen Ort die dazu vorhandene Bibelstelle vorgelesen hatte.

Wir legten einen Termin fest, an dem wir uns zum Austausch von Fotos treffen wollten. Punkt 18.00 Uhr erreichten wir unser eigenes Heim, glücklich über die Fülle von Erlebnissen in diesen zehn Tagen.

Für Gudrun und Anke begann die Arbeit, ich nahm wieder meine ehrenamtliche gesellschaftliche Tätigkeit sowie den Nachhilfeunterricht auf.
Im November quälte ich mich, die Klinkersteine von der Terrasse abzupickern, weil nach Aussage des Monteurs von "ELKA", sonst die Fußbodenhöhe für den Wintergarten zu hoch käme.
"Was, Wintergarten?"
Uns hatte Herr Gerd Burghardt aus Lugau besucht und für den Bau eines Wintergarten interessiert. Er arbeitete für "ELKA". Erst meinte ich: "Das können wir uns gegenwärtig nicht leisten!" Dann aber machte er einen brauchbaren Finanzierungsvorschlag, den eine Finanzberaterin der Firma bestätigte. Wir sagten zu. Schon im Dezember sollte der Wintergarten auf der Terrasse montiert werden. Eine Baugenehmigung war dafür nicht nötig. Nach der Montage des Wintergartens sollte die Firma Schreiber eine Fußbodenheizung installieren und schließlich Fliesenleger Bianchin die Fußbodenplatten legen. Zu Weihnachten könnten wir den Wintergarten bereits nutzen. Das alles war verlockend.
"Aber vor dem Genuss haben die Götter den Schweiß gesetzt!"
Ich brauchte eine reichliche Woche zu dieser ungewohnten Arbeit.
Frau Liebsch aus der Nachbarschaft lieh uns Gerüststangen. Anfang Dezember stellte ich das Gerüst ganz allein auf. Stolz war ich, dass ich es geschafft hatte.
Aus der Dezembermontage wurde dann doch nichts, weil die Kreditverträge mit der Bank noch nicht geklärt waren. Also Verschiebung der Montage. Die Klinker waren runter. Sorge, dass Wasser in die darunterliegende Garage einsickern könnte, brauchte ich allerdings nicht zu haben, da sich die Isolierschicht noch unter dem entfernten Material befand. Nur die jetzt unregelmäßige Oberfläche störte mich. Aber das musste in Kauf genommen werden. Zum Glück verdeckte über Weihnachten der Schnee den Terrassenboden. Und wie er ihn zudeckte! Auf den Straßen und verschiedenen Eisenbahnstrecken sorgten die Schneemengen und Schneeverwehungen für einen Chaos. Manche Straßen und einzelne Strecken waren direkt unpassierbar. Beim Wegschippen der weißen Pracht vor unserer Toreinfahrt und vor der Garage bekam ich sogar Probleme. Mannshoch türmten sich die Schneeberge an den Seiten des beräumten Weges auf.

Und wieder neigte sich ein Jahr seinem Ende zu.
Wegen der Schneemenge verzichteten wir in diesem Jahr auf den traditionellen Besuch des Silvesterkonzertes in der Chemnitzer Jacobikirche oder Schlosskirche. Die Straßen waren zwar geräumt, aber wir befürchteten, keine Parkmöglichkeit zu finden. So unternahmen wir mit Heinz, Annelies, Maike und Birgit eine abendliche Winterwanderung durch den Schnee, was uns ebenfalls viel Freude bereitete.
In diesen Tagen beschäftigte auch mich, einem Lehrerrentner, die "Pisastudie zum Bildungswesen". Von den Ländern Europas lag unser Land auf Platz 25.
Die Situation überraschte mich nicht.
Propagierte Ganztagesschulen und Nachhilfeunterricht sind kein Allheilmittel. Sie schränken nur die Freizeit der Schüler ein und verringern sowohl Familienetats als auch die Etats der Kommunen. Schüler brauchen mehr persönliche Zuwendungen im Unterricht, damit ihre Stärken gefördert und Schwächen abgebaut werden können. Dazu bedarf es deutschlandweit eine Verringerung der Klassenfrequenzen.
Hatten wir doch zu "DDR-Zeiten" auf diese Weise schöne Erfolge erzielt. Das wurde mir auf jedem Klassentreffen von ehemaligen Schülern bestätigt.
Aufhorchen sollten doch die Verantwortlichen für die Bildung im Land, dass besonders die Kinder finanzschwächerer Eltern die meisten "Versager" stellen.
Wer heute aus Sparsamkeitsgründen die Bildung und Erziehung der Jugend vernachlässigt und dann mit der alten kapitalistischen Methode des "brain drain" ausländische Spezialisten ins Land lockt, untergräbt die Zukunft unseres Landes.
Hatte ich doch im "Bildungsrat" 1990/91 ständig darauf hingewiesen, dass man in Bildung und Erziehung kein Sparprogramm ansetzen dürfe. "Wer das tut, muss nach Jahren ein Vielfaches für Sozialhilfe und im Kampf gegen die Kriminalität zusetzen!" Auch der "Verschleiß" an Lehrern ist durch hohe Klassenfrequenzen höher. Sie werden überfordert und demotiviert.

2002

Der Euro wurde eingeführt: Umwechslungskurs rund 2 : 1. Das war die Theorie. Die Praxis sah anders aus, was sehr bald die ironische Bemerkung "Teuro" zum Ausdruck brachte. Es gab deutliche Preiserhöhungen auf allen Gebieten. Bei Lebensmitteln betrugen diese im Durchschnitt 5 %; besonders spürbar waren die Erhöhungen bei Obst, Gemüse und Konserven. Auch die Verwaltungen der diversen Ämter beteiligten sich an der Preiserhöhung. Verwaltungsgebühren wurden praktisch verdoppelt, sogar neue Gebühren eingeführt. Ich bedauerte die sozial Schwachen, Arbeitslosen und Obdachlosen, die sicher der PDS auf die "Wahlleimrute" gingen. Diese Partei nutzte den krassen Gegensatz zwischen den Privilegierten, den "Besserverdienenden", den Bossen der Wirtschaft und die häufigen Diätenerhöhungen der Abgeordneten gegenüber den mageren Zuwendungen für die Bedürftigen kräftig für sich, um politisches Kapital daraus zu schlagen. "Das letzte Hemd hat keine Taschen!" Diese Volksweisheit weist darauf hin, dass einer nach seinem Ableben nichts mehr von seinem zusammengerafften Wohlstand mitnehmen kann. Weshalb also scheffeln die einen ihre Zuwendungen in Millionenhöhe? Weshalb lassen die regierenden Politiker die Einkommensschere immer weiter auseinander klaffen, statt sie zu verringern? Die Rahmenbedingungen könnten sie durchaus dafür schaffen durch angemessene Einkommenssteuern, zünftige Vermögenssteuern, Verhinderung von Kapitalflucht ins Ausland sowie den Abbau überhöhter Gehälter.

Doch lassen wir diese Überlegungen und wenden wir uns dem persönlichen Alltag zu!

Ende Januar, nachdem die Kredite bewilligt worden waren, kamen die Monteure von "Elka" auf die Stunde genau wie telefonisch angekündigt und setzten in drei Tagen den Wintergarten auf. Die Wetterverhältnisse ließen das zu. Zwei Tage später rückten die Heizungsbauer an und legten die Fußbodenheizung. Sie benötigten dazu nur zwei Tage. Dann mussten wir eine Woche warten, damit das Füllmaterial aushärten konnte. Nun nahm Herr Bianchin die "Stafette". Die Fliesen wurden gelegt. Nach einer weiteren Woche konnten wir den Wintergarten mit Heinz und Annelies "einweihen".

Noch immer war ich durch die Schülerhilfe an zwei Wochentagen gebunden und besuchte die Veranstaltungen des Kreistages, des Stadtrates, des Kirchenvorstandes nebst der entsprechenden Ausschüsse.

In den Winterferien in der zweiten Februarhälfte hatte ich zusätzlich den Bürgermeister zu vertreten. Wenn runde Geburtstage von Senioren anfielen, rückte ich mitunter, wie im Vorjahr, mit zwei Sträußen an, weil ich in diesem Bereich auch den Pfarrer zu vertreten hatte, der mit seiner Familie die Ferien nutzte, um die Eltern in Hessen zu besuchen.

Ansonsten war das Jahr 2002 nur durch einige Kurzbesuche geprägt, was Anke zu der Aussage verführte: "Richtig in Urlaub können wir in diesem Jahr nicht, weil wir den Wintergarten gebaut haben!"

Im März nahmen wir an der Wochenendrüste der "Bekenntnisgemeinschaft" in Rathen teil. Das Osterfest am Ende dieses Monats verlebten wir bei Heinz und Annelies in Nossen, wo wir an zwei Tagen kleinere Wanderungen unternahmen. Heinz hatte seine Hüftgelenkoperation in Döbeln hinter sich und auch seine dreiwöchige Kur in Bad Elster. Annelies durfte in Bad Elster in dieser Zeit bei ihm sein. Zweimal besuchten wir die beiden dort. Jetzt lief er kurze Strecken, zwar noch mit Gehhilfe, aber schmerzfrei.

Am 19. April traf ich mich mit mehreren ehemaligen Klassenkameraden in Dresden zur Urnenbeisetzung unseres "Klassenbruders" Ulrich Wagler. Uli war schon lange herzkrank und hatte zuletzt zwei Herzklappenoperationen überstanden. Er war bereits der fünfte aus der Klasse, von dem wir uns verabschieden mussten, seit wir genau vor 50 Jahren nach dem Abitur auseinander gegangen sind.

Die Tage um den 1. Mai hatten wir Gudruns Freundinnen Renate und Anngret aus Grünheide zu Besuch. Gudrun hatte ein paar Tage Urlaub genommen, so dass wir mit den beiden auch einige Ausfahrten unternehmen konnten. An einer solchen Ausfahrt beteiligten sich auch Heinz und Annelies, Gabi und Christian. Das Ziel: Burg Scharfenstein und Schloss Wolkenstein. In Scharfenstein suchten wir unter anderen den "Stülpner-Winkel" auf, wo das Geburtshaus von Karl Stülpner gestanden hat. Auf dem Schlosshof war durch ein "Bikertreffen" viel Betrieb. Die vielen Motorräder, darunter recht interessante und ausgefallene Typen, war eine zusätzliche Attraktion! Interessant die Ausstellungen im Burgmuseum!

Am anderen Tag nahmen wir uns Annaberg vor. Das Mittagessen nahmen wir selbstverständlich auf dem Pöhlberg ein, mein "Hausberg" aus der Kinderzeit.

Am Himmelfahrtstag stand für uns drei eine Radtour über die "Waldesruh", dem Pfarrwald, Zschocken und Thierfeld auf dem Programm.

Am Sonntag "Exaudi" planten wir mit Heinz und Annelies eine Ausfahrt nach Altenberg und Geising, wobei wir auch den "Kahleberg" bestiegen. Heinz mit Krücken, aber er kam gut voran.

Das Pfingstfest verlebten wir bei den Fürstenwalder Freunden und unternahmen mit ihnen etliche Wanderungen.

Im Juni fand die Hochzeit von Gudruns Patenkind Christoph Schreiter und seiner lieben Maj statt. Wir waren eingeladen. Die Hochzeit fand in Blumenow, einer nordbrandenburgischen Dorfkirche, die Feierlichkeiten in Tornow in einem richtigen Schloss bzw. durch das wundervolle Wetter tagsüber im dazugehörigen Schlossgarten statt. Das Schloss wird für solche Feierlichkeiten vermietet. Selbst für die Übernachtung in diesem Schloss waren genügend Räume für die zahlreichen Gäste reserviert.

Eine Woche später folgten wir der Einladung von Maria und Rudolf Göttsching, mit denen seit 1957 freundschaftliche Beziehungen bestehen, als Rudolf als junger Pfarrer in Oelsnitz seine erste Pfarrstelle bekam. Die beiden wohnen jetzt in Nünchritz im Haus der Tochter Irene.

Das Wetter war günstig für schöne Wanderungen auf der "nördlichsten Weinstraße Deutschlands" oberhalb von Diesbar-Seußlitz sowie des Schlossparks von Zabeltitz.

Die Landesgartenausstellung in Großenhain interessierte und erfreute uns.

Ende Juni besuchten uns die Nürnberger Freunde. Freitag nach "Fronleichnam" war für Edith schulfrei. So nutzen Mazilescus das verlängerte Wochenende, zu uns nach Oelsnitz zu kommen. Wegen Eugen waren zwar keine großen Wanderungen möglich, aber einige Ausfahrten und kleinere Spaziergänge. Besonders angetan waren die "Nürnberger" von der Lichtensteiner "Miniwelt".

In der ersten Julihälfte gab es für mich genau den gleichen Vertretungsdienst wie in den Winterferien.

Die darauffolgende Woche fand man erneut in Fürstenwalde bei Helga. Mit ihr besuchten wir die Brandenburgische Landesgartenausstellung in Eberswalde und das Schiffshebewerk in Niederfinow, wo wir die gebotene Gelegenheit nutzten, uns mit einem Schiff die 36 m Höhenunterschied emporheben zu lassen. Diese "Schiffshebung" stellte für Anke ein besonderes Highlight" dar. Eine Autotour führte nach Eisenhüttenstadt, Fürstenberg und Neuzelle. Dabei bildeten die Besichtigung der Neuzeller Kirche und eine gemütliche Einkehr in der Klosterschenke einen Höhepunkt. In Helgas Garten verbrachten wir schöne Stunden. Lukullisch verwöhnte uns die Gastgeberin mit herrlichen Aufläufen. Einen Tag nutzten wir zu einem Besuch von Ankes Schwester und Familie in Briesen. Einen anderen Tag statteten wir Renate und Anngret einen Besuch in Grünheide ab. Ein dritter Tag führte uns nach Berlin und zu Michael. Auf der Rückfahrt nach Oelsnitz nahmen wir Helga mit, unterbrachen die Fahrt in Lübben, um an einer gestakten Bootsfahrt durch den Spreewald teilzunehmen.

Von Oelsnitz aus unternahmen wir etliche Touren mit unserem Besuch. Dabei stand Annaberg im Vordergrund: St. Annenkirche, das Erzgebirgsmuseum einschließlich einer Befahrung in einem ehemaligen Silberbergwerk, ein Bummel durch die Innenstadt und die Ruine des alten Franziskanerklosters.

Eine Fahrt nach Nossen stand mit auf unserem Programm, wobei uns Heinz durch die alten Klosteranlagen und dem Park von Altzella führte. So vergingen die zwei Wochen, in denen die WfB geschlossen war und damit Gudrun und Anke gezwungen waren, diese Tage für Urlaub zu verwenden.

Das letzte Juliwochenende veranstalteten wir im "Waldschlößchen" von Annaberg-Buchholz ein "Cousinen und Cousins"- Familientreffen der Leistnerfamilie: Es gab jeweils sechs Cousinen und sechs Cousins. Zwei Cousins waren allerdings nicht mehr am Leben. Die übrigen kamen mit ihren Ehepartnern. Nur Cousine Ruth fehlte, weil sie gerade an diesem Tag ihren Geburtstag feierte und selbstverständlich ihre Geburtstagsgäste nicht allein lassen konnte. Auch die Ehepartner der verstorbenen Cousins waren in der Runde.

Sogar Tante Anni, inzwischen 86jährig, war mit von der Partie. Wir verlebten einen frohen Nachmittag und Abend. Sonst trafen wir uns nämlich nur zu Beerdigungen.

Christa hatte mich gebeten, die Begrüßung zu übernehmen. Ich verband diese mit einer Fotoausstellung unserer "Altvorderen" und stellte einen "Stammbaum" der gemeinsamen Großeltern zusammen, so weit ich die Vorfahren in Erfahrung bringen konnte. Den Stammbaum erweiterte ich auch in die Zukunft: Kinder, Enkel, Urenkel. Selbst die Geschwister der Großeltern erfasste ich mit deren Nachkommen. Hierbei hatten mir zwei Cousinen meiner Mutter geholfen. Das Ganze machte zwar viel Arbeit, bereitete mir aber auch Spaß und kam bei allen gut an. Zum Treffen bekam ich von den Anwesenden Ergänzungen, die ich einarbeiten konnte. Später konnte ich den Wünschen nachkommen und Kopien der "Ahnentafel" versenden.

Am 1. August trugen wir auf dem Friedhof von Affalter meinen ehemaligen Kollegen Werner Meyer zu Grabe, erst sechzigjährig. Mit ihm war ich von Anfang unseres Zusammentreffens im Kollegium der "Oberschule 1" stets freundschaftlich verbunden. Er hatte mich, als er mein Direktor war, vor einem Rausschmiss bewahrt in der Zeit als der "Wehrkundeunterricht" eingeführt werden sollte. Ich hatte über ihn meine schützende Hand gehalten, als ich Dezernent und Schulamtsleiter war und er mein "Stellvertreter für Ökonomie".

Werner hatte Jahre zuvor in einem Österreich-Urlaub einem Zeckenbiss im Kopfbereich aus Unkenntnis keine Beachtung geschenkt. Einige Zeit später wurde der Betroffene mit Lähmungserscheinungen im Bein- und Armbereich ins Krankenhaus eingeliefert. Dort erkannte man den Zusammenhang Biss und Erkrankung. Während sich die Lähmungen nach einigen Monaten zurückbildeten, wurden die Nieren geschädigt. Zweimal in der Woche musste der arme Kerl an die Dialyse. Zuletzt traten Lähmungserscheinungen an einem Bein auf. Als ich den letzten Krankenbesuch vor seinem Tode bei ihm in seinem Haus in Affalter-Streitwald machte, kam er mir mit einer Gehhilfe entgegen. Nun hatte sich sein Leben vollendet.

Ich dachte zurück an meinen ersten "Westbesuch" bei meiner Cousine Jutta im Jahre 1990 und die gemeinsame Wanderung mit ihr und Alfred in der Eifel. Seinerzeit hatte ich über Alfreds Sorge gewitzelt, wenn er sich von seiner Frau nach jeder Waldwanderung auf Zeckenbefall kontrollieren ließ. Seit ich von der Ursache der Erkrankung von Werner Meyer wusste, hatte ich mir solche Witzeleien abgewöhnt.

Ende September fuhr ich mit Gudrun, Gabi und Christian nach Halle zur Beerdigung von Onkel Hermann, Vaters jüngster Bruder. Er war kurz nach seinem 92. Geburtstag verstorben. Damit endete väterlicherseits die Generation vor mir.
Ebenfalls im September feierten wir in Nossen den Geburtstag von Gudruns Bruder. Am anderen Tag sahen wir uns die Schäden an, die die Freiberger Mulde einige Wochen vorher mit ihrem Hochwasser angerichtet hatte.
Am 5. Oktober war Klassentreffen angesagt.
Das schönste dabei für mich, dass Anita, Gisela und Manfred "mit Ehepartner" angesetzt hatten, so dass ich zu allen nunmehr aller zwei Jahre stattfindenden Treffen meine Gudrun mitnehmen konnte. Der verstorbene Hauptspaßmacher Ulrich Wagner fehlte in der Runde.
Im gleichen Monat hatte ich wieder den Bürgermeister durch dessen Urlaub zu vertreten.
In den Herbstferien kamen einen Tag Christiane, Uli und Adeline aus Recklinghausen zu Besuch, bevor sie nach Beierfeld in ihr zweites Domizil weiterfuhren.
Schließlich reisten wir im gleichen Monat vier Tage in den Harz; diesmal nicht nach Ilsenburg wie 1999, sondern nach Ellrich, direkt ins frühere Sperrgebiet.
Eine gute Bekannte von Gudrun und Maike hatte uns drei sowie Maike und Birgit eingeladen. Die beiden Buben von Degeners waren schon einige Jahre außer Haus und damit genug Platz für die Übernachtung von Gästen. Obgleich Adelheid schwer gehbehindert ist, zeigten uns die Gastgeber die Umgebung von Ellrich ("Heidis" Ehemann hatte sich ein paar Tage Urlaub genommen). Wir besuchten Neustadt und die Burg Hohnstein. In Nordhausen statteten wir Adelheids Eltern einen Besuch ab, bei denen Gudrun und Anke, vor vielen Jahren mehrmals schöne Urlaubstage verbrachten, als diese noch im Bleicheroder Forsthaus wohnten. Auf der Rückfahrt nach Oelsnitz besichtigten wir auf Empfehlung von Degeners das Kloster Volkenroda bei Mühlhausen. Es wurde "unser drittes Zisterzienserkloster" im letzten halben Jahr nach Altzella und Neuzelle.
Die nach Volkenroda neben das Kloster umgesetzte Kirche der "Expo 2001 von Hannover" fanden wir "äußerst nüchtern" im Inneren und "extrem futuristisch" von außen.

Im Oktober feierte das "Kinder- und Jugendtheater" sein 40-jähriges Bestehen.
Von mir erwartete der Leiter, Stephan Müller ein kurzes Grußwort in seiner geplanten Broschüre. Dem kam ich mit den folgenden Worten gerne nach:

"Grußwort zum 40-jährigen "Bestehen des Kinder- und Jugendtheaters"
Das "Kinder- und Jugendtheater" feiert im Oktober 2002 sein 40-jähriges Bestehen. Es werden wieder eine Reihe ausländischer Kinder- und Jugendtheater zu Gast sein, so wie ich dies hautnah vor zwei Jahren miterlebte, als ich als Vertreter der Stadt Oelsnitz die Gäste willkommen heißen durfte. Schon zehn Jahre vorher, in der Wendezeit, kam es zu einer aktiven Begegnung mit dem Leiter dieses Ensembles. Herr Stephan Müller machte sich seinerzeit große Sorgen, dass sein Kindertheater im Zusammenhang mit der Schließung des Oelsnitzer Kulturhauses "Hans Marchwitza" sterben würde. In meiner damaligen Funktion als Dezernent für Kultur und Bildung und als Schulamtsleiter war es mir vergönnt, ihm Unterstützung zu geben. Nach einer Zwischenlösung in einer Oelsnitzer Schule fand Herr Müller schließlich mit Billigung des Landrates eine neue Heimstatt für seine jungen Mimen im heutigen "Theaterpädagogischen Zentrum Stollberg". Dort und an vielen anderen Spielorten, die er mit seiner Kindertheatergruppe aufsuchte, begeisterte er Mädchen und Jungen aus Kindergärten und Schulen. Während viele Vereine über fehlenden Nachwuchs klagen, hat Stephan Müller keine Nachwuchssorgen. So organisierte er mit inzwischen weiteren engagierten Mitarbeitern im Kreis Stollberg im Oktober 2000 das von mir anfangs genannte "IV Internationale Kindermärchen- Theater- Festival". Ohne die Begeisterung und die Hingabe in seiner wunderschönen Aufgabe wären solche erlebnisreichen Tage nicht möglich. Hier leistet er mit seinem Team wertvolle Erziehungsarbeit, bereitet die Jugendlichen auf internationale Begegnungen vor, baut damit sehr aktiv mit am "Haus Europa".
Das "Theaterpädagogische Zentrum" bereichert das kulturelle Leben in unserer Region.
Inzwischen ist der "junge kindertheaterbesessene Mann", wie ich ihn einmal nannte, auch schon ein paar Jährchen älter geworden. Aber im Herzen ist er stets jung geblieben. Mit seinem Elan begeisterte und

begeistert er noch immer "Generationen junger Mimen" - und durch diese wiederum Generationen junger Zuschauer. Ich gratuliere dem "Kinder- und Jugendtheater" recht herzlich zu seinem 40-jährigen Bestehen und wünsche ihm weitere Inspirationen - erst mal für das nächste Jahrzehnt und noch viele, viele frohe glücklich strahlende Kinderaugenpaare auf den Zuschauerplätzen!"

Im Spätherbst unternahmen wir einen Ausflug nach dem Scheibenberg. Wir schauten in die Scheibenberger Kirche hinein, denn ich wollte Gudrun die aus dem Mittelalter erhaltenen "Logen" zeigen. Der freundliche Küster erklärte uns alle "Sehenswürdigkeiten". Da wir schon mal in der Nähe waren, besuchten wir gleich den Pöhlberg mit und auf der Rückfahrt das Schloss Schlettau samt den herrlichen Parkanlagen.

Den Gottesdienst zum 1. Advent, in dem auch die neuen Kirchvorsteher eingeführt wurden, werde ich nie vergessen. Unser Pfarrer hatte sich zum Evangelium "Jesus Einzug in Jerusalem, auf einem Esel reitend" etwas besonderes einfallen lassen.
Ich hatte mich schon anfangs gewundert, warum der Altarplatz mit einer Plane ausgelegt war. Sollte der Teppich gereinigt worden und noch feucht sein? Nein das war nicht der Grund. Zu Beginn der Predigt öffnete sich die Eingangstür und Friedrich Hahn führte einen lebendigen Esel nach vorn. Der Pfarrer predigte heute nicht von der Kanzel, sondern vom Altarplatz. Während er uns vom Esel predigte, der den Herrn getragen hatte, hielt er den Vierbeiner fest am Zügel und fütterte ihn mit Möhren, damit er ruhig stand. Die Kirchvorsteher verglich er ebenfalls mit einem Grautier. Auch sie hätten Lasten zu tragen, würden oft als Esel bezeichnet, weil sie Verantwortung übernehmen würden usw.

Ab Dezember kam innerhalb der Arbeit im Kreistag ein weiterer Ausschuss hinzu, den SPD und PDS erzwungen hatten, weil manche Abgeordneten vermuteten, dass der übeteuerte Kauf des Geländes des ehemaligen Wehrbezirkskommando durch den damaligen Geschäftsführer des Kreiskrankenhauses von dem Immobilienhändler Axel Müller mit der Absicht dort ein Seniorenheim für Stollberg zu errichten, sei unlauter gelaufen. Müller war ein Freund des Landrates,

dieser wiederum der Vorsitzende des Aufsichtsrates der Krankenhausgesellschaft, denn das Kreiskrankenhaus war Eigentum des Kreises Stollberg. Man glaubte, Hertwich habe sich bereichert oder das Ganze so gelenkt, dass Müller bei dem Verkauf einen "Reibach" machen konnte. Mir war von Anfang an klar, dass Udo Hertwich nicht einen Cent dabei verdient hatte.
Ich wiedersetzte mich nicht der Delegierung meiner Fraktion in diesen Ausschuss. Ich verstand mich als Schadensbegrenzer. Viele Wochen beschäftigte uns dieser Ausschuss, was sich schließlich als ein Flop erwies. Als das Ganze nichts nutzte, den Landrat bloßzustellen, überlegte sich Herr Höfer eine neue Anschuldigung. Diesmal ging es um die beabsichtigte Weiterverwendung der Gülleanlage der ehemaligen "Eierfabrik" in Neukirchen als Biogasanlage, was aber erfolglos geblieben war. Auch hier sollten Hertwich Fehler nachgewiesen werden. Leider glaubten sogar in der eigenen Fraktion manche Mitglieder den Unterstellungen, so dass es selbst in den Fraktionssitzungen hoch her ging. So zogen sich die Sitzungen der Ausschüsse viele Monate hin. Sogar die Staatsanwaltschaft wurde schließlich einbezogen. Glücklicherweise war auch hier dem Landrat kein wirklicher Fehler unterlaufen. Während wir in den ersten Sitzungen ziemlich konträr diskutierten, fanden wir schließlich besser zueinander und es ging sachlicher zu.

Zum Weihnachtsfest war Michael mit seiner Hündin "China" bei uns. Am zweiten Weihnachtsfeiertag kam Ankes Schwester Manuela mit ihrem Freund Andreas hinzu. Sie stellte uns ihren zukünftigen Mann vor. Wir fanden ihn prima. Er gewann auch schnell Ankes Vertrauen, was wir besonders an ihm schätzten.
Als der Besuch abgereist war, kamen Maike und Birgit, um wieder mit uns gemeinsam Silvester zu feiern. Am 30. Dezember probierten wir zum ersten Mal die "Citybahn" von Stollberg nach Chemnitz aus. Gemeinsam besuchten wir die "Picassoausstellung", die an diesem Tag noch keinen Besucherandrang aufwies. So konnten wir uns die einzelnen Gemälde in aller Ruhe anschauen.
In diesem Jahr konnten wir es auch wagen, zum Silvesterkonzert in die Chemnitzer Schlosskirche zu fahren. Es lag zwar Schnee, aber die Schneeberge an den Seiten waren kleiner als im Vorjahr, so dass wir keine Sorge hatten, eine Parklücke zu finden.

Der Rückblick auf das Jahr 2002 verlief recht positiv.
Selbst Anke musste zugeben: "Wenn wir auch keinen richtigen Urlaubsplatz gebucht hatten, haben wir doch sehr viel erlebt durch viele Kurzfahrten und Tagesfahrten mit dem Auto bzw. Wanderungen und hatten viele liebe Menschen zu Besuch, die unseren Tagesablauf auch bereichert haben!"
In "meiner Bilanz für das Jahr 2002" schrieb ich Freund Dietger die folgenden Zeilen:
"Viele meiner Freunde, Verwandten und Bekannten meinen, ich sei sehr viel beschäftigt - zu viel! Nun ich befinde mich bereits im Abbau des "Zuviel". Mit Beendigung des vergangenen Schuljahres habe ich meinen Nachhilfeunterricht Mathematik quittiert, weil mein Gehör immer schlechter wird. Ich verstehe die leise sprechenden Schüler immer schwerer. Ich möchte nicht erst zum Gespött werden. Nur eine einzige Schülerin kommt hin und wieder mal in die Wohnung zur Nachhilfe, aber im Sommer ist es damit vorbei, wenn sie in die elfte Klasse wechselt. Diesen Stoff habe ich nie unterrichtet.
Mit Ende des Kirchenjahres hörte ich im Kirchenvorstand auf, denn zur Wahl im September war ich bereits 69 Jahre alt und daher nicht mehr als Wahlkandidat geeignet. Unser Pfarrer bemüht sich zwar um eine Ausnahmegenehmigung, denn es ist praktisch, einen Rentner dabei zu haben, der manche Termine wahrnehmen kann. Wenn er die nicht bekommt, soll ich als "Beratendes Mitglied ohne Stimme" berufen werden.
Im Kreistag muss ich noch bis 2004 durchhalten. Dann sind erneut Kommunalwahlen. Für eine vierte Legislaturperiode stehe ich nicht mehr zur Verfügung. Hier gibt es zwar keine Altersbeschränkungen nach oben. Doch ich bin dort jetzt schon der älteste. Was mich im Kreistag stört, ist das Gezänk zwischen den Parteien.
Im Stadtrat streiten wir uns zwar auch. Jedoch geht es dabei um Sachdinge, quer durch die Fraktionen - ein konstruktiver Meinungsstreit also. Und immer gibt es eine Einigung.
Arbeit im Garten, wenn das Wetter mitspielt, sehe ich nicht als Arbeit, sondern als "aktive Erholung" und die Tätigkeiten im Haushalt als Notwendigkeit, um meine liebe, noch berufstätige Gudrun etwas zu entlasten. Jedenfalls überanstrenge ich mich nicht."
In diesem Jahr habe ich hin und wieder schon einige Bücher gelesen, also auch ausgeruht.

Gesundheitliche Jahreskontrollen beim Urologen, Herzspezialisten und Zahnarzt verliefen zufriedenstellend. Was will ich mehr! Ich bin von Herzen dankbar für Gottes Gnade und seinen Segen, was mich anbelangt. Allerdings mache ich mir um beide Buben Sorgen. Aber helfen kann ich beiden nicht. Ich muss meine Sorgen unserem Herrgott übergeben und bitten, dass er alles wohlmachen möge. Ähnlich verhält es sich mit den Sorgen um liebe Freude und auch über unser Land und über die Welt.
Wie glücklich können wir uns doch preisen, dass wir alles in Gottes Hand wissen, auch uns selbst. Wie schwer haben es dagegen die Menschen, die nicht an Gott glauben!"

2003

Meine Sorgen um meine beiden Buben waren nicht unbegründet: Christian war seit der Wendezeit Diabetiker. Auslöser für die Krankheit war der psychische Schock der plötzlichen Arbeitslosigkeit. Zwar wurde er, wenn sein Meister wieder Aufträge bekam, wieder eingestellt. Dieser Hickhack gefiel ihm natürlich nicht. Er verdingte sich bei einer "Zeitarbeitsfirma". Der Wechsel des Arbeitsplatzes brachte jedoch den Nachteil mit sich, dass er die Woche über irgendwo in Bayern, Baden-Württemberg oder Hessen arbeiten und wohnen musste und nur zum Wochenende heim fahren konnte.
Auf einer Baustelle zog er sich einen Unfall zu. Er war in einen Nagel getreten. Die Wunde in seiner Fußsohle wollte nicht zuheilen, wie es eben bei Diabetikern so ist. Leider beachtete er die Verletzung wenig. Er hatte zwar Schmerzen; humpelte auch. Aber er meldete sich nicht krank. Bald weitete sich die Wunde aus. Auch bekam er Fieber. Sein Vorgesetzter schickte ihn zum Arzt. Dieser wies Christian ins Krankenhaus ein.
Nach wenigen Tagen wurde er wieder entlassen, dann eine Weile ambulant weiterbehandelt bis Christian der Meinung war, er könne den Verbandswechsel auch selbst vornehmen und wieder zur Arbeit gehen. So weit, so gut. Aber... Dazu später!

Anfang Januar besuchten wir mit Maike und Birgit im "Daetz-Zentrum" Lichtenstein die Schnitzausstellung aus aller Welt. Obgleich ich schon einmal dort gewesen war, entdeckte ich einzelne Objekte, die ich beim ersten Mal gar nicht wahrgenommen hatte. Außerdem war diesmal eine Sonderausstellung "Krippen aus aller Welt" dabei. Wir freuten uns sehr. Mit dem "Daetz-Zentrum" war uns wieder ein attraktives Ausflugziel für interessierte Gäste des Moserhofs geschenkt worden.

Im März nahmen wir drei an der Frühjahrsrüste der "Bekenntnisgemeinschaft" in Rathen teil.

Anfang April beteiligte ich mich an der "Baumpflanzaktion" des Stadtrates.

Nebenbei gelang es mir, unseren Bürgermeister von der Idee zu begeistern, den weltbekannten Lyriker Reiner Kunze, der in Oelsnitz am 16. August 1933 geboren wurde, die Ehrenbürgerschaft seiner Heimatstadt anzutragen. Gemeinsam überzeugten wir anschließend auch die übrigen Stadträte von unserem Vorhaben.

Der Bürgermeister war jedoch noch immer skeptisch: Wird Kunze unser Angebot auch annehmen? Wie kommen wir an Kunze heran? Er nannte mir einige Namen, die mit dem Lyriker Verbindung hatten und bat mich zu recherchieren, wie man den Dichter erreichen könnte. Wie diese Geschichte weiterging, beschreibe ich weiter unten (am 05.09.).

Lores 70. Geburtstag feierten wir in der Gaststätte der Rabensteiner Tropfsteinhöhle. Zwischen Kaffeetrinken und Abendbrot konnte die Tropfsteinhöhle von den Geburtstags- gästen besichtigt werden. In der Höhle verlor ich Gudrun und Anke aus den Augen. Ich vermutete sie schon vor mir. Als wir die Höhle verließen, verschloss die "Höhlenführerin" den Eingang und löschte das Licht. Erst in der Gaststätte merkten wir, dass einige Personen fehlten, darunter Gudrun, Anke, Else und auch das Geburtstagskind. Die Verantwortliche schloss noch einmal das Höhlentor auf und ließ die Eingeschlossenen ins Freie. Wie so etwas überhaupt passieren konnte?

Ostern 2003 reisten wir gemeinsam mit Edith, Heinz und Annelies nach Fürstenwalde.

Wir starteten am Nachmittag des Karfreitags. Bis Dresden war die Autobahn derart voll, wie dies an den sonstigen Freitagnachmittagen üblich ist. Nur waren diesmal nicht zurückkehrende Pendler schuld, sondern Touristen, die es entweder nach Dresden, in die Lausitz oder nach Polen zog. Wir sahen Autokennzeichen, die sonst in unserer

Gegend eher selten zu sehen sind. Heinz hatte einen Tag zuvor bereits Edith nach Nossen geholt. Wir hatten uns ausgemacht, jeweils Handys im PKW mitzuführen, um uns auf der Strecke zu finden und schließlich gemeinsam in Fürstenwalde anzukommen. Rechtzeitig meldeten wir die Annäherung an der Ausfahrt Siebenlehn. Nach einer Weile telefonierten die Nossener und meinten, wir möchten unsere Geschwindigkeit zurücknehmen, denn sie wären nunmehr nicht mehr vor, sondern hinter uns. Sie hätten nach Dresden die Berliner Abfahrt verpasst und befänden sich auf der A 4 in Richtung Bautzen. Wir lachten darüber, waren abgelenkt, und schon hatten wir den gleichen Fehler begangen. Jetzt lachten auch Heinz, Annelies und Edith. Nach einer Abfahrt (Hermsdorf) kehrten wir um und gewannen den richtigen Kurs. Zehn bis fünfzehn Minuten Zeitverzögerung kann man noch in Kauf nehmen. Bis Bad Freienhufen holten wir den PKW von Heinz ein. Die A 13 nach Berlin war wenig frequentiert, dass es die reinste Freude war, auf ihr zu fahren.

Wie immer auf der Fahrt nach Fürstenwalde verließen wir die Autobahn in Duben, dann steuerten wir über Lübbenau und Beskow unser Ziel über die Landstraßen an.

Maike organisierte eine "Schlösser-Tour" in der weiteren Umgebung für den Karsamstag. Zuerst führte sie uns im Autokorso nach dem Schloss "Steinhövel". Dieses Gebäude wurde wunderbar rekonstruiert und ist heute ein Hotel für anspruchsvolle Gäste. Der dahinterliegende Schlosspark ist einer der ältesten Parks der Mark Brandenburg. Ähnliches fanden wir in Wulkow; heutzutage ebenfalls ein feines Hotel.

Dann ging es nach Neuhardenberg. Dieser Park gehört zu den schönsten märkischen Kulturlandschaften überhaupt. Gut und Ort hießen ursprünglich "Quilitz". Friedrich Wilhelm III. schenkte 1814 das Anwesen seinem Staatskanzler Carl August Fürst von Hardenberg. So wurde der Name in "Neuhardenberg" umbenannt. In der DDR-Zeit baute man hier eine Muster-LPG auf und nannte das Dorf "Marxwalde". Mit der Umbenennung sollte die feudale Erinnerung ausgelöscht werden, ohne Respekt vor den historischen Persönlichkeiten. Der Reformer Hardenberg wird in den Geschichtsbüchern zusammen mit dem Freiherrn von Stein gewürdigt. Sie hatten die Preußischen Reformen durchgeführt. Hardenbergs Urenkel war am Hitlerattentat 1944 beteiligt. Er überlebte das KZ. Als

nach seinem Tode dessen Familie an den Bürgermeister von Marxwalde das Ansinnen stellte, seine sterblichen Überreste in der Familiengruft beizusetzen, wurde ihr das mit den grausamen Worten versagt: "Wir haben die Fürsten und Junker verjagt. Wir wollen nie, dass sie zurückkehren. Auch nicht ihre Asche!"
Nach der Wende erhielt die Familie ihren Besitz zurück, konnte den Wiederaufbau aber nicht verkraften und übergab es einem Sparkassen-Förderverein. Dieser hat mit zusätzlichen Fördermitteln Schloss, Parkanlage und die von Friedrich Schinkel erbaute und im Jahre 1817 geweihte Kirche wieder restauriert sowie ein ausgezeichnetes Museum eingerichtet. Auch Hotel und Gaststätte fehlen nicht. Das Dorf erhielt wieder den Namen "Neuhardenberg".
Ich wollte gern zu der alten Klosterruine und der Dorfkirche von Altfriedland. Die Klosterkirche wurde um 1230 von den Zisterziensern errichtet. Die Gruppe erfüllte mir meinen Wunsch. Als wir nach der Besichtigung von dort wieder aufbrechen wollten, streikte plötzlich unser Auto. Es qualmte aus der Schaltelektronik. Was nun? Seit zwölf Jahren war ich Mitglied im "AVD". Noch nie hatte ich dessen Hilfe beansprucht. Diesmal war es notwendig. Binnen 20 Minuten nach unserem Anruf traf die Pannenhilfe ein. Als der Monteur mit drei Schraubenziehern und einer Zange in unseren Wagen stieg, hatte ich Bedenken, ob er das Auto wieder in Gang bringen würde. Mit einem Schraubenzieher fuhrwerkte er in der Schaltung herum. Tatsächlich trennte er zwei Drähte, die sich kurzgeschlossen hatten. Er gab uns keine Garantie, ob und wann das wieder passieren würde. Wir sollten so schnell wie möglich eine Werkstatt aufsuchen. Der 4. Schlossbesuch wurde durch den erlittenen Zeitverlust kurzerhand gestrichen. Wir fuhren nach Fürstenwalde zurück.
Am Ostersonntag begaben wir uns mit den Freunden in aller Herrgottsfrühe zu einer Ostermette auf dem dortigen Friedhof, um die Auferstehung des Herrn zu feiern. Anschließend gab es ein gemeinsames Osterfrühstück. Dann ließ ich mich von Gudrun zum Bahnhof fahren, fiel doch der Ostersonntag in diesem Jahr auf Michaels Geburtstag. Diese Gelegenheit nutzte ich für den Besuch des Sohnes, um ihm mit meinem Kommen eine Geburtstagsüberraschung zu bereiten. Am Abend holte mich Gudrun wieder vom Bahnhof ab, denn dank des Handys konnte ich ihr meine Ankunft mitteilen. Am

Abend saßen wir noch lange mit den Freunden zusammen. Nach einem späten Frühstück am Ostermontag kehrten wir wieder heim. Einige Tage später ließen wir die Schaltung unseres "Clio" auswechseln.

Am 30. April unternahm unser Stadtrat eine Fahrt nach Grimma. Der dortige Bürgermeister führte uns durch seine Stadt und zeigte uns die noch erkennbaren Schäden, die die Jahrhundertflut im August 2002 angerichtet hatte. Wir sahen aber auch, mit welchem Fleiß die Bewohner die Schäden beseitigten. Anschließend besuchten wir in dem eingemeindeten Vorort Höfgen-Kaditzsch die "Denkmalsschmiede", ein zu einer Künstlerwerkstatt und Galerie umgebauter Vierseitenhof; ferner eine Wassermühle, eine Schiffsmühle und den "Jutta-Park" (nach der Erbauerin Jutta von Gleisberg benannt). Wir staunten, was man dort als Touristenattraktion zusammengestellt und wiedererrichtet hat.

Im Mai freuten wir uns über die Beendigung des Irakkrieges. Nur kurz wurde in den Medien das Jubeln der Iraker und Kurden über ihre Befreiung von Saddam Hussein gezeigt. Die Amerikaner wurden ja nicht überall als die Aggressoren verdammt. Doch bald darauf tauchten im Fernsehen wilde Iraker - Schiiten - auf, die den Abzug der Besatzer forderten und einen "Islamischen Gottesstaat" errichten wollten. Kein Dank für die Befreiung. Wir fragten uns, ob sich für Israel nicht erneut Gefahren von solchen Fanatikern ergeben? Seit unserem Besuch in Israel, beurteilten wir die Entwicklung im Nahen Osten ausschließlich aus dieser Perspektive!

Für den 26. Juli lud uns Lieselottes Schwester Annemarie zur Goldenen Hochzeit nach Buchholz ein. Nach der kirchlichen Handlung in der Buchholzer Katharinenkirche fanden die Feierlichkeiten in einer Gaststätte in Tannenberg statt. Auch Gabi und Christian waren unter den Gästen. An diesem Tag war Christians verletzter Fuß derart angeschwollen, dass er nur in Sandalen laufen konnte. Ich merkte ihm an, dass er wieder Fieber hatte. Er sei wieder krank geschrieben, gestand er mir. Zeitweise zog er sich in sein Auto zurück. Mein Drängen, er möge den Rat seines Arztes beherzigen und sich im Krankenhaus vorstellen, beantwortete er: "Ja, aber ich möchte noch meinen 44. Geburtstag daheim verleben, und heute wollte ich ebenfallls nicht fehlen!" Am Tag seines Geburtstages (30.07.) hatte er wieder hohes Fieber, so dass wir uns nach dem Kaffeetrinken verabschiedeten mit der festen Abmachung, dass ich ihn am Folgetag in die Heliosklinik nach Aue bringen würde. So geschah es auch. Am 2. August besuchten wir ihn am Krankenbett. Fieber war noch immer vorhanden, nur nicht mehr so hoch. Das Loch in der Fußsohle wurde täglich vom Arzt kontrolliert. Ich durfte dabei bleiben, als der Arzt die Wundversorgung durchführte. Mir wurde schlecht, als ich die Wunde sah. Ein Stück der Ferse hatte man schon im Frühjahr entfernt. Am Folgetag wurde er wieder operiert. Erneut stieg das Fieber an. Er beruhigte uns jedoch, wir sollten getrost nach Gottenheim fahren, er sei nunmehr in ärztlicher Obhut und wir könnten ihn doch jeden Abend anrufen.

In Gottenheim gab es noch allerlei vorzubereiten, denn am 9. August wollten Manuela und Andreas heiraten. Mittagessen und Kaffeetrinken sollte in einer Gaststätte sein, aber am Abend würde die weitere Feier auf dem Hof und in der Halle, in der sonst der Wein bereitet wird, stattfinden. Die Halle musste so weit ausgeräumt werden, dass dort Tische und Stühle aufgestellt und auch eine Fläche für die Tänzer frei war. Trotzdem blieb für mich in den ersten Tagen auch Zeit, dass ich einen Tag auf einem Weinberg "schaffen" durfte, ein langgehegter Wunsch von mir. Zwar fiel zu dieser Jahreszeit nur leichte Arbeit an. "Einen ganzen Tag im Weinberg" genehmigte mir Andreas wegen der hohen Lufttemperaturen jedoch nicht. Er erlaubte mir zwei Stunden am Vormittag, brachte mich auf seinen kleinsten Weinberg von 12 a und setzte mich mit einer Wasserflasche ab. Ich hatte die Reben auf deren Ostseite von Blättern zu befreien, damit diese die Sonne besser zur Reife bringen kann. Auch die Blätter unter den Reben mussten weg, damit bei Feuchtigkeit keine Fäulnis den Früchten Schaden zufügen kann. Ich kam zügig voran. Mit einer Mütze schützte ich meinen Schädel vor der brennenden Sonne. Gegen den Durst hatte ich die Wasserflasche. Zum Mittagessen wurde ich wieder abgeholt. Nach einer Stunde Mittagsschlaf durfte ich nochmals auf den Weinberg. Eine zweite Wasserflasche leerte ich in den drei Nachmittagsstunden. Zu dieser Tageszeit spendeten die Reben selbst Schatten. Als mich Andreas zum Abendbrot holte (auf die Kaffeepause hatte ich auf eigenem Wunsch verzichtet), war meine Arbeit auf dem Areal von 12 a noch nicht beendet. Ich mag keine unabgeschlossene Arbeit. Also durfte ich den nächsten Nachmittag noch einmal hinaus; den Vormittag war ich mit Gudrun und Anke im gut gepflegten "Forstbotanischen Garten Lilienthal" am Kaiserstuhl unterwegs. Dort fanden wir alle möglichen Bäume der gesamten Welt, so weit sie das hier vorkommende Klima vertragen. Eine gute Beschriftung benannte alle Gewächse. Es war für uns ein schönes Erlebnis. Am Nachmittag begleiteten mich Gudrun und Anke "zur Weinbergarbeit". Nach zweieinhalb Stunden war die Arbeit getan. Diesmal fanden wir den Weg allein in den Ort zurück.

Das erste Telefonat mit Christian brachte die erschütternde Nachricht, der rechte Unterschenkel müsste amputiert werden, weil die starke Sepsis sonst eine Blutvergiftung hervorrufen würde. Nach der Amputation meldete der Sohn, dass mit einem Male das Fieber restlos weg sei.

Die Hochzeit von Manuela und Andreas fand am 9. August um 10.00 Uhr im Standesamt und um 11.00 Uhr in der katholischen Kirche von Gottenheim statt. Getraut wurden die beiden von Herrn Pfarrer Heinz-Josef Fensterer. Da Manuela nicht katholisch ist, sollte die Hochzeit eine "ökumenische" sein. Also suchte man einen Evangelischen, der als Lektor fungieren und auch ein Fürbittgebet sprechen würde. So kam es, dass ich sogar einmal in einer katholischen Kirche als Lektor wirkte.

Neu für uns war der Brauch in dieser Gegend, dass am Hochzeitsabend "die Polterhochzeit" stattfindet. Ich schätzte die Gästeschar am Abend auf ca. 180; Freunde, Nachbarn, Bekannte und wer auch immer. Getränke jeglicher Art und ein reichhaltiges kaltes und warmes Büfett sorgten für das leibliche Wohl. Das Hochzeitspaar hatte einen vollen Autohänger Scherben zusammen zu kehren und aufzuladen. Die Feier ging bis in den Morgen. So lange hielten wir jedoch nicht durch; kurz nach Mitternacht begaben wir drei uns zur Ruhe, wobei wir allerdings aus zwei Gründen kaum zum Schlafen kamen: erstens die Lachsalven der noch Feiernden, die uns in die Ohren dröhnten und zweitens die hohen Temperaturen. Wurde doch am Hochzeitstag in Gottenheim Hitzerekord von 40° C gemessen.

Unsere Rückfahrt traten wir erst gegen 11.00 Uhr an, um einigermaßen ausgeruht zu sein.

Nach unserer Rückkehr besuchten wir sofort unseren Kranken. Christian machte auf uns einen gefassten Eindruck. Das beruhigte mich sehr. Drei Tage später äußerte er seine Sorgen, ob er denn seine Arbeit überhaupt wieder aufnehmen könne. Ich beruhigte ihn, er möge erst einmal wieder genesen, dann würden wir recherchieren, ob eine Elektrofirma Schaltschränke verdrahten würde, bei der überwiegend sitzende Arbeit anfiele.
Die nächsten Tage konnte ich "meinen Großen" nicht besuchen, weil ich diverse Vorbereitungen zu meinem 70. Geburtstag zu treffen hatte. Die Feier konnte ich unmöglich absagen, weil ich wusste, dass ehemalige Kollegen, eine große Zahl der Schulleiter "meiner ehemaligen" Förderschulen und Vertreter der Kreis- und Stadtverwaltung neben den üblichen Geburtstagsgästen zu mir kommen würden. Vom Kirchsaal borgte ich mir lange Tafeln und 30 Klappstühle, die mir Matthias Häschel mit dem Multicar anlieferte. Die Tafeln stellten wir im Garten auf, denn der Wetterbericht hatte schönes Wetter vorausgesagt. Zwischen den Wäschestangen hatten wir eine riesige Plane aufgespannt, um im Schatten sitzen zu können. Gudrun hatte vier Kuchen gebacken. Zusätzlich holten wir zwei Torten vom Bäcker. Für den Abend hatten wir die Verpflegung beim "Partyservice" bestellt.
Christian war am Morgen einer meiner ersten Telefongratulanten. Seine Stimme klang fröhlich und hoffnungsvoll. Seine Ruhe und Getrostheit beruhigten mich, gaben mir Kraft für den Tag.
Am Abend stellte Gudrun viele Teelichter auf. Dann wurden Abendlieder gesungen, was ich als "Sahnehäubchen" der Feier empfand. Es war einfach ein wunderschöner Tag. Der einzige Wermutstropfen war Christians Fehlen.
Meinen Gästen habe ich die folgende Tischrede gehalten:

" Am Donnerstag, also vorgestern, lasen wir in der Herrnhuter Tageslosung den 10. Vers des 90. Psalm, den ich als Motto meiner heutigen Tischrede verwenden will.

"Unser Leben wäret 70 Jahre, und wenn es hochkommt, so sind`s 80 Jahre, und was daran köstlich scheint, ist es doch vergebliche Mühe" (nach Luther Übersetzung: "so ist es doch Mühe und Arbeit gewesen").

Das biblische Alter von 70 Jahren habe ich mit dem heutigen Tage erreicht. Darüber bin ich sehr froh und dankbar. Es ist mir wahrhaftig nicht immer köstlich erschienen. Aber als vergebliche Mühe betrachte ich mein Leben nun auch wieder nicht. Ich habe für viel Segen und Bewahrung zu danken. Vor einem Vierteljahrhundert hätte ich mir nicht träumen lassen, das Jahr 2000 zu erreichen, heute fühle ich mich gesünder als damals. Leider sind meine beiden lieben Söhne mit 44 und 36 Jahren wesentlich kränker als ich in meinem betagten Alter. Dankbar und froh bin auch darüber, dass ich mit Euch allen diesen Jubiläumsgeburtstag begehen darf. Habt Dank für Euer Kommen!

Vor fünf Jahren habe ich auch schon eine Tischrede gehalten. Mit 65 fand in meinem Leben eine gewaltige Zäsur statt, ich empfand einen tiefen Einschnitt durch den Rückzug aus dem aktiven Berufsleben. Den heutigen Tag sehe ich gelassener als vor 5 Jahren, habe mich inzwischen an das Rentnerleben gewöhnt. Die Zeit war durchaus nicht langweilig, im Gegenteil, sie war voll ausgefüllt. Jeden Tag habe ich bewusst gelebt. Zu Beginn eines jeden Tages danke ich für die Gnade, die Führung, für den Segen. Dankbar bin ich besonders auch meiner lieben Gudrun, die ich als ein Gottesgeschenk betrachte. Sie hat meinem Leben einen neuen Sinn und auch die Freude gegeben, die mir die Möglichkeit gibt heute so zu leben, wie Ihr mich kennt.

Heute denke ich aber auch besonders an meinem Sohn Christian, der im Auer Krankenhaus zubringen muss und an verstorbene Freunde, die früher oft zu meinem Geburtstag anwesend waren, Martin Meyer und Martin Müller, Gotthardt Ullmann, das Ehepaar Kretzschmar, Beates Eltern, Gudruns Mutti, meine Eltern. In meinem Alter lebt man eben auch zu einem Teil in der Vergangenheit. Zurück in die Gegenwart!

Meine lieben Gäste, nochmals Dank für Euer Kommen, seid fröhlich und lasst Euch schmecken, was wir Euch an Essen und Trinken bieten."

Am nächsten Tag besuchte ich zusammen mit Michael unseren Kranken. Er berichtete, seine Übungen mit der Physiotherapeutin seien erst einmal eingestellt, weil er eine Thrombose bekommen habe, die glücklicherweise schon wieder im Abklingen sei. Christian wirkte ruhig und gefasst. Beruhigt verabschiedeten wir uns von Christian.

Am Montagfrüh 6.15 Uhr klingelte unser Telefon, Gabi meldete sich unter Tränen. Sie hatte für uns eine sehr traurigen Nachricht, Christian sei gegen 5.00 Uhr verstorben. Während zwei Schwestern mit dem Patienten am Nachbarbett beschäftigt waren, sei Christian wach geworden und habe geäußert, dass ihm plötzlich sehr schlecht sei. Als eine Schwester sich ihm zuwandte, habe er schon ausgehaucht. Eine sofort eingeleitete Reanimation wäre umsonst gewesen: eine Lungenembolie.

Ich wollte es gar nicht glauben, dass mein Großer mit seinen 44 Lenzen nicht mehr am Leben sein sollte, zumal wir uns am Vortag überzeugt hatten, dass es ihm besser ging. Für mich wirkte die Nachricht wie ein plötzlicher Schlag. Auf Lieselottes Tod hatten wir uns seinerzeit gemeinsam ein ganzes Jahr vorbereitet. Aber mit Christians plötzlichem Ableben hatte ich nicht gerechnet. Mein Glaube allein konnte mich trösten. Trotzdem beklagte und beklage ich noch heute den Verlust.

Gabi bestand darauf, als letzte Ruhestätte für Christian den Friedhof in Aue-Alberoda zu wählen, wo sie zwanzig Jahre vorher schon ihren ersten Mann beerdigen musste. Ich akzeptierte ihre Entscheidung. Sie war schließlich Christians Frau, ich nur der Vater. Zu diesem Gottesacker hatte sie besondere Beziehungen; er war auch von ihrer Wohnung in Lößnitz der allernächste Friedhof, den sie bequem zu Fuß erreichen konnte.

Am 5. September fand im "Rundbau" am Bergbaumuseum eine Lesung von Reiner Kunze statt. Im Vorfeld seiner Lesung sollten ein paar Grußworte an den berühmten Sohn der Stadt gerichtet werden. Von mir erwartete der Bürgermeister, ich möge berichten, wie ich den bekannten Lyriker und Dichter zur Annahme der Ehrenbürgerschaft seiner Geburtsstadt animieren konnte.

So legte ich denn los:
"Als uns im Stadtrat bekannt wurde, dass Reiner Kunze im Rahmen des Jubiläumsprogramms des Carl-von-Bach-Gymnasiums am 4. April dieses Jahres nach Stollberg zu einer Dichterlesung kommen würde, sahen wir darin die Gelegenheit, dem berühmten Sohn der Stadt unseren Plan nahezubringen, ihm die Ehrenbürgerschaft von Oelsnitz im Erzgebirge zu verleihen und ihn zu bitten, diese auch anzunehmen.
Unser Bürgermeister blickte in seinen Terminkalender und stellte fest, dass der 4. April bei ihm bereits besetzt sei, unverschiebbar. Er bat mich als seinen "Ersten Stellvertreter", das Gespräch mit Reiner Kunze zu führen. Er gab mir einen wertvollen Hinweis, den er von Frau Helga Zehrfeld, einem Mitglied des "Vereins der Oelsnitzer Kleinstadtpoeten" erhalten hatte: Dr. Klaus Walther organisiert zusammen mit dem Leiter des Stollberger Gymnasiums die Lesung. Von Frau Zehrfeld erfragte ich die Telefonnummer. Ich rief Herrn Dr. Walther an und brachte ihm unser Anliegen vor. Es gelang mir, ihn mit unserem Wunsch zu erwärmen. Er sagte mir ein "Vorfühlen" bei Reiner Kunze zu. Das Ergebnis: Ich wurde zum gemeinsamen Mittagessen am 4. April im Hotelrestaurant "Grüner Baum" eingeladen. Kurz bevor ich das Hotel betrat, stellte sich bei mir nun doch Lampenfieber ein. Aber ich beruhigte mich schnell wieder. Hatte ich doch einen Trumpf in der Hand, über den andere eventuelle Gesprächspartner nicht verfügten. Und den wollte ich relativ zeitig "ins Spiel bringen".
Reiner Kunze und seine charmante Gattin begrüßten mich sehr freundlich, wie auch die anderen Teilnehmer der Mittagsrunde, die ich bereits kannte. Bevor ich schließlich meinen Wunsch vortrug, spielte ich meinen schon erwähnten Trumpf aus. Ich teilte Herrn Kunze mit, dass ich am gleichen Tage wie er das Licht der Welt erblickt habe; wohl wissend, dass gleiche Namen oder gleiche persönliche Daten bei Menschen ein Zusammengehörigkeitsgefühl und Sympathie erzeugen. Die Frage, warum wir uns nicht schon in der Schule begegnet seien, klärte ich schnell auf: bin ich doch in Annaberg geboren und dort zur Schule gegangen und erst im Herbst 1956 beruflich nach Oelsnitz gekommen.
Erst in den siebziger Jahren stellte mir mein Freund und Kollege Gotthardt Ullmann in unserem Literaturkreis in einer Buchlesung den Dichter Reiner Kunze vor. Der Anlass war seinerzeit die

Auszeichnung des Dichters mit dem Deutschen Jugendbuchpreis im Jahre 1971. Voller Stolz bekannte sich Gotthardt als Reiners Deutschlehrer, der ihn dann auf die EOS nach Stollberg geschickt habe. Gotthardt las uns Gedichte von Reiner Kunze vor. Ich habe vergessen, aus welchem Band. Uns gefiel die heitere und warme Art, in der aber auch so manche Traurigkeit mitklingt.
Im Jahre 1980 nahm unser Freund Gotthardt nochmals Reiner Kunze anlässlich seiner Auszeichnung mit dem "Georg-Büchner-Preis in den Mittelpunkt unseres Literaturabends mit "Die wunderbaren Jahre". Das Buch schildert den Alltag der Jugendlichen in der DDR und brachten dem Autor eine Menge Repressalien ein, zog den Ausschluss aus dem DDR-Schriftstellerverband nach sich und führte schließlich zu seiner Übersiedlung in den Westen.
Das Vorwort von Karl Corino war für mich besonders beeindruckend. Zu diesem Zeitpunkt wusste ich noch nicht, dass mir knapp drei Jahre später ein ähnliches Schicksal vorbehalten war und meine Lehrerlaufbahn erst einmal beendete.
Übrigens hatte Gotthardt das Buch aus dem Westen mitgebracht bekommen.
Aber ich bin abgeschweift, ich wollte doch von meinem Gespräch mit dem Dichter am 4. April berichten!
Mein Gesprächspartner erinnerte sich sofort und gut an seinen ehemaligen Lehrer. Im weiteren Gespräch war es dann nicht mehr schwer, Herrn Kunze den Wunsch des Stadtrates vorzubringen.
Ich erzählte ihm noch, dass wir gerade erst eine derartige Satzung im Stadtrat beschließen und er damit als Allererster die Ehrenbürgerschaft verliehen bekommen werde.
Er war ehrlich erfreut und gerührt, dass auch seine Heimatstadt ihn verehrt und würdigen will.
Wir verabschiedeten uns sehr herzlich - wie alte Schulkameraden.
Ich fand wieder einmal meine Meinung bestätigt, dass wirklich begabte Menschen immer schlicht und bescheiden - eben Menschen - bleiben. Darüber freue ich mich!"
Am nächsten Vormittag, einem Samstag, fand in einer feierlichen Stadtratssitzung die Übergabe der bisher einzigen Ehrenbürgerschaft der Stadt Oelsnitz durch unseren Bürgermeister Hans- Ludwig Richter an Reiner Kunze statt.

Am 8. September begingen Gudrun und ich unsere "Petersilienhochzeit". Wir waren nunmehr 12,5 Jahre verheiratet. Zwar mussten Gudrun und Anke an diesem Tag arbeiten. Aber nach getaner Arbeit tranken wir unseren Tee aus den "Sonntagstassen". Ich hatte einen "Pfundskuchen" gebacken, wie wir erstmals bei Gudruns Cousine Anneliese in Kaarst gekostet hatten. Das Rezept hatte ich mir gemerkt. Für den Abend hatte ich auch ein besonderes Menü mit drei Gängen vorbereitet. Wenn wir auch sonst in der Woche keinen Alkohol trinken, an so einem Tag galt eine Ausnahme. Der Gottenheimer Rotwein mundete uns sehr!

Mitte September besuchten wir Karl und Bärbel in Leutenberg. Das Wetter war trüb. Trotzdem unternahmen wir einen umfangreichen Spaziergang durch die Stadt und die nähere Umgebung.

Rhodosreise 02. - 16.10.2003

Schon vor einem Jahr planten wir eine Reise nach Griechenland.
Es sollte keine Rundreise werden, weil wir nicht ständig das Quartier wechseln wollten, auch bevorzugten wir eine der zahlreichen Inseln . Außerdem hegten wir den Wunsch, viel zu wandern und nicht nur "Strandurlaub" zu genießen. Wir besorgten uns einen "Griechenland-Katalog" aus dem Reisebüro. Darin machten wir uns kundig, auf welcher Insel "geführte Wanderungen" angeboten wurden. So kamen Kreta, Rhodos, Samos und Korfu in die engere Wahl: .
Maike mit Birgit, Helga, Heinz und Annelies zeigten Interesse an unserem Plan. Gemeinsam wählten wir aus. Die viertgrößte griechische Insel Rhodos sagte am meisten zu.
In den Tagen zwischen Weihnachten und Neujahr buchten wir die Reise im Reisebüro.
Im Frühjahr bekundeten Maria und Julianne Interesse an unserem Urlaubsziel. Leider war der Flug inzwischen ausgebucht. Nach telefonischer Rücksprache bestellten wir für die beiden für den 5. bis 12. Oktober. Glücklicherweise war ihr Flughafen nicht Dresden, sondern Schönefeld, was für die beiden Fürstenwalder eine längere Bahnfahrt erübrigte.
Anfahrt
Kurz vor Mittag des 2. Oktober ließen wir uns von einem Kleinbus von der Haustür abholen. In Nossen stiegen Heinz und Annelies zu.

Sehr zeitig langten wir am Dresdner Flughafen an. Nach kurzer Zeit trafen Helga, Maike und Birgit ein, die mit dem Zug von Fürstenwalde nach Dresden gekommen waren. Es dauerte noch eine ganze Weile, ehe die Passagiere nach Rhodos zum Einchecken aufgerufen wurden. Pässe brauchten wir nicht vorweisen.

Mit einer viertelstündigen Verspätung erhob sich die Boing 737-806 15.55 Uhr in die Luft. Die Flugroute verlief über die Tschechei, Ungarn, Serbien, Mazedonien und ein Stück über das griechische Festland. Dann erreichten wir die Ägäis. Wie erkannten unter uns die Inseln Limnos, Lesbos, Chios, Samos, und Kos.

Auf dem Flughafen von Rhodos setzte die Maschine sicher und ruhig gegen 19.20 Uhr Ortszeit auf. Die Verspätung wurde dank eines starken Rückenwindes von 100 bis 120 km /h in 10 bis 11 km Höhe aufgeholt. Die Uhr hatten wir inzwischen irgendwann eine Stunde vorgestellt.

Bald merkten wir, dass man offenbar auf unserem Zielflughafen durch den regen Flugverkehr völlig überfordert war. Menschen über Menschen warteten auf den Abflug ihrer Maschinen bzw. auf ihr Gepäck. Über eine Stunde verweilten auch wir, dass das Gepäckband für unser Flugzeug anlief. Dann dauerte es fast eine weitere halbe Stunde, bevor alle Ankommlinge ihre Gepäckstücke erhielten.

Draußen vor dem Gebäude wurden wir von freundlichen Angestellten der einzelnen Reiseunternehmen zu unserem Bus geschickt. Die Abfahrt verzögerte sich fast eine Stunde, da die Passagiere aus Stuttgart noch nicht angekommen waren, die durch die selben Busse in die einzelnen Hotels befördert werden sollten.

So erreichten wir erst gegen 22.00 Uhr unser Hotel "Esperides" in Faliraki Strand. Natürlich war zu dieser Nachtzeit der Speisesaal inzwischen geschlossen. Aber in dem großen Hotelkomplex gab es eine Mehrzahl von Gaststätten und Bars, wo man vor dem Schlafengehen noch etwas trinken oder auch essen konnte.

Durch einen Zettel wurden wir verständigt, dass wir am anderen Morgen pünktlich um 8 Uhr vor dem Hotel stehen sollten und zwar mit festen Wanderschuhen. Das bedeutete für uns bereits 6.00 Uhr wecken, 7.00 Uhr Frühstück.

Zum Glück hatten wir einen Wecker bei uns und versprachen den anderen, sie über das Zimmertelefon aus dem Schlummer zu holen. Das Einschlafen wurde erschwert durch die noch seltsamen Geräusche der Nacht, die durchs offene Fenster an unser Ohr drangen.

Der erste Tag auf Rhodos (3. Oktober)
Hätte mich Gudrun nicht geweckt, so hätte ich mein Versprechen betreffs Telefonweckruf nicht halten können, denn den Wecker hatte ich gar nicht gehört.
Pünktlich um 7.00 Uhr trafen wir uns im Speisesaal und erhielten einen gemeinsamen Tisch. Die Auswahl an Speisen war überwältigend. Wir aßen aber so, wie wir es von daheim gewohnt waren; natürlich ließ sich unser "Eierfresser" Anke nicht entgehen, was sie besonders mochte und daheim nur an Sonn- und Feiertagen gereicht wird.
Pünktlich um 8.00 Uhr standen wir vor dem Hotel und wurden von einem kleinen Bus im Auftrag des österreichischen Reiseunternehmens "Krauland" abgeholt, in dem sich schon ein Ehepaar aus Hameln befand, das die geführten Wanderung ebenfalls gebucht hatte.
Zuerst holten wir in Kolymbia den Reiseführer ab. Er stellte sich als "Jürgen" vor. Er stammte aus Hamburg, wohnte aber schon einige Jahre auf Kreta. Seine Beamtenpension bessert er durch Reiseführertätigkeit in der Zeit von April bis Juni und September/Oktober auf Rhodos auf.
Der Bus brachte uns bis Epta Piges - die "Sieben Quellen". Hier erst stellten wir uns gegenseitig vor. Wir erhielten von Jürgen eine vorzügliche Wanderkarte und weiteres Informationsmaterial, und dann ging es auch schon los. Anke und ich waren froh, dass wir einen Bergstock mitgenommen hatten. Auf steilen Ziegenpfaden stiegen wir zu den "Sieben Quellen" empor und fanden hier erfrischende Wasserkaskaden, wahrscheinlich einer der üppigsten und schönsten Naturplätze auf Rhodos, in einem dichten grünen Tal.
Die Italiener hatten hier und an anderen Stellen der Insel in ihrer Herrschaftszeit (1912 - 1943) Bewässerungskanäle und speziell hier einen 150 m langen Wassertunnel angelegt. Bald verließen wir das grüne Tal. Vorbei an "Keuchbäumen", auch "Mönchspfeffer" genannt, durchquerten wir einen Teil des zentralen Hügellandes, aber nicht "begleitet von am Wegrand blühenden Wildblumen und dem berauschenden Duft der Orangenblüten" wie es im Wandermaterial zu lesen war, sondern über steiniges Gelände. Zwar passierten wir hin und wieder einen kleinen Hain von Ölbäumen und beobachteten am Wegrand blühende, aber

hochgiftige Meereszwiebeln, hochwüchsige Erika und ganzjährig blühenden Oleander. Duftender Thymian beeindruckte unser Riechorgan. Meist wichen wir der stachligen Macchie, darunter Steinsamen und Steineiche, aus.

Wir gelangten nach Archangelos. Hier fielen uns eigenwillig bemalte Häuser auf. Dieser Ort ist nach Rhodos-Stadt die größte Ansiedlung der Insel. Den Endpunkt der ersten Wanderung, nämlich den Küstenort Stegna, erreichten wir nach ca. 10 km Wegstrecke bei 300 m Aufstieg und dann wieder 400 m Abstieg gegen 13.00 Uhr über einen schmalen Pfad, von dem wir die herrliche Aussicht auf die Ostküste der Insel genossen.

Hier badeten und erfrischten wir uns im Meer. Nach einiger Zeit holte uns der Bus ab und brachte uns in die Taverne nach Kolymbia, in der Jürgen Quartier bezogen hatte. Hier gab es Mittagessen: Tatzicki mit Brot als Vorspeise, worauf ich wegen des Knoblauchs verzichtete. Dann wurden Auberginen, Tomaten, Paprika, Zwiebel mit angerösteten Maisbrot vorgesetzt. Davon aß ich mich satt, weil ich diesen Gang für die Hauptspeise hielt. Doch erst danach kam das Hauptgericht auf den Tisch: Hammelbraten mit Reis und Pommes. Zum ersten Mal in meinem Leben konnte ich meinen Teller nicht leer essen und beschloss, an den übrigen Tagen nicht so viel von der Vorspeise zu konsumieren. Zu Trinken gab es Mineralwasser und Wein.

Nach dem Essen brachte uns der Bus ins Hotel zurück. Nach einer Stunde Ruhe trafen wir uns am Strand. Abermals gingen wir ins Wasser. Mein Magen war noch so voll, dass ich nicht wagte, weit hinauszuschwimmen.

Um 17.15 Uhr lud der Reiseveranstalter Neckermann zu einem Treff ein. Wir erhielten einen Orangensaft spendiert und hörten viel Interessantes über Rhodos und die verschiedenen Angebote während unserer zwei Wochen Urlaub. Gegen 19.00 Uhr speisten wir zu Abend. Wieder ein üppiges Angebot!

Dann unternahmen wir einen ausgedehnten Spaziergang. Schon vor neun Uhr begaben wir uns zur Ruhe, denn am Folgetag stand uns eine Wanderung von 15 km bevor.

Zweiter Tag (04.10.)

Nach dem Frühstück stiegen wir pünktlich 8.00 Uhr in den Bus, holten Jürgen in Kolymbia ab und fuhren nach "Petaloudes" (Tal der Schmetterlinge): ein Naturwunder besonderer Art.
Jürgen erzählte uns: "Dieses Tal ist für den Mimikry- Schmetterling, den "gepunktelten Harlekin" ein ideales Rückzugsgebiet, um die heiße Sommerzeit bis zur Begattung im August heil zu überstehen. Im Juli und August sitzen in diesem feuchten, engen und dicht bewaldeten Tal die Falter zu Tausenden wie dicke Polster auf den Baumstämmen und Blättern der Bäume. Im Oktober gibt es sie nicht mehr."
Doch unser "Adlerauge" Anke fand noch zwei tote Exemplare und zwei lebende auf einem Baumstamm.
Wir wanderten das Tal aufwärts, vorbei an den aus den Subtropen Asiens stammenden Amberbäumen, die ein an Vanille erinnerndes Harz aussenden. Unser erstes Ziel war die Kapelle Panagia Kalopetra. Nach der Besichtigung konnten wir nebenan frisch gepressten Orangensaft trinken. Jetzt hatten wir ca. 300 m Höhenmeter vor uns. Bald ging es bergauf, bald wieder bergab entlang einer Schneise bis wir nach 15 km die sog. Hochzeitskirche "Moni Agios Soulas" erreichten, die wir ebenfalls besichtigten. Von hier brachte uns der Bus nach Soroni, wo wir in einer gemütlichen Kaverne am Meer unser Mittagsmahl einnahmen. Dann ging es an der Westküste über Theologos (hier steht ein Kraftwerk, das Schweröle verbrennt) und am Flughafen vorbei, später landeinwärts über Pastida nach Faliraki und zu unserem Hotel, das wir kurz nach 15.00 Uhr erreichten.
Die anderen gingen schwimmen, Heinz und Annelies zogen im Hotel in ein weniger lärmintensives Zimmer um. Ich wollte nur kurze Zeit vor dem Schwimmen ruhen, verschlief aber die Zeit und wurde von meiner vom Strand zurückkehrenden Gudrun gegen 16.30 Uhr geweckt.
Nach dem Abendbrot spazierten wir ins "Plutokratenviertel", wie wir den Bereich auf der Höhe mit Luxuswohnungen und Luxushotels benannten. Hier entdeckten wir auch ein Wildgehege mit Hirschen, Hirschkühen, Wildschafen, Ziegen und Esel. Die Vorgärten entzückten uns: Alles sehr gepflegt (unser Hotelgelände übrigens auch)! 21.00 Uhr war wieder Zapfenstreich für uns. Die Animationen im Hotelbereich interessierten uns keinen Tag.

Sonntag (5. 10).
Wie am Vortag 7.00 Uhr Frühstück, 8.00 Uhr Abfahrt. Diesmal ging die Fahrt weit nach Süden bis kurz vor Pilonas. Dann wanderten wir am Hang des Marmari (458 m NN) nach Lindos, erst 300 Höhenmeter aufwärts, dann 350 m bergab; die Wegstrecke betrug ca. 10 km.
Die "weiße Stadt" Lindos erkannten wir schon lange vorher vor dem azurblauen Meer, gekrönt von den Zinnen der Johanniterburg. Lindos ist die schönste und nach unserer Beurteilung auch müllärmste Ansiedlung der Insel. Berühmt sind hier die "Kapitänshäuser", die im 18. Jahrhundert von dem im Handel zwischen Venedig und Istanbul reich gewordenen Händlern erbaut wurden. Auch die idyllische Paulusbucht bewunderten wir.
Auf Ziegenpfaden gelangten wir hinab in die Stadt, wo wir zunächst in einer Taverne unser Mittagsmahl einnahmen. Ein kurzer Bummel durch Lindos machte uns Lust, den Ort noch einmal aufzusuchen.
Gegen 15.30 Uhr setze uns der Busfahrer an unserem Hotel ab. Die anderen gingen sofort schwimmen, ich wollte erst eine Weile ruhen und verpasste erneut die Zeit.
Jetzt unternahmen wir einen ausführlichen Strandspaziergang bis zur südlich vorgelagerten Halbinsel. Dazu brauchten wir eine Stunde. Dort entdeckten wir eine kleine idyllische Bucht. Aber der Müll außerhalb der Hotelbereiche und sogar hier an dieser Stelle missfiel uns sehr. Den Rückweg wählten wir auf dem kürzeren Landweg. Heute aßen wir erst um 20.00 Uhr zu Abend. Dann empfingen wir Maria und Julianne, die einen guten Flug hinter sich gebracht hatten. Um 21.00 Uhr war wiederum Zapfenstreich für uns.
Montag (06.10.)
Heute waren wir 12 Wanderer, denn Maria und Julianne durften die letzten beiden Tage mit von der Partie sein. Der Bus brachte uns über Archipoli - Elousa bis zur Kirche "Agios Nikolaos Fountoukli". Wie all die anderen Kirchen vorher, sahen wir viele, gut erhaltenen Ikonen. Im Prospekt wurde diese Kirche als eine der schönsten der Insel benannt. Sie stammt aus dem späten 14. Jahrhundert und wurde von einem Beamten gestiftet, der drei Kinder durch die Pest verloren hatte und seiner Trauer damit Ausdruck verlieh. Von hier aus wanderten wir nach Salakos, das höchst gelegene Dorf der Insel. Wir erquickten uns an einem wildwachsenden Feigenbaum. Dann kletterten wir auf serpentinförmigen Bergpfaden durch einen Eichen-Kiefern-

Zypressenwald bis auf 750 m NN, wo wir dann inmitten eines von den Italienern angelegten Zedernhains die Eliaskapelle besuchten: "Profitis Ilias". In der Nähe fanden wir das von den Italienern während ihrer Besatzungszeit erbaute Ferienheim für ihren Duce (jedoch Mussolini ist nie nach Rhodos gekommen!). Der Auf- und Abstieg betrug diesmal je 600 m; die angegebene Weglänge von 15 km fiel uns heute leichter als am zweiten Wandertag, aber es waren sicher nur 10, denn der Bus holte uns ab, wir mussten nicht nach Apollona hinabpilgern. In Apollona speisten wir. Es gab zwei Vorgerichte vor der Hauptspeise, dazu wiederum Wasser und Wein. Erst um 16.00 Uhr trafen wir am Hotel ein. Diesmal ging ich sofort mit schwimmen, ohne erst zu ruhen. Und siehe da, durchs Schwimmen überwand ich die Müdigkeit, Das beherzigte ich nunmehr an den übrigen Tagen. 18.30 Uhr Abendbrot; 21.00 Uhr Zapfenstreich.

Dienstag (07.10.)
Mit dem Bus gelangten wir an die Nordküste über Kolymbia - Archipoli - Elousa - Soroni. Der Bus fuhr ein ganzes Stück die Nordküste entlang über Mandriko - Kritinia, dann nach Süden bis Sianna. Hier begann unsere Wanderung. Wir überquerten auf Hirtenpfaden das Bergmassiv des Akramitis und genossen dabei einen herrlichen Tiefblick auf die Westküste und insbesonders auf die Apolakkia Bay. Der Abstieg (ca. 700 Höhenmeter!) führte uns durch versteckte Täler, eingebettet von Zypressen und Kiefern, nach Monolithos. Hier besichtigten wir zuerst die Kirche. In der danebenstehenden Taverne erhielten wir dann unser Mittagessen. Die Rückfahrt verlief wieder entlang der Nordküste, dann am Flughafen und Faliraki vorbei nach Kolymbia, wo in "Jürgens Taverne" bei Wein, Kaffee und einem Zimtschnaps Abschied gefeiert wurde. Der Reiseführer war mit seiner Wandergruppe zufrieden. Von uns erhielt Jürgen einen "Dankeschön- Umschlag". Es war mit ihm eine schöne Zeit. Erst gegen 18.00 Uhr kamen wir diesmal zum Hotel. Ohne Schwimmen ging es zum Abendbrot. Und wieder war für uns 21.00 Uhr Schlafenszeit.

Mittwoch (08.10.)
Heute weckten wir eine Stunde später und frühstückten auch erst um 8.00 Uhr. Dann benutzten wir den Linienbus nach Lindos. Wir wollten auf die Akropolis!

Die Mehrzahl bestieg deshalb Esel. Ich als "Grautier" lief neben meinen "Brüdern" bergauf.

Der Burgberg bot uns auf engem Raum einen Querschnitt durch die Geschichte der Insel.

Aus allen wichtigen Zeitabschnitten sind dort Zeugnisse gefunden worden - angefangen vom Feuersteinwerkzeug aus der Jungsteinzeit bis hin zu der wuchtigen Kreuzritterfestung.

Die antiken Bauten brachten erst zu Beginn des 20. Jahrhunderts dänische Archäologen wieder ans Tageslicht.

Der Berg steigt von N nach S stufenweise an, so dass 4 Plateaus entstanden sind. Der Tempel der Athena Lindia (22 m lang und 8 m breit) steht auf dem oberen Plateau. Während unseres Besuch sahen wir Restauratoren bei der Arbeit.

Die "Stola" (Säulenhalle) aus hellenistischer Zeit (also aus dem 3.Jahrhundert v. Chr). auf dem 3. Plateau beeindruckte uns besonders. Sie erstreckt sich mit 87 m über die gesamte Akropolis.

Von hier oben genossen wir auch einen herrlichen Blick auf die buchtenreiche Küste am Fuß des Berges, besonders auf die Bucht, die nach dem Apostel Paulus benannt ist.

Von den anderen Sehenswürdigkeiten in Lindos interessierten uns das antike Theater, die Kapitänshäuser und die Kirche (Panagia).

Da ich kurze Hosen anhatte, band mir die Pförtnerin ein Wickeltuch vor dem Betreten der Kirche um. Anke erging es genauso.

Interessant war ein Bummel durch die schmalen Gassen des geschlossenen, malerischen Ortskerns mit all den orientalisch anmutenden Verkaufsständen und Souvenirläden, die den Touristen förmlich das Geld aus der Tasche lockten. Nur aufdringlich waren die Händler glücklicherweise nicht. Trotzdem hielt ich es mit Diogenes: "Es gibt vieles auf dem Markt, dessen ich nicht bedarf!".

Schon 14.00 Uhr waren wir wieder in Faliraki und am Strand bis 16.00 Uhr. Nach dem Abendbrot trafen wir uns erneut am Meer, bewaffnet mit einem Trinkglas. Maike gab eine Flasche Wein aus. Wir erzählten, genossen den Mondschein und das Rauschen des Meeres. Das gefiel uns so gut, dass wir das die übrigen Tage beibehielten. Für den Wein sorgen wir reihum.

Donnerstag, (09.10.)
Nach dem Frühstück fuhren wir um 9.00 Uhr mit dem Linienbus nach Rhodos-Stadt. Als erstes unternahmen wir einen Rundgang durch den Ortsteil "Mandraki", wie man das Hinterland des "Kleinen Hafens" nennt. Man könnte es als das "Touristenviertel" bezeichnen. Hier fuhren die Linienbusse und die Touristenbusse ab, hier befand sich auch ein riesiger Taxistand. Geschäftiges Markttreiben, ganz besonders im siebeneckigen "Nea Agora" (Neumarkt) im orientalischen Stil. Faszinierend die Wappentiere Hirsch und Hirschkuh, die auf hohen Säulen stehen und die Hafeneinfahrt der Insel flankieren. Wir besichtigten die Kirche "Panagia Evangelistra", die dem Apostel Johannes gewidmet ist, sehr prunkvoll, voller Ikonen und byzantinischer Fresken. Die einzige im Reiseführer genannte zugängliche Moschee "Murad Reis" war geschlossen. Uns interessierte der alte danebenliegende mohammedanische Friedhof. Bemerkenswert fanden wir auch die Architektur des Theaters, des Rathauses sowie des Regierungsgebäudes, von dem aus der gesamte Bereich Dodekanes verwaltet wird. Letzteres Gebäude erinnerte uns an den Dogenpalast in Venedig.

An der Spitze der Mole des Mandrakihafens, auf der 3 Windmühlen aus dem 15. Jahrhundert stehen, erhebt sich die Festung, die den Hafen schützte und der Belagerung der Türken im 15. Jahrhundert trotz heftigster Kämpfe standhielt. Im Inneren sahen wir ein Video mit englischem Untertext. Leider wechselte das Bild derart schnell, dass wir immer nur einen Teil mitbekamen. Trotzdem war es interessant.

Übrigens soll hier der Koloss von Rhodos, eines der sieben Weltwunder, gestanden haben. Man sagt, er sei eine 34 m hohe Bronzestatue gewesen, in 12 Jahren gegossen und 292 v. Chr. auf einen 10 m hohen Steinsockel errichtet. Leider hat ihn bereits 226 v. Chr. ein Erdbeben zerstört.

Wir wechselten in die von Mauern umschlossene Altstadt über. Dabei benutzten wir den nördlichen Eingang am "Simiplatz", der vom "Elefterias-Tor" und dem "Arsenaltor" erschlossen wird. Wir betrachteten die Überreste des dorischen "Aphroditetempels" aus dem 3. Jahrhundert v. Chr. Weiter zog es uns zum "Argirukastrouplatz" mit dem alten Hospital. Ein Krankenbesuch lohnte sich nicht. Die Patienten sind längst seit Jahrhunderten entlassen. Daneben stehen eine Herberge aus der Ritterzeit und das

Volkskunstmuseum. Und weiter liefen wir zum Museumsplatz mit seinem berühmten "Kochlaki-Boden". Wir fanden die byzantinische Kirche "Panagia tu Kastru" (in der Ritterzeit Santa Maria genannt). In sie konnten wir nur einen Blick vom offenen Tor aus werfen. Eine Besichtigung war wegen der Restaurierungsarbeiten nicht gestattet. Gleich neben der Kirche steht das "Neue Hospital", in dem das "Archäologische Museum" untergebracht ist. Die "Ritterstraße" hoben wir uns bis zuletzt auf und streiften erst einmal weiter südwärts über den "Ippokratousplatz" in das Zentrum der Altstadt. Ein hübscher Brunnen und eine dahinterliegenden, aber verschlossenen Moschee erregte unsere Aufmerksamkeit. Am Platz "Evreon Martyron" nahmen wir vor einer Taverne ein kleines Mahl ein.

Gestärkt setzten wir unseren Rundgang fort, zum Palast des Erzbischofs, der "Agios-Panteleimon-Kirche" und dem "Ekaterinen-Hospital" sowie zur "Ekaterinenkirche".

Dann streiften wir durch das Jüdische Viertel und besuchten die Synagoge. Schließlich gelangten wir zum türkischen Viertel mit einigen ziemlich verfallenen Moscheen. Wir kletterten auf den Uhrturm. Die Aussicht auf die Dächer und Türme der Altstadt lohnte sich. Im dazugehörigen Hof erhielten wir einen Drink, der im Eintrittspreis 4 € enthalten war.

Darauf schauten wir kurz in den Hof des Großmeisterpalastes hinein - die Besichtigung jedoch wollten wir an einem anderen Tag vornehmen - und schritten ehrfurchtsvoll durch die "Ritterstraße", die hervorragend erhalten ist. An ihr liegen die Herbergen der verschiedenen "Zungen", der landsmannschaftlichen Rittergemeinschaft.

Um 17.00 Uhr kehrten wir mit dem Linienbus zurück nach Faliraki und zum Abendbrot. Dann setzten wir uns eine reichliche Stunde an den Strand.

Von Heinz, der mit der Heimat telefoniert hatte, erfuhren wir, dass es daheim den ersten Bodenfrost gegeben habe.

Freitag (10.10.)

Bereits 7.05 Uhr wurden wir von einem Bus des Reiseunternehmens Neckermann abgeholt; somit war kein Frühstück möglich, aber wir erhielten Reiseverpflegung. Der Bus brachte uns nach Rhodos zum Hafen. Wir hatten für diesen Tag eine Schiffsreise zur Insel Kos

gebucht. 8.15 Uhr setzte sich das, dem Aussehen nach, überalterte Tragflächenboot "Georgios M" in Bewegung. Unterwegs wurde von der Besatzung ständig Öl nachgefüllt. Sollte der Motor hunzen?
Nach Verlassen des Hafens stand der Kurs auf N, parallel zur Türkei, nach meinem Empfinden etwa an der Staatsgrenze entlang. Kos ist 100 km Luftlinie von Rhodos entfernt. Fahrtmäßig kam etwa die Hälfte mehr zusammen.
Besonders aufmerksam waren alle Passagiere, als etwa nach einer Stunde Fahrt an der Backbordseite die Insel Symi auftauchte, die wir am Folgetag aufsuchen wollen. Gegen 10.30 Uhr erreichten wir den Hafen von Kos-Stadt. Nach Rhodos ist Kos die zweitgrößte (nach anderen Quellen die drittgrößte nach Rhodos und Karpathos) Insel des Dodekanes und seit 3000 v.Chr. besiedelt.
Hippokrates Lehren machten die Insel weltbekannt.
Einst war Kos eine bedeutende Handelsmacht bis zur Eroberung durch die Römer (130 v. Chr). Die Kreuzritter regierten hier ab 1315, die Türken waren von 1522 bis 1912 an der Macht, dann beherrschte Italien die Insel. 1943 bis Kriegsende besetzte Deutschland die Insel. Ab 1948 wurde Kos wie auch die anderen Inseln des Dodekanes Griechenland zugesprochen.
Die alte Stadt Kos wurde 1933 von einem Erdbeben zerstört.
Überragt wird die Stadt von einer Kreuzritterburg. Im Hafen beobachteten wir eine Vielzahl von Jachten und Ausflugsschiffen.
Zuerst liefen wir zur Informationsstelle und besorgten uns einen Stadtplan. Dann besuchten wir die Ausgrabungsstätte des "Antiken Marktes". Interessant fanden wir die wiederaufgerichteten Säulen der Stoa aus dem 4 - 3 Jahrhundert v. Chr., die Tempel der "Aphrodite" und des "Hekakles" sowie eine frühchristliche Basilika. Jetzt führte uns der Weg zur "Platane des Hippokrates". Unter diesem Baum soll der "Vater der Heilkunst" seine Schüler gelehrt haben (nach anderen Quellen ist der riesige Baum trotz seiner 14 m Durchmesser erst 560 Jahre alt und ein Ableger der früheren Platane). Der Brunnen vor der Platane, dessen Wasser sich in einen Marmorsarkophag ergießt, wurde 1792 vom türkischen Statthalter Hadji Hassan erbaut. Nach Hippokrates Tod im Jahre 357 v.Chr. hat man das "Asklepeion" errichtet, ein Kultort für den Gott Asklepios, das aber gleichzeitig ein Krankenhaus war.

Nach einer Mittagsrast vor einer Taverne in einer idyllischen Gasse suchten wir das antike Theater auf, das besonders imponierte, dann die Ausgrabungen der antiken Griechischen und Römische Stadt im Westteil der Stadt Kos. Besonders beachtenswert fanden wir das "Nymphaion", die Reste des Gymnasiums mit Fußboden-Mosaiken, die Kampfszenen mit wilden Tieren darstellten. Zuletzt besichtigten wir das "Johanniterkastell", das die Kreuzritter im 14. Jahrhundert in relativ kurzer Zeit zum Schutz vor osmanischen Angriffen erbaut hatten.

Die Rückfahrt sollte 15.45 Uhr sein. Zum Glück fanden wir uns schon 15.00 Uhr ein!

Wir erfuhren, dass wir mit einem anderen Schiff fahren müssten, aber zuerst im Hafenamt dafür einen anderen Fahrschein zu lösen hätten.

Im Eilmarsch begaben wir uns zum Hafenamt. Dort ließ man uns lange warten. Nach Erhalt der neuen Karte mit einer Zuzahlung liefen wir zum Schiff. Die Abfahrt war nunmehr 16.20 Uhr.

Auf der Rückfahrt legten wir kurz in Symi an.

Der Anblick dieser Stadt im Abendlicht der Sonne war äußerst beeindruckend!

Im Hafen von Rhodos liefen wir kurz vor 19.00 Uhr ein. Eine halbe Stunde später waren wir per Bus am Hotel. Nach dem Abendbrot begaben wir uns gleich zur Ruhe.

Samstag (11.10.)

Pünktlich 7.00 Uhr erschienen wir zum Frühstück. 7.50 Uhr wurden wir vom Bus abgeholt und wieder zum Hafen in Rhodos gebracht. Gegen 9.30 Uhr verließen wir mit einem Katamaran den Hafen und waren kurz vor 11.00 Uhr in Symi. Anke durfte mit auf die Kommandobrücke und sogar den Maschinenraum besichtigen, was für sie ein besonderes Erlebnis darstellte.

"Das felsige, kahle Symi lebte schon im Altertum von der Schwammfischerei und dem Segelschiffbau. Jährlich liefen 500 Schiffe vom Stapel. Im 17. Jahrhundert war Symi die drittreichste Insel des Dodekanes. Mit der italienischen Eroberung 1912 und dem Aufkommen von Kunstschwämmen setzte der Niedergang ein. Bis zum Zweiten Weltkrieg sank die Bevölkerung von 23.000 auf 6.000 Einwohner, und viele der stattlichen Herrenhäuser begannen zu zerfallen". (Club-Reiseführer S.174)

Was wir bereits über Symi gehört hatten, bewahrheitete sich: Die Stadt fanden wir einmalig schön. Die Häuser erschienen vom ankommenden Schiff aus wie eine Filmkulisse.

Häuser und Kirchen wurden im neoklassizistischen Stil erbaut und nach dem Krieg in gleicher Weise restauriert. Andere Haustypen waren nicht gestattet. Da die Stadt am Hang liegt, treten Straßen zurück, sind Treppenstufen das dominierende Element. Zwischen dem Hafenviertel "Gialos" zählten wir 375 Stufen bis in die Oberstadt "Chorio".

Wir erfuhren folgendes Wissenswertes über die Insel:
"Die Einwohner leben fast durchweg vom Tourismus. Um den Hafen herum drängen sich Geschäfte und Gaststätten. Lebensmittel und Gebrauchsgegenstände werden überwiegend von anderen griechischen Inseln eingeführt. Die hier feilgebotenen Schwämme kommen meist von der Insel Karpathos. Sogar Trinkwasser bringt man von Rhodos herüber, obgleich es auch eine kleine Meeresentsalzungsanlage auf der Insel gibt."

Symi fanden wir sauberer als Rhodos. Ähnlich wie auf der großen Insel wimmelte es jedoch von Katzen, die hier durchweg sehr zutraulich waren.

Um 14.00 Uhr sollten wir wieder auf dem Ausflugsschiff sein, denn 14.05 Uhr würde es den Hafen verlassen und noch am Südteil der Insel beim Kloster "Panormites" anlegen. Eigentlich wollte ich die Strecke zum Kloster zu Fuß zurücklegen, aber der energische Protest meiner lieben Frau hielt mich von meinem Vorhaben ab; aber schaffbar wäre es gewesen: 12 km.

Nach 45 Minuten Schiffsfahrt erschienen an der Sohle der hufeisenförmigen Hafenbucht die hellen Mauern der Klosteranlage. Der verspielte Glockenturm des "Moni Taxiarchi Michail Panormiti" wurde 1905 erbaut und nach dem Vorbild der "Agia Foteini" im türkischen Izmir gestaltet. Seine Glocken erklangen uns zum Gruß. Das kostbarstes Stück in der Klosterkirche ist die ganz in Silber gehaltene Ikone des Erzengels Michael, umrahmt von Gebetswünschen und kostbaren Dankgeschenken der Pilger.

Schon 15.40 Uhr legte unser Schiff wieder ab - erneut begleitet von den segnenden Glockenklängen. Noch lange schauten wir zurück auf die Klosteranlage.

17.25 Uhr passierten wir die Hafeneinfahrt in Rhodos, eine dreiviertel Stunde später setzte uns der Bus am Hotel ab. Nach dem Abendbrot trafen wir uns am Strand, werteten den Tag aus, warteten auf den Vollmond und genossen den einheimischen Wein. Maria und Julianne nahmen Abschied, denn am Sonntagmorgen war ihre Urlaubswoche schon vorbei.

Sonntag (12.10.)
Nach dem Frühstück verabschiedeten wir Maria und Julianne. Dann unternahmen wir zu fünft - ohne Heinz und Annelies - eine Strandwanderung; diesmal in südliche Richtung. Kurz vor der "Anthony Quinn-Bay" mussten wir landeinwärts gehen, um auf die Steilküste zu gelangen. Dies war schließlich nur als Klettertour möglich, was wir trotz fehlender Wanderschuhe - barfüßig in Sandalen - bewältigten. Ein herrlicher Blick bot sich uns auf die unter uns befindliche idyllische Bucht. Auf Ziegenpfaden kletterten wir zu ihr hinunter, stolz auf unsere Leistung.

Unten hielten wir Mittagsrast. Auf einem bequemeren Weg verließen wir die Bucht. Uns zog es jetzt zur "Moni Profitis Amos". Die Kirche war offen. Wir ließen die Atmosphäre auf uns wirken. Leise hörten wir geistliche Gesänge vom Band und hielten eine Meditationsandacht. Dann nahmen wir die Richtung zum Strand und trafen gegen 15.00 Uhr wieder am "Esperides-Hotel" ein. Nach dem Schwimmen genehmigten wir uns einen Eisbecher an der Strandbar. Nach dem Abendbrot trafen wir uns am Meer bei einem Glas Wein; genossen Meeresrauschen und Vollmond.

Montag (13.10.)
Nach dem Frühstück fuhren wir mit dem Linienbus - wieder ohne Heinz und Annelies - die lieber in Ruhe Strand und Pool genießen wollten - nach Rhodos-Stadt. Etwa eine halbe Stunde bummelten wir dort durch "Mandraki" bis ein Bus nach Kamiros fuhr. Außer einem Ehepaar, das englisch sprach, und uns fünf, befanden sich nur Einheimische im voll besetzten Bus, der sich aber unterwegs immer mehr leerte.

Lustig zu beobachten, wie der Schaffner unterwegs Zeitungspakete an den Straßenrand warf. Die Empfänger holten sich die Pakete von dort ab. Der Bus brachte uns bis vor das Tor von "Alt- Kamiros", an die Ausgrabungsstätte. Der Busschaffner erklärte uns fürsorglich, wann der Bus zurückfahren und wo für uns eine Einkehrmöglichkeit bestünde.

Vier geführte Busgesellschaften waren vor uns im Gelände.
Schriftliche Erklärungshinweise gab es zwar am Eingangstor, aber nur in englischer oder griechischer Sprache. Doch die Reiseführer der einzelnen Reisebusse hatten nichts dagegen, dass auch wir ihren Erzählungen lauschten. Dabei erfuhren wir folgendes:
"Hier sind die umfangreichsten Ausgrabungen getätigt worden. Neben Lindos und Ialyssos war Kamiros in Dorischer Zeit (1000 - 500 v. Chr) einer der Stadtstaaten auf der Insel. Die meisten Ruinen stammen jedoch aus der Hellenistischen Zeit (4. u.3. Jahrhundert.v.Chr.). Im Jahr 408 v.Chr. vollzogen die drei Stadtstaaten den Zusammenschluss zu einem Gesamtstaat und gründeten damals Rhodos-Stadt. Nebenher blieben aber die bisherigen Siedlungen erhalten. Im Jahre 226 v.Chr. vernichtete ein Erdbeben Kamiros. Die Stadt wurde wieder aufgebaut. Drei Jahrhunderte später (im Jahre 142) wurde Kamiros erneut durch ein Erdbeben zerstört. Danach verließen wohl die Einwohner die Stadt für immer. Wiederentdeckt wurde Kamiros erst in der Mitte des 19. Jahrhunderts und von den Italienern in den dreißiger Jahren des 20. Jahrhunderts ausgegraben."
Uns machte es Spaß durch die alten Mauern zu klettern. Dabei beobachteten wir sehr häufig Eidechsen, die sich jetzt als die eigentlichen Bewohner fühlten. Gegen 12.15 Uhr liefen wir hinunter zum Meer nach "Kamiros Neu" und verspeisten in einer gemütlichen Taverne unmittelbar am Strand einen griechischen Salat. Natürlich durften Orangensaft, Wasser und Wein nicht fehlen. Pünktlich, wie vom Schaffner angesagt, kam um 14.45 Uhr der Bus, der uns nach Rhodos-Stadt zurückbrachte. Das Fahrzeug war eine alte "Schüttel", die man sogar zu "DDR-Zeiten" aus dem Fuhrpark ausgesondert hätte. Die Insassen hatten ihren Spaß daran, dass beim Schließen einer Tür jeweils die andere sich öffnete.
Der Anschlussbus fuhr erst in einer Stunde. Die Zeit nutzten wir zu einem Einkaufsbummel. Nach halb Fünf langten wir am Hotel an und eilten sofort zum Strand, um zu schwimmen. Nach dem Abendbrot saßen wir erneut am Strand. Wir warteten auch heute auf den Mondaufgang und lauschten dem Rauschen des Meeres.

Dienstag (14.10.)
Noch einmal zog es uns nach dem Frühstück mit dem Linienbus nach Rhodos-Stadt.
Heute war die Besichtigung des Großmeisterpalast geplant. Er war beeindruckend, auch wenn die Italiener, die den Palast in ihrer Besatzungszeit wiedererrichteten nicht alles so bauten, wie es zur Zeit der Johanniter gewesen ist. Zwei Stunden brauchten wir für die Besichtigung.
In einer schattigen Gasse hielten wir Mittagsrast, dann begaben wir uns zum Kanonentor. Wir wollten auf der Stadtmauer entlang gehen. Das war nur dienstags nach der Mittagspause möglich. Auch Heinz und Annelies kamen hinzu.
Es war recht spannend, den Weg auf der Stadtmauer hoch über den Dächern der Altstadt zu gehen. Es gab allerdings keine Sicherheitsabsperrungen, was uns schon anderswo gewundert hatte. Trotzdem passierte nichts. Nach dem ausführlichen und interessanten Gang kehrten wir im Jüdischen Viertel in dem kleinen geschmackvollen Künstlercafé´ "Anakata" ein, das uns schon bei unserem Rundgang durch die Stadt am 9. Oktober aufgefallen war.
Nach der Rückkehr nach Faliraki war Schwimmen angesagt. Nach dem Abendbrot sah man uns wieder am Strand bis zum Aufgang des Mondes.

Mittwoch (15.10.)
Während sich Heinz und Annelies am Strand und Pool tummelten, planten wir anderen eine "kleine" Wanderung. Allerdings wurden mindestens 15 km daraus: Wir wollten die Kirche "Agios Minas" aufsuchen, an der wir der Karte nach sicher einmal vorbeigefahren waren, die aber keiner von uns wahrgenommen hatte.
Vom Hotel "Kolossus" führte ein kleiner Weg nach Nordwest landeinwärts entlang eines ausgetrockneten Flussbettes. Bald endete er jedoch in einem Anwesen. So liefen wir im Wadi bergauf. Zunächst ging das sehr bequem. Am anderen Ufer kamen wir an einem Schrottplatz vorbei, wo vor allem ausrangierte Fahrzeuge aller Art sich türmten. Wenn es nach Anke gegangen wäre, hätten wir damit schon das Tagesziel erreicht. Doch uns trieb es weiter. Mitunter mussten wir sogar klettern, weil das Tal enger wurde und dort das Flusswasser in der Regenzeit viel Geröll angehäuft hatte.

Wir erreichten die Fernverkehrsstraße, verließen das Flussbett und gingen ein Stück der Straße entlang, was allerdings wegen des starken Verkehrs keinen Spaß machte. Ein kleiner Weg wurde von uns dankbar angenommen, weil wir ihn für den richtigen hielten. Aber bald endete er an einem Olivenhain. Ich kletterte einen steilen Hang hinauf, um Ausschau zu halten. Vergeblich. Meinen Leuten konnte ich wegen des nachbröckelnden lockeren Gesteins den Aufstieg nicht zumuten. Aber ich kam auch nicht wieder hinunter. Ich rief den anderen zu, sie sollten zur Straße zurückkehren und dieser weiter folgen, ich wollte zu ihnen stoßen, wenn - so nahm ich an - die Straße hinter der fernen Kurve die Höhe erreichte. Allerdings verstand ich nicht, was Gudrun mir zurief. Aber ich erkannte, dass sie meinen Vorschlag folgten. Eine Weile kam ich gut voran. Doch dann ging es steil bergab. Die Hochfläche war zerschnitten. Mir blieb nichts anderes übrig als meinen Plan aufzugeben. Mit Blessuren und unter Verlust des gesammelten Bergtees gelangte ich auf den Weg. Wir liefen ein ganzes Stück die Straße wieder hinunter, bis auf der anderen Straßenseite ein Hinweis auf eine wahrscheinliche neue Kirche zu lesen war. So folgten wir diesem Weg und Hinweis als Ersatz für die andere, die wir nicht fanden.

Der Weg zog und zog sich in die Länge, bis wir nach einer Stunde die "Agios Stulianos" wirklich fanden. Trotzdem war der Weg recht schön. Das Kirchlein war winzig, ganz neu, noch nicht ganz fertig. Auf ihren Stufen nahmen wir unsere Mittagspause ein. Dann wanden wir uns wieder hotelwärts, wobei uns das Wadi wieder als Weg diente.

Erst gegen 15.00 Uhr langten wir wieder am Hotel an. Dann Schwimmen, Eisbecher genießen, Ausruhen, Abendbrot und Abend am Strand - wie gehabt...

Donnerstag (16.10.) unser letzter Urlaubstag auf Rhodos

Heute gingen wir schon vor dem Frühstück schwimmen, was Heinz und Annelies schon seit Tagen praktizierten.

Gegen 11.00 Uhr waren die Koffer gepackt, was Gudrun für uns drei besorgte. Wir räumten unser Zimmer. Da uns aber erst 17.40 Uhr der Bus abholte, blieb genügend Zeit für einen Abschiedsbummel. Dieser führte uns zum Tiergehege.

Also Aufstieg ins "Plutokratenviertel", Aufenthalt in der Sophienkapelle, dann zum Tiergehege. Wir waren angenehm überrascht, wie groß und wie schön die ganze Anlage geplant und gebaut worden war. Neben den schon Tage vorher gesichteten Tieren beherbergte dieser "Hotelzoo" drei Tiger, drei Lamas, einen Affen, viele Pfaue. Wunderschön war auch die Anlage für die Enten.

Zufrieden kehrten wir in die Hotelanlage zurück. Jetzt ruhten wir uns am Pool aus. Schlafen war leider wegen des Lärms nicht möglich. Es folgten noch Eisbecher und Kaffee. Nun stellten wir das Gepäck bereit und warteten auf den Bus. Er kam pünktlich. Auf dem Flugplatz fanden wir uns, wie gefordert, zwei Stunden vor Abflug ein.

Ein Schalter für unseren Flug war noch nicht bekannt. Als er eine Stunde später auf der großen Tafel angezeigt wurde - nur einer - ging das Gedränge los. Erst nach weiteren 20 Minuten wurde der Schalter überhaupt besetzt und die über 180 Flugpassagiere zum Einchecken vorbereitet. Als wir mit dem Handgepäck zum Sicherheitstrakt liefen, war bereits der Zeitpunkt des geplanten Abflugs herangekommen. Zeit zum Pässekontrollieren war keine.

In der Maschine war jeder Platz besetzt. Die Boing hob mit 30 minütiger Verspätung vom Rollfeld ab. Wir nahmen den gleichen Flugweg wie auf dem Hinflug. Bis Dresden war die Verspätung auf 20 Minuten geschrumpft, dank großer Höhe und geringen Gegenwindes. Um 23.00 Uhr landete die Maschine. Relativ kurz danach konnten wir unser Gepäck aufnehmen. Helga, Maike und Birgit übernachteten im Flughafenhotel und fuhren am Morgen mit dem Zug nach Fürstenwalde.

Unser Kleinbus wartete schon auf uns. Heinz und Annelies wurden in Nossen abgesetzt und am Freitag 0.35 Uhr langten auch wir daheim an. Wir dankten unserem Herrgott für die gute Bewahrung und für die wundervollen Erlebnisse.

Die Termine in der zweiten Oktoberhälfte und im November waren aus heutigen Sicht nicht so bedeutend, dass ich davon berichten müsste.

Das Weihnachtsfest verlief recht ruhig. Michael kam erst am Vormittag des 24. Dezember und reiste auch schon am Abend des 27. Dezember wieder ab. Heinz und Annelies reisten einen Tag vor Michael an und blieben bis zum 27. Dezember.

Zwei Tage später steuerten wir in die gleiche Richtung, denn den Jahreswechsel feierten wir erstmals außerhalb des Moserhofes, nämlich zusammen mit den Fürstenwalder Freunden bei Helga, da

Heinz und Annelies sowieso nicht nach Oelsnitz gekommen wären. Sie wollten, ehe sie von Nossen weg zögen, verständlicherweise noch einmal in ihrem Haus feiern, in dem sie glückliche vierzig Jahre zusammen gelebt hatten.

Als Gudrun von Maikes Urlaubsplänen für 2004 erfuhr, erwachte sofort ihr Interesse, mit nach Ostpreußen zu fahren. Die Fürstenwalder Domgemeinde plante, zwei Partnergemeinden zu besuchen. Maike wollte sich erkundigen, ob noch drei Plätze für diese Fahrt frei seien.

Kurz vor Jahresende schrieb ein jeder unserer Runde auf, wofür er in diesem Jahr zu danken habe. Obgleich ich 2003 großen Kummer erlebt hatte, war doch die Liste für das Dankenswerte recht umfangreich geworden.

2004

Zu Beginn des Jahres gab es für mich viel Arbeit durch das notwendige Schneeschippen, um Zugang zum Tor und zur Garage freizuhalten. Dafür blieben wir im Januar brav daheim, wobei das nicht wörtlich zu nehmen ist. Ich meine nur, wir unternahmen keine größeren Ausflüge oder Reisen.

Den ehrenamtlichen Verpflichtungen kam ich selbstverständlich nach, für Gudrun und Anke war der Arbeitsalltag verpflichtend.

Für den 14. Februar waren wir bei meinem jüngsten Vetter in Duisburg zur Silberhochzeit eingeladen, was wir Ulrich unmöglich abschlagen konnten, wenn für uns auch die Fahrt ins Ruhrgebiet nicht gerade ein Kinderspiel war.

Wir lernten zum ersten Mal seine Frau Birgit und seine beiden Töchter kennen. Auch den beiden Kindern seiner Schwester Christa waren wir bisher noch nicht begegnet. Außer uns waren weitere Verwandte aus Annaberg-Buchholz bei der Feier dabei.

Mein Terminplan für die Monate März und April strotzte an Eintragungen durch ehrenamtliche Tätigkeit.

Ich wollte zu den Kommunalwahlen nicht wieder anzutreten, weil mir mein Gehör ständig mehr Probleme bereitete. Zwar legte ich mir auf Anraten meiner Ohrenärztin Hörgeräte zu. Doch gänzlich zufrieden konnte ich damit nicht sein. Wenn ein Redner aus größerer Entfernung sprach oder aus einem "toten Winkel", dass ich dessen Mund nicht gleichzeitig sehen konnte, verstand ich

entweder gar nichts oder höchstens einen Teil. Mein Entschluss fiel mir für den Kreistag leicht, weil ich das "Parteiengezänk" satt hatte.
Für den Stadtrat fiel es mir schwerer, weil mir dort die Arbeit Spaß machte und ich auch spürte, dass der Bürgermeister froh war, mich als seinen Ersten Stellvertreter zur Verfügung zu haben. Aber ich ließ mich nicht umstimmen: Besser ein Bedauern, wenn man sich verabschiedet als ein heimlicher Wunsch: "Wenn wir ihn doch endlich los hätten!"
Hatte ich doch in all den Jahren die "Drei Dimensionen" von Martin Luther King für ein sinnerfülltes Leben beherzigt:
"Die Länge, das ist das Streben nach eigener Vervollkommnung.
Die Breite, das sind Solidarität und gute Taten für die Mitmenschen.
Die dritte Dimension sind Freude, Kraft und Hilfe aus der Höhe, in frohen Stunden, aber auch in schwierigen Lebenslagen, resultierend aus dem Glauben an die Existenz eines Schöpfers und Erhalters des gesamten unvorstellbar großen Weltalls und meines ganz persönlichen Lebens."
Die "Fünf-Finger-Regel" für das Alter nahm ich mir vor, einzuhalten:
1. Körperlich fit bleiben,
2. geistig mobil sein
3. keine Langeweile aufkommen lassen
4. sich auch was Schönes leisten und
5. (der Daumen): auf die Gesundheit achten.
Natürlich wollte ich mich weiterhin einsetzen und helfen, wo ich konnte. Aber ich durfte mich zurücknehmen. Wie hatte ich doch zum Jahresende 2002 an Freund Dietger geschrieben:
"Viele meiner Freunde, Verwandten und Bekannten meinen, ich sei sehr viel beschäftigt - zu viel! Nun ich befinde mich bereits im Abbau des "Zuviel"...

Aber weiter in der kontinuierlichen Schilderung des Kalenderjahres 2004!
Am 18. März besuchte eine Delegation aus Chodov unter Leitung seines Bürgermeisters, Herrn Hora, Oelsnitz. Im "Grand Slam" wurden die Partnerbeziehungen zwischen unseren beiden Städten besiegelt.

In meinem Terminkalender fehlte zu Frühlingsbeginn auch nicht die Rüstzeit in Rathen.

Anfang April feierten wir Birgits Geburtstag im Rahmen einer "Bildungsfahrt" in den Harz.

Als Treffpunkt mit den Fürstenwalder Freunden war die Stiftskirche in Gernrode vereinbart. Auf der Fahrt nach Gernrode legten wir auf einem Parkplatz am "Süßen See", da wir gut in der Zeit lagen, eine Pause ein. Von dort hatten wir einen schönen Blick auf das gegenüberliegende Seeburg. Fast gleichzeitig kamen wir in Gernrode mit den Fürstenwalder Freunden an. Nach der Begrüßung vesperten wir gemeinsam im Hof der ehemaligen Klosteranlage. Dann machten wir uns daran, die berühmte Stiftskirche zu besichtigen. Rund ein halbes Jahrhundert war es her, da ich mit Karl Bernhardt und Renate in dem ehrwürdigen Gebäude an einer Führung teilgenommen hatte.

Anschließend besuchten wir ein neueingerichtetes "Schulmuseum" in einem historischen Haus, nämlich in der ältesten Schule Deutschlands, wobei wir gemeinsam viel Spaß hatten.

In Neinstedt hatte Maike für alle die Übernachtung bestellt. Dort feierten wir in einer hübschen Schenke Birgits Ehrentag.

Am anderen Tag unternahmen wir einen Spaziergang durch Quedlinburg, wo wir auch zu Mittag speisten. Dann sagten wir uns "Auf Wiedersehen" und jeder strebte seinem Wohnort zu.

Zu Ostern (11. u. 12. 04.) nahmen wir uns Ausflüge an den "Beuthenteich" in der Nähe von Beutha und an den "Schwarzen Teich" zwischen Geyer und Elterlein vor.

Anfang Mai beteiligte ich mich wiederum an der Baumpflanzaktion des Stadtrates.

Für Sonntag, den 9. Mai waren wir nach Briesen zur Jugendweihe von Ankes Nichte Sabrina eingeladen. Am Tag zuvor fuhren wir nach Fürstenwalde. Helga hatte für uns Quartier bereitgestellt. Den Montag für die Rückfahrt hatten Gudrun und Anke Urlaub genommen.

Die folgende Woche besuchten wir mit Annelies, die wir vorher aus Nossen abholten, Heinz in Elbingerode, wo dieser zur Kur weilte. Heinz führte uns durch den Ort. Wir besuchten die Kirche, ließen uns das Mittagessen in der "Kartoffelkate" wohlschmecken, erblickten von weitem den Brocken.

Am 26. Mai fand die letzte Kreistagssitzung der dritten Legislaturperiode statt. Ich bat bei der Verlesung der Tagesordnung um eine Ergänzung, dass ich als Alterspräsident am Schluss der Sitzung noch einmal das Wort an die Damen und Herren Kreisräte richten dürfte. Meine Bitte wurde vom Gremium akzeptiert und ich sprach die folgende Abschiedsrede:

"Sehr geehrter Herr Landrat, sehr geehrte Damen und Herren Kreisräte,
gestatten Sie bitte, dass ich am Ende unserer heutigen nun doch letzten Kreistagssitzung der dritten Legislaturperiode noch ein paar Worte an Sie richte.
Ich denke, die fünf zurückliegenden Jahre waren nicht nur für mich als Senior dieser Runde, sondern auch für Sie jüngeren Mitglieder des Kreistages eine anstrengende Zeit.
Ich will Ihnen "Danke" sagen für Ihr Durchhalten; "Danke" für Ihr Engagement im Mühen um das Mitgestalten der Entwicklung unseres Landkreises Stollberg; "Danke" für die Zeit und die Kraft, die Sie dran gegeben haben in den verschiedenen Ausschüssen und in den 40 Plenartagungen des Kreistages.
Trotz aller Streitgespräche, die wir in den Ausschüssen geführt haben, war es doch - zumindest in den Ausschüssen, denen ich selbst angehört habe - ein gutes Miteinander, weil letztendlich im gemeinsamen Ringen, oft durch Kompromisse, sich das durchsetzte, was wir in der Mehrheit auch gemeinsam mittragen konnten.
Leider sah es in den einzelnen Kreistagssitzungen nicht so positiv aus. Hier fehlte das notwendige Vertrauen zueinander und zu den Empfehlungen der Ausschüsse, wo doch mit Sachverstand von Vertretern aller Fraktionen all das vorberaten worden war, was dann im Plenum beschlossen werden sollte. Ja, es fehlte sogar am Vertrauen zu unseren eigenen Fraktionsmitgliedern. Wir meinten oft, nur wir selbst sehen dies und das allein richtig und müssen deshalb unseren eigenen Standpunkt vortragen. Vielleicht lag es auch an unserem Ehrgeiz oder einer Selbstüberschätzung?

Sehr oft fehlte es auch am Vertrauen zum Amt, zum Landrat, dem wir das eine oder andere Versäumnis unterstellten. Leider gingen wir nicht immer kulturvoll beim Austausch unserer Meinungsverschiedenheiten miteinander um.
Die anwesenden Pressevertreter nutzten diesen Umstand zumeist zu ihrem eigenen Vorteil und bastelten Meldungen zusammen, die bei den Einwohnern des Kreises Empörung hervorriefen und sie gegen den Kreistag und gegen die Kreisverwaltung aufbrachten. Ich kann mir nicht denken, dass ich allein anonyme Briefe erhielt, ich mir allein anonyme Schmähworte am Telefon anhören musste, selbst für Beschlüsse, für die nicht der Kreistag, sondern die Landes- bzw. Bundesregierung zuständig war.
Schuld waren wir zumeist selbst, eben durch die mangelnde Achtung vor unseren Kontrahenten, durch den mangelnden kulturvollen Umgang miteinander.
So meine ich, ist es notwendig, ehe wir für heute auseinander gehen, auch eine Bitte um Verzeihung auszusprechen, gerichtet an diejenigen, die wir mit unseren Worten verletzt haben.
Den Dank, den ich Ihnen für Ihr Engagement ausgesprochen habe, richtet sich aber auch an die Verwaltung des Landkreises, an jeden einzelnen Mitarbeiter in den einzelnen Ämtern und Dezernaten, an die Dezernenten selbst und "last not least" auch an unseren Landrat Udo Hertwich."
Ich äußere eine Bitte an die Damen und Herren Kreisräte, die sich bereitgefunden haben, für die vierte Legislaturperiode zur Verfügung zu stehen:
Gehen Sie bitte wieder so kulturvoll miteinander um, wie wir 1990 begonnen haben!
Meinungsstreit muss sein, ja, aber nicht um des Streites willen, sondern um der Sache willen. Tragen Sie die Streitgespräche stets fair aus. Vermeiden Sie Schläge unter die Gürtellinie und Vorverurteilungen. Dann hat auch die Presse weniger Grund für Negativmeldungen.
Ich werde auch nach meinem Ausscheiden weiter an Sie in meinem täglichen Führbittgebet denken! Ich wünsche Ihnen viel Kraft und eine gute Gesundheit für Ihre weitere Arbeit und danke Ihnen noch einmal für Ihr Engagement, auch weiterhin mitgestalten zu wollen!"

Schon am darauffolgenden Tag fand die letzte Stadtratsitzung statt. Auch hier verabschiedete ich mich von den übrigen Stadträten. Ich ging von der ebenfalls zuende gehenden dritten Legislaturperiode im Kreistag aus, dass ich mich auch dort verabschiedet habe, was mir wesentlich leichter gefallen sei als die Verabschiedung vom Stadtrat. Ich dankte auch diesem Gremium für das Durchhalten, das Engagement im Mühen und Mitgestalten der Entwicklung unserer Stadt, für die eingesetzte Zeit und Kraft. Den Dank erweiterte ich - wie am Vortag - auf die Mitarbeiter der Stadtverwaltung und "last not least" an unseren Bürgermeister. Ich lobte seine Sachlichkeit, seine Kompetenz, seine Ideen und Visionen, wie Oelsnitz immer schöner gestaltet werden könne und das Leben für seine Einwohner immer besser, die Stadt attraktiver und bekannter würde. Ich lobte das schöne Miteinander im Stadtrat und bat all diejenigen Stadträte, die sich für eine vierte Legislaturperiode zur Wahl stellten, sie möchten auch in Zukunft alle Streitgespräche wie bisher stets fair austragen und kulturvoll miteinander umgehen.

Unsere "Ostpreußenreise" (14.-22.06.04)

In Fürstenwalde gibt es in der evangelischen Domkirchgemeinde einen Freundeskreis, der in Zusammenarbeit mit weiteren in Berlin lebenden Personen, sich das Ziel gesetzt hat, den in Ostpreußen sich entwickelnden evangelischen Gemeinden zu helfen.
Dieser Freundeskreis fährt in gewissen Abständen zu seinen Partnern in Gumbinnen (Gusew), Paterswalde (Bolschoje Polana) und Groß Legitten (Turgenewo), um Hilfsgüter zu überbringen.
Für Juni 2004 war eine Busreise geplant, die auch anderen Interessenten offen stand. Maike hatte davon erfahren und spontan sich und Birgit für die Reise angemeldet.
Wie ich bereits erwähnte, hatte Maike zum Jahreswechsel davon erzählt. Gudrun war sofort davon eingenommen; Anke sowieso. Ich hätte zwar einen Alpenurlaub vorgezogen, gab aber relativ schnell nach, um eine bei mir vorhandene Bildungslücke zu schließen. Schämte ich mich doch jedes Mal, wenn Lore von ihrer

Heimat im Hinterland der Frischen Nehrung erzählte, wie wenig ich von Ostpreußen und Westpreußen wusste.
Die mir zugängliche geographische und historische DDR-Literatur schwieg sich zu diesem Landstrich nahezu aus. Ältere Schriften waren ziemlich mager und zudem nationalistisch gefärbt. Neuere Literatur speziell über Ostpreußen besaß ich nicht. Um Bibliotheken zu durchforsten, fehlte mir die Zeit. Sogar die notwendigen Landkarten kaufte ich erst "vor Ort" und war sehr überrascht über die vorhandene Zweisprachigkeit der Karte: Ja, die alten deutschen Namen sind auf den Karten vorhanden.
Wir meldeten uns für die Fahrt an und erhielten von der Firma "Reise Service Busche" aus Rodewald einen Routenplan zugeschickt.
Jetzt nahm ich mir mein altes "Realienbuch" aus dem Jahre 1910, den "Seydlitz" von 1926, den Berthelmann-Lexikon von 1993 und den Band "Nord- und Osteuropa; Arktis" der Reihe "Unsere Welt heute" vor.
Die Angaben bei Berthelsmann lohnen sich, festgehalten zu werden:
"Ostpreußen, ehemalige preußische Provinz hatte 1939 eine Fläche von fast 37.000 qkm und 2,5 Mio Einwohner. Ostpreußen, d.h. der Teil, der nach dem 2. Thorner Frieden 1466 dem Deutschen Orden verblieben war, wurde 1525 zum weltlichen Herzogtum Preußen und kam 1618 durch Nachfolgerecht an die kurbrandenburgische Linie der Hohenzollern. Im Jahre 1701 wurde Ostpreußen durch die Krönung des brandenburgischen Kurfürsten Friedrich III. zum König Friedrich I. von Preußen. Zwischen 1709 und 1711 stark durch die Pest entvölkert - Ostpreußen wurde 1722 - 1740 durch König Freidrich Wilhelm I mit Kolonisten aus der Schweiz, der Pfalz, aus Nassau und Salzburg neu besiedelt. Nach dem Siebenjährigen Krieg nahm die Landwirtschaft hier einen starken Aufschwung - Kornkammer - .Die 1544 gegründete Universität Königsberg erlebte eine hohe Blüte (I.Kant) - 1813 begannen in Ostpreußen die Befreiungskriege gegen Napoleon I. - 1815 entstand die Provinz Ostpreußen, die 1824 - 1878 mit Westpreußen zur Provinz Preußen vereinigt wurde. Nach dem 1. Weltkrieg musste das Gebiet um Soldau an Polen, das Memelland an die Allierten (später an Litauen)

abgetreten werden. Der durch den Polnischen Korridor vom Reich getrennte restliche Teil der ehemaligen Provinz Westpreußen rechts der Weichsel wurde als "Regierungsbezirk Westpreußen" Ostpreußen zugeschlagen. - Am Ende des 2. Weltkrieges kam es nach dem Einbruch der sowjetischen Truppen im Oktober 1944 zu einer Katastrophe, weil die Evakuierung der Zivilbevölkerung vom Gauleiter nicht rechtzeitig zugelassen und Ostpreußen bis auf einen Kessel zwischen Braunsberg, Heiligenbeil und Königsberg bis zur westlichen Samlandküste vom übrigen Deutschland abgeschnitten war. Hunderttausende von Zivilpersonen wurden eingeschlossen oder versuchten über das Eis des Frischen Haffs zu fliehen. Die Zahl der Todesopfer wird mit 614.000 angegeben. Auf der Potsdamer Konferenz wurde Ostpreußen bis zum Friedensvertrag in einen sowjetischen und einen polnischen Verwaltungsbezirk geteilt. Die noch ansässige deutsche Bevölkerung wurde fast vollständig zwangsausgesiedelt. Im Jahre 1946 wurde der sowjetische Teil (13.203 qkm) als "Oblast Kaliningrad" der RSFSR (als externes Gebiet) angegliedert. Das südliche Ostpreußen bilden die polnischen Wojewodschaften Olsztyn, Elblag und Suwalki".

Problematisch zum Reisebeginn war der Umstand, dass Gudrun und Anke vom 7. bis zum 12. Juni zu einer arbeitsbegleitenden Freizeitmaßnahme in Rotenburg-Unterstedt in Niedersachsen weilten. Trotzdem schaffte es Gudrun, die Koffer für die "Ostreise" zu packen.
Schon am Sonntag fuhren wir nach Fürstenwalde, wo wir bei Helga Aufnahme fanden. Bei ihr durften wir übernachten und auch unseren Wagen im Grundstück für die Zeit der Busreise parken.
Zeitig begaben wir uns zur Ruhe, denn am Montag (**14.06.**) sollten wir vor 8.00 Uhr auf dem Domplatz stehen. Das klappte unsererseits auch gut. Dort stellten wir uns den anderen Mitreisenden aus Fürstenwalde vor. Als 8.30 Uhr der Bus noch immer nicht vorgefahren war, versammelten wir uns im Dom zu einer Morgenandacht, die dort regelmäßig zu dieser Zeit stattfand. Die Andacht verhinderte aufkommende Nervosität. Als kurz nach

9.00 Uhr die Morgenandacht endete, erreichten endlich die Berliner Mitreisenden den Dom. Der Veranstalter besprach die Reiseroute und verlas die Namen der Reisegruppe, was m. E. auch unterwegs hätte passieren können.

Schließlich wurde gegen 10.00 Uhr das Gepäck im Bus verstaut, und mit zwei Stunden Verspätung setzte sich der voll klimatisierte Reisebus in Bewegung. Bei Küstrin ging es ohne Kontrolle über die deutsch-polnische Grenze. Die Route führte über Landsbergwarte (Gorzow) - Woldenberg - Deutsch-Krone (Walcz), Jastrow (Jastrowice) - Schlochau (Szluchow) - Konitz - Preußisch Stargard (Strogard Gd.) und Dirschau ständig nach Nordost. In Marienburg (Malbork) war eine knappe Stunde Fotopause. Weiter führte die Route nach Elbing (Elblag). Dann nicht etwa auf direktem Weg nach Frauenburg (Frombork), sondern am Haff entlang durch Tolkemit (Tolkmicko). Lore müssen daheim die Ohren geklungen haben, so haben wir hier in ihrem Geburtsort an sie gedacht! Wir passierten Cadinen (Kadyny) mit seiner tausendjährigen Eiche und dem einst kaiserlichen Gut. Erst 20.30 Uhr langten wir im Hotel "Kopernik" in Frauenburg an, erhielten ein wohlschmeckendes Abendbrot und bezogen unsere Zimmer. Leider klappte es weder hier noch an den anderen Orten mit dem bestellten Dreibettzimmer. Anke musste mit einer pensionierten Pfarrerin aus Fürstenwalde das Zimmer teilen. Glücklicherweise ging das ohne Komplikationen! Bevor wir uns zur Ruhe legten, machten wir noch einen Spaziergang zur Kathedrale und an das Haff, denn das lange Sitzen im Bus war nicht gerade angenehm, unsere Beine forderten ihr Recht. Erst 23.30 Uhr suchten wir unsere Betten auf.

Für den nächsten Tag **(15.06.)** war bereits 7.00 Uhr Frühstück angesagt. Um 8.00 Uhr setzte sich der Bus in Bewegung. Es regnete fast den ganzen Tag.

Über Braunsberg erreichten wir die russische Grenze am Übergang Heiligenbeil (Mamonowo). Die Grenzformalitäten dauerten trotz des vorher beantragten und für 80 Euro pro Person erhaltenen Visums eine ganze Stunde. Es waren Zettel auszufüllen, einzeln mussten wir durch die Sperre zur Gesichtskontrolle. Dann hieß es, die Uhr eine Stunde vorstellen und so an die Osteuropäische Zeitzone anpassen.

Auf schlechter Straße holperte der Bus über Brandenburg (Uschakowo), wo sich ein schöner Blick von der Brücke des Frischingflusses auf das Haff bot, nach Königsberg (Kaliningrad).
Der Verfall der Gebäude in der einst so schönen Stadt wirkte bei Regenwetter noch drister als das vielleicht bei Sonnenschein der Fall gewesen wäre.
Die Stadt wurde im Krieg sehr schwer zerstört. Nach 1945 wurde die Festung abgerissen, um dort auf den Grundmauern der Festung einen Verwaltungstrakt: „Haus der Räte" hinzusetzen, der aber nur zu einer Investruine reichte. Katastrophal fanden wir den Straßenzustand. Es herrschte viel Verkehr, jeder kurvte so, dass er die schlimmsten Schlaglöcher umfahren konnte. Ein Abwasserkanal leitet die ungereinigten Abwässer der Großstadt ins Kurische Haff. Aus deutscher Zeit sind erhalten: Post, Börse, Bahnhof, das Brandenburger Tor, einige Stadthäuser und das Schiller-Denkmal. Eine Kirche dient als Kulturhaus, eine andere als Konzertsaal.
Die "Judittenkirche" ist heute ein orthodoxes Gotteshaus, die "Adalbertkirche" wird als technisches Laboratorium, die "Poharther Kirche" als Sporthalle, die "Luisenkirche" als Puppentheater genutzt.
Freilich hat man seit etwa zehn Jahren viel gebaut, meist jedoch hässliche Plattenbauten. Weniges Alte wurde restauriert, so auch der Dom. Wir waren trotzdem enttäuscht.
Die Einwohnerzahl würde heute bei 400.000 liegen (1939: 372.000).
Der einst bedeutende Fischereihafen (1938: 4.200 Schiffe), - in sowjetischer Zeit stand er nach Murmansk und Wladiwostok an dritter Stelle der UdSSR - hat kaum noch Bedeutung.
Die alte Waggonfabrik, die früher über 1000 Beschäftigte besaß, arbeitet nur noch in geringem Umfang. Die Speicher verfallen. In der ehemaligen Werft werden heute BMW-Autos produziert.
Positiv "verbuchten" wir den Besuch der "Auferstehungsgemeinde", wo etwa vor zehn Jahren Probst Beyer aus Deutschland (ein Studienkollege von Lore) mit dem Aufbau der Gemeinde begann. Der jetzige Probst Osterwald begrüßte uns und erläuterte das, was wir

wissen wollten. Der Neubau der Propstei befindet sich auf dem früheren "Luisenfriedhof". Über 30 evangelische Kirchgemeinden existieren im "Oblast Kaliningrad". Ohne deutsche Hilfe könnten sie gar nicht bestehen.

Nach Kasachstan verschleppte Ruflandsdeutsche haben sich nach 1991 hier in Kaliningrad angesiedelt und eine evangelische Gemeinde gegründet. Erst versammelten sie sich in einem Wohnzimmer, dann in einem gepachteten Kino, heute in einer modernen schönen Kirche. Die meisten der ehemaligen Gemeindeglieder sind zwar inzwischen entweder gestorben oder nach Deutschland umgesiedelt. Die Gemeinde aber wächst durch hinzukommende Russen. Jeder Gottesdienst findet deshalb zweisprachig statt.

Im Gemeindehaus erhielten wir ein Mittagsmahl. Dann setzten wir die Stadtrundfahrt fort, besichtigten den Dom, beide Kapellen im Turm: orthodox und evangelisch und das dort untergebrachte Museum, welches sich mit der Stadtgeschichte und mit Immanuel Kant beschäftigt.

Im Museumsturm erlebten wir ein herrliches Konzert von 6 - 8 Sängern! Wir erwarben eine CD! Vor dem Dom befindet sich ein Gedenkstein für Immanuel Kant.

Gegen 16.30 Uhr verabschiedeten wir uns von Königsberg über Ostseebad Cranz (Selenogradsk) in Richtung Kurische Nehrung. Diese ist 98 km lang, (davon gehören 52 km zu Litauen) und zwischen einigen hundert Metern und 4 km breit.

Wir passierten einige Dörfer, von denen Sarkau (Lesnoje) einen guten Eindruck hinterließ. Es scheint sich zum Erholungsort für wohlhabende Russen zu entwickeln. Wir besuchten die bekannte Vogelwarte Rossitten (Rybartschij).

An der Grenze zu Litauen dauerte es nicht ganz so lang wie an der zu Polen; trotzdem mussten wir auch hier zur Gesichtskontrolle aussteigen. Als wir wieder im Bus saßen, näherte sich ein junger, verhungert aussehender Fuchs, um zu betteln. Später in Tilsit erlebten wir dann viele bettelnde Zweibeiner!

Im Hotel "Nidos Smilte" in Nidden (Nida) trafen wir eine zweite deutsche Gruppe. Mit einem Ehepaar kamen wir ins Gespräch. Sie stammten aus dem Dresdner Raum. Schließlich stellte sich heraus,

dass unser Gesprächspartner als Pfarrer zuletzt in Wehlen bis zur Pensionierung tätig war und ein Studienkollege und Freund von unserem Rudolf Göttsching ist. Die Welt ist doch ein Dorf!
In dem restaurierten Hotel, in dem einst unter dem früheren Besitzer Blode die bedeutende Künstlerkolonie ihren Ausgang hatte, erwartete uns ein wohlschmeckendes Abendbrot. Vom Fenster des Speisesaales hatten wir einen wundervollen Ausblick auf das - heute leider wolkenverhangene - Haff. Mit dem Regenschirm liefen wir durch den Ort, der einen gepflegten Eindruck machte.
Die Litauer sind sehr selbstbewusst und verfügen über genügend Initiative, vorwärts zu kommen. Sie sind freundlich und gastfrei.
Mittwoch, (**16.06.**)
Frühstück um 8.00 Uhr. Unser kleiner Posaunenchor spielte (Frau Zinn, Anke und Herr Weituschat). Heute schien die Sonne. Wir fuhren nach Schwarzort (Juodkrante). Vorher hielten wir an einem Ausblick zur Ostsee und zur Hohen Düne. Die Reiseleiterin macht uns auf eine Kormoran-Kolonie aufmerksam. Die Vögel nisten hier so zahlreich, dass der scharfe Guano die Bäume zum Absterben bringt.
In Schwarzort, ein sauberes und sehr gepflegtes Fischerdorf, konnten wir Andenken, wie zum Beispiel Bernstein, Kurenwimpel und anderes erwerben. Wir besichtigten die Holzskulpturen, die hier Holzbildhauer zu litauischen Märchen, Sagen und Allegorien gestaltet und auf dem "Hexenberg" aufgestellt haben. Die etwa eine Stunde dauernde Wanderung über den Hexenberg veranlasste uns, viel zu fotografieren. Mitunter las uns die Reiseleiterin zu den Schnitzwerken eine Sage vor. Neben der Kirche beeindruckte uns ein großes Kruzifix, das ein Künstler aus einem vom Blitz getroffenen und abgestorbenen Baum geschnitzt hatte.
Die Kirche in Schwarzort konnten wir leider nur von außen betrachten. Nun ging es an die Ostsee. Stürmische See. Maike wagte sich zu nahe an die Wasserfläche heran und wurde urplötzlich von einer Welle umgerissen und durchnässt. Es hätte noch mehr passieren können!

Wir kamen zur 59 m "Hohen Düne" und zum "Tal des Schweigens", wo - wie man uns berichtete - ein Teil der französischen Gefangenen sich einst nicht rechtzeitig vor der vorrückenden Düne in Sicherheit brachte und vom Sand verschlungen wurde.

Der Rest einer Sonnenuhr markierte den höchsten Punkt. Die Reste erinnerten uns, dass oft die Naturkräfte über das Machwerk der Menschen triumphieren.

Gegen 14.00 Uhr waren wir wieder im Hotel. Der Nachmittag stand zur eigenen Verfügung. Da lohnte sich ein kleines Mittagsschläfchen.

Anschließend wollten wir im Ort ein Cafe` aufsuchen. Doch das erste verströmte zu laute Musik, das zweite starken Tabakdunst. Das dritte war gar kein Cafe`, sondern privat. Wir durften trotzdem bleiben, bekamen Kaffee oder Tee und selbstgemachten Kuchen vorgesetzt. Die Rechnung: 40 Lita für 5 Leute. Das war nicht zu viel.

Anschließend begab sich unsere kleine Karawane in ein Kunstgeschäft. Wie üblich, wollte sich Anke einen Goldring zulegen. Nach langem Suchen, sagte ihr einer zu und wurde gekauft. Dann suchten wir wegen einer starken Regenhusche einen anderen Laden auf, wo Gudrun eine Jacke erwarb. Als der Regen nachgelassen hatte, besichtigten wir das Thomas-Mann-Haus, das ein kleines Museum barg.

Nach dem Ausflug zu Thomas Mann, kehrten wir ins Hotel zurück. Nach dem Abendbrot klarte das Wetter auf. Wir besuchten die Kirche, die glücklicherweise offen war und den Friedhof von Nidden (Nida), wo wir u.a. alte Grabsteine der Kuren - noch aus heidnischer Zeit - bestaunen konnten.

Am Donnerstag (**17.06.**) frühstückten wir um 8.00 Uhr; 8.45 Uhr wurden die Koffer verstaut und 15 Minuten später setzte sich der Bus in Bewegung in Richtung Nordspitze der Nehrung. Dort Fotopause. Dann ging es wieder ein Stück zurück zur Pendelfähre nach Memel (Klaipeda). Die Überfahrt dauerte nur eine Viertelstunde. Eine Fähre aus Karlshavn, Kiel oder Mukran begegnete uns nicht. Die Rundfahrt durch die Stadt gestaltete sich bei schönem Wetter.

Memel hat heute über 200.000 Einwohner.

Im folgenden zitiere ich den Lexikon:
"Die Burg Memel wurde 1252 durch den Deutschen Orden angelegt, die daneben entstehende Stadt mit niederdeutschen Kolonisten besiedelt. 1328 wurde es befestigt. Seit 1328 hatte Memel eine Komturei des Deutschen Ordens und war im 16. Jahrhundert ein wichtiger Handelsplatz, besonders für Edelhölzer. Seit 1525 war das gesamte Memelland ein Teil von Preußen. Nach dem 1. Weltkrieg wurde es dem Völkerbund unterstellt, 1923 von Litauen annektiert, 1939 an Deutschland zurückgegeben. Nach dem 2. Weltkrieg wurde es ein Teil der Litauischen SSR. Hier gibt es Papier-, Textil- und Konservenindustrie, auch eine kleine Werft."

Wir besuchten die alte deutsche Post (Jugendstil), querten den alten deutschen Friedhof, der heute als Skulpturenpark noch eine gewisse Würde ausstrahlt, gelangten zum deutschen Soldatenfriedhof - angelegt vom Volksbund für Kriegsgräberfürsorge in Absprache mit der entsprechenden Verwaltung in Litauen - als ein Teil der Völkerverständigung.

Vor dem Friedhof hielten wir Mittagspause. Dann wurde die Rundfahrt fortgesetzt.

Auf dem Marktplatz besuchten wir das Denkmal des "Ännchen von Tharau", das wiedererrichtet wurde. Im Nu stand eine Litauerin am Denkmal und spielte mit ihrer Flöte das Lied. Sicher für sie eine gute Einnahmequelle!

Wir bummelten etwa zwei Stunden durch die Altstadt.

Die Reise führte uns weiter nach Heydekrug (Silute). Die Stadt liegt im Memeldelta am Szieszefluss. Wir besuchten die evangelische Kirche, die 1924 -1926 erbaut wurde und wie durch ein Wunder erhalten geblieben ist. Damals, wie auch heute, wurde der Gottesdienst zweisprachig gestaltet. Der Altarraum ist besonders interessant. Über dem Altar befindet sich auf dem blauen Hintergrund der Weltsphären die überlebensgroße Figur Christi am Kreuz. Die Altarwand ist von einem schönen 80 m^2 großen Fresko bedeckt, einem Bild nach dem Satz des Glaubensbekenntnisses: "Ich glaube an die Gemeinschaft der Heiligen". So erscheint auf der rechten Seite des Gemäldes eine Personengruppe, die sich um den Bau der Kirche Verdienste erworben hat. Insgesamt hat der Künstler 120 überlebensgroße Figuren auf dem Fresko dargestellt, darunter 80 Porträts. Die Reihe der Anbetenden des göttlichen Lammes beginnt bei Adam und Eva und setzt sich nach beiden Seiten über biblische und historische Glaubenshelden dem Apsisbogen folgend fort. Die Reformatoren sind dargestellt, ferner Paul Gerhardt, Lucas Cranach, Albrecht Dürer, Bach, Händel, aber auch Franke, Zinzendorf, Wichern, Bodelschwingh, Matthias Claudius, Amalie Sieveking und viele andere.

Neben der Kirche steht ein Denkmal für Hermann Sudermann, dem Verfasser der "Litauischen Geschichten" (1917). Vor hundert Jahren galt er als der bedeutendste zeitgenössische Dramatiker Deutschlands und ist inzwischen weitgehendst vergessen. Hinter der Kirche liegt ein Friedhof für die Gefallenen des 2. Weltkrieges. Ein Denkmal für die verhungerten Einwohner von 1944 - 1947 fanden wir dort ebenfalls.

Durch weite Wiesen und einige Waldstücke kamen wir über Jugnaten (Juknaiciai) und Pogegen (Pagegiai) nach Miekiten (Mikytai). Hier bog die Straße nach Tilsit ab. An der Straßenkreuzung verweilten wir am „Wolfskinderdenkmal", das nach der Wende aufgestellt werden durfte. Es erinnert in litauischer und deutscher Sprache an das Schicksal deutscher Waisenkinder, die sich allein durch die schwere Zeit bringen mussten. Einige von ihnen suchen heute noch nach ihrer wahren Identität.

Wir fuhren in südöstliche Richtung, überquerten auf der aus dem Jahre 1909 stammenden und erhaltenen "Luisenbrücke" die Memel und gelangten wiederum in die "Oblast Kaliningrad" nach Sowjetsk (Tilsit). Der "Grenzübergang" zog sich über eine Stunde hin.

Das Hotel "Rossia" hinter dem Lenindenkmal sollte uns für vier Nächte beherbergen. Herr Gayko erzählte uns beim Aussteigen, dass Lenin auf dem Sockel des früheren "Schenkendorff-Denkmals" stehe.

Da es im Hotel keinen Fahrstuhl gab, standen vier Jungen bereit für notwendige Trägerdienste. Ein ehemaliger Offizier der Roten Armee (mit sichtbarer Pistole) erklärte sich für unsere Sicherheit zuständig.

Das Hotel war früher einmal ein Bankgebäude. Wir wurden im dritten Stockwerk des sehr verwinkeltm, uns an Katakomben erinnernde Gebäude einquartiert. Die Zimmer waren recht einfach; die

Renovierung lag sicher viele Jahre zurück. Das Abendbrot war jedoch reichlich: Vorsalat, Suppe, Fleisch mit Reisbeilage, Limonade; als Kompott ein Apfel.

Der Abendspaziergang vollzog sich, wie angeraten, nur auf der "Hohen Straße" bis zum Grenzübergang. Die Geschäftsstraße hatte früher einmal attraktive Bürgerhäuser, teils im Jugendstil, teils im klassizistischem Baustil. Aber die meisten Gebäude erschienen völlig grau. Die Balkons waren sicher auch nicht mehr betretbar. Schade!

Der Lexikon verriet mir folgendes Wissen:

"Die Stadt hat heute 36.000 Einwohner (1939: fast 60.000). Der Deutsche Orden baute hier 1365 seine erste Burg, 1406 -1409 die zweite. 1552 erhielt Tilsit Stadtrecht. Im Jahre 1807 wurde hier der Tilsiter Friede zwischen Zar Alexander I. und Napoleon abgeschlossen, dem auch Friedrich Wilhelm III. zustimmen musste und damit alle Besitzungen zwischen Rhein und Elbe sowie die in der 2. und 3. Teilung Polens gewonnenen Gebiete abgab. In Tilsit gibt es Maschinenbau, eine kleine Schiffswerft, Teppichherstellung, Holz-, Zellstoff- und Nahrungsmittelindustrie, Öl- und Getreidemühlen, auch eine Brauerei."

Dabei tranken wir immer nur "Königsberger" aus Kaliningrad.

Tilsit wurde zu 80 % im Krieg zerstört. Nach dem Krieg wurden die "Deutsche Kirche", die "Litauische Kirche" und die "Katholische Kirche" genauso abgerissen wie ein ganzes Viertel von alten Bürgerhäusern gegenüber der Luisenbrücke und mit Blockhochhäusern verbaut. Die "Kreuzkirche" und die "Reformierte Kirche" wurden als Teile von Fabriken genutzt. Zur Zeit restaurierte man eine russisch-orthodoxe Kirche. Die "Katholische Kirche" wurde wieder aufgebaut. Ihre Glocken hörten wir auf unserem Rundgang.

Am Freitag (**18.06.**) trafen wir uns um 8.00 Uhr zum Frühstück. Die für 9.00 Uhr geplante Abfahrt musste jedoch um zwei Stunden verschoben werden, weil beim Anlassen des Busses der Keilriemen zersprang. Eine Katze hatte es sich über Nacht im Motorraum gemütlich gemacht, sie war die Ursache für die Panne.

Während wir vor dem Hotel warteten, sprach mich ein älterer Herr im ostpreußischen Dialekt an. Ich kam mit Hugo Linke, so der Name des 76jährigen, ins Gespräch.

Als Kind musste er kurz nach dem Überfall Hitlers mit seinen Eltern und anderen in einem ukrainischen Dorf lebenden Deutschen innerhalb einer Viertelstunde zum Bahnhof eilen. In Kasachstan wurden sie nach einigen Tagen ausgeladen. Für viele Jahre blieben 300 g Brot die einzige zugewiesene Nahrung pro Woche. Die Eltern arbeiteten in einer Sowchose. Wer nicht klaute, kam um. In der Schule lernte er Russisch. Daheim unterhielt sich die Familie in Deutsch. aber Hugo hat nie Deutsch lesen und schreiben gelernt. Auch er arbeitete nach seiner Schulzeit in der Landwirtschaft. Nach dem Zusammenbruch der UdSSR wollten die Kasachen keine russisch sprechenden Menschen mehr haben. Mit anderen siedelte er sich in der "Oblast Kaliningrad" an. Seine Rente beträgt 1500 Rubel (für 1 Euro bekommt man 35 oder 36 Rubel). Seinem Sohn wurden 20 ha Land in einem Dorf in der Nähe von Tilsit zugewiesen, nachdem die Sowchosen aufgelöst worden waren. Aber das meiste Land müsse er brach liegen lassen, denn er besäße weder Maschinen noch Zugtiere, habe kein Geld, sich welche zu kaufen.
Die Zinsen für Kredite seien unerschwinglich. So bestelle er den Boden mit dem Spaten in der Nähe seines Hauses (oder seiner Hütte ?), was nur für den Eigenbedarf reiche.
Wir tauschten unsere Adressen. Auf meine Frage, ob er Zoll zahlen müsse, wenn er ein Paket aus dem Ausland erhalte, erklärte er, ich solle ihm kein Paket schicken. Er hätte einmal aus Berlin eins erhalten, die Pakethülle und das Inhaltsverzeichnis allein wären in seine Hände gelangt! Ich solle ihm auf Russisch schreiben, aber kein Geld beilegen, das würde auch verschwinden. So drückte ich unseren neuen Freund ein paar Scheine in die Hand. Ich wollte mit ihm in Verbindung bleiben. Tatsächlich schrieb ich ihm, natürlich in Russisch, was mir ziemliche Mühe machte. Als ich aber nach dem dritten Brief noch immer keine Antwort bekam, brach ich diese Korrespondenz wieder ab.
Gegen 11.00 Uhr starteten wir über Neman (Ragnit). Vom Bus aus erkannten wir die Ruine der ab 1397 errichteten Ordensburg, einst die zweitstärkste Ordensburg nach der Marienburg. Sie hatte den zweiten Weltkrieg überstanden, wurde dann aber absichtlich zerstört, um hier Erinnerungen an das Deutschtum auszulöschen, wie

uns ein Mitfahrer berichtete. Weiter kamen wir durch Lunino (Langwethen/ Hohensalzburg). Die Kirchenruine war fast völlig abgerissen. In Uljanowa (Kraupischken/Breitenstein) sahen wir auf der Kirchenruine gleich mehrere Storchennester. Bald gelangten wir nach Gumbinnen (Gusew).

In Gumbinnen, in deutscher Zeit Hauptstadt eines ostpreußischen Regierungsbezirkes, hat man die "Salzburger Kirche" neu errichtet. Die evangelische Gemeinde, die seit etwa elf Jahren besteht, hat jetzt einen russischen Pastor, der einen straffen Dienst zu versehen hat, muss er doch im Turnus von zwei Wochen elf Gottesdienste halten. Er fährt einen Kleinbus, mit dem er von unterwegs wartende Leute mit zu den Zusammenkünften der Gemeinde nimmt. Die ursprünglich aus Rußlands-Deutschen bestehenden kleinen Gemeinden haben heute starken russischen Zulauf - viele Taufen liegen an -, während die meisten Deutschen entweder in die BRD umgesiedelt sind oder bereits das Zeitliche gesegnet haben. Die Bewohner der Stadt sind stolz, ihren Bronze-Elch zurückerhalten zu haben, der viele Jahre im Kaliningrader Zoo aufgestellt war.

Die Landschaft wurde hinter Gumbinnen immer einsamer. Unterwegs sahen wir viele Störche: In den Nestern bis zu vier Junge. Nach der dortigen Bauernregel bedeutet das einen feuchten Sommer. Kilometerlang zogen sich entlang der Straße blaue Bänder aus blühenden Lupinen . Wir gelangten nach Jasnaja Poljana (Groß Trakehnen), die Allee noch heute von mächtigen Eichen eingerahmt, aber der Straßenbelag war nur noch zu ahnen. Die Anlage stellte über zwei Jahrhunderte das Sinnbild der Pferdezucht dar. Das Eingangstor mit der Jahreszahl 1732 existiert noch. Das Herrenhaus ist relativ gut erhalten. Es beherbergt ein kleines Museum.

Die Schaufel eines Elches stellte das Brandzeichen eines Trakehners dar. Es gab einst in diesem Ort 16 Vorwerke. Im Oktober 1944 begann die Westflucht mit 1500 Pferden, von denen nur 28 durchkamen.

Kinder kamen aus den armseligen Katen gestürmt und boten Selbstgebasteltes an. Hier wurde nicht gebettelt. Mitreisende machten uns auf ein neues Eigenheim aufmerksam. Das gehöre einem deutschen Zahnarzt. Ein russischer Zahntechniker wohne ständig darin. Der Hausbesitzer sei sechsmal im Jahr jeweils eine Woche im

Ort und arbeite von 8.00 Uhr bis 22.00 Uhr für die Armen ohne Geld zu verlangen, wenn er ihre Zähne behandele. Die übrige Zeit verdiene er dann in Deutschland, um schließlich wieder hier helfen zu können. Ich zog in Gedanken den Hut vor diesem Mann!
Wir passierten das Dorf Tschkalowo ((Enzuhnen). Hier in der Nähe, in Smetela, sei ein Drogentherapiezentrum eines Herrn Belat. 18 Leute hätte er schon drogenfrei. Die hier untergebrachten Personen würden in der Landwirtschaft als Selbstversorger arbeiten, Stromanschluss und eine Wasserleitung gäbe es dort nicht, ein Dorf im Sumpfgebiet.
Der Bus erreichte die "Rominter Heide", ein großes Waldgebiet im Südosten der "Oblast Kaliningrad", das auch weiter nach Polen reicht. Der Wald sei reich an Luchsen und Füchsen, Hasen, Rot- und Schwarzwild; auch Elche und Wölfe gäbe es, so wurde uns berichtet. Wir fuhren durch Iljinskoje (Kassuben/ Birkenmühle) und Kalinino (Mehlkemen).
Dort würde ein Storch zusammen mit einem Hahn im Nest sitzen. Gespannt starrten wir durchs Busfenster. Es war natürlich ein Spaß; auf einem verfallenen Kirchturm hatte der Storch sein Nest um einen Wetterhahn gebaut! Weiter ging es durch Pugatschowo (Groß Schwentischken/Schanzenort). Hier hatte 1938 der Arbeitsdienst den Weg durch das Naturschutzgebiet angelegt. Später besaß Göring dort ein Jagdhaus, das nach 1945 gesprengt wurde, während der Bunker noch erhalten sei. Wir gelangten ans Ziel, den "Marinowosee", ein Erholungsgebiet mit Bungalows und Grillplatz. Wir feierten eine lustige Grillfete, aber auch die Mücken hatten das gleiche vor. Die deutsche Kaiserin verbrachte früher einen Teil ihrer Zeit in ihrem Teepavillon am See, wenn ihr Gemahl zur Jagd weilte.
Nach der Grillfete blieb Zeit für einen kleinen Spaziergang. Zum Baden war es zu kalt. Die Rückfahrt gestaltete sich über Krasnolesje (Groß Rominten/ Harteck). Vor der alten Kirchenruine - auch hier wieder ein Storchennest auf dem Dachgiebel - blies unser kleiner Posaunenchor einige Stücke. Hinter der Kirche befand sich eine Anlage zum Gedächtnis gefallener Sowjetsoldaten. Daneben lag ein großer, gepflegter Garten. Die durch den Trompetenklang angelockte "Babuschka" meinte, die Hilfsgelder würden nur für die Städte

reichen, die Dörfer würden nicht erreicht. Weiter berichtete sie, ein pensionierter deutscher Tierarzt habe sich im Dorf niedergelassen, einen Tischlereibetrieb gegründet, wo auch Schnitzereien angefertigt würden, die zum Verkauf angeboten werden. Unsere Gruppe erwarb Elche, Schafe und andere Figuren.

Über Gumbinnen gelangten wir auf der bekannten Route zurück nach Tilsit zum Abendessen. Gegen 22.00 Uhr drehten Gudrun und ich noch eine Runde durch die Nebenstraßen in der Nähe unseres Hotels: Die ehemals schönen Häuser verfallen allmählich. Die meisten sind jedoch noch bewohnt. Unangefochten kamen wir zum Hotel zurück.

Samstag **(19.06.)**

Wieder 8.00 Uhr Frühstück, dann ein kleiner Stadtbummel bis zur Memel. Der breite Strom war einst eine wichtige Verkehrsader. Heute ist der Fluss mangels Pflege kaum noch schiffbar. In der Packhofstraße fanden wir eine Gedenktafel an den Dichter Max von Schenkendorff, der hier geboren wurde.

Dann gelangten wir auf den Markt, wo alles nur Denkbare angeboten wurde. Gudrun kaufte ein Glas Honig, Anke eine alte starke Brille. Ich sagte ihr, die könnte einst Makarenko gehört haben!

Gegen 11.30 Uhr starteten wir mit dem Bus nach Bolschaja Poljana (Paterswalde) zum zehnjährigen Bestehen der evangelischen Partner-Gemeinde des Freundeskreises.

Das Gemeindehaus wurde mit Mitteln des Freundeskreises erworben und mit deutscher Unterstützung renoviert. Seit gut einem Jahr läutet hier im Garten wieder die alte deutsche Glocke, die ebenfalls der Freundeskreis beschafft hat. Um 15.00 Uhr begann der zweisprachig gehaltene Gottesdienst im Freien. Probst Osterwald hielt die Predigt. Nach dem Abendmahl hörten wir viele Festreden, eine Dolmetscherin übersetzte. Dank des rührigen Gemeindeleiters Alexander Maibach ist die Gemeinde weit über ihre Grenzen bekannt. Hier werden übergemeindliche Jugend- und Kinderfreizeiten organisiert, gibt es Frauen- und Bildungsarbeit und vieles mehr.

Nach den Grußworten ging die Veranstaltung nahtlos in ein Kulturprogramm über, wie das hierzulande üblich ist. Leider hatten die Sänger des Kulturprogramms Verstärker aufgebaut, die die

Darbietung zu einer akustischen Belastung gestaltete und uns zu einem Spaziergang durch das Dorf veranlasste. Nach der Kulturveranstaltung stand ein reichliches kaltes Buffet zur Verfügung. Später im Hotel verzichteten wir daher aufs Abendbrot, wollten nur etwas trinken.
Sonntag (**20.06**).
Heute fand die Kircheneinweihung in Turgenewo (Groß Legitten) statt. Eine Kirchweihe in einem Gebiet, in dem fast alle Kirchen unter der Sowjetherrschaft missbraucht oder zerstört wurden, war schon eine Besonderheit.
Die Ordenskirche stammt aus dem 14. Jahrhundert. Der letzte deutsche Geistliche 1948 war hier Pfarrer Geiger. Von 1945 bis Ende der 60er Jahre wurde das Gotteshaus als Getreidespeicher benutzt. Nach 1975 wurde das Gebäude von Kindern in Brand gesteckt, worauf es immer weiter verfiel. Nun wollten wir heute mit mehreren hundert Leuten einen großen Fest- und Dankesgottesdienst in der wiederhergestellten Kirche feiern.
Da der Gottesdienstbeginn auf 10.00 Uhr festgesetzt war, mussten wir schon um 7.00 Uhr frühstücken. Eine Stunde später setzte sich der Bus in Bewegung, über Bolschakowo und Salesje (Mehlauken/Liebenfelde). Dort besuchten wir kurz die von Einsturz bedrohte Basilika. Sie ist der Potsdamer Friedenskirche nachempfunden. Ein Schild erinnert daran, dass die Ruine „erhaltenswert" sei.
Weiter kamen wir durch Sosnowka (Augstagirren/ Großbaum) und Polessk (Labiau). Hier hielten wir an der Deime, einem Mündungsarm des Pregels, und bewunderten die vor einem Jahr liebevoll restaurierte "Adlerbrücke".
Der Gottesdienst in Groß Legitten begann mit einer Viertelstunde Verspätung, die Kirche war proppenvoll.
Die Predigt stand unter zwei Bibelsprüchen, einmal 1.Mose 28,17: "Hier ist nichts anderes als Gottes Haus und hier ist die Pforte des Himmels" sowie Psalm 127,1 "Wenn der Herr nicht das Haus baut, so arbeiten vergeblich die daran bauen."
Der zweisprachige Gottesdienst dauerte zwei ganze Stunden.
Nach dem Abendmahl folgten viele, viele Gruß- und Dankesworte, so an Frau Prof. Dr. Pulver, die aus diesem Dorf stammte. Sie lehrte bis zu ihrer Pensionierung in der Kölner Universität. Mit sehr viel Mühe,

hatte sie es geschafft, die bürokratischen Hürden zu nehmen, so dass das Gotteshaus wieder aufgebaut werden und ein Dach erhalten konnte; natürlich alles durch Spendengelder aus Deutschland. Frau Dr. Pulver hat ihr Grundstück in Köln verkauft, um hier das Kirchdach zu finanzieren.
Vom Bürgermeister Wylegschanin bis zu den Vertretern der Probstei war man sich einig, ohne den Einsatz und die Durchsetzungskraft von Frau Dr. Pulver wäre der heutige Tag nicht möglich gewesen.
Dank erhielt auch Herr Weituschat, der die Stühle für die Kirche aus Fürstenwalde besorgt hatte.
Dann war Mittagessen angesagt. Bewundernswert, wie liebevoll alles unter der Regie von Gemeindeleiter Sergej Molodawkin vorbereitet war, von der Ausschmückung der Kirche bis zur Zubereitung des Essens. Es gab ein kaltes Büffett für die vielen Leute.
Dank des schönes Wetters konnten wir im Freien sitzen und uns in den Sonnenstrahlen wärmen. Denn in der Kirche war es mächtig kalt. Gegen 14.30 Uhr wurden weitere Grußworte gesprochen, so aus den umliegenden Brudergemeinden, dann folgte ein Konzert zweier Kirchen-Chöre, erst der Chor aus Königsberg, dann der aus Gumbinnen.
Auch deutsche Volkslieder kamen dabei zu Gehör. Wir waren begeistert von der Klangfülle der beiden Chöre! Gegen 17.00 Uhr kehrten wir zurück nach Tilsit.
Montag (**21.06.**)
Das Frühstück stand 6.30 Uhr bereit. Es regnete. 7.35 Uhr Abfahrt. Unser Freund Hugo Linke kam noch einmal zum Hotel zur Verabschiedung, er winkte uns nach. Ob wir ihn einmal wiedersehen?
Wir benutzten die Landstraße 216 bis zur Reichsstraße Nummer 1. Auf dieser erreichten wir Königsberg, das wir auf dem Außenring umfuhren.
Wir benutzten den gleichen Übergang hinter Heiligenbeil nach Polen wie auf der Herfahrt. Die Grenze erreichten wir 10.40 Uhr. Als wir sie verließen, zeigte die Uhr 10.35 Uhr, da wir sie wieder eine Stunde zurückgestellt hatten. Der Bus steuerte Fromburg und das Hotel "Kopernik" an, in dem wir ein Mittagsmahl einnahmen.
Anschließend hatte unsere Reiseleiterin eine Domführung für uns organisiert, während sie selbst erst einmal bei sich daheim nach dem rechten schauen musste. Die Domführung lohnte sich! Der Dom war

übrigens im Krieg - wie auch die evangelische Kirche - nicht zerstört, trotz der hohen Zerstörungsrate in der gesamten Gegend. (Elbing z. B. 90 %). Dort ist man dabei, die Altstadt wieder aufzubauen, ähnlich wie in Danzig oder Stettin. In Elbing ist die ehemals evang. Marienkirche heute ein Museum für moderne Kunst, die katholische Nikolaikirche "arbeite wieder".

Unsere Reiseleiterin wies uns auf den Gedenkstein für die Opfer der Vertreibung hin.

Tausende Menschen kamen hier in der letzten Phase des zweiten Weltkrieges bei der Flucht über das zugefrorene "Frische Haff" ums Leben.

Die Rückfahrt gestaltete sich über Elbing und Dirschau -Marienburg - durch das Gebiet der Kaschuben und "ihre" Hauptstadt Kartuzy (Karthaus), dann über Konitz bis nach Schneidemühl (Pila). Wir übernachteten in einem zwölfstöckigen Hotel, der "Gromada-Gruppe".

Trotz dieses Riesenbaus empfanden wir hier eine individuelle und private Atmosphäre durch mehrere Speisesäle, eine freundliche Begrüßung der Reisegruppe, ein Glas Sekt zum Empfang und eine gute Bedienung. Zum Abendbrot spielte ein Akordeonspieler deutsche und österreiche Weisen. Die Zimmer waren supersauber und geschmackvoll eingerichtet. Vom zehnten Stockwerk aus genossen wir eine Aussicht, die uns begeisterte.

Auch am anderen Morgen **(22.06.)** erfuhren wir eine gute Versorgung am Bufett.

Nun nahmen wir Abschied von Maria, die uns eine ausgezeichnete Reiseleiterin war.
Ein letztes Mal sangen wir gemeinsam das Lied der Ostpreußen:

> Land der dunklen Wälder
> Und kristallnen Seen
> Über weite Felder
> Lichte Wunder gehn.
>
> Tag hat angefangen
> Über Haff und Moor
> Licht ist aufgegangen
> Steigt im Ost empor.
>
> Starke Bauern schreiten
> Hinter Pferd und Pflug
> Über Ackerbreiten
> Streicht der Vogelzug.
>
> Und die Meere rauschen
> Den Choral der Zeit
> Elche stehn und lauschen
> in die Ewigkeit.

Über Landsberg und Küstrin erreichten wir die polnisch-deutsche Grenze; hier erlebten wir nur eine Ausweiskontrolle im Bus, wie unter EU-Partnern üblich. Schon gegen 14.00 Uhr standen wir mit dem Bus vor dem Dom. Wir nahmen von der freundlichen Reisegruppe Abschied. Drei Stunden später stiegen wir in unseren Clio und fuhren heim nach Oelsnitz.
Nun widmete ich mich voll der Gartenarbeit. Jätearbeiten waren besonders nötig. Doch ich hatte den gesamten Sommer über dafür Zeit.
Am 4. September beteiligten wir uns an einer Gemeindeausfahrt nach Torgau zur Landesausstellung. Nicht nur die Ausstellung selbst, auch das Schloss im neuen Glanz und die gesamte rekonstruierte Innenstadt faszinierte uns. Vom Schlossturm aus genossen wir zusätzlich bei herrlichem Kaiserwetter eine ideale Aussicht auf die Stadt und die Umgebung.

Anfang Oktober hatte Gudrun eine weitere "Arbeitsbegleitende Maßnahme" der WfB zu leiten und war eine Woche in Erfurt. Diesmal durfte Anke nicht mit, da sie ja bereits Anfang Juni an der Fahrt am Rande der Lüneburger Heide teilgenommen hatte.
Ich brachte Anke täglich mit dem Auto früh zur Werkstatt und holte sie nach Arbeitsschluss wieder ab. Wir waren uns einig in der Feststellung: "Noch schöner wäre es, wenn jetzt Gudrun dabei sein könnte!" Nach einer gemeinsamen Teestunde zog sich Anke bis zum gemeinsamen Abendbrot in ihr Stübchen zurück, ich vollendete meine Gartenarbeiten des Vormittags. Nach dem Abendbrot erwarteten wir in der Regel Gudruns Anruf.
Ende November fuhr ich zu Michael, um ihm moralischen Beistand in einem Gerichtsprozess zu geben. Um dies zu verstehen, muss ich weiter ausholen:
Im Dezember 1997 lag gegen Michael eine Anzeige vor: „Vergehen gegen das Betäubungsmittelgesetz".
Eine drogenabhängige Prostituierte war Monate vorher Michael ins Haus gebracht worden, die bereits ihren ganzen Körper zerstochen hatte und nun in eine Brust ihr teuflisches Gift spritzte, so dass dort ein faustgroßer Abszess entstanden war. Der Arzt vom Drogenbus hatte ihr erklärt, die Brust müsse amputiert werden. Dies wollte sie nicht und weigerte sich, in ein Krankenhaus geschickt zu werden. Zu einem Drogenentzug war sie bereit. Michael setzte sich mit der Drogenstelle in Verbindung und bekam eine Ablehnung. Seine Hausärztin, der er die Frau vorstellte, sah sich als Allgemeinmedizinerin außerstande und verwies auf einen Chirurgen. Doch da kam wieder die Weigerung der Kranken. Michael setzte sich telefonisch mit einem befreundeten Arzt in Dresden in Verbindung. Dieser riet zu einem lauwarmen Entzug (also Methadon, wobei die Dosis von Tag zu Tag verringert wird). Michael begann die Entzugsbehandlung und behandelte gleichzeitig den Abszess.
Als die Frau an der Brust geheilt und auch so gut wie drogenfrei war, verschwand sie, beklaute Michael noch, verleumdete dann ihren Lebensretter, er habe ihr auch Kokain und Heroin verabreicht. So kam im Mai 2000 ein erster Prozess gegen Michael wegen der oben erwähnten Anklage zustande. Die Zeugin

verhedderte sich in Widersprüchen. Der Richter war schon dabei, die Verhandlung zu schließen, aber der Staatsanwalt glaubte der Zeugin und wollte den Prozess auf die beiden harten Drogen erweitern. Zu den weiteren Verhandlungen erschien die Zeugin nicht. Ende November zu dem Prozess, dem ich beiwohnte, war die Zeugin erschienen, blieb bei ihrer Behauptung, was das Gericht nicht als wahr aufnahm.
Michael musste sich ohne Rechtsanwalt verteidigen, da alle Anwälte, die er angesprochen hatte, meinten, er habe keine Chance zu gewinnen, weil er seinerzeit sich dem Gericht gegenüber mit der Nennung von Methadon selbst bezichtigt habe.
Unser Herrgott half Michael und gab ihm die richtigen Worte in den Mund. Er konnte das Gericht überzeugen, dass es sich um einen akuten Notstand gehandelt habe. Wenn er seinerzeit Tanja Müller zurückgewiesen hätte, stünde er sicher wegen „unterlassener Hilfeleistung" unter Anklage.
Der angereiste Dresdner Arzt war der wichtigste Entlastungszeuge. Michael wurde freigesprochen. Aber sieben Jahre psychische Belastung gingen nicht spurlos an ihm vorüber.
Weihnachten fehlte Michael in unserer Mitte; sein gesundheitlicher Zustand ließ es nicht zu, nach Oelsnitz zu kommen. Über Silvester rappelte er sich dann doch auf und kam zu uns.
Im Januar 2005 teilte mir mein Sohn mit, der Freispruch habe Gesetzeskraft; die Staatsanwaltschaft sei nicht in Berufung gegangen. Ich sprach ein inniges Dankgebet.

Noch einmal zurück zum Dezember:
Zwei Wochenenden halfen wir in Nossen beim Verpacken von Umzugsgut, denn Heinz und Annelies wollten aus gesundheitlichen Gründen ihr dortiges Eigenheim aufgeben und in unsere Nähe ziehen.
Auf der Rückfahrt packten wir jedes Mal das Auto voller Bücher. Die würden dann beim Umzug schon nicht mehr "ins Gewicht" fallen.
Zu Weihnachten hatten wir die beiden „Noch-Nossener" zu Besuch, sowie Ankes jüngere Schwester mit Mann und Hund.
Zu Silvester kamen Michael (wie schon erwähnt) und vier Besucher aus Fürstenwalde. Ich staunte, wie Gudrun die anfallende Mehrarbeit durch den Besuch verkraftete.

"Wie schnell war das Jahr 2004 um", stellten wir zum Jahreswechsel fest.
Wir hatten auch am Ende dieses Jahres für manche Bewahrung viel zu danken.
Im Ausblick auf das neue Jahr würde Gudrun nur noch bis Ende Juni ihrer Arbeit nachgehen. Sie hatte das "Arbeitsteilzeit-Blockmodell" gewählt, nach dem 2,5 Jahre nur 83 % Lohn gezahlt werden, dann sich die gleiche Zeit als "Ruhephase" anschließt.
Ab 1. Januar 2008 würde sie dann mit 62,5 Jahren vorzeitig Rentnerin werden.
Sie war sich bei Antragstellung der genannten Maßnahme im Klaren, dass das eine Reduzierung ihrer Rente nach sich ziehen würde.
Das Arbeitsklima innerhalb der "Lebenshilfe" und der angeschlossenen WfB hatte sich weiter verschlechtert, so dass der gefasste Entschluss, sich als die beste Variante erweisen würde.

2005

Ich musste schon am Ende des alten Jahres, noch mehr aber während der ersten beiden Monate des neuen Jahres, (ähnlich wie im Vorjahr,) ja sogar noch in den März hinein sehr viel Schnee schippen, da der Winterdienst den Lerchenweg kaum bediente. Gudrun hätte sonst nicht mit dem Auto zur Arbeit fahren können. Aber nicht nur die Garageneinfahrt und den Eingang zum Haus, sondern den freien Platz vor unserem Grundstück als Wendeplatz bei der Rückkehr, um rückwärts in die Garage zu fahren und einen großen Teil der Straße räumte ich frei. Solange es sich um Pulverschnee handelte, war das auch nicht zu beklagen. Im Gegenteil, das tat mir als Ausarbeitung recht gut. Aber als der Schnee nass und schwer wurde, war diese Beschäftigung eine große Plage. Und die Schneehaufen waren inzwischen so hoch, dass ich nur mit Mühe die Schneemassen unterbrachte. Als dann durch gefrierenden Regen der nächtliche Schnee sich zu einer Eisschicht verdichtete, war es besonders schlimm.
Die Wochenenden des Januar verbrachten wir in Nossen, um beim Sortieren, Aussortieren und Verpacken des Umzugsgutes zu helfen. Auf der Rückfahrt war der PKW jedes Mal unheimlich voll. Unser Trost,

spätestens Ende Februar würden Heinz und Annelies in Hohndorf wohnen, wo wir für die beiden eine schöne Wohnung fanden. Nachdem sie die Räumlichkeiten besichtigt hatten, wurde ich bevollmächtigt, Verhandlungen mit dem Eigentümer zu führen. Dabei gelang es mir, die Miethöhe pro Monat um rund 20 € herunterzuhandeln. Dann fertigte ich eine Schablone von Wohnung und Möbel im Maßstab von 1 : 20 an als Erleichterung für die Vorüberlegung für das Aufstellen der Möbelstücke in den neuen Wänden.

Am 1. Februar hatte ich Gudrun ein Maßband an den Küchenkalender gehängt, von dem sie täglich eine Zahl abschnitt als Vorfreude auf den letzten Arbeitstag am 30. Juni. Die Schnipsel klebte ich an eine Sektflasche, dessen Korken eben diesen Tag als Böllerschuss knallen sollte.

Gudrun nahm am Donnerstag und Freitag (10. und 11.02.) zwei Tage Urlaub, um in Nossen beim Einpacken behilflich zu sein. Der Freitag war der eigentliche Umzugstag.

Anfang Februar war die Lieferung der neuen Küche, des neuen Schlafzimmers und des Polstermöbels für das Wohnzimmer der neuen Hohndorfer Wohnung vereinbart.

Mit dem Schlafzimmer klappte es auch, doch mit der Küche gab es Probleme.

Das beauftragte Küchenstudio war pleite gegangen. Der Inhaber hatte uns das verheimlicht und uns einige Zeit hingehalten. Schließlich konnten wir den Vertrag annullieren und in der Firma Wagner in Niederwürschnitz einen Ersatzlieferanten finden, auf dem Verlass war. Nur brauchte der auch seine Zeit. So mussten Heinz und Annelies die ersten drei Wochen in der "Juchhöh" ohne Küchenmöbel auskommen. Das war zwar nicht schön, wurde aber in Kauf genommen.

Am zweiten Weihnachtsfeiertag hatten wir im Fernsehen die schlimmen Auswirkungen eines Tsunamis gesehen und bedauerten die betroffenen Menschen. Dass aber beinahe Juttas Tochter Beate und deren Ehemann dabei umgekommen wären, dass wussten wir seinerzeit nicht. Erst Juttas Januarbrief teilte uns das mit.

Im meinem Februarantwortbrief war ich durch Juttas Nachricht gezwungen, mich mit dem Buddismus auseinander zusetzen. Deshalb füge ich einen Briefausschnitt an dieser Stelle ein:

..."*Die gute Nachricht, dass Beate und Wolfgang wohlauf sind, veranlassten mich in meinem letzten Brief zu dem Satz: „ Unser Herrgott hat beide behütet und beschützt, ihnen eine weitere Chance gegeben; wir haben in unserer täglichen Fürbitte dem Herrn ganz herzlich dafür gedankt."*

Beate sieht ihre Rettung so, dass beide eben Glückspilze seien. Ich nannte Euch meine Betroffenheit, dass Beate, seit 20 Jahren, wie sie schreibt, dem Buddhismus anhängt. Du willst mich in Deinen letzten Zeilen beruhigen, dass ich dies nicht allzu ernst nehmen soll. Du schreibst sehr richtig, dass Buddha kein Gott sei. Richtig, auch wenn er von seinen Anhängern göttlich verehrt und seine Statue aufgestellt wird. Du betonst, „dass die Weisheit so einfach, klar und deutlich sei und seine Gedanken in der Tiefe des Herzens Gehör finden."

Das mag schon sein. Das will ich gar nicht leugnen. Das fasziniert heutzutage viele Europäer. Warum? Während dem Westen in den vergangenen Jahrzehnten ethische Maßstäbe und moralisches Handeln weitgehend verloren gegangen sind, lehrt Buddha, beide als unschätzbare Werte zu erkennen. Seine konsequenten Anleitungen zu heilsamen Denken, Reden und Handeln geben dem Leben eine verlässliche Richtschnur und zeigen, wie durch sie das Leben einfacher, zufriedenstellender und erfüllter wird. Dabei geht es besonders um die innere Einstellung. In einer Gesellschaft der Konkurrenz, des Gegeneinanders, der Kälte und der Vereinzelung ermöglichen sie ein Zusammenleben in Solidarität, Gemeinschaft und Geborgenheit. Alles gut und schön. Aber die Menschen, die dieser Lehre anhängen, wollen durch die Anwendung dieser Lehre, sich selbst erlösen. Das brauchen wir Christen nicht.

Wir wurden durch Gottes Sohn, durch den Kreuzestod Jesu Christi erlöst und das ganz ohne Anstrengung, ohne Verdienst und eignes Bemühen. Es genügt, ihm seine Sünden zu bekennen und an den Sündenheiland zu glauben. Ist das nicht viel einfacher, macht das nicht weitaus glücklicher? Natürlich müssen wir den dreieinigen Gott über uns anerkennen. Der Buddhist braucht keinen Gott über sich anzuerkennen. Die buddhistischen Voraussetzungen erscheinen einfach mit den allgemein anerkannten Naturgesetzen übereinzustimmen.

Ich verstehe auch nicht alle Bibelabschnitte, liebe Jutta, das belastet mich jedoch nicht. Aber Christ bleibt man doch nur, wenn man auch an Christus glaubt. Da brauche ich doch all den übrigen Ballast gar nicht. Und die Bibel ist kein bloßes Geschichtsbuch, sondern Gottes Wort. Das Christentum findet man in Lexika sicher unter dem Stichwort „Religionen". Aber es ist mehr als eine Religion. Es schenkt uns Gottes Kindschaft. Kann man da nicht unendlich glücklich sein? Die Selbsterlösung des Buddhismus, weiß keinesfalls, ob sie sich auch erfüllt. Wir aber haben die Gewissheit!...

Über Ostern weilten wir in Gottenheim bei Ankes Schwester Manuela; auch die ältere Schwester Ines mit Familie reiste aus Briesen an. Die drei Schwestern wollten sich mit ihrem Großvater treffen, den Manuela über Telefonverzeichnis und Internet gefunden hatte.
In Gottenheim hatten wir die ganze Zeit schönes Wetter; Regenschauer gab es fast täglich, jedoch nur am frühen Morgen, dann kam die Sonne heraus.
Am Karfreitag besuchten wir gemeinsam ein Thermalbad. Am Abend reisten Ankes Opa mit Frau und Tochter an. Es war für Gudrun und mich aus dem peripheren Blickwinkel rührend, wie Anke sich freute, ihren Opa kennenzulernen, wie beide miteinander sprachen, sich gut verstanden.
Am Samstag sahen wir uns zusammen Freiburg an. Vermutlich waren fast alle „Schwarzwälder" gleichfalls an diesem Tag davon beseelt, Freiburg einen Besuch abzustatten, so ein Gewimmel herrschte auf den Straßen. Mit Mühe fanden wir eine Gaststätte, in der wir alle zusammen speisen konnten. Am Abend wurde in der großen Runde erzählt, wobei wir uns guten Wein schmecken ließen.
Am Auferstehungssonntag besuchten wir gemeinsam den Ostergottesdienst in der Gottenheimer katholischen Kirche. Mittags kamen Forellen auf den Tisch, die Andreas Vater aus dem eigenen Teich geangelt hatte. Am zweiten Feiertag unternahmen wir einen Ausflug in die Weinberge, hielten Mittagsschlaf und unternahmen erneut einen Spaziergang. Am Abend veranstaltete Manuela mit uns eine Weinverkostung.
Erstaunlich, was sich die gelernte Krankenschwester, in den zwei Jahren für Winzerkenntnisse angeeignet hat!

Als wir am Gründonnerstag von Oelsnitz aus nach Gottenheim gestartet waren, lag in unserer Einfahrt an der Stelle, wo ich den Schnee durch das ständige Schippen verdichtet hatte, noch ein ansehnlicher Schneehaufen; in Gottenheim blühten bereits Forsythia, Narzissen und Tulpen. Als wir am Osterdienstagabend wieder wohlbehalten in Oelsnitz anlangten, war der Schnee inzwischen restlos verschwunden.

Am Freitag vor Pfingsten erwartete uns in Neuwied Cousine Jutta, um mit uns die Vollendung ihres achten Jahrzehnts zu feiern. Wir blieben zwei Nächte und nutzten den Pfingstsonntag zur Rückfahrt. Bevor wir uns am 15. Mai für die Heimfahrt rüsteten, liefen wir schnell noch einmal an den Rhein, denn in Neuwied gewesen zu sein ohne am Rhein gestanden zu haben, wäre uns doch zu dumm erschienen. Und das Wetter, das am 13.05. nicht mitgespielt hatte, war jetzt angenehm.

Auf der Heimfahrt zog eine Regenfront vor uns her. Wir merkten es an den oft nassen Straßen, während für uns ständig die Sonne schien. Es war relativ wenig Betrieb, kaum LKWs. Trotzdem fanden wir die Hin- und Rückfahrt recht stressig.

Stressig war auch die Vorbereitung von Gudruns 60. Ehrentag am 8. Juni. Am Tag selbst (Dienstag) erschienen viele Gäste. Am Freitag kamen dann Freunde von Fürstenwalde und Grünheide, um am Samstag mit uns eine zweite Feier abzuhalten. Fünf Übernachtungsgäste bedürfen ja auch einiger Vorbereitungen. Gudrun hatte die gesamte Woche Urlaub genommen; so bewältigten wir die Vorbereitungen zu zweit.

Für den Samstag hatten wir einen kleinen Bus für acht Personen bestellt; keiner von unseren Besuchern wusste, wohin die Ausfahrt ging, nur Schwager Heinz, der mit seinem PKW hinterherfuhr, kannte das Ziel. Wir fuhren nach Dresden.

Zunächst „picknickten" wir an einer idyllischen Stelle nahe des "Spitzhauses" bei Radebeul. Dann ging es weiter zur Frauenkirche. In der Unterkirche lauschten wir einen 45-minutigen Vortrag. Dann stiegen wir auf den Turm (Die eigentliche Kirche war noch Baustelle; die Eröffnung sollte am 30.10. stattfinden). Das schöne Wetter gestattete einen idealen Rundblick.

Zur Vesperzeit (16.30 Uhr) langten wir wieder daheim an und ließen uns Gudruns Kuchen und edle gekaufte Erdbeertorte schmecken.

Das Abendbrot ließen wir uns wie am 8. Juni vom "Partyservice" anliefern. So war dieser Tag recht gut gelaufen. Am Sonntagabend fuhren die Fünf wieder heim.

Gudrun nahm im Juni ihre restlichen Urlaubstage und war bestrebt, all das daheim aufzuarbeiten, wozu sie bisher keine Zeit zur Verfügung hatte, fand jedoch auch einmal Zeit an ihre Gesundheit zu denken. Sie suchte endlich einen Arzt auf, um sich bestimmter Untersuchungen zu stellen. Ich beschäftigte mich in diesen Wochen, so weit es das Wetter zuließ, viel im Garten.

Die Gartenarbeit ging zwar langsamer als früher, bereitete mir jedoch noch immer Freude. Schwere Arbeiten waren in diesem Jahr nicht vorgesehen. So konnte ich jeden Tag gemütlich angehen.

Nun brauchte ich auch nicht mehr allein Mittag zu essen; überhaupt fand ich es wunderbar, jetzt „meine Hausfrau" daheim zu haben.

Anke muss allein noch arbeiten. Ich bringe sie mit dem Auto früh nach Stollberg (eine halbe Stunde später, als es vorher nötig war), Gudrun holt sie 14.30 Uhr ab, wiederum eine Stunde früher, als sie immer auf Gudruns Arbeitsschluss warten musste. So profitiert auch Anke von Gudruns „Ruhephase".

Der in der Volkshochschule gebuchte Englischkurs zur Auffrischung (15 Doppelstunden) lag inzwischen schon wieder hinter uns. Es machte Spaß, obgleich ich persönlich gewaltig die Ohren spitzen musste, um alles akustisch zu verstehen. Ohne Hörgeräte ginge es gar nicht. (Bei größeren Gesellschaften trage ich die Hörgeräte kaum, weil - sobald mehr als ein Gespräch gleichzeitig an mein Ohr gelangt, ich gar nichts mehr verstehe, sondern die Worte sich nur zu einem allgemeinen Lärm verwandeln). Aber damit muss ich leben.

Am 15. Juli machten wir uns auf den Weg nach Fürstenwalde, denn wir waren bei Gudruns Freundin Maike eingeladen, die am Folgetag ihr 6. Jahrzehnt vollendete.

Da Maike an der Orgelrekonstruktion einer kleinen Kirche in einem Nachbardorf (Hasenfelde) stark interessiert ist und zu einem entsprechenden Förderkreis gehört, bat sie in der Einladung darum, statt eventueller Geschenke lieber für die Orgel zu spenden.

Nach der Übernachtung bei Helga und dem gemütlichen Frühstück fuhren wir nach Hasenfelde, wo um 11.00 Uhr ein Flötenkonzert einer berühmten Berliner Flötistin stattfand (den Namen habe ich leider nicht behalten). Dort kamen alle Gäste aus Maikes Familien- und Freundeskreis zusammen, so gegen vierzig Leute. Die Kirche wurde nahezu gefüllt.

In einem Krug wurden die Spenden gesammelt. Reichlich 850 € kamen zusammen. Gegen 12.30 Uhr zogen alle Gäste zu einem nahen Bauerhof, in dessen Garten der „Orgelfreundeskreis" Tische und Bänke aufgestellt hatte und wo wir dank des vorzüglichen Wetters im Freien sitzen, speisen und trinken konnten.

Wer Schatten vorzog, suchte sich ein Schattenplätzchen, wer die Sonne liebte, saß in der Sonne. Es gab eine große Auswahl an Essen und Trinken. Ferner wurde viel gesungen und musiziert: Leierkasten, Flöten, Trompete, Klarinette, Saxophon. Das Lustige überwog selbstverständlich. Gegen 18.00 Uhr endete die offizielle Feier. Den Abend verbrachten wir in kleinerer Runde bei Helga im Garten. Es war ein schönes Wochenende.

Genau einen Monat später feierten wir meinen Geburtstag. Gudrun bereitete mir wie in jedem Jahr eine schöne Feier. Fünf Gratulanten kamen am Vormittag, weil sie am Nachmittag etwas anderes vor hatten. Trotzdem waren wir am Nachmittag nochmals 15 Personen.

Leider fehlte mein Michael. Er wagte es aus gesundheitlichen Gründen nicht, von Berlin nach Oelsnitz zu fahren. Er rief am zeitigen Morgen an und gratulierte mir recht herzlich.

Als alle Gäste weg waren, meldete er sich noch einmal und sang mir mit seiner schönen warmen Bassstimme alle Verse meines Lieblingsliedes „Der Mond ist aufgegangen" vor. So waren wir trotz der Entfernung verbunden.

Für Ende August kamen wir der Einladung zu einer Hochzeit in Hundshübel (heute ein Ortsteil von Stützengrün) nach. Enkelsohn Michael führte seine Freundin zum Traualtar. Es waren viele Gäste zur Hochzeit geladen. Die meisten kannten wir gar nicht. Lustig fanden wir, dass Michael seine Zimmermannskluft trug. Das Wetter spielte mit, so dass wir viel im Freien fotografieren konnten.

Für Anke war das die vierte Hochzeit, die sie miterlebte. Nach ihrer Meinung war die unsrige am 8. März 1991 für sie die schönste der vier. Wir beide stimmten ihr zu, denn für uns war sie natürlich die allerschönste!
Es trifft sich schon merkwürdig. Weder Christian noch Michael haben je Kinder gezeugt.
Als im Jahre 1989 Gabi unseren Christian heiratete und den Familiennamen Wagner in Moser wechselte, wollte der kleine Michael auch Moser heißen. Darüber freute sich mein Großer sehr und erfüllte ihm diesen Wunsch so schnell als er konnte.
Nun wird Michael den Namen Moser an seine Kinder weitergeben.

Unsere "Kanada- Hawaii-Reise" (08.09. - 01.10. 2005)

Zu DDR-Zeiten hatte ich vier Reisewünsche, wohl wissend, dass ihre Erfüllung mir nie möglich sein würde: Baikalsee, Schweiz, Israel und Kanada.
Der Baikalsee wäre zwar politisch möglich gewesen, aber die Reise konnte ich mir finanziell nicht leisten. Heute zieht es mich keinesfalls dorthin.
Der Besuch der Schweiz wurde durch die Wende in den Jahren 1993/94 Wirklichkeit und Israel im Jahre 2001. Und nun war es uns in diesem Jahr sogar vergönnt, die Reise nach Kanada (Britisch-Columbia und Alberta) zu unternehmen. Sorge hatte ich, wie wir den langen Flug, bei dem wir überwiegend sitzenderweise zubringen müssen, überstehen werden.
Finanziell bereiteten wir uns schon seit 2003 auf die Reise durch strenges Sparen, durch Beschaffung von Literatur und in diesem Frühjahr durch die Belegung eines „Englisch- Refresh-Kurses" in der Volkshochschule über 15 Doppelstunden vor.
Wir wollten vor allem die Rocky Mountains, Vancouver und Victoria kennen lernen und zwar im Herbst, in der Zeit des „Indianersommers". Dann wurde die Reiseroute geplant. Wir hatten vor, mit einem Mietauto in drei Wochen unsere Wunschziele abzufahren.
Heinz und Annelies wurden in unserem Plan eingeweiht. Sie bekundeten Interesse. Aber nicht „auf eigene Faust", sondern geordnet geführt.

Wir überlegten: Gemeinsame Fahrt mit einer Fahrt eines Reisebüros oder „billiger auf eigene Faust", aber nur zu dritt. Der Wunsch, gemeinsam die Reise zu unternehmen, siegte. Wir prüften die Angebote verschiedener Reisebüros.

Das Angebot der Chemnitzer Reiseagentur „Reisefreiheit" kam unseren Vorstellungen am nächsten: 12 Tage Britisch-Columbia/Alberta mit etwa zwei Drittel unserer Wunschziele, zusätzlich 9 Tage Hawaii-Inseln und schließlich noch zwei Tage Toronto und die Niagarafälle.

Erneute Beratung zu fünft, ein Anruf in Chemnitz, dann unsere Buchung der Reise Ende Januar. In der letzten Augustwoche wurden wir von Herrn Rosenberger nach Chemnitz in eine seiner Filialen eingeladen. Er informierte uns über technische Einzelheiten und händigte uns auch bereits die Flugtickets aus. Froh nahmen wir zur Kenntnis, dass die Reisegruppe nur aus vierzehn Teilnehmern bestand und Herr Rosenberger jun. die Reise begleitet.

Erster Tag

Am 08. September früh um fünf Uhr brachte uns ein Minibus der Fa. Fritzsche aus Burgstädt von der Wohnung zum Transferbus nach Chemnitz. Dieser startete sechs Uhr zum Flughafen Leipzig. Wir trafen rechtzeitig die verordneten zwei Stunden vor Abflug dort ein, um alle Formalitäten erledigen zu können und um durch die nötigen Kontrollen zu gelangen. Um 10.30 Uhr startete die „Boing 737" nach Frankfurt/M.

Für den ersten Flug (reine Flugzeit gerechnet) benötigten wir nur 20 Minuten. In Frankfurt mussten weitere Formulare ausgefüllt werden, um mit „Air Canada" fliegen zu dürfen. Die Abfahrt war für 14.20 Uhr ausgeschrieben, die Flugdauer des „Airbus A330-300" mit 9 Stunden und 45 Minuten angegeben. Das Flugziel: **Calgary**. Dort müssten wir durch den kanadischen Zoll, um weiter nach Vancouver zu kommen. Zunächst aber flogen wir rheinabwärts über die Nordsee und weiter Richtung Grönland.

Wir erkannten unter uns die Steilküste Grönlands und die Eisfelder im Inneren der Insel.

Nach einiger Zeit fielen uns die Eis- und Schneefelder sowie die Tundra im Norden des Kanadischen Schildes auf, dann die Hudson Bay. Bald erschienen endlose Waldflächen und viele, viele Seen. Mir persönlich wurde der Flug zu einer Qual durch das enge Sitzen und ohne Schlaf zu finden. Die Flughöhe betrug 11.580 bis 11.800 m, die Fluggeschwindigkeit gab man mit 848 km/h an. Pünktlich landeten wir in Calgary und stellten unsere Uhren um acht Stunden zurück auf 16.00 Uhr Ortszeit.

Beim Zoll mussten Gudrun, Annelies und ich das Reisegepäck auspacken. Bei den Damen war jeweils eine im Röntgenbild ausgewiesene Nagelschere schuld, bei mir der Rasierapparat, eine Pillenschachtel, Batterien für die Kamera und eine metallene Trinkwasserflasche. Aus letzterer musste ich vor der Zollinspektorin einen kräftigen Schluck trinken, was sie überzeugte, dass tatsächlich sich nur „water" in der Flasche befand.

Ein „Airbus A3202 " brachte uns nach 18.00 Uhr innerhalb einer reichlichen Stunde weiter nach **Vancouver**. Durchs Bordfenster konnten wir trotz der Wolken Teile der Rocky Mountains und der Cariboo-Hochebene, dann in der Ferne auch die Küstenkette erkennen. Die Uhr stellten wir erneut eine Stunde zurück.

Lange warteten wir in Vancouver auf die Koffer, dann noch länger auf den Bus, der uns in das Hotel bringen sollte. Als er endlich kam, eilte ein jeder mit seinem Gepäck über die Straße zum Bus. Ich war letzter. Merkwürdig, eine Reisetasche blieb stehen. Aber es standen noch andere Leute dort mit ihren Gepäckstücken, die sicher auch auf eine Abholung warteten. Am Bus angekommen, fragte ich Anke: „Hast Du auch Deine Reisetasche?" Sie antwortete: „Ja, die ist schon im Bus!" Nach einer guten halben Stunde hatten wir die 20 km zum Hotel „Ramada" in der Altstadt unweit der Kunstgalerie zurückgelegt. Hier stellten wir den Verlust von Ankes Reisetasche mit allen ihren Anziehsachen fest. Der kanadische Reiseführer „Peter" verständigte telefonisch den Flughafen. Am anderen Morgen sollte er sich wieder melden. Todmüde suchten wir unser Hotelzimmer auf ohne eine Abendmahlzeit einzunehmen, hatten wir doch 25 Stunden kein Auge schlie?en können. Der Appetit war uns durch den Verlust der Reisetasche vergangen. Schlaf fanden wir durch Anstrengung, Aufregung und ungewohnter Geräusche kaum.

2. Tag (Freitag, 09.09.)
Um sechs Uhr klingelte der Wecker. Um 7.00 Uhr Abmarsch zum Frühstück. Für uns ungewohnt, dass die Übernachtung im Hotel ohne Frühstück blieb.
Wieder eine Stunde später brachte uns der Kleinbus, der uns die ganze Zeit in Kanada fast 4000 km begleitete, in den weitgehend naturbelassenen „Stanley Park" mit schönem alten Baumbestand, zum „Totem Poles". Totempfähle sind von verschiedenen Stellen der Westküste hierher gebracht und restauriert worden. Man wollte das indianische Erbe nicht vergessen. Wir erfuhren von unserem kanadischen Reiseleiter, dass lange vor der Ankunft der Europäer im Bereich des heutigen Vancouver die Salish Indianer siedelten, ein hochentwickeltes Kulturvolk, das hauptsächlich vom Fischfang lebte.
Der im Jahre 1778 hier anlandende James Cook maß der regen- und waldreichen Gegend wenig Bedeutung bei und segelte weiter. Doch einer seiner jungen Offiziere mit Namen George Vancouver kam 1792 wieder hier her und nahm das Land für das britische Empire in Besitz. Ein Jahr später kam der Entdecker Alexander Mackenzie als erster Weißer auf dem Landweg an die Pazifikküste. Erst in der Mitte des 19. Jahrhunderts erkannten Geschäftsleute das ökonomische Potential, dass in der Holzindustrie steckt.
Bald tauchten die ersten Goldsucher auf, die vom Süden her kamen und bald weiter nach Norden zogen. 1887 kam der erste Passagierzug aus Montreal an. Der Bau der CPR („Canadian Pacific Railway") war das Einlösen des Versprechens an Britisch Columbia für die Zusage, sich nicht den USA, sondern Kanada anzuschließen. Ab jetzt entwickelte sich die Stadt rasch. Schon 1909 entstand der erste Wolkenkratzer.
Vancouver ist eine Stadt zwischen den Welten, mit unverkennbaren amerikanischen Einfluss und doch so kanadisch, mit einer ethnisch gemischten Bevölkerung, wie es nicht bunter geht, nicht als „Schmelztiegel", sondern im bunten Nebeneinander: „Chinatown", „Japan Town", „Little Italy", „Little India" usw. Hinzu kommt eine reiche Kunst- und Kulturszene sowie eine respektable Film- und TV-Industrie. So wurde im Jahre 1986 die „Expo" sowohl finanziell als

auch städteplanerisch für die Großstadt, die -laut Literatur - neben Sydney und San Francisco - zu den drei schönsten Millionenstädten der Welt zählen soll, ein voller Erfolg.

Da Vancouver auf drei Seiten von Wasser umgeben ist („English Bay" und der „Burrard" im Norden, „Georgia Strait" im Westen, „Fraser River" im Süden), sind viele Brücken notwendig, die das Zentrum erschließen. Das West-End-Gebiet und Downtown sind Geschäfts-, Einkaufs- und Vergnügungsviertel, aber auch Wohnviertel, für die, die die teueren Eigentumswohnungen und Mieten bezahlen können, neuerdings vor allem Hongkong-Chinesen.

Wir sahen uns weiter in dem wunderschönen 405 ha großen "Stanley Park" um und ließen die „Sky-Line" von "West-End" in unserem Rücken. An der „Seawall Promenade" trafen wir auf eine Nachbildung der Galionsfigur der „S.S. Empress of Japan". Dieses Schiff war um 1900 ein Handelsschiff der Pazifikflotte, das Waren nach Japan transportierte. Etwas weiter südlich sahen wir Vancouvers Version einer kleinen Meerjungfrau, das „Girl in a Wetsuit".

Im "Fort Langley" waren für uns einige alte Fortgebäude - einst Handelsposten der „Hudson-Bay-Company" - sowie Handwerker und Händler in alten Trachten, Gerätschaften der Holzfäller, Fahrzeuge der Händler interessant.

Nun wurden wir in das „Vancouver Aquarium" geführt, das sich ebenfalls im „Stanley Park" befindet. In diesem Aquarium sind mehr als 8000 Meerestiere aus dem Pazifischen Ozean zu bewundern, darunter Seelöwen, Weißwale (Belugas), Schwertwale, die in großen Becken schwimmen, teilweise auch unterirdisch hinter dicken Glasfenstern beobachtet werden können.

Nach dem Aquariumsbesuch führte uns Peter zur „Capilano-Hängebrücke". Es soll die höchste Hängebrücke der Welt sein. Beim Überqueren der 137 m langen, schwankenden Holzbrücke schauten wir in den 70 bis 80 m tiefen Abgrund des „Capilano-Canyon". Im „Capilano Park" spazierten wir durch den dichten Wald von alten Zedern, Weymouthskiefern, Douglasien und Hamlocktannen, und dies zum Teil über eine vibrierende Holzbrücke innerhalb der Baumwipfel.

In einem Lachsmuseum, der „Capilano Salmon Hatchery", erfuhren wir Interessantes über den Lebenszyklus der Pazifiklachse, sahen ein Institut zu ihrer Aufzucht und eine Lachstreppe.

Auf der Weiterfahrt machte uns Peter auf ein Wohngebiet der Indianer aufmerksam, die hier von der Stadtverwaltung ein Gebiet zugewiesen bekamen. Bei den Indianern fielen uns fehlende Zäune um ihr Grundstück auf; sie besaßen eben noch Gemeinschaftssinn. Aber um die meisten Häuser sah es ungepflegt aus. Wir kamen an den weiteren Tagen noch oft - auch in anderen Orten - an solchen Wohnsiedlungen vorbei.

Inzwischen hatte Peter zweimal mit dem Flughafen vergeblich wegen unserer Reisetasche telefoniert.

Nach dem Mittagsmahl gelangten wir über die "Lions Gate Bridge" wieder in die Innenstadt von Vancouver nach Gaston. Das Wahrzeichen, eine antike Dampfuhr, die „Steam Clock", zeigte geräuschvoll aller Viertelstunde die Zeit an, wobei eine Melodie ertönte, die den Glockenschlag vom Londoner Big Ben imitierte, und natürlich von allen mit einem Fotoapparat bewaffneten Touristen „eingefangen" wurde. Die Straße mit Kopfsteinpflaster, die Gebäude im viktorianischen Stil. Hier am „MapleTree Square" steht auch die Statue von „Gassy Jack", der legendäre Saloonbesitzer auf einem Wiskyfaß stehend, nach dem das Altstadtviertel Gaston benannt wurde und der Ursprung der heutigen Millionenstadt darstellt.

Der „Canada-Place" entstand für die Weltausstellung: Hier ist die Anlegestelle für Kreuzfahrschiffe, während man die der Kohlefrachter weit außerhalb in die Nähe des Fährhafens nach Vancouver Island verbannt hat.

Wir durchfuhren die bunten Stadtviertel „Chinatown" und „Yaletown". Früher befanden sich dort Lagerhäuser, heute stehen hier Restaurants, Bars, Boutiquen und Einkaufszentren. Ein Teil unserer Reisegruppe bummelte weiter durch die Altstadt. Wir ruhten uns zwei Stunden in unserem Hotelzimmer aus. Dann setzte sich die "Sightseeingtour" fort, erst mit dem Kleinbus, dann mit der Gondel hinauf in die „Grouse Mountains" in 1.100 m Höhe NN zum Dinner.

Dort befindet sich das Winterskigebiet für Vancouver in Innenstadtnähe. Von hier oben genossen wir den Blick auf die City von Vancouver. In der Gaststätte nahmen wir unsere Mahlzeit ein. Was schon? Natürlich Lachs mit Pilzen, Kartoffelbrei und Salat, zum Nachtisch Torte mit Kaffee (oder auf Nachfragen Tee).
Nach dem wohlschmeckenden Mahl schauten wir uns in der Umgebung oben auf dem Berg die beiden Braunbären im Gehege an, die natürlich fotografiert wurden und die vielen übermannsgroßen wunderschönen Schnitzereien, die hier in freier Natur aufgestellt und der Witterung ausgesetzt waren. Es dämmerte schon, als wir uns entschlossen, in die Innenstadt zurückzukehren. Vorher erlebten wir einen herrlichen Sonnenuntergang.
In der zweiten Nacht schliefen wir erschöpft von den vielen Eindrücken besser als in der ersten.
Dritter Tag (Sa, 10.09.)
Nach Verladen der Koffer und dem Frühstück, das wir wiederum außerhalb des Hotels einnahmen, ging die Fahrt zur Fähre nach „Vancouver Island".
Wir durchqureten „Richmond" im Delta des Fraser, in dem sich in den 90er Jahren, rechtzeitig vor der Rückgabe Hongkongs an China mehr als 120.000 Hongkong-Chinesen angesiedelt haben und „Delta", das vorwiegend von Indern besiedelt ist, zum Fährhafen in „Tsawwassen". Von hier gelangten wir durch eine Fjord- und Schärenküste in 90 Minuten nach „Swartz-Bay" auf „Vancouver Island", die mit 32.000 km^2 (560 km lang und bis zu 150 km breit) größte nordamerikanische Pazifikinsel. Auf der Fahrt nach **Victoria**, Hauptstadt von Britisch Columbia, machten wir einen Abstecher auf die Saanich-Halbinsel zu der 20 ha großen Anlage von „Butchart Garden", der weit über die Grenzen Kanadas für seine Blumenpracht berühmt ist. Mehrere thematisch aufgebaute und klar abgegrenzte Gärten, wie zum Beispiel der „versunkene Garten", der „Rosengarten", der „italienische", der „japanische" Garten, befinden sich in dem ehemaligen Kalksteinbruch. Die Ehefrau des Steinbruchbesitzers legte seinerzeit die Grundlage auf den Restflächen des abgebauten Steinbruchs.
Der Bus brachte uns weiter über den „Mount Douglas Park" und den Campus der „University of Victoria" zum „Beach Drive", wo die

Reichen ihre Villen stehen haben. Von hier staunten wir die herrlichen Ausblicke auf die „Juan de Fuca Strait" und auf die schneebedeckten Gipfel der „Olympic Mountains" im US Staat Washington an.
An der „Oak Bay Marine", einem Jachthafen hielten wir an, dann folgten wir der kurvenreichen Küstenstraße zum „Victoria Golf Club" und zum „Beacon Hill Park". Wir kamen vorbei an der „Meile Null" des „Trans-Kanada-Highway", der von der Westküste bis an die Ostküste führt. Wir steuerten den „Inneren Hafen" an, sahen das eindrucksvolle Parlamentsgebäude mit dem davorstehenden „Queen Victoria Denkmal", das im Jahre 1904 erbaute imposante „Empress Hotel" und das „Royal BC Museum". Jetzt erreichten wir das Hotel „Traveler`s Inn".
Nachdem wir unsere Zimmer bezogen und uns erfrischt hatten, unternahm unsere Gruppe einen Bummel durch die Innenstadt und um den Innenhafen. Im Freien führten Gaukler ihre Vorführungen vor. Es gab so viel zu sehen. Dabei verloren wir fünf die übrige Gruppe. Nach vergeblichen Suchen nach den anderen, entschlossen wir uns, „bei einem Italiener" zu Abend zu essen. Leider erhielten wir nur zu trinken; die Essenbestellung scheiterte durch ein Missverständnis, weil Annelies nichts essen wollte. Wir gaben auf und begaben uns ohne Essen ins Hotel. Dort telefonierten wir mit Lydia Kerstein und verabredeten, wie schon von Oelsnitz aus mit Paul Kerstein vereinbart, die Abholung für den nächsten Tag um 14.00 Uhr.

4. Tag (Sonntag 11.09.)
Im Reiseplan war dieser Tag „zur freien Verfügung" ausgeschrieben. Als Empfehlung standen a, eine dreistündige Schlauchbootfahrt als Expedition für eine Walbeobachtung b, der Besuch des „Royal British Columbia Museum" und c, das „Empress Hotel" im Programmheft.
Erst wollten wir an der Walbeobachtungsexpedition teilnehmen. Der inzwischen horrende Preis von 95 bzw. 75 kanad. $, hielt uns davon ab. Nur fünf Leute unserer Gruppe nahmen daran teil. Da noch genügend Zeit bis zu deren Abfahrt war, führte uns Reiseleiter Peter durch das beachtenswerte „Empress-Hotel". Nachdem wir die fünf verabschiedet hatten, besuchten wir anderen das Museum und wurden nicht enttäuscht.

Das Museum ist der Völkerkunde, insbesondere der Indianerkulturen sowie der Naturgeschichte Kanadas gewidmet. Eindrucksvoll gestaltete Dioramen mit lebendig wirkenden Tieren und Menschen sowie zeitgetreu nachgebildeten Schauplätzen wie "Goldgräberstadt", "Cowboy-Ort", "Holzverarbeitung" und "Bergwerk" gaben uns einen lebendigen Eindruck in die Vergangenheit.

Großartig war besonders die Halle mit den monumentalen Totempfählen, die Wappen der einzelnen Indianerstämme bzw. Familien. Anschließend erlebten wir am Innenhafen die Vorführung eines Schiffsballetts nach der Melodie „An der schönen, blauen Donau" von Johann Strauß.

Um 14.00 Uhr standen wir fünf vor dem Hotel, da brauste auch schon Paul Kerstein heran und holte uns ab. Seit 1988 hatten wir uns nicht gesehen, aber wir erkannten uns sofort. Die Straßenverkehrsordnung lässt nur die Beförderung vier weiterer Fahrgäste zu, so verschwand ich im Kofferraum, der mir genügend Platz ließ. Wir hatten viel Spaß. Wir brauchten eine halbe Stunde bis zu seinem Haus im NW der Stadt. Seine Frau Lydia empfing uns ebenso herzlich wie vorher Paul. Wir hatten uns viel zu erzählen.

Wir bewunderten die geschmackvolle sowie praktische Einrichtung des Hauses. Lydia hatte Kuchen und Torte nach deutschen Rezepten gebacken. Nach dem Kaffeetrinken saßen wir auf der Terrasse bei schönem Sonnenschein und erzählten weiter. Bald fühlte sich die Hausmutter verpflichtet, sich um ein ebenso wohlschmeckendes Abendessen zu kümmern. Einer der beiden Söhne, ein passionierter Angler, hatte einen großen Lachs gefangen. Zum Lachs gab es Kartoffelauflauf, Blumenkohl und Brokkoli. Wir waren sehr gerührt über die herzliche Gastfreundschaft. Gar zu schnell verflog die Zeit. Paul brachte uns ins Hotel zurück. Am Folgetag setzten wir wieder auf das Festland über.

5. Tag (Mo, 12.09.)

Zeitig starteten wir nach empfangenem Frühstück, denn heute lagen ca. 560 km vor uns! Befand sich doch unser nächstes Hotel in **Kelowna**. Wieder benutzten wir die Fähre. Auf dem beträchtlichen Parkplatz vor der Fähre interessierten wir uns für die mächtigen Trucks, die ebenfalls von der Fähre aufs Festland gebracht werden

wollten. Diesmal blieben wir auf der Überfahrt wegen des kalten Windes unter Deck und betrachteten die Umgebung durch die breiten Panoramafenster. In „Groß-Vancouver" wählten wir die Route über „Delta", „Langley" (75 % indische Bevölkerung), „Abbotsford", „Chilliwack" durch das fruchtbare Frasertal bis nach Hope. Dort legten wir eine erste Pause ein!
Hope liegt an der Mündung des „Coquihalla River" in den Fraser und wird von den zackigen Gipfeln der „Cascade Mountains" überragt, die sich südlich über die US-Grenze bis in den Staat Washington erstrecken.
Von Hope („Hoffnung") brachen 1858 die Goldgräber nach Norden zum mittleren und oberen Fraser auf. Von hier holten sie Proviant und Ausrüstungsgegenstände als Nachschub.
Wir verließen das Tal und wanden uns bergwärts. Wir passierten die Stelle, wo 1965 eine gigantische Erd- und Geröllawine einen ganzen Berghang des „Johnson Peak" zum Abrutschen brachte und das Tal einschließlich der Straße unter sich begrub. Die Straße war wieder frei. Wir durchquerten den gebirgigen, dicht bewaldeten „Manning Provincial Park" mit einer Passhöhe von 1342 m Höhe über NN, folgten dem „Similkameen-Tal" über Princeton bis kurz vor Keremeos, wo wir nach N abbogen. Uns fielen eine Unmenge Seen auf. Der Nadelwald sah hier schlimm aus: lauter abgestorbene Bäume, die der „Pine-Beetle", eine Art Borkenkäfer, vernichtete. Man warte auf strenge Winterskälte, die die Schädlinge vernichten könnte, berichtete Peter. Vielfach trafen wir auch Stellen, wo Waldbrände gewütet hatten.
Die nächste Stationen waren Kaleden, Penticton, (in der Sprache der Salishindianer: „pen tat tun" - „Ort zum Bleiben"), Summerland und Peachland, immer an langgestreckten Gletscherrinnen-Seen entlang, die vom „Okanagan River" durchflossen werden, nach Kelowna, unserem Tagesziel.
Das Okanagan-Tal ist zwischen den „Cascade Mountains" und den Rocky Mountains geschützt, zusätzlich sehr fruchtbar und stellt den „Obst- und Weingarten" Kanadas dar.
Im letzten Abschnitt sind die Felsen aus Sand- und Kalkstein, während ich vorher Phyllit und noch früher Basalt zu erkennen glaubte. Bevor wir das Hotel „Holiday Inn Westbank" anfuhren, steuerten wir ein

Weingut „Mission" an und nahmen an einer Weinprobe teil, die unserer gesamten Gruppe viel Spaß bereitete. Es wurden gute Weine kredenzt, die es an internationalen Wettbewerben mit den besten Tropfen Europas und Kaliforniens aufnehmen können!
Mit durchschnittlich zehn Stunden täglich scheint hier im Sommer die Sonne, der Herbst ist ebenfalls sonnig und mild. Für den Anbau des Weins und der Errichtung der Kelterei, was staatlich unterstützt wurde, holte man sich Spezialisten aus Deutschland und Frankreich heran.
Am Abend lud Peter die Gruppe zu einem „internen Umtrunk" in sein Zimmer ein. Er hatte drei Flaschen Wein gekauft, die wir mit ihm leerten.
Leider blieben wir in Kelowna nur eine Nacht, hatten also weder Zeit zum Besuch des „Weinmuseums" noch des „Kelowna-Museums mit Kunstgalerie", wo als Themen Regionalgeschichte von den Dinosauriern bis zum Leben der Salish-Indianer und der europäischen Pioniere, in der Kunstgalerie moderne Kunst gezeigt werden, noch zum Besuch des von Campern, Surfern, Anglern, Wanderern beliebten „Okanagan Lake".
6. Tag (Di, 13.09.)
Die Tagesstrecke zog sich über 500 km nach N bzw. NO über die Rocky Mountains nach **Canmore** (Alberta) 80 km vor Calgary.
Zunächst folgten wir dem Ostufer des „Okanagan Lake" bis zu seinem nördlichen Ende. Ab Vernon wurde das Land hügliger, aber auch grüner. Ein erster Halt fand an einem „Fruit-House" statt, das museumsmäßig aufgepeppt war. Wir versorgten uns mit Äpfel, Pfirsichen und Bananen. Besucher, die einen Ziegenbock füttern wollten, entnahmen nach Einwurf einer Münze aus einem Futterautomat Maiskörner, packten diese in eine an einer Rolle befestigten Blechbüchse. Der Ziegenbock eilte eine Treppe hinauf, bewegte mit seinen Hufen die Rolle, die das Futter zu ihm brachte und die Maiskörner auf seinen Futterplatz entleerte.
Später suchten wir die Stelle der „CPR" auf, wo die aus beiden Richtungen gebaute Bahnstrecke zusammenfand und im feierlichen Akt in der Befestigung des Gleises der letzte - ein goldener - Nagel eingeschlagen wurde.

Der nächste Halt: „Dutchman Dairy". Hier gab es neben Sandwichs, Gebäck, Obst und Gemüse, wohlschmeckendes Eis zu kaufen, auch durften Ställe bzw. Gehege mit Rindern, Ziegen, Kamel, Esel, Lama, Geflügel betrachtet werden.

Bald hatten wir die Vorberge der Rockies erreicht. Noch immer viele, lange - sicher auch tiefe - Gletscherrinnenseen!

Das Gebiet um den „Shuswap Lake" bei "Salmonarm" ein beliebtes Feriengebiet mit wärmeren Wasser und sandigen Ufern.

Wieder quälte sich der Bus über eine Bergkette, wir blieben parallel des „Eagle River" und der Eisenbahn, die hier durch viele Tunnel fährt. Selbst die Straße wird teilweise durch Tunnel bzw. Lawinenschutzbauten geführt.

Nach Revelstoke, eine Stadt, die ihre Blüte den frühen Jahren der „CPR" verdankt, querten wir den „Mt. Revelstoke National Park". Am „Rogers Pass" (eine Meisterleistung der Straßenbaukunst!) erreichten wir den „Glacier National Park".

Ab jetzt galt die „Mountain Standard Time". Wir stellten also die Uhr eine Stunde vor.

Wir besuchten das kleine Museum, das dem Eisenbahnbau der Jahre 1856/58 sowie den Tieren und Pflanzen des Nationalparks gewidmet ist. Im Restaurant tranken wir eine Tasse Tee. Dann ging es schon weiter, hinunter in das Tal des „Columbia River", dem wir bis Golden folgten. Und wieder erstreckte sich die Fahrbahn bergan in den „Yoho Nationalpark" hinein, dessen indianischer Name bei den „Cree-Indianern" soviel wie „Staunen" und „Bewunderung" ausdrückt. Ein Gefühl, das auch uns ergriff im Anblick der Wasserfälle, Berge, Canyons und Seen.

Wir suchten den „Emerald Lake" auf, der mit seinem smaragdgrünen Wasser, umrahmt von zwölf schneebedeckten Gipfeln - darunter den „Mt. Dennis" mit 2541 m NN - ein zauberhaftes Fotomotiv bildete. Weiter führte uns der Weg zum „Kicking Horse River", wo der Fluss sich tief in den Kalkstein eingeschnitten und infolge eines Durchbruchs eine natürliche Brücke gebildet hat.

Am „Kicking Horse Pass" (1643 m NN) - hier befindet sich der „Upper Spiral Tunnel", in dem der Zug in Form einer Acht, die in den „Cathedral Mountain" gebohrt wurde, um die Steigungen zu überwinden -, erreichten wir die Grenze von Alberta, den „Bow River" und den berühmten „Banff National Park", Kanadas ältesten (seit 1885) Nationalpark.

Aus Zeitgründen fuhren wir entlang des „Bow River" bis Canmore durch.

Den 6.641 km^2 großen „Banff National Park" wollten wir in den nächsten beiden Tagen durchstreifen. Wir übernachteten im Hotel „Windtower", erhielten ein feines Appartement mit Kaminzimmer, Schlafraum und Miniküche. Wenn wir auch am Anfang eine Havarie mit der Wasserspülung erlebten, so wurde diese jedoch schnell behoben. Während die anderen der Gruppe ein Restaurant aufsuchten, sanken wir drei ohne Abendbrot todmüde in unsere Betten. Einen Tee bereiteten wir uns in unserer Miniküche.

Übrigens brauchen die Bewohner von Alberta nur die Nationalsteuer zu entrichten, nicht zusätzlich die Provinzialsteuer wie in den anderen kanadischen Provinzen. Dadurch liegen die Preise hier niedriger als anderswo. Hier haben die Bewohner ein höheres Nettoeinkommen, Grund sind die reichen Bodenschätze.

7. Tag (Mi 14.09.)

Heute konnten wir direkt im Hotel frühstücken. Um 8.00 Uhr fuhren wir zum Schwefelberg (2885 m NN), d. h. bis zur Talstation der Drahtseilbahn. Per Gondel gelangten wir hinauf zur Bergstation. Man hätte auch über in Serpentinen geführten Steigen hinauf gelangen können, doch dazu fehlte uns die Zeit, vielleicht auch die Kondition?

Von der Bergstation der Drahtseilbahn waren es noch ca. 100 m Höhenunterschied bis zum Gipfel. des „Sanson Peak" mit seiner historischen Wetterwarte von 1903. Dabei wateten wir durch Schnee. Es gab hier oben schon vor einigen Tagen Neuschnee. Wir hatten eine herrliche Aussicht auf die majestätische Bergwelt, auf das „Bow River Tal" und das legendäre Banff! Als wir per Gondel wieder die Talstation erreicht hatten, liefen wir zu den „Upper Hot Springs", wo die heißen schwefelhaltigen Quellen zu einem Bad einluden. Ich zögerte erst: 40° C sind ziemlich gewöhnungsbedürftig! Doch dann machte es Spaß - aber auch müde. Nach einer Stunde verließen wir das heiße Schwefelbad und kehrten zum Bus zurück.

Weiter ging es den „Bow River" entlang nach Banff, das vom „Castle Mountain" überragt wird. Hier besuchten wir das „Luxton Museum", das den Kulturen der „Cree-" und „Assiniboine-Indianern" gewidmet ist. Auch hier vermittelten die kunstvoll gestalteten Dioramen den Eindruck, als hätte man es mit lebenden Menschen zu tun. Daneben wurden Waffen und Kunstgegenstände gezeigt.

Wir bummelten noch eine Weile durch den Ort, vorbei an Souvenirläden, Boutiquen und Restaurants, nahmen in einem das Mittagsmahl ein und fuhren weiter zum „Johnston Creek" und zu dessen Kaskade. Etwa eine Stunde wanderten wir durch sein Canyon. Das war überwältigend schön!

Die Weiterfahrt verlief entlang des „Bow River Parkway" zum türkisblauen auf einer Höhe von 1731 m NN liegenden „Lake Louise". Im Hintergrund wurde der Endmoränensee vom Mt. Victoria (3459 m hoch) überragt. Der Victoria Gletscher, von dem der See gespeist wird, an den Seiten die Schneegipfel des „Mt. Fairview" und des „Mt. Whyte", vorn das stilvolle „Chateau Lake Louise" bildeten zusammen eine eindrucksvolle Kulisse.

Er ist der bekannteste und einer der schönsten Bergseen Kanadas. Die „Assiniboine- Indianer" nannten ihn „See der kleinen Fische", die europäischen Einwanderer benannten ihn nach einer Tochter der Königin Victoria, wie er auch ein Kind des Victoria Gletschers ist. Hier am „Lake Louise" hat die „CPR" ein vornehmes und beeindruckendes Luxus-Hotel erbaut, das erwähnte „Chateau Lake Louise", von dessen Fenstern wir das herrliche Panorama genießen konnte.

Leider war das Gebiet von Touristen überlaufen (wir gehören ja auch dazu!). Besonders viele Asiaten unter den Touristen fielen uns auf.

Als wir unser Hotel erreichten, begaben wir drei uns sofort zur Ruhe ohne Abendessen. Schwefelbad, Wanderung und die vielen Eindrücke hatten uns müde gemacht.

8. Tag (Do, 15.09.)

Heute fuhren wir weiter nach **Jasper** und in den „Jasper National - Park". Wir benutzten den „Icefields Parkway", wie der „Highway 93" bezeichnet wird.

Unseren ersten Halt hatten wir am - ebenfalls türkisblauen - „Moraine Lake", dessen Bild auf dem älteren kanadischen 20 $ - Schein zu sehen ist.
Dieser See war weniger stark überlaufen und hatte ein ähnliches eindrucksvolles Panorama wie „Lake Louise".
Wir querten den „Bow Summit", den mit 2088 m NN höchsten Punkt der Straße. Da entdeckte ich einen am Straßenhang in entgegengesetzter Richtung entlang trottenden Braunbären. Ich machte die Gruppe aufmerksam. Leider konnte der Bus hier nicht halten. Als es dann möglich war und wir nach dem Bären suchten, um ihm ein Foto zu widmen, da hatte er sich längst davon gemacht.
Bald kamen wir zum königsblau schimmernden „Peyto Lake". Als wir den Bus verließen, begann es zu schneien. Dieser See sei oft bis in den Juni hinein zugefroren. Der ihn speisende Gletscher und der im Hintergrund in den Wolken schwach zu erkennende Berggipfel, an dessen Flanke sich das Firnfeld des Gletschers befindet, tragen die gleichen Namen wie der See.
Den dritten Halt betitelten wir als „Drei Täler Blick". Auf dem Wipfel eines großen Nadelbaumes saßen, fest im Wind, zwei Raben.
Der nächste Halt fand am „Athabasca-Gletscher" statt, ein Ausläufer des gigantischen „Columbia-Icefields" mit einer Fläche von 325 km^2. Hier erwartete uns für einen Aufpreis von 32 $/Person eine Fahrt mit dem „Snowcoach", einem eigens dafür konstruierten Spezialfahrzeug, auf den Gletscher. Zuerst wurden wir mit einem Zubringerbus, einen sogenannten „Snow-Shattle" zum „Snowcoach" zum „Iceseeing" gebracht. Dann stiegen wir um. Die Reifen dieses Fahrzeugs waren schätzungsweise drei- bis Dreieinhalbmal so breit wie bei normalen Bussen.
In den letzten drei Tagen waren insgesamt 20 cm Neuschnee gefallen. Als wir ausstiegen, schneite es erneut. Der aus der Schweiz stammende „Snowcoach"fahrer meinte, wer einen Schluck vom Gletscherwasser trinke, würde sich um 30 Jahre verjüngen. Ich nahm nur einen halben Schluck!
Die elf Berge um den „Athabasca-Gletscher" gehören zu seinem Nährgebiet, drei größere - wie der „Andromedagletscher" und der „Bergschrumpfgletscher" - und 22 kleinere Nebengletscher. Wir erfuhren, dass hier im Winter, der von September bis April dauert, sieben bis zehn

Meter Neuschnee fallen, was etwa 1,5 bis 2 m Gletschereis ergibt, die Winter bis zu minus 30° C kalt sein können und die Windgeschwindigkeit oft 165 km/h betrage. Die Gletscherspalten seien bis zu 30 m, die Gletschermühlen 40 bis 60 m tief.

Dort, wo die „Snowcoachs" auf das Eis gelangen, müsse man an jedem Morgen zwei bis drei Stunden planieren. Nach jeder dritten „Saison" würde der „Eisplatz" neu, etwas höher, angelegt. Die „Snow-Shattle" müssen ständig ein Stück weiter fahren. Im Durchschnitt kommen täglich 400 bis 500 Touristen hier her. Das Unternehmen beschäftigt etwa 120 Leute, davon 80 % Studenten.

Der auf dem Eis befindliche Schmutz stammt aus den Kondensationskernen des Neuschnees. Unter dem Gletscher sammelt sich das Schmelzwasser, welches in einen kleinen See fließt und dabei am Tag 2 t Gesteinsmehl mitbringt.

Im „Icefield Park Centre" wollten wir unser Mittagsmahl einnehmen. Gudrun entschloss sich zu einem Sandwich, Anke zu einer Pizza. Die Aufschrift "Bowl Rice" weckte in mir den Appetit auf einen Teller Reis. Zu meiner Enttäuschung erhielt ich eine Schüssel trockenen Reis. Mit Humor verspeiste ich die "Sättigungsbeilage".

Der nächste Halt gestaltete sich an einem Nebenfluss des „Athabasca-River", nämlich des „Sonwater", dessen Kaskade uns wieder Freude bereitete. Später kamen wir an die „Athabasca-Falls".

Auf der Weiterfahrt entdeckten wir einen einzelnen Wapitihirsch, der neben der Fahrbahn äste. Ein Halt war möglich. Das Tier ließ sich ohne Scheu fotografieren und filmen, ohne seine Nahrungsaufnahme zu unterbrechen.

Wir gelangten nach Jasper. Zu unserer Überraschung durchquerten wir den Ort ohne anzuhalten. Erst ca. 75 km weiter nach Nordost in Richtung Hinton, im Gebiet „Yellow Head Country" fanden wir Unterkunft in Blockhäusern des Campingplatzes „Folden Mountains". Bei unserer Ankunft war es neblig. Am anderen Morgen erkannten wir bei klarer Sicht: bei dem im Hintergrund liegenden Berg waren die Faltungen deutlich sichtbar, was zur Namensgebung des Platzes führte. Sowohl die Unterkunft als auch das Abendessen in einer großen gemütlichen Blockhütte fanden unsere Zustimmung.

9. Tag (Fr. 16.09.)
Nach einer guten Nacht und einem wohlschmeckenden Frühstück kehrten wir zurück in den „Jasper National Park", der mit 10.878 km² der größte Park in den kanadischen Rockies ist. Ungefähr an der Stelle, wo wir tags zuvor den Wapitihirsch fotografierten, durften wir heute eine Schar der Schneeziegen im Bild festhalten, die entsprechend der Jahreszeit noch kein weißes Fell besaßen.
Der Bus brachte uns an den „Maligne (sprich: Malien) Lake". Ein Höhepunkt besonderer Art! Wir unternahmen eine Bootsfahrt. An dem großartigen Bergpanorama konnten wir uns nicht genug satt sehen. Wir waren überwältigt, ergriffen, dankbar.
Unterwegs legte das Boot an, wir hatten 20 Minuten „Landgang". Faszinierend die Ruhe, die Ausblicke! Dieser jadegrüne Gletscherinnensee ist ca. 22 km lang. Er sei der zweitgrößte Gletschersee der Erde, erfuhren wir. Seine Breite betrage 150 m bis 3 km. Er sei bis zu 350 m tief. Weiter hörten wir, dass es hier im Winter bis zu minus 30° C kalt werden könne und der See dann eine Eisdicke von 3 m aufzuweisen habe. Darüber häufe sich im Laufe des Winters 4 bis 6 m Neuschnee. Die talabwärts donnernden Lawinen schwappen dann oftmals bis ans andere Ufer.
Hier fotografierten wir besonders viel. Keiner vergaß wohl dabei das Inselchen „Spirit Island"! Auf dem Rückweg hielten wir am „Maligne Canyon", wo sich der gleichnamige Fluss ein tiefes Bett gegraben hatte. Die schmale Schlucht war an manchen Stellen nur gerade einmal 2 m breit. Ein kleiner Spaziergang bergab über Stege und Brücken eröffnete immer wieder neue Aussichten.
Peter erzählte, dass viele Wagemutige, die die enge Schlucht überspringen wollten, auf dem Friedhof in Jasper begraben lägen. Sollte uns der Bericht davon abhalten, ein gleiches zu tun? Doch keiner von uns hatte vor, eine solche sportliche Leistung zu versuchen.
Anschließend besuchten wir den in einem weiten Tal liegenden Ort Jasper, nach dem dieser Nationalpark benannt ist. Wir unterließen es, uns auf dem Kirchhof von der Menge der gescheiterten Springer zu überzeugen.
Jasper ist eine ehemalige Eisenbahnersiedlung und liegt 1058 m NN hoch. Der Ort ist von hohen Bergen umgeben. Die Bergspitzen sind

mindestens doppelt so hoch; ein Berg wurde uns mit Namen genannt: der 2464 m hohe „The Whistlers", benannt nach dem schrillen Pfiff der hier lebenden Murmeltiere. Entlang der Hauptstraße reihten sich Shops, Restaurants und Souvenirläden. Uns fielen die vielen Kirchen im Ort auf. Darunter befand sich auch eine lutherische, die mit Holzschindeln verkleidet war und eine katholische, „St. Mary" , die einem kleinen Schloss ähnelte. Auf dem großen Bahnhof stand die legendäre Dampflokomotive Nr.,,6015" der „CPR"-Gesellschaft.

Da zog in gemächlichem Tempo ein Güterzug, gezogen von zwei kräftigen Dieselloks, vorbei. Wir zählten 127 Waggons.

Rückfahrt nach „Folden Mountains". Der Reiseleiter fachte um 16.00 Uhr ein Lagerfeuer an, kredenzte uns Wein. Dazu brieten wir Würste am Holzspieß. Anschließend war Freizeit. Wir unternahmen einen Pirschgang in den Wald, wo wir zwei Hirschkühe in einer Entfernung von 8 bis 10 m aufstöberten, die in Richtung zum nahen Dorf „Village Folden Mountains" (zu Hilton zugehörig) flüchteten. Dorthin führte auch uns der Weg. Nach der Rückkehr war gemeinsames Abendessen in dem gemütlichen großen Blockhaus angesagt.

10. Tag (Sa, 17.09.)

Bei idealem „Kaiserwetter" hatten wir eine Wegstrecke von ca. 350 km vor uns bis nach **Clearwater.**

Schon am Anfang der Fahrt hielt der Fahrer öfter zu Fotostopps: erst ein Rudel Wölfe, die waren jedoch schnell weg; dann ein Hirsch, der blieb, später eine Elchkuh, sie blieb ebenfalls stehen, „müssen" sie doch den Grasstreifen neben der Straße niedrig halten. Bald erblickten wir den majestätischen „Mt. Robson" (3954 m NN), den höchsten Berg der kanadischen Rockies.

Zu Füßen des Riesen, am Oberlauf des Fraser, dessen Wasser sich nach 1360 km bei Vancouver in den Pazifik ergießt, erwartete uns wiederum ein besonderes Erlebnis.

Im Rahmen einer zweistündigen Flussfahrt auf Gummiflößen, ein „Rafting" ohne eigentliche Gefahrensituationen. Trotzdem waren Schwimmwesten Pflicht. Wir wurden belehrt, wie wir uns zu

verhalten hätten, wenn wir über Bord gehen sollten. Da nasse Füße möglich wären, sorgen wir vor, indem wir die Strümpfe ablegten und Badeschuhe anzogen. Dann begann die Fahrt.
Im Hintergrund der Mt. Robson, an den Seiten weitere schneebedeckte Berge, Wälder, die Ruhe - nur vom Eintauchen der Ruder gestört, einfach schön! Unsere Fahrt wurde von einigen Weißkopfadlern beobachtet, die uns Geleit gaben. Auch zwei Steinadler mit gelbbraunen Kopf („Golden Eagle") waren von der Partie. An einer kleinen Flussinsel legten wir an. Wir beobachteten Lachse, die eine Stelle zum Laichen suchten. Ihre Farbe war kräftig rot!
Nach der Floßfahrt nahmen wir an einem rustikalen Lunch teil. Gegrillt wurde im Motorraum eines ausgemusterten Trucks, die Ladefläche dabei verlängert. Sie diente als Tafel, an der zu beiden Seiten Bänke für die Gäste standen.
Nach diesem Erlebnis verließen wir die wunderschöne Landschaft westwärts über den „Yellowhead Pass" (1066 m NN) und gelangten in den „Mt. Robson Nationalpark" in Britisch Columbia. Dabei stellten wir die Uhr um eine Stunde zurück. Hier galt wieder die „Pacific Standard Time".
Bis „Tene Jaune Cache" fuhren wir parallel zum Oberlauf des „Fraser River" und der „CNR" (Canadian National Railway). Dann bogen wir zusammen mit dem Schienenstrang nach Süden ab, während der Fraser einen größeren Bogen beschrieb. Bald kamen wir an den Oberlauf des „Thompson River", dem flussabwärts die Straße und der Schienenstrang der „CNR" bis nach Clearwater folgten. Die Rocky Mountains ließen wir östlich hinter uns. Wir durchquerten das „Cariboo-Land", ein Gebiet mit vielen Seen und saftigen Wiesen. Die Luvseite vor der hohen Gebirgskette zwingt den Westwinden weiteren Regen ab. Die Cariboo-Hochebene wird durch Rinder- und Pferdezucht genutzt.
Am späten Nachmittag trafen wir in Clearwater und am „ACE Western Hotel" ein, schleppten unsere Koffer die steile Stiege hinauf (ein Fahrstuhl war nicht vorhanden) und bezogen unsere Zimmer. Dann folgte ein Bummel durch den Ort, in dem es eigentlich nichts besonderes zu sehen gab. Während Anke es danach vorzog, im Zimmer das Abendbrot einzunehmen und, sich auszuruhen, trafen wir anderen uns zum Lunch im nahen Restaurant.

11. Tag (So, 18.09.)
Unser Ziel lag weiter im Westen: **„Williams Lake"**, wo wir zwei Nächte blieben. Die Unterkunft war in „Springhouse Trails Ranch" geplant. Bis es so weit war, mussten allerdings ca. 220 km zurückgelegt werden. Bei „Little Fort" verließen wir das tiefeingeschnittene Tal des Thompson und auch die Schienenstrecke. Wir gelangten in ein trockeneres Gebiet, das durch Weidewirtschaft genutzt wird.

Die Orte, durch die wir kamen, sind nach den Seen benannt, an denen sie gelegen sind: „Lac de Roches", „Bridge Lake", „Horse Lake". Dann erreichten wir bei „100 Mile Houses" die historische „Cariboo Wagon Road", die von Süd nach Nord verläuft. Vom südlicher gelegenen „Lillooet" an (Meile 0) wurden die Ansiedlungen nach den entsprechenden Meilen bezeichnet. Alle Orte waren ehemalige Versorgungsstützpunkte der Goldgräber auf dem Weg zu den Goldminen. Die Station „108 Mile Ranch" war zum Museum ausgebaut, ursprünglich eine alte Poststation, bei der sich wegen des Pferdewechsels zunächst eine Pferdezucht lohnte, dann ein Laden, schließlich ein Gasthaus, ein Hufschmied. Zuletzt entstand hier auch eine Schule.

Der Aufbau des Museums wurde als „Heritage" (Erbe) von der Provinzregierung finanziell unterstützt. Eine deutsche Verkäuferin erläuterte uns, dass in der Goldgräberzeit „ein acre" (das sind 12,5 ha oder ein Achtel km^2) für 1 $ mit der Bedingung gekauft werden konnte, das erworbene Land innerhalb von zwei Jahren zu roden und ein Haus zu bauen.

Wir erwarben ein Nugget für 37 kanadische $ als Erinnerungsstück für Anke.

Weiter ging die Fahrt durch „Lac la Hache", „150 Mile House" nach „Williams Lake", benannt nach einem Cousin der britischen Königin. Hier hielten wir zwecks Einkäufen der Reiseleitung an, bummelten durch das große Einkaufszentrum und deckten uns mit frischem Obst ein.

„Williams Lake" ist ein Zentrum der Holzindustrie. Holzhäuser werden auf den Fabrikflächen zusammengebaut. Die einzelnen Balken werden nummeriert. Das Haus wird darauf wieder demontiert. Dann wird es an den Bestimmungsort transportiert und nach Anleitung zusammengesetzt. Man suchte Arbeitskräfte!

In diesem Gebiet siedelten schon seit der Pionierzeit viele Deutsche. Nach beiden Weltkriegen kamen weitere hinzu.
Kurz nach 14.00 Uhr langten wir in der „Springhouse Trail Ranch" an. Sie wurde von Deutschen zur Rinderzucht erbaut. Später stieg man verstärkt auf Pferdezucht um. Herbert und Evi Muster als Pächter betrieben ein Restaurant mit Übernachtungen in gemütlichen Blockhäusern, mit jeweils einem Schlafraum und einem Wohnraum mit Kamin; dazu Dusch- und Abstellräume bzw. Garderobe. Alles mit deutschem Flair!
Selbst Deckchen unter den Tischlampen fehlten nicht. Wir wurden in schwäbischer Mundart (Herbert und Evi stammten aus der Gegend von Stuttgart) herzlich willkommen geheißen, erhielten die Schlüssel zu unseren Räumen und richteten uns ein.
Von hier rief ich Michael in Berlin an und fragte nach dem Ausgang der Bundestagswahl. Seine Antwort befriedigte mich nicht. Aber was soll's; der „Souverän", das Volk hat so entschieden. Positiv jedoch: die „Rechten" kommen nicht ins Parlament! Ich gab die erkundeten Zahlen an die anderen Reiseteilnehmer weiter.
Nach einer kurzen Mahlzeit mit getrocknetem Fleisch und Krabben mit Brötchen sowie einem Becher Wein, spendiert von der Reiseleitung, unternahmen wir einen ausgedehnten Spaziergang über zwei Stunden durch Wiesen und Mischwald, dann durch eine Kuhkoppel. Zur Rinderherde gehörte auch ein Bulle, der uns jedoch ungeschoren ließ.
Nach dem Spaziergang erhielten wir auf der Ranch Tee oder Kaffee und Kuchen. Es gab keine Sofortbezahlung. Das Nennen der Zimmernummer genügte.
Am Abend gab es eine gute Verpflegung. Wir schliefen dank der herrlichen Ruhe ungestört bis zum Wecken durch.
12. Tag (Mo, 19.09.)
Heute war zu Ankes Freude die Frühstückszeit erst auf 9.00 Uhr festgelegt. Anschließend war ein Ausritt möglich; gegen Aufpreis, versteht sich. Zwölf von unseren 14 mochten teilnehmen. Wir bildeten zwei Gruppen. Hans und Heike, Freunde der die Ranch betreibenden Familie begleiteten die Gruppe. Wir drei gehörten zur ersten Gruppe. Ich erhielt als letzter „mein Pferd", während Gudrun und Anke schon

stolz im Sattel saßen. Mein Hengst führte den Namen „Cherokese".
Mit 72 Jahren bestieg ich erstmals ein Pferd. Zwar hatte ich erst etwas Mühe, den linken Fuß in den Steigbügel zu bekommen, konnte mich aber dann ohne fremde Hilfe in den Sattel schwingen. „Cherokese" war langsam und trottete gemächlich hinter den anderen her. So konnte ich getrost, wenn ich die Reiter vor mir fotografieren wollte, die Zügel am Sattelknauf festbinden. Ich erzählte mit meinem Reittier. Ob er „mein Englisch" nicht verstand? Ich versuchte, auf „Deutsch", dann im schwäbischen Dialekt mit ihm zu schwätzen. Ich hatte den Eindruck, da spitzte er zwar die Ohren, aber gehorchen mochte er trotzdem nicht.
Beide zusammen zählten wir hundert Jahre. Ich ließ „meinem" Hengst seinen Willen. Er nahm sich Zeit. Manchmal wollte er unterwegs fressen, doch das wusste ich zu verhindern. Brav trabte er gemächlich weiter. Mitunter gab es vor uns irgend ein Halt, dann schloss er regelmäßig auf. Sicher hatte er das alles in seinem Pferdeverstand schon vorher kalkuliert. Jedenfalls waren es schöne 75 Minuten im Sattel!
Heike erzählte, am nahen „Horse Lake" besäßen die Prominenten Ottwin Fischer und Karl Dall Ferienhäuser. Sie habe beide schon im dortigen „Saloon" getroffen. Heike ritt ihr eigenes Pferd, das sie für 2.000 $ gekauft hatte. Es sei erst drei Jahre alt und noch recht eigenwillig. Sie wollte es 2006 per Flugzeug mit nach Niedersachsen nehmen, wo sie auf dem väterlichen Hof schon zwei Pferde stehen habe. Schon als kleines Mädchen habe sie immer Jungpferde eingeritten. Trotz des An- und Abtransportes zu bzw. von den Airports und der teueren Luftfracht käme sie finanziell so viel besser. In Deutschland koste ein solches Pferd mehr als 10.000 €.
Nachdem auch die zweite Gruppe ihren Ausritt beendet hatte, führte uns Hans, einst hoher Angestellter der „Canadian Air" in Frankfurt/M, später Rancher, der sich mit der Zucht von Bisons versuchte bis dies sich nicht mehr rechnete, heute Pensionär.
Er erzählte uns über die Pionierzeit und die einzelnen Indianerstämme sowie die Schlachten und bewies dabei ein ungeheueres Wissen über das von uns gewünschte Thema.

Anschließend genossen wir beim Tee (oder Kaffee) echten schwäbischen Apfelstrudel. Danach versuchten wir uns beim Hufeisenwerfen. Schließlich unternahmen wir zu fünft außerhalb des Geländes der Ranch einen langen Spaziergang bis zum Abendessen. In der Dämmerung saßen wir am Lagerfeuer und konsumierten Steaks, Weißbrot, Salat, Bier. Es wurde gesungen und Spaßiges erzählt. Es war ein wunderschöner Tag.

13. Tag (Di, 20.09.)

Heute nahmen wir von der Ranch Abschied, hatten bis nach Vancouver eine sehr lange Fahrt vor uns, etwa 540 km; zunächst auf dem Cariboo Highway, vorbei am „100 Mile House", dann direkt nach Süden über „83 Mile House" und „70 Mile House". Die „rollenden" Hügel des Ranchlandes wichen allmählich schroffen Felsformationen und tiefen Schluchten, in denen der „Bonaparte River" sein Bett eingegraben hat.

In Clinton wichen wir von der geplanten „Goldgräberpiste" in Richtung „Meile 0 - Lillooet" ab; sicher aus Zeitgründen. Wir fuhren über „Cache Creek". Die Goldgräber hatten hier auch ein Vorratslager. Wir hielten an „Bear`s Clow Lodge". Auf beiden Seiten der Straße beobachten wir merkwürdig geformte, kahle, von den Eismassen abgeschliffene Hügel. In dem fruchtbaren Gebiet werden Saatkartoffeln angebaut.

Wir durchfuhren das „Badland", vulkanisches Gestein, das landwirtschaftlich kaum genutzt werden kann. Diese trockene Landschaft ist durch die Leelage hinter der Küstenkette begründet. Hier regnet es äußerst selten. Gestrüpp (Saetch) wächst vereinzelt. Mitunter sahen wir auch spärliche Kiefern. Hin und wieder beobachteten wir einen Steinbruch. Ein Fotostopp an der Straße ermöglichte uns, den tiefeingeschnittenen "Thompson" und die Bahnlinien auf seinen beiden Seiten aufzunehmen. Kilometerlange Güterzüge (sie können bis zu 5 km lang sein!) fesselten unsere Aufmerksamkeit. Schotterhänge des "Thompson" sogar noch oberhalb der Straßenführung mit den verschiedensten Gesteinsarten zeugten von dem einstigen Wechsel des Wasserlaufs zwischen Einschneiden und Ablagerung.

Leider konnte der Reiseleiter unseren koreanischen Fahrer nicht bewegen, am Zusammenfluss "Thompson" und "Fraser" anzuhalten. Erst nach "Lytton" hielt er am Frasereinschnitt, aber an einer Stelle, wo wir gar keine Sicht hatten. Auch einen Halt an „Hells Gate", die nur 200 m breite Engstelle des "Fraser", lehnte er zu unserer Enttäuschung kategorisch ab.
Vielleicht hatte er Angst, zu spät nach Vancouver zu kommen?
Die Aufteilung des "Fraser" in mehrere Arme nahe des „Hamlock Valley" durften wir sehen, aber ohne auszusteigen. Inzwischen war die Vegetation wieder üppiger geworden. Landwirtschaftliche Nutzflächen und Forste wechselten sich ab.
Erst in Hope gegen 14.30 Uhr hielt der Bus zur Mittagspause. Wir drei bestellten je eine „small" Pizza und den wohlschmeckenden kanadischen Apfelsaft. Leider waren die Pizzas noch immer zu groß. Uns wurde der große Rest eingepackt für das Abendbrot im Hotel in Vancouver.
Nach Hope verließen wir das Bergland. Der "Fraser" spaltet sich hier in weitere Arme und hat fruchtbares Schwemmland abgelagert: der „Gemüsegarten" Kanadas. Heutzutage gab es in diesem Gebiet keine Überschwemmungen mehr.
Wir durchquerten "Surrey," eine ehemalige Vorstadt von Vancouver, jetzt wieder eine eigenständige Stadt mit 75 % indischer Bewohner, dann "Burnaby", wo der "Fraser" sich in vier Mündungsarme aufteilt. Der nördliche und der südliche sind schiffbar.
Wir sahen die S-Bahn Vancouvers, die hauptsächlich als Hochbahn ausgelegt ist. Die Zugfolge aller fünf Minuten, zwei bis vier Wagen, je nach Bedarf. Dieser „Skail trains" kommt ohne Personal aus. Alles funktioniert automatisch. Auf einem Hügel in "Burnaby" stehen die Hochhäuser der Universität von Vancouver. Der Stadtteil „Westminster" durch den wir jetzt kamen, sollte eigentlich die Hauptstadt von Britisch Columbia werden, doch dann bekam Victoria den Vorzug.
Fahrer und Reiseleiter erhielten je einen Umschlag gesammelter Dollars. Dann ging es schon ans Abschiednehmen. Das Hotel erreichten wir 17.30 Uhr. Noch eine kleine Weile saßen wir mit

Peter zu einem Abschiedstrunk zusammen. Wir waren ihm dankbar für seine gute Betreuung. Er wiederum bedankte sich für das erhaltene „Trinkgeld" und bescheinigte uns, wir wären eine besonders gute Truppe gewesen!
Hier im Flughafen-Hotel „Choise Hotels Airport" fehlte in unserem Hotelzimmer die Aufbettung für die dritte Person. Da noch an eine Übernachtung für den Reiseleiter gedacht war, er aber diese Nacht daheim verbringen wollte und am Folgetag sich bereits um eine neue Reisegruppe kümmern musste, erhielt Anke ein Einzelzimmer. Nach dem Pizza-Abendbrot mit selbst bereiteten Tee begaben wir uns zeitig zur Ruhe.
14. Tag (Mi 21.09.)
Das Frühstück war für 8.00 Uhr angesetzt. Erst um 12.00 Uhr wurden wir zum Flughafen gebracht. Es war langes Anstehen notwendig, um die Koffer „einzuchecken" und für die Personenkontrolle; diesmal mit Fingerabdrücken beider Zeigefinger, Irisfotografie und Stempeln der Reisepässe. Dann Anstehen beim Durchleuchten des Reisegepäcks. Trotzdem musste ich meinen Rucksack öffnen. Erneut Personenkontrolle. Sogar die Schuhe mussten wir ausziehen. Warten, warten, warten.
Um 14.55 Uhr Ortszeit hob sich endlich das Flugzeug vom Typ „Boing 767" in die Luft und landete 5 Stunden und 45 Minuten später auf dem Flughafen Honolulu auf Oahu. Unsere Uhren stellten wir drei weitere Stunden zurück. Jetzt waren wir genau 12 Stunden nach der heimischen MEZ dran.
Durch einen Vertreter der Reiseagentur wurden wir mit der traditionellen Blumenkette und einem warmherzigen „Aloha" empfangen. Und wieder Warten auf die Koffer. Warten auf die Taxis, die uns zu unserem Hotel in Waikiki brachten. Dort warteten wir lange auf die Zimmerschlüssel. Die Rezeptionsleitung des „Aqua-Aloa Surf-Hotels" fertigte erst eine Ablichtung von unseren Pässen an. Unsere Zimmernummer: „1605"; das hieß, wir wohnten im obersten, im 16. Stockwerk. Alle Zimmer besaßen eine Miniküche. Wir erhielten ein Appartement mit Schlafzimmer, Wohnzimmer, Bad mit Vorraum und einen riesengroßen Balkon.

Im nahen Einkaufsmarkt „A-B-C" versorgten wir uns, diesmal mittels US-$, unsere Selbstverpflegung und nahmen auf dem Balkon unser Abendbrot ein.

15. Tag (Do, 22.09.)

Vor 7.00 Uhr sei kein Frühstück möglich, doch 7.30 Uhr sollte es schon zum „Pearl Harbour" gehen! Also ein superschnelles Frühstück! Vorher gratulierten wir natürlich unserem lieben Heinz zu seinem Geburtstag.

Ungewohnt mussten wir von Papptellern essen und den Tee aus Pappbechern trinken. Die anderen vermissten Wurst, Ei und Käse. Einige, die besonders kleine Zimmer zugewiesen bekamen, durften schnell noch die Zimmer wechseln, dann setzte sich der Bus in Bewegung. Um 8.15 Uhr langten wir am „Arizona-Memorial" an. Wir bekamen dank der Hörfunktechnik in unserer Muttersprache alles mit, was das Museum zu bieten hat, einschließlich der 20 Minuten Filmvorführung, der Bootsfahrt zum „Memorial", dessen Besichtigung und Rückfahrt zum „Besucherzentrum".

Die Japaner hatten am 7. Dezember 1941 ohne Kriegserklärung in einem Überraschungs- Luftangriff (mittels 6 Flugzeugträger) die hier im Pearl Harbour stationierten Schlachtschiffe versenkt. Das im Radarschirm von Norden her herannahende große Fluggeschwader hielt man für die erwarteten US-Maschinen. Deshalb wurde nichts unternommen. Insgesamt versenkten die Japaner von den hier im Hafen liegenden 130 Schiffen der amerikanischen Pazifikflotte 12 Schiffe. Weitere neun wurden beschädigt. Außerdem wurden auf den in der Nähe liegenden Flugplätzen 164 amerikanische Flugzeuge zerstört und 159 beschädigt. Die Zahl der Toten: 2388. Die Japaner verloren bei diesem Angriff insgesamt 29 Flugzeuge und 5 kleine U-Boote. Die Stimmung im amerikanischen Volk, das bisher eine Einmischung in die Kriegshandlungen sowohl in Europa als auch in Ost- und Südostasien ablehnte, veränderte sich augenblicklich. So begann auch für die USA der 2. Weltkrieg. Deutschland erklärte wenige Tage später in Bündnistreue zu Japan den USA den Krieg.

Das „Memorial" hat uns sehr beeindruckt.

Anschließend unternahmen wir eine Stadtrundfahrt. Dabei lernten wir manches über die Geschichte der „Hawaii-Inseln".

Wir kauften wieder bei „A-B-C" und bereiteten uns ein Mittagsmahl in der Mikrowelle unserer Miniküche. Dann folgte ein kurzer Mittagsschlaf. Schließlich begaben wir uns an den Strand des Pazifischen Ozeans. Das Wasser erschien uns recht warm. Anschließend machte es Spaß, unter Palmen am Strand zu liegen, was wir bis zum Abend ausdehnten. Dann kehrten wir ins Hotel zurück. Auf dem Balkon feierten wir in kleiner Runde Geburtstag bei Minipizzas aus der Mikrowelle. Dazu tranken wir einen guten Wein vom Weingut „Mission", den Heinz für diesen Zweck reserviert hatte.

16. Tag (Do, 22.09.)

Nach dem Frühstück starteten wir zu einer ganztägigen „Oahu"-Inselrundfahrt mit Reiseleiterin Frau „Monika", eine Berlinerin, die aber schon viele Jahre hier wohnt, wo sie einen Grundstücksmakler geheiratet hat und an einem Restaurant beteiligt ist.

Von Waikiki an blieben wir zunächst auf der Küstenstraße der Südküste; dabei kamen wir an vielen herrlichen Buchten und Palmenstränden vorbei. Bei der „Hanauma Bay" erkannten wir in der fast kreisrunden Felsbucht mit tiefblauen Wasser einen ehemaligen Vulkankrater. Am „Sea Life Park" bzw. am „Makapuu Beach" erlebten wir die Brecher des Ozeans an der Klippenküste. Jetzt wechselten wir auf die „Kalanianaole Highway" in nördliche Richtung.

In den Jahren 1981 und 1992 verwüsteten Wirbelstürme die Nordostküste.

Leider begann es bald zu regnen, bald wurde daraus sogar ein Starkregen. Und es blieb ein ausgesprochener Regentag. Dabei hatte ich schon Kopf- und Halsschmerzen. Die Klimaanlage des Busses gab mir den Rest.

Bei „Kailua" schauten wir in einen ehemaligen Krater, in dem sich heute ein großes Obstanbaugebiet befindet.

Wir unternahmen einen Abstecher ins Innere der Insel zum „Nu´uanu Pali Lookout", einem Aussichtspunkt mit weiten Blick über die Nordostküste der Insel. An dieser Stelle, so hörten wir von Frau Monika, trieb Kamehameha bei der Eroberung Oahus 1795 den Feind zu Hunderten über den 300 m hohen Felshang in den Tod.

Am nächsten Halt, den wir über den „Kahekiu Highway" und dessen Fortsetzung, den „Kamehameha Highway" erreichten, erblickten wir eine vorgelagerte Insel, die nach ihrer Form den Namen „Chinaman`s Hat" trägt.

In „Laìe" steht ein großer Mormonentempel. Es gibt 25.000 Anhänger dieser Sekte auf der Insel. Die Mormonen betreiben das „Polynesische Kulturzentrum Kakuku", ein altes Hawaiisches Dorf als Freiluftmuseum, in dem die dort lebenden Bewohner Mais, Wassermelonen und Babybananen anbauen. Hier werden die alten polynesischen Traditionen von den Fidschis, von Neuseeland, Samoa, Tahiti, Tonga und dem alten Hawaii gepflegt.

An der Nordspitze, wo im Winter Stürme mit 10 m hohen Brechern auftreten, besuchten wir eine Plantage, die allerdings ein weiteres Stück landeinwärts lag. Dort baut man „Kona- Kaffee", „Macadamia-Nüsse" und „Kuikui-Nüsse" an.

In der Nähe befindet sich ein Institut der Universität Honolulu, in denen Tierversuche stattfinden und deshalb hermetisch abgeriegelt ist.

Zum Mittagessen suchten wir ein vornehmes Restaurant eines exklusiven Golfklubs auf. Das Essen war jedoch nicht „inklusive", wie erst angekündigt, sondern musste von uns selbst bezahlt werden. Es riss eine empfindliche Lücke in unsere Reisekasse (40 $ für uns drei). Geschmeckt hat es uns trotzdem. Die Getränke - Fruchtsaft oder Eistee - waren umsonst. Im Garten entdeckten wir einige Becken, in denen sich eine große Anzahl Kois tummelten.

Der „Waimea Falls Park" lag in einem üppigen grünen Park. In diesem großen botanischen Garten fehlte auch der Regenwald mit Baumfarnen nicht.

Am „Sunset Beach" wurden internationale Surf-Wettkämpfe ausgetragen. Wegen des Regen verweilten wir jedoch nicht lange. Wir wanden uns erneut landeinwärts nach Süden, denn die Küstenstraße führte nicht weiter, so dass wir die trockenere Westküste auslassen mussten. Der Regen hörte jetzt auf, aber es blieb trüb.

In der Nähe von „Wahiawa" betreibt Dole eine Ananasplantage. Sein Souvenirladen steht ganz im Zeichen der Ananas. Wir erfuhren, die erste Ernte ist nach 20 Monaten möglich, die zweite schon sechs Wochen später, die dritte und letzte nach weiteren sieben Wochen.

Wir gelangten wieder nach Honolulu.

Der „Iolani Palace" im Stadtzentrum wurde 1882 unter König Kalakaua erbaut, der auf seinen Weltreisen Geschmack an viktorianischer Architektur gefunden hatte. Die „Kamehameha-

Statue" ist dem ersten König gewidmet, der die Hawaii-Inseln unter seiner Herrschaft vereinigte. Die „Kawaiahao Church", die älteste Kirche der Insel, wurde 1842 aus 14.000 Korallenblöcken errichtet. Das „Mission Houses Museum" dahinter umfasst die Gebäude der ersten amerikanischen Mission. Das Kunstmuseum schauten wir uns nur von außen an, „Chinatown" auch nur durchs Busfenster. Bei der Verabschiedung erhielt Anke von der Reiseleiterin deren Kette aus „Kuikui-Nüssen" geschenkt.

Am Abend verschlechterte sich mein Gesundheitszustand. Ich hatte keinen Appetit, nur Ananas und Melone schmeckten mir. Gudrun war um mich besorgt, machte bis in die Nacht hinein Wadenwickel, um das vermutlich hohe Fieber zu bekämpfen. Außerdem verabreichte sie mir Kopfschmerz- und Fiebertabletten.

17. Tag (Sa. 24.09.)

Der Tag stand zur freien Verfügung. Bei mir waren Fieber und die starken Kopfschmerzen dank der Hilfe „meiner Krankenschwester" gewichen, doch Schnupfen, Halsschmerzen und Husten waren noch vorhanden. Ich verzichtete aufs Frühstück. Mittags verzehrte ich nur Ananas- und Melonenstücke. Wir suchten den Strand auf. Ich wagte mich nicht ins Wasser, sondern zog es vor, unter einer Palme im Schatten zu liegen und auszuruhen. Bald war ich eingeschlafen. Die Wärme bekam meinem Organismus gut.

Bevor wir am Nachmittag ins Hotel zurückkehrten, suchten wir eine katholische Kirche an der Strandpromenade auf. Ihre Schlichtheit und ihre schönen Glasfenster, die Szenen aus dem Leben Jesu zeigten, gefielen uns sehr.

Gudrun besorgte Selbstverpflegung für den Abend, die in der Mikrowelle zubereitet wurde. Auch mir schmeckte es wieder.

Das Folgende gehört nicht zum Reisebericht, trotzdem will ich es an dieser Stelle aufschreiben:

Ich hatte zur „Goldenen Konfirmation" im Jahre 1998 den ehemaligen Klassenkameraden Rolf Winkler wiedergesehen. Er hatte uns erzählt, er würde in Honolulu eine Bäckerei betreiben. Ich wollte versuchen, ob ich ihn hier aufsuchen könnte. Die Adresse hatte ich bei mir, fand aber im Stadtplan die Straße nicht, im Telefonbuch konnte ich seinen Namen ebenfalls nicht finden. Beiläufig erzählte ich davon unserer Reiseleiterin. Sie versprach, nachzuforschen. Am späten Nachmittag des nächsten Tages meldete sich Frau Monika und nannte mir die Telefonnummer von Rolf, die sie von einer ihrer Freundinnen erfahren hatte. Meine häufigen Versuche, den Klassenkameraden anzurufen, scheiterten trotzdem. Es ging kein Ruf ab.

Am Abend klingelte unser Telefon. Rolf meldete sich, von Monikas Freundin hatte er von mir erfahren. Er konnte sich zwar nicht an mich erinnern - wir waren ja auch nur die ersten vier Jahre zusammen in einer Klasse - und zur „Goldenen Konfirmation" war er der „Exot", ich einer unter vielen. Trotzdem erzählten wir eine ganze Weile. Er habe vor zwei Jahren seine Bäckerei verkauft und wohne jetzt auf einer ganz anderen Straße.

Ein Besuch war durch unsere Abreise am Folgetag nicht möglich; aber das Telefonat hatte uns beiden, dank der Bemühungen von Frau Monika, doch eine Freude bereitet.

18. Tag (So, 25.09.)

Heute konnten wir uns mit dem Frühstück Zeit lassen. Gegen 10.00 Uhr brachte uns der Bus zum Flughafen. Das Übliche beim Einchecken, sogar das Ausziehen der Schuhe wurde bei der Personenkontrolle nicht ausgelassen. Eine Platzreservierung gab es im Flugzeug nicht. Da wir wegen der nur vorhandenen Doppelplätze sowieso nicht zu dritt zusammen sitzen konnten, nahm ich einen Fensterplatz.

Um 12.15 Uhr startete die „Boing 737-200" der „Aloha-Airlines" auf dem Flughafen in Honolulu. Wir überflogen die Inseln „Molokai" und „Maui" und landeten 50 Minuten später auf dem kleinen Flughafen Hilo im Osten von „Big Island". Die Koffer standen uns relativ schnell zur Verfügung. Dafür mussten wir lange auf die Taxen warten, die uns ins „Seaside-Hotel" beförderten. Die Schlüssel für die Zimmer konnten wir nicht vor 15.00 Uhr erhalten. Herr Rosenberger blieb beim Gepäck, wir anderen bummelten eine reichliche Stunde durch den Ort in der Nähe des Hafens, in dem zwei große Kreuzfahrtschiffe lagen, die wir schon bei der Landung entdeckt hatten. Zwischen Straße und Küste picknickten die Einheimischen, sie grüßten uns freundlich und schienen guter Dinge zu sein.

Um 15.00 Uhr fanden wir uns am Hotel wieder ein, erhielten unsere Zimmerschlüssel. Wir waren in der Kelleretage untergebracht, schleppten unsere Koffer hinunter, bezogen unsere Zimmer, inspizierten die übrige Hotelanlage.
Heinz vermutete, die Anlage sei eine umgebaute Kaserne. Ob die Vermutung stimmte, konnten wir nicht erfahren. Aber es war gut vorstellbar. Nach einer kurzen Siesta starteten wir zu einem zweiten Bummel, diesmal ein Stück weiter. Bald begann es zu regnen, empfängt doch Hilo durch den Nordost-Passat viermal so viel Regen wie Kona auf der anderen Seite der Insel. Unter einem kleinen Pavillon warteten wir das Ende des Schauers ab, beobachteten dabei das Meer, das Wetter und die umherschwirrenden Vögel.
Wir schlenderten zu der in japanischen Stil gestalteten Halbinsel „Liliuokalani Gardens" und über eine Brücke zur kleinen Insel „Coconut Island", von wo aus wir das Auslaufen des norwegischen Kreuzfahrtschiffes beobachteten.
Dann aber liefen wir im Eilschritt zum Hotel und begaben uns nach zehn Minuten mit der gesamten Reisegruppe erneut „on Tour" zu „Billy´s Restaurant" zum Abendessen. Herr Rosenberger hatte telefonisch Plätze reservieren lassen. Das Restaurant wurde wie auch zwei Hotels von einer hawaiischen Großfamilie betrieben.
Im Jahre 1960 hatte ein Tsunami das Hotel und ganz Hilo zerstört (schon 1946 wütete eine solche Naturkatastrophe hier). Man hatte es wieder aufgebaut. Heute besaß die Familie ein zweites Hotel in Kona. Alle Familienmitglieder waren irgendwie eingebunden und hatten auf diese Weise einen festen Arbeitsplatz. Während des Abendbrotes bot eine Dreiergruppe Folklore: der Mann spielte Okulele, eine Frau sang, ein Mädchen tanzte Hula.
Kaum waren wir zurück im Hotel, rief Michael aus Berlin an. Wie er es geschafft hatte, unsere Telefonnummer herauszubekommen, blieb sein Geheimnis.

19. Tag (Mo, 26.09.)
Nach dem Frühstück starteten wir zu einer „Big Island"-Rundfahrt von Hilo nach Kona; die anderen im Kleinbus, wir fünf in einem großen PKW von Frau Beate, eine Bekannte des deutschsprachigen

Reiseführers. Sie selbst besaß noch immer die deutsche Staatsbürgerschaft, obgleich sie schon 13 Jahre hier lebt, während ihr Ehemann, der eine kleine Pflanzung in der Nähe von Kona betreibt, sich als US-Staatsbürger auswies. Frau Beate erzählte uns auf der Fahrt Wissenswertes über die große Insel, die landwirtschaftlich geprägt sei, deshalb auch „Garteninsel" genannt werde. Neben der Landwirtschaft stünde der Tourismus an zweiter Stelle. Seit einigen Jahren gäbe es einen Bauboom durch Zuzug von Pensionären aus Kalifornien, die hierher umzögen, weil in Kalifornien die Bodenpreise explodierten. Folge davon, dass auch auf „Big Island" die Bodenpreise anzögen. Die Arbeitslosenquote liege nur bei 3 %; das seien Leute, die nicht arbeiten wollten. In Wirklichkeit herrsche Arbeitskräftemangel. Die Löhne seien gut (Landarbeiter hätten in der Regel einen Stundenlohn von 10 $, Ungelernte verdienten auf dem Bau 15 $, das steigere sich mit der Qualifikation auf 25 $; Fachkräfte gingen mit 28 $/Stunde nach Hause). Auf der Plantage von Beates Mann, der Makadema-Nüsse anbaut, kämen zur Erntezeit Saisonarbeiter, eingewanderte Philippinos mit ihrer gesamten Familie. Da sie sehr fleißig seien, verdient die Familie in drei Tagen 1000 $. Die Stromgewinnung auf „Big Island" geschähe meist durch ölbetriebene Kraftwerke. Windkraftwerke gäbe es kaum, weil die Beschaffung von Ersatzteilen zu teuer sei, Solarenergie nur im privaten Bereich, geothermische Kraftwerke erst ansatzweise, weil man Sorge habe, die abströmenden Gase könnten der Umgebung schaden, bzw. die Vulkantätigkeit könnte durcheinander kommen, bzw. die Göttin „Pele" könnte zürnen.

Wir wollten es gar nicht glauben, dass der Glaube an die Göttin „Pele" noch immer so verbreitet sei, ja gegenwärtig sogar zunimmt. Selbst unser Reiseleiter deutete an, dass er sie respektiere. Aber so ist das eben, wenn die Menschen sich vom Glauben an Gott verabschieden, steigt der Aberglaube durch das Fenster.

Zuerst besuchten wir eine Orchideenplantage, am unteren Hang des Mauna Loa. Es gab nur zwei einheimische Orchideen-Arten, aber eine Vielzahl von Züchtungen, darunter sehr, sehr teuere. Anschließend ging die Fahrt in den tropischen Regenwald, der uns durch die hohen

Baumfarne faszinierte. Ferner zeigte uns Frau Beate die nur auf Hawaii wachsenden Ohia-Bäume, Blumerabäume, die Banian mit ihren Luftwurzeln, wilde Kuikui-Nussbäume, viele eingeführte afrikanische Bäume, die in Gelb, Rot oder Orange blühten, daneben verschiedene Palmarten, Bananenstauden usw.

„Big Island" am südöstlichen Ende der vor 72 Mio Jahren entstandene Inselkette, die aus acht Hauptinseln und über 100 kleinen besteht, ist gleichzeitig die z. Z. jüngste und zugleich größte. In neuerer Zeit bilde sich im Südosten eine weitere Insel heraus. „Loihi".

Zwischen dem westlichsten („Kure-Atoll") und „Big Island" liegen 2500 km. Geographisch gehört die Inselgruppe zu Polynesien, politisch stellt sie seit 1959 den „50". Staat der USA dar.

Wir gelangten zum „Hawaii Volcanoes National Park".

Auf der Insel existieren insgesamt fünf Vulkane, alles Schildvulkane auf einer breiten Basis über dem Meeresboden von weiteren 6000 Metern bis zum Meeresspiegel:

Mauna Kea mit 4206 m NN, die höchste Erhebung auf der Insel, seit 4500 Jahren untätig. Im Winter und Frühling gibt es auf seinem Gipfel Schnee („Weißer Berg"). Dann ist sogar Skifahren möglich.

Mauna Loa mit einer Höhe von 4169 m NN, z. Z. nur geringer Lavaabfluss, was aber wegen der Rauchwolke nur nachts zu sehen ist. Er ist der höchste tätige Vulkan der Erde, ergänzt man die 6000 m, die sich unterhalb des Meeresspiegels befinden, so kommt eine Gesamthöhe zustande, die sogar die des Mt. Everest übersteigt.

Kohala ist der nördlichste. Er gilt als erloschen.

Hualalai an der Westküste brach 1801 zum letzten Mal aus.

Kilauea, nur 1247 m NN, war immer der emsigste Vulkan bis vor etwa 20 Jahren. Seither wurde kein Ausbruch gemeldet. 1988/89 deckte ein Lavastrom dutzende von Häusern zu und unterbrach die Küstenstraße bei Puuloa. Man erwarte ständig einen neuen Ausbruch.

Zur Zeit entwichen seinem Krater nur Dämpfe. Wir konnten bequem bis zu seiner Caldera herantreten. Unmittelbar daneben befand sich das wissenschaftliche Zentrum, das die ständigen vulkanischen Beben aufzeichnet, die wir persönlich gar nicht wahrnehmen konnten. Für Besucher wurde in Schautafeln und Vitrinen viel Wissen über den Vulkanismus vermittelt.

Zu den 5 Vulkanen kommt der **Puu´O´o** an der Flanke des Kilauea, der eine zeitlang regelmäßig aller vier Wochen eine Fontäne aus Lava und Asche ausspie und 1959 einen kleineren Hügel „**Pu`u Pua´i** „bildete. Im Jahre 1984 soll seine „Fontäne" 450 m hoch Asche geschleudert haben.

Etwa 95 % des Landes um den Kilauea-Vulkan ist in den letzten 1000 Jahren von Lava überdeckt worden. An seinem Ostteil, an dem die letzten Lavaergüsse stattfanden, regnet es viel, so dass die Pflanzen bereits mit der Wiederbesiedlung begonnen haben. „A´a -Lava" (gasärmer) bietet bessere Wachstumsbedingungen als „Pahoehoe-Lava", weil ihre raue Beschaffenheit mehr Humus ansammelt und in den geschützten Spalten Schatten bekommt.

Der **Halaumaumau** befindet sich ebenfalls an der Flanke des Kilauea auf der anderen Seite zum Mauna Loa zu. Bis 1924 bildete er einen glutflüssigen Lavasee. Je nach seinem „Flüssigkeitsspiegel" konnte man einen Ausbruch des Mauna Loa oder des Kilauea vorhersagen.

In meiner Tätigkeit als Geographielehrer stellte ich das immer als „Gegenwart" dar, dabei ist dies seit 1925 schon „Vergangenheit". Doch die mir zur Verfügung stehende Literatur wies diese Veränderung nicht aus.

Es war schon ein erhabenes Gefühl, an der Caldera des Kilauea, am Rand des Halamaumau zu stehen oder in einen Erdriss zu klettern, der durch ein Beben erst vor 15 Jahren entstanden ist. Ich fand in dem Riss schon erste Farnpflanzen.

Die dünnflüssige Lava ist nach dem Erkalten schwarz, mit der Zeit oxidiert sie an der Luft, nimmt eine rötliche Farbe an, später wechselt die Farbe zu braun. Im Endstadium wird fruchtbarer Boden daraus. Man unterscheidet „Fladen"- und „Kissen (pillar)-Lava". In der schwarzen Lava ist mitunter der grüne Halbedelstein Olivin eingeschlossen. Natürlich rissen wir unsere Augen auf und suchten nach Olivin. Ja, wir wurden auch fündig!

Wir kamen zur „Thurston Lava Tube". Etwa 100 m der Röhre waren für Besucher zugänglich gemacht (der größere Teil nicht). Während der untere Teil der Lava in einem unterirdischen Abfluss schon erkaltet war, strömte die obere ab; es bildete sich ein Hohlraum, ein Tunnel.

Am „Vulcano-Haus" hielten wir Mittagsrast. Im Gastraum hingen Bilder, die das vor einigen Jahrzehnten durch einen Vulkanausbruch brennende Haus zeigten. Es wurde wiederaufgebaut und steht nun den Besuchern bis zur nächsten Katastrophe offen.
Wir gelangten auf der Weiterfahrt an die Leeseite des Mauna Loa. Der tropische Regenwald wich hier einer Savannenlandschaft.
Hier entdeckten wir eine kleine Gruppe der endemischen Gänseart. Die „Nene" ist der „Staatsvogel" Hawaiis. Kurzer Fotostop!
Wir nahmen Kurs zur Küste, zum einstigen Ort „Punalu´u", der dreimal von Tsunamis heimgesucht wurde, zuletzt 1992. Dann gab man ihn auf. Die Gedenktafel „Black Sand" erinnerte an ihn. Wir entdeckten einige Meeresschildkröten, die hier nur zum Ausruhen an Land kommen. Es sei streng verboten, sie zu berühren oder zu füttern oder gar sie zu fangen.
Übrigens gab es hier unmittelbar an der Küste Süßwasserquellen. Das Salzwasser drückt das durch die Lava gesickerte und von ihr gefilterte Regenwasser nach oben. Ich überzeugte mich und kostete es: Tatsächlich Süßwasser!
Weiter kamen wir an Plantagen vorbei, auf denen Cashu-Nüsse und Makadema-Nüsse angebaut wurden, hielten in „Naalehu" bei der südlichsten Bäckerei "Southernmost Bakery" der USA. Im nahen Gartenteich entdeckten wir große „Okonu-Unken".
Am „South Cap" sollen die ersten Polynesier die Insel betreten haben, die sie später wieder verließen. In Neuseeländischen Sprechgesängen würde dies erwähnt. An diesem südlichsten Punkt wurde 1907 eine Ortschaft (11 - 12 km von „Ozean View" entfernt) gemeinsam durch einen Tsunami, einem Erdbeben und einem Lavafluss zerstört.
An der Stelle „Ozean View" soll eine neue Siedlung entstehen. Auf den Lavafeldern wurden Vermessungen durchgeführt, Areale waren bereits abgesteckt. Strom für die künftige Siedlung lag an der nahen Straße an. Trinkwasser müsse allerdings in Zisternen aus dem Regenwasser gespeichert werden. Wer einen Garten anlegen wolle, müsse Muttererde heranholen oder warten bis die Lava verwittert sei und Boden bilde.
Wir kamen zum Ort „Manuka". Hier gab es viele deutsche Farmer, die entweder Kona-Kaffee oder Makadema-Nüsse anbauen. Das Wetter sei hier für den Kaffeeanbau besonders günstig: Vormittag

Sonnenschein, ab Mittag bewölkt, abends meist Regen. So wären keine Schattenbäume für den Kaffee nötig. Übrigens wird der Kaffee von den Farmarbeitern (meist Mexikaner) bei einer relativ guten Bezahlung per Hand gepflückt und luftgetrocknet. Alles Gründe, die den teuren Preis des „Kona-Kaffees" erklärten.

Der Ort „Captain Cook" erinnerte daran, dass hier 1778 James Cook vor Anker ging. Die Einheimischen hielten ihn für den Gott „Lomo", der auf einer schwimmenden Insel zu Besuch käme. Ihm wurden alle Wünsche erfüllt. Seine Seeleute übertrugen Krankheiten.

Als Cook vor der nordamerikanischen Küste Mastbruch erlitten hatte und ein Jahr später zurückkam, war man schon weniger freundlich. Nach einer Reihe von Missverständnissen brach eine Rauferei zwischen seinen Seeleuten und den Einheimischen aus, bei der James Cook ums Leben kam.

„Kailua" kam in Sicht. Die Häuser sind auf der Insel meist aus Holz errichtet, weil Betonsteine teuer sind. Allerdings ist für deren Bewohner aller fünf Jahre „einzelten" notwendig. Die Häuser werden in Plasteplanen eingehüllt, Lebensmittel und Haustiere müssen vorher entfernt werden, dann sprüht man zur Termitenbekämpfung Gift.

Wir erreichten Kona, den bedeutendsten Touristenort der Insel und bezogen wiederum ein „Seaside-Hotel". Vor dem Hotel standen Palmen, rotblühende, schirmakazienähnliche Bäume und „Mankipotts".

Am Abend besuchten wir das Restaurant der „Kona Brewing Co" Brauerei. Wir saßen im Freien mit Fackelbeleuchtung unter kleinen Palmhütten bei Pizza und Hefeweizenbier.

Ja, es gab doch Bier auf Hawaii!

20. Tag (Di, 27.09.)

Der Tag stand zur freien Verfügung. Das Frühstück nahmen in einem Lokal am Hafen mit Blick aufs Meer ein. Anschließend bummelten wir zum Hafen. Während die anderen sich zum Schwimmen anschickten, musste ich wegen meiner Erkältung darauf verzichten. Anke hatte die Schnorchelausrüstung dabei. Später schwärmte sie mir vor, sie habe ganze Schwärme von bunten Fischen beobachtet.

Wir sahen uns den Ort an, besuchten auch die „Mokuaikaua-Kirche", die älteste auf der Insel. Sie wurde im Jahre 1836 errichtet.
Der gegenüberliegende „Hilihee Palace" aus dem 19. Jahrhundert war einst Feriensitz der Könige von Hawaii.
Am Abend nahmen wir an einer polynesischen Tanzveranstaltung des „Island Breeze Luau" einschließlich eines großen Dinners teil. Unter anderem gab es Schweinebraten, der traditionell zubereitet worden war. Das Schwein wurde in Palmblätter eingehüllt und dann in einer vorerhitzten Grube gedünstet. Ein muskulöser Polynesier zerteilte mit einer Machete Kokosnüsse. Den ganzen Abend über wurden verschiedene Vorführungen und polynesische Musik geboten.

21. und 22. Tag (Mi, 28.09. und Do, 29.09.)
Nach dem Frühstück Koffer packen.
Am zeitigen Nachmittag wurden wir zum Flughafen Kona gefahren. Einchecken erneut mit umständlichen Kontrollen. Auch die Schuhe mussten wieder ausgezogen werden. 18.00 Uhr flogen wir, mit einer „Boing 737-200" nach Honolulu. Der Flug war in einer reichlichen halben Stunde geschafft. Erneut gab es Reisegepäck- und Personenkontrolle. Wieder mussten die Schuhe ausgezogen werden.
Um 21.00 Uhr startete die „Boing 767-300" der „Air Canada" nach Vancouver. Dazu benötigten wir 5 Stunden und 40 Minuten. Gleichzeitig stellten wir die Uhren um drei Stunden vor.
Somit erreichten wir das Festland am Donnerstag um 5.40 Uhr Ortszeit. Umständliche Einreisekontrollen, wie mehrfach benannt. Geplant war, die Koffer vom Band zu nehmen und selbst durch den Zoll zu bringen. Doch auf die Koffer warteten wir vergeblich. Erkundigungen bei der Aufsicht ergaben, das Gepäck sei sicher gleich zur Maschine nach Toronto gebracht worden.
Um 7.00 Uhr hob wieder eine „Boing 767-300" ab, die uns nach Toronto brachte. Für diesen Flug waren rund 4,5 Stunden vorgesehen. Die Uhren stellten wir drei Stunden vor. Das bedeutete Ankunft in Toronto 14.30 Uhr Ortszeit. Kurz vor der Landung verspürten wir die Ausläufer eines in den USA wütenden Hurrikans durch starke Turbulenzen. Auch das Aufsetzen auf die Rollbahn war nicht gerade sanft. Aussteigen! Auf dem Laufband wollten unsere Koffer wieder nicht erscheinen. Wir warteten, warteten, warteten. Rückfrage bei der

Auskunft. Uns wurden Formulare in die Hand gedrückt, auf denen wir die Größe, Form und Farbe unserer Gepäckstücke beschreiben sollten. Und das natürlich in Englisch. Herr Rosenberger hatte viel zu tun, um allen Reiseteilnehmern behilflich zu sein.
Zu unserer Übernächtigkeit gesellte sich der Ärger durch das fehlende Gepäck. Dazu kam, wir waren wenig bekleidet, war es doch sehr heiß in Hilo. Hier in Toronto wehte ein rauer Wind, und die Temperatur betrug nur 13° C. Zum Glück hatte jeder einen Pullover im Rucksack. Die neue Reiseleiterin, Frau Ellen Sturm, wartete schon auf uns. Bis der Kleinbus anrollte, dauerte es etwas länger. Der Fahrer stammte aus Ekuador.
Aus Zeitgründen verzichteten wir auf eine Stadtrundfahrt. Den „CN Tower" wollten wir jedoch nicht auslassen. Dieser steht seit 1976 am Westrand der Innenstadt wie ein Ausrufezeichen und verleiht seither der „Skyline" von Toronto seine Unverwechselbarkeit. Mit 553,33 m gehört er zu den höchsten freistehenden Gebäuden der Welt.
Weniger als eine Minute dauerte die Liftfahrt zum „Observations Deck" (342 m). Uns bot sich ein spektakuläres Panorama: die Stadt, der Hafen, weiträumige Parks und der Ontariosee. Wir ließen die noch höhere Fahrt zum „Sky Pod" in 447 m Höhe aus, doch den ultimativen „Kick", ein Stockwerk tiefer, suchten wir auf: durch einen begehbaren Glasboden konnte man von dort an seinen Füßen vorbei in den Abgrund blicken. Es dauerte schon einige Sekunden bis man sich überwand, den Glasboden zu betreten.
In Toronto, der größten Stadt des Landes, wohnt jeder siebente Einwohner Kanadas, das mit seinen 32 Mio. Menschen eher dünn besiedelt ist. Die meisten Einwanderer kommen ja auch hier zuerst her, wo ein großer Bedarf an Arbeitskräften herrscht. Im Ballungsgebiet um Toronto (Umkreis von 100 km) wohnen 8 Mio. Menschen, also ein Viertel aller Einwohner des Landes. Im Zentrum der 4,5-Millionenstadt drängen sich die spiegelnden Glastürme der Hochfinanz und international tätiger Firmen.
Der „Treffpunkt", wie die huronische Bezeichnung „Toronto" übersetzt heißt, ist zugleich der kulturelle Mittelpunkt des Landes mit zahlreichen Museen, Theatern und Konzerthallen. Es gibt unterirdische Geschäftshäuser, in denen es sogar in eisigen Wintern behaglich warm ist.

Es existieren zwei U-Bahnen, eine Nord-Süd-Trasse und eine Ost-West-Trasse. Toronto ist eine moderne und aufgeschlossene Metropole und gilt im Gegensatz zu US-amerikanischen Großstädten als sauber und sicher. Toronto hat tatsächlich Montreal im Wachstum überholt. Das liegt an den separatistischen Querelen des französischsprachigen Gebiets.
Die Weiterfahrt nach Norden zu den 161 km entfernten Niagarafällen gestaltete sich durch den starken Verkehr auf dem Highway nur zögerlich. Wir fuhren vorbei an Mississauga, Oakville, Ontario, Burlington und Hamilton. Alle diese Industriestädte gehören zum südlichen Teil des Ballungsraums Toronto.
Übermüdet, hungrig und durstig kamen wir gegen 19.00 Uhr in „Niagara-on-the-Lake" und im Hotel „Oakes by the Falls" an, erhielten ohne Warten sofort unsere Zimmerschlüssel. Die Zimmer waren geräumig und angenehm.
Wir hatten nichts auszupacken, noch Zeit, länger in den Räumen zu bleiben. Der Kellner versorgte uns schnellstens mit Getränken und Pizza, so dass wir nicht in Zeitprobleme gerieten, denn Punkt 20.00 Uhr wurde ein Film über die Niagarafälle gezeigt. Nach der Vorführung kaufte mir Gudrun im Hotelshop ein paar warme Socken. Dann eilten wir, trotz Übermüdung, zu den nahen Fällen, die in der Dunkelheit im Wechsel weiß und farbig angestrahlt wurden. Ehrfürchtig schauten wir auf das „Donnernde Wasser", wie die „Niagaras" aus der Indianersprache übersetzt heißen.
Gudrun und Anke kauften im Shop noch je ein T-Shirt für die Nacht, denn ihre Nachtkleidung befand sich in den Koffern irgendwo in Kanada. Ich schlief in Turnhemd und Turnhose.
23. und 24. Tag (Fr. 30.09. und Sa. 01.10.)
Nach einer ungestörten Nachtruhe begaben wir uns bei schönem, aber kühlen Wetter zum „Skylon Tower". Im „Panorama-Drehrestaurant" (ähnlich wie im „CN Tower" von Toronto) nahmen wir ein wohlschmeckendes Frühstück in 263 m Höhe ein. Phantastische Aussicht! Wir fotografierten erneut sowohl den 328 m breiten und 56 m hohen US-amerikanischen als auch den 675 m breiten und 52 m hohen Hufeisenfall Kanadas. Beide sind durch die „Ziegeninsel" getrennt.

Die Wasserfälle des „Niagaras" stürzen weißschäumend über die Klippen in einen brodelnden Kessel. Wanderten die Wasserfälle früher durch die rückschreitende Erosion jährlich um 30 m, so konnte man dies im letzten Jahrzehnt auf 3 cm pro Jahr verringern, weil nunmehr 75 % der Wassermassen zu einem Elektrizitätswerk umgeleitet werden.
Atemberaubend war auch die Bootsfahrt mit der „Maid-of-the-Mist": Mit einem blauen Regenschutzumhang versehen, drängten wir uns mit den vielen anderen Touristen - meist Asiaten - auf das Schiff. Wir suchten uns an der Reling einen günstigen Platz zum Fotografieren, was dann an den tosenden und Gischt sprühenden Wassermassen allerdings nicht mehr möglich war.
Nach diesem Erlebnis brachte uns der Bus auf dem „Niagara-Highway" entlang des tief eingeschnittenen Tales weiter flussaufwärts. Wir hielten kurz an der Station „Spanish Aero Car", wo eine rote Seilbahn den „Niagara-River" überquert. Ein Stück weiter befand sich der „Heliport", von wo aus in kurzen Abständen Hubschrauber zu Flügen über die Wasserfälle starteten.
Wir besuchten „Niagara-on-the-Falls", ein hübsches, viktorianisches Städtchen. Allerdings stand uns nicht zu einem Einkaufsbummel oder zu einer Weinprobe bei den vielen Winzereien der Sinn, waren wir doch innerlich beklommen, ob wir unsere Koffer wieder sehen würden. Es zog uns zum „Airport" von Toronto.
Wir überquerten den Welland-Kanal, der mittels acht Schleusen zwischen Eriesee und Ontariosee 100 Höhenmeter überwindet und eine Seeschifffahrt vom Atlantik bis zum Oberen See ermöglicht. Heute kamen wir auf der 160 km langen Strecke besser voran als auf der Herfahrt.
Im Gespräch mit unserer Reiseleiterin erfuhr ich von ihr, dass sie als Tochter eines Pfarrers im Neuwürschnitzer (heute ein Ortsteil von Oelsnitz) Pfarrhaus geboren wurde, dann aber mit den Eltern nach Estland verzog, von wo ihr Vater stammte. Dort wurde er während des Krieges als Dolmetscher eingesetzt.
Nach einer herzlichen Verabschiedung von Reiseleiterin und Fahrer begaben wir uns in die Flughafenhalle. Gespannt erwarteten wir die Rückkehr von Herrn Rosenberger von der Auskunft. "Die Koffer sind da!" Waren wir froh! Allerdings mussten wir das Gepäck gleich wieder zum Einchecken bringen.

Nach den üblichen Kontrollen und langen Märschen innerhalb der riesigen Hallen, warteten wir am Flugsteig A 1 geduldig bis unser Flug aufgerufen wurde.
Gegen 18.00 Uhr hob der „Airbus A340-300" mit uns ab, um über den Kanadischen Schild, den nördlichen Atlantik, die Britischen Inseln, die Niederlande fast acht Stunden später in einer weichen Landung auf den Frankfurter Flughafen aufzusetzen. Inzwischen hatten wir die Uhren sechs Stunden auf 01. Oktober 8.00 Uhr MEZ vorgestellt.
Bald waren alle Koffer vom Band. Erstaunlich, dass wir auch daheim die Schuhe ausziehen, die Gürtel ablegen und das Reisegepäck öffnen mussten.
Gegen 9.00 Uhr flogen wir mit einer „Boing 737" nach Leipzig. Schon vor 10.00 Uhr nach insgesamt 10 Flügen in diesen 24 Tagen hatte uns Sachsen wieder.
Dankbar schleppten wir die Koffer zum schon bereitstehenden Bus nach Chemnitz. Es war regnerisch. Der Fahrer wählte nicht die Autobahn, sondern nach einer Stadtdurchfahrt die B95 nach Chemnitz, wo wir um 12.00 Uhr eintrafen.
Nach einer herzlichen Verabschiedung von Herrn Rosenberger und den übrigen Reiseteilnehmern, stiegen wir fünf in den Zubringerbus, und erreichten vor 13.00 Uhr den Moserhof.
Wir legten uns zwei Stunden "aufs Ohr"; wir hatten´s nötig!

Jahreswechsel auf Hiddensee

Den Jahreswechsel wollten wir mit Heinz und Annelies sowie den Fürstenwalder Freunden auf Hiddensee verbringen.
Ich war nicht gerade erfreut, dass wir schon am 2. Feiertag nach dem Mittagessen in Oelsnitz starten mussten. Die Straßen waren eisfrei und nicht sehr frequentiert, so dass wir stets mit dem PKW von Heinz in Sichtweite blieben. Kurz vor Fürstenwalde setzte leises Schneetreiben ein. Gemeinsames Abendessen bei Helga und Hubert, wo wir drei auch übernachteten. Heinz und Annelies fanden Nachtquartier bei Familie Posch. Am anderen Morgen stiegen Maike und Birgit bei Heinz und Annelies zu.

Willi Posch übernahm jetzt mit seinem „Schlitten" die Führung. In jedem Auto war ein Handy, so hätten wir uns unterwegs verständigen können, falls einer eine Pause notwendig hatte. Doch das war nicht nötig. Auch an diesem Tag blieben wir zusammen. Es herrschte nur ein geringer Verkehr auf den Straßen und Autobahnen.

In Schaprode erreichten wir, nachdem wir die PKWs auf einen bewachten Parkplatz abgestellt, die Scheiben abgedeckt und unser Gepäck nunmehr „geschultert" hatten, pünktlich die Fähre nach Vitte. Willi hatte auf Hiddensee für alle telefonisch Fahrräder gebucht, so brauchte keiner die drei Kilometer bis zur Ferienanlage Dünenheide (zwischen Vitte und Neuendorf) zu laufen.

Familie Posch, Maike und Birgit kamen in einem Ferienhaus unter, wir im danebenstehenden der insgesamt etwa 20 Häuser umfassenden Ferienanlage in ruhiger Lage, etwas abseits der Straße. Zwei Nasszellen und eine zusätzliche Sauna in jedem Haus; ebenfalls ein großer Aufenthaltsraum mit Fernseher (für uns unwichtig, für Heinz jedoch unbedingt notwendig!) und Telefon, einer Küchenzeile mit Kühlschrank, Wasserkocher, Kaffeemaschine, einer Spüle, sowie einem Vorratsraum rundete das Ganze ab: 813 € pro Haus und Woche. Frühstück und Abendbrot nahm die Besatzung unserer beiden Häuser jeweils getrennt ein (außer Silvesterabend). Willi holte morgens per Rad aus Vitte die Brötchen. An einem Tag, als es mehr zu holen gab, war ich mit von der Partie. Vesper gab es gemeinsam, jeweils im Wechsel in Haus 10 oder 12. Tagsüber wanderten wir oder benutzten das Rad.

Am 29.12. schneite es. Täglich und besonders nachts gab es davon Nachschlag.

Zwei schöne Erlebnisse will ich besonders aufzählen: Ein Klangschalenkonzert im evangelischen Gemeindehaus in Neuendorf. Unser erstes Konzert, das wir als Zuhörer im Liegen eingenommen haben. Es begann um 15.00 Uhr. Nach einer schönen Strandwanderung waren wir eine Stunde früher am Gemeindehaus, weil wir Sorge wegen der Plätze hatten. Durch das Fenster sahen wir etwa zwölf Matten auf den Boden liegen und viele Klangschalen stehen. Zwei große Gongs hingen vorn.

Gudrun, Maike und ich harrten an der Tür aus. Die anderen labten sich in einer Gaststätte. Heinz und Annelies kehrten zurück ins Ferienhaus. Gegen 14.45 Uhr kam die Veranstalterin und schloss die Tür des Gemeindehauses auf. Bis 15.00 Uhr kamen unsere Leute und noch vier weitere Ehepaare. Zwei Matten wurden zusätzlich ausgelegt. Nach einer kurzen Einführung, von der ich leider nur wenig akustisch mitbekam, begann das Konzert. Wir lagen auf Matten auf dem Fußboden, zugedeckt; auch ein Kopfkissen fehlte nicht.
Die Fußbodenheizung tat unseren durchfrorenen Körpern gut. Die Wärme neben den Wohlklängen der Klangschalen, die Tageszeit, in der ich sonst ebenfalls „die Horizontale pflege" taten das Übrige. Ich schlummerte ein. Zum Glück lag Gudrun knapp neben mir und konnte mich immer fest am Handgelenk packen, wenn ich anfing, Schnarchgeräusche von mir zu geben. Willi lag separat. Ihm ging es wie mir, aber seine Maria konnte ihn nicht am Schnarchen hindern. So nahm die Künstlerin oft den Weg zu ihm und berührte ihn am Fuß mit einer ihrer Klangschalen.
Das andere Erlebnis am 30.12. abends in der Gaststätte „Heiderose" unweit unserer Ferienanlage. Das Künstlertrio „Aufwind" bot jiddische Lieder und Klezmermusik. Die Frau, Claudia Koch, schien mit ihrer Violine verschmolzen zu sein, dazu ihr Gesang! Auch beide Männer sangen; einer (Andreas Rohde) spielte dazu Bandonion, der andere (Hardy Reich) wechselte zwischen Mandoline, Banjo und Gitarre. Ein Ohrenschmaus!
Es war eine gelungene Veranstaltung bei ausverkauftem Haus. Diesmal waren auch Helga und Hubert dabei, die wir am Nachmittag mit einem Pferdegespann von der Fähre abgeholt hatten und die aber bereits am Neujahrstag zurückfuhren, weil Hubert leider keinen Urlaub erhalten hatte.
Am Silvestertag radelten wir zu zwölft mit dem Fahrrad nach Kloster (die einzige Hauptstraße wurde täglich durch einen Schneepflug freigeräumt). Die Räder stellten wir an der Kirche ab. Dann stapften wir durch den Schnee hinauf auf den Dornbusch zum Leuchtturm, vorbei an dem schönen Haus, in dem wir im Herbst 1996 eine Woche Urlaub genossen hatten, das jetzt einen etwas ungepflegteren Eindruck machte. In der Nähe des Leuchtturms

nahmen wir beim "Klausner" ein feines Mittagsmahl ein. Während unseres Aufenthalts in der Gaststätte fiel Neuschnee. Der Weg oben entlang der Steilküste war bezaubernd schön, bergab, vorbei an der Vogelwarte und am „Gerhard Hauptmann-Haus" (das Museum hatten wir schon zwei Tage vorher endlich besucht. Im Herbst 1996 hatten wir immer gemeint, das erledigen wir an einem Regentag, der aber damals ausblieb) ging es zurück nach Kloster.

In einer Kneipe genehmigten wir uns einen Glühwein (als Vesper) und betraten schon eine Stunde vor den um 18.00 Uhr beginnenden Jahresabschlussgottesdienst die Kirche. Das war recht gut, denn in der folgenden Stunde füllte sich der Raum derart, dass alle eng zusammenrücken mussten, zusätzliche Stühle und Bänke hereingeschleppt wurden. Bei Kerzenschein hielt der amtierende Pfarrer einen gut gelungenen Gottesdienst zur Jahreslosung fürs neue Jahr. Dann stiegen wir auf die Räder, die wir erst vom vielen Schnee befreien mussten.

Auf der glatten Straße zum Ferienhaus bei Eisregen und starken Gegenwind war die Fahrt kein Genuss! Dann aber wurde es recht schön; alle zwölf saßen wir zusammen beim Abendbrot. Es wurde erzählt, vorgelesen und viel gesungen. An Wein und Sekt hatten wir genügend Vorrat.

Am 2. Januar brachen wir auf, erst per Rad, dann mit der Fähre und gegen 11.30 Uhr mit den PKWs. Ab Schaprode brauchten wir 2,5 Stunden bis Stralsund im „Stopp and Go". Alle Urlauber schienen an diesem Tag wieder heim zu wollen. Von Stralsund bis Berlin herrschte dichter Nebel, ab Erkner wurde es zudem dunkel.

Alles das führte dazu, dass wir eine Nacht in Fürstenwalde verblieben und erst am nächsten Tag heim fuhren. Abgesehen von diesen Unbilden waren wir aber dankbar, dass auch auf der Rückfahrt die Straßen und Autobahnen eisfrei waren und wir wieder gut daheim anlangten.

Damit ist der Anschluss an 2006 hergestellt.

2006

Für Mitte Januar hatten wir den Maler bestellt für Wohnzimmer, Vorhaus und für die eine Wand im Wintergarten. Alle Wände mussten frei geräumt werden. Bei den Büchern machte das besonders viel

Arbeit, zumal ich jetzt endlich, selbstverständlich in Absprache mit Gudrun, die Bücher alphabetisch nach den Autoren sortierte. Ich wollte dies aber auch allein tun, denn nur so behielt ich die Übersicht. Selbstverständlich kamen weitere Arbeiten hinzu, wie etwa Schneeberäumung, sogar bis Ende März, was meinem linken Oberarm wieder schlecht bekam, ferner Verpflichtungen innerhalb des Kirchenvorstandes, besonders im Zusammenhang mit der Rekonstruktion der Christuskirche.
Am 7. März besuchte ich mit Gudrun in Chemnitz die „Cranach-Ausstellung". Dort trafen wir uns mit Freunden aus Nünchritz. Göttschings hatten diese Art des Treffens statt eines gegenseitigen Besuches vorgeschlagen.
Die Gemälde der beiden Cranach, Vater und Sohn, waren recht beeindruckend. Mittags speisten wir im gegenüberliegenden Cafe „Moskau". Dann setzten wir unsere Bildbetrachtung ohne Zeitdruck fort, da Heinz freundlicherweise die Abholung von Anke übernommen hatte.
Am Freitag den 10. März fuhren wir nach Rathen zur Wochenendrüste der „Bekenntnisgemeinschaft". In der „Friedensburg", wo wir unser "Stammzimmer" mit einem schönen Blick ins Elbtal bezogen.
Auch in Rathen herrschte in diesem Jahr noch tiefer Winter. In der Nacht hatte es besonders viel geschneit, so dass wir erst den Parkplatz abräumen mussten, was aber durch die Nässe des Schnees ziemlich anstrengend war. Am Sonntag lag dann abermals Neuschnee, etwa 20 cm hoch auf dem Autodach.
Am darauffolgenden Samstag fuhren wir nach Gladbeck zu Ankes Opa, der am 20. März seinen 85. Geburtstag feierte. Die drei Schwestern wollten das Wochenende für ein weiteres „Familientreffen" nutzen. Für den Opa war es eine echte Überraschung.
Das erste Aprilwochenende trafen wir uns in Dresden mit Freunden aus Fürstenwalde anlässlich des Geburtstages von Birgit.
Diesmal benutzten wir den Zug über St. Egidien - Chemnitz. Eine Dampferfahrt konnte wegen des Hochwassers der Elbe und der Überflutung in der sächsischen Metropole nicht stattfinden. Eine Verlegung des Treffens war nicht möglich, da Maike für alle bereits die Übernachtung gebucht hatte. So sahen wir uns vor allem

die Frauenkirche an, die wir am Sonntag erneut zu einem gemeinsamen Gottesdienst aufsuchten. Vom Hochwasser gab es allerhand in Elbnähe zu begucken. Wichtig war uns das Zusammensein.

Am 21. bis 23. April kamen die Fürstenwalder Freunde zu uns nach Oelsnitz. Fünf von ihnen übernachteten unter unserem Dach, zwei bei Heinz im benachbarten Hohndorf. Aber die Mahlzeiten nahmen wir bei uns gemeinsam ein (einschließlich Heinz und Annelies).

Wir tauschten Bilder von Hiddensee und der Dresdenfahrt aus. Am Samstag fuhren wir in den Kreis Marienberg, nach Forchheim, wo wir die Georg-Bähr-Kirche besichtigten. Die Kantorin spielte uns einige Stücke auf der Silbermann-Orgel. Bähr hatte vor dem Bau der Dresdner Frauenkirche unter anderem in Forchheim eine Rundkirche, natürlich kleiner und auf dörflicher Basis errichtet, sozusagen als Modell.

An der Kirchhofmauer hielten wir nach der Kirchenführung unser Picknick, saßen auf mitgebrachten Sitzpolstern, aßen Kartoffelsalat mit kalten Wienern und einem gekochten Ei sowie Tomaten. Auch Getränke hatten wir dabei. Es war recht lustig.

Dann besichtigten wir noch drei vorhandene Wehrkirchen, die man im Erzgebirge nahe der böhmischen Grenze (vermutlich als Schutz vor den Hussiten) im Mittelalter gebaut hatte: in Dörnthal (mit Besichtigung), Mittelsaida und Lippersdorf. Vesper erhielten wir in einem Cafe` in Voigtsdorf bei "Adelheid". Auf dem Rückweg wollten wir noch der Burg Rauenstein an der Flöha einen Besuch abstatten. Leider war eine Besichtigung nicht möglich.

Den 1. Mai nutzten wir, um das Grab meiner Eltern neu zu bepflanzen. Dann knüpften wir eine Wanderung zur Grundteichschänke an, die zwischen Buchholz, Schlettau und Dörfel liegt. Die Schänke ist zwar keine Einkehrstätte mehr wie zu Zeiten meiner Kindheit, wo mein Vater für mich "ein Bündel Heu" bestellte. Darauf erhielt ich ein Glas Milch und eine große Käseschnitte.

Die Wiese mit Himmelschlüsselblumen und Buschwindröschen, der klare Bach, die Teiche waren noch intakt. Es war eine wunderschöne Kindheitserinnerung für mich. Aber auch Gudrun schwärmte noch tagelang von diesem schönen Ausflug.

Am Himmelfahrtstag trafen wir uns in Görlitz mit den Fürstenwalder Freunden zu einer "Bildungsreise". Ich war in dieser Neißestadt einmal in tiefster DDR-Zeit gewesen, damals konnte ich der Stadt nicht unbedingt Reize abgewinnen, sondern stellte lediglich fest: "Görlitz war einmal eine schöne Stadt".
In den 16 Jahren nach der Wende hat sich jedoch in Görlitz viel getan.
Als besondere Höhepunkte empfanden wir sowohl den Besuch der Peterskirche mit seiner restaurierten "Sonnenorgel" mit einem Orgelkonzert, als auch die Stadtführung "Auf den Spuren Jakobs Böhme". Böhme war ein einfacher Schuster, der sich im 16. Jahrhundert in Görlitz als Mystiker und Philosoph hervorgetan hat. Natürlich durfte ein Besuch der Landeskrone nicht fehlen, zumal das bei strahlendem Sonnenschein möglich war.
Am Samstag wählten wir auf der Rückfahrt erst ab Bautzen die Autobahn, statteten vorher Cunewalde einen Besuch ab, wo für mich Kindheits- und Jugenderinnerungen wach wurden. Dort war Tante Gertrud während des Krieges und eine ganze Reihe von Jahren nach dem Krieg als Gemeindeschwester tätig. 1943 war ich mit meiner Mutti zu Weihnachten bei ihr, als Vater in Krosno (Polen) dienstverpflichtet war. In den drei Jahren 1945, 1946, 1947 verbrachte ich jeweils die gesamten Sommerferien in Cunewalde. Tante Gertrud hatte mir dort einen Bauern vermittelt, bei dem ich von Montag bis Samstag täglich zehn Stunden arbeitete und dafür beköstigt wurde. Übernachtung fand ich bei Tante. Sonntags nach dem Kirchgang unternahmen wir manche Ausflüge auf den Zschorneboh und Bieleboh, wo wir auch eine Menge Pilze fanden.
Auch Gudrun und Anke waren von Cunewalde angetan. In der Cunewalder Kirche, die wegen einer bevorstehenden Hochzeit geöffnet hatte, fand ich an den Sitzbänken die Namensschilder, die mir seinerzeit so mächtig imponiert hatten.
Am Pfingstsamstag (03.06.) trafen wir uns mit den Fürstenwalder Freunden am Dreiländereck der drei Freistaaten Bayern, Thüringen; Sachsen.
Hubert stammt aus Rothenacker. Ende der 50er Jahre wurden seine Eltern mit der ganzen Familie von dort zwangsausgesiedelt. Sie mussten ihren Bauernhof verlassen. Nach der Wende wurden die

Eigentumsverhältnisse berichtigt, Huberts Bruder wohnt wieder dort. Unser Freund erhielt ein kleines Waldgrundstück, in das er sich einen Bauwagen stellte und von Zeit zu Zeit einmal nach dem rechten schaut, darin übernachtet, von dort aus Verwandte besucht. Diesmal wollte er uns seine "Exklave" vorstellen.

Wir besuchten das Museum, das dem gelehrten Bauern Nicolaus Schmidt (genannt Küntzel) (1606 - 1671) in Rothenacker gewidmet ist und uns sehr gut gefiel.

Nach dem Mittagessen (Kesselgulasch im Waldgrundstück) wanderten wir von dort aus nach Mädlareuth, wo wir das Grenzmuseum besichtigten. Auch das fanden wir hochinteressant.

Urlaubsreise nach Hochkrimml (Hohe Tauern)(10.- 24.06.06)

Gudrun las in der Tagespresse das Angebot einer Ferienwohnung in den Hohen Tauern. Es war eine Telefonnummer angegeben. Ich rief bei Familie Herold an und erfuhr, was wir wissen wollten. Durch Herolds Vermittlung erhielten wir eine zweite Ferienwohnung im gleichen Haus für Heinz und Annelies.

Gemeinsam starteten wir "Clio" und "Mopsi" am Samstag früh und gelangten mit zwei Zwischenpausen um 14.15 Uhr ans Ziel: "Haus Hölzlbauer", 1700 m NN.

Nachdem wir uns jeweils in den sehr gemütlichen Wohnungen eingerichtet hatten, gab es mit dem mitgebrachten Müsli-Joghurt ein verspätetes Mittagessen und anschließend einen erholsamen Mittagsschlaf. Dann tranken wir Tee und unternahmen einen ersten Rundgang durch die Ferienanlage Hochkrimml.

Der Ort Krimml liegt rund 700 m tiefer und wird über neun Kehren und etlichen weiteren Kurven erreicht. Auf der Anreise waren wir über den mautpflichtigen Gerlos-Pass angereist.

Letzte Schneereste lagen noch überall dort, wo Schatten herrschte. Die drei Schilifte, die auf den Plattkogel (2040 m NN) führten, hatten wie auch alle Gaststätten und Imbissbuden geschlossen. Die Wintersaison war beendet. So trafen wir kaum Leute auf unserem Rundgang. Das war uns gerade recht. Wir genossen die himmlische Ruhe!

Sonntag (11.06.)
Zu Ankes großer Freude hatten wir für den Tag Ausschlafen angesagt. Nach dem Frühstück "kletterten" wir auf den "Hausberg" über den Steihang, denn wir hatten doch unsere Wanderstöcke dabei. Rund hundert Minuten brauchten wir für den Aufstieg. Auf dem Gipfel wurden wir durch einen herrlichen Rundumblick belohnt.
Ein Picknick (Verpflegung aus dem Rucksack) in dieser heilen Welt am Rande letzter Schneeflecken machte uns viel Spaß. Den Abstieg wählten wir über einen markierten Steig, von dem wir in der Ferne den Einschnitt Krimml und die Wasserfälle ausmachen konnten. Wir genehmigten uns im Qartier wieder ein Mittagsschläfchen bis zum Vesper.
Der mitgebrachte Kuchen reichte für diese Mahlzeit. Nach unserer Teestunde spazierten wir zur Ferienanlage "Silberleiten", die sich unmittelbar an "unsere Duxeralm" anschloss. Zur Abendbrotzeit waren wir zurück. Vor dem Schlafengehen spielten wir noch einige Zeit Romme´und hatten dann einen ungestörten ruhigen Schlaf.
Montag (12.06.)
Wir nahmen uns vor, die "Krimmler Wasserfälle" zu besuchen, die als einziges Naturdenkmal Österreichs ein Europadiplom besitzen.
Seit 1983 gehört das Gebiet der "Krimmler Ache" zum "Nationalpark Hohe Tauern", und seit 1991 ist der "Österreichische Alpenverein" (OeAV) Grundeigentümer des gesamten Umfeldes der "Krimmler Wasserfälle". So konnte er eindeutig alle Bestrebungen, die Wasserfälle für die Energiegewinnung zu nutzen, verhindern und die natürlichen Verhältnisse bewahren. Schon um 1900 hatte man den 4 km langen "Wasserfallweg" angelegt. Seither wird er ständig vom "OeAV" erhalten und betreut. Konkret bedeutet das, dass Tritt- und Erosionsschäden beseitigt, Absperrungen und Aussichtskanzeln erneuert werden.
Die Wasserfälle sind 380 m hoch und damit die fünfhöchsten unseres Planeten. In drei Stufen stürzt die Krimmler Ache ins Salzachtal durch die Schiefer- und Grauwackenzone über einen Kern von Granit und Gneis. Das Gestein ist sehr mit Quarz durchsetzt. Der Obere Fall (1100 m NN) ist 140 m lang, der mittlere 100 m und der untere wiederum 140 m. Die restlichen 40 m Höhendifferenz ergeben sich aus dem Flussgefälle zwischen den einzelnen Katarakten.
Übrigens befindet sich zwischen dem oberen und dem mittleren Fall ein relativ langes Stück mit nur geringem Gefälle, das "Schönangerle".

Das Wasser der Ache kommt insgesamt von 12 Gletschern und besitzt ein Einzugsgebiet von 111 qkm. Die Quelle des Hauptlaufes befindet sich an der 3500 m hohen "Dreiherrenspitze" an der österreichisch-italienischen Grenze. Von der Quelle aus schlängelt sich die Ache erst 20 km durch flache Almböden, ehe sie ins Krimmler Becken hinunterdonnert. Übrigens beträgt die mittlere Wassermenge an den Fällen 40 000 l/sek.

Als wir den Aufstieg (4,5 km) geschafft hatten, ruhten wir eine Weile aus. Dann legten wir die restlichen 8 km bis zum "Tauernhaus" (1631 m NN) entlang der Ache auf bequemen Wegen mit nur geringer Steigung zurück. Unterwegs tranken wir an der "Hölzlahneralm" ein Glas Milch. Obgleich wir erst gegen 14.30 Uhr in dem urigen Alpengasthof anlangten, erhielten wir alle Gerichte, die wir nach der Karte bestellten.

Das "Tauernhaus" hat als Stützpunkt und Herberge für die "Tauerngeher" eine mehr als 600jährige Geschichte aufzuweisen

Den Rückweg legten wir nicht "per pedes", sondern mit einem hauseigenen Kleintaxi nach Krimml zurück.

Zuerst nahm die Taxi den gleichen Weg, den wir gewandert waren. Doch kurz vor dem oberen Wasserfall bog der Fahrweg ab und verlief über eine kurvenreiche und steile Straße mit beängstigten Blicken in die Tiefe nach Krimml. Mittels einer Schranke an der Straße war es nur den Anliegern möglich, diese Strecke zu benutzen.

In Krimml besichtigten wir Kirche, Friedhof und den Kurpark, fanden aber keine umfangreiche Einkaufsmöglichkeit. So bemühten wir den "Mopsi" von Heinz noch einige Kilometer talabwärts bis "Wald im Pinzgau".

Dort deckten wir uns im Einkaufsmarkt "Nah und Frisch" mit Verpflegung für die nächsten Tage ein. Dann kehrten wir über die steilen Serpentinen zu unserem Ferienquartier zurück.

Dienstag, 13.06.

Für diesen Tag wählten wir ein recht entferntes Ziel. Wir peilten den "Großglockner", Österreichs höchsten Gipfel an. Natürlich hatten wir nicht vor, ihn zu besteigen. Aber an der "Kaiser-Franz-Josef-Höhe" ist man auf 2369 m NN dem Riesen recht nahe und nur durch einen breiten Gletscher von ihm getrennt.

Heute war unser "Clio" dran, zu zeigen, was in ihm steckt. Gudrun saß die ganze Zeit am Steuer. Über Krimml - Neukirchen - Bramberg - Mittersill und Zell am See folgten wir dem Salzachtal

abwärts, dann über Bruck auf der "Großglocknerstraße" das Fuschertal aufwärts. Wenn ich richtig gezählt habe, ging es 27 Kehren bergauf. Der "Clio" schnaufte mit 40 km/h, aber er schaffte es.
Auf der "Kaiser-Franz-Josef-Höhe" benutzten wir das riesige Parkhaus. Parkgebühren brauchten wir nicht zu entrichten, die waren bereits in der Mautgebühr enthalten. In dem großen Restaurant aßen wir nur eine Kleinigkeit, denn das Essen war echt teuer. Erklärlich bei der Anfahrt. Auch die Mautgebühr ist verständlich, wenn man bedenkt, was hier geleistet worden ist, die 48,5 km lange Straße anzulegen (1930/35), zumal im Jahr jeweils nur vier Monate Bauzeit zur Verfügung standen. Nur von Mai bis Anfang Oktober ist die Straße überhaupt befahrbar.
Noch mehr als über diese Leistung staunten wir über die herrliche Natur. Wir hatten Kaiserwetter und ideale Sichtverhältnisse.
Am Großglockner stoßen die Bundesländer Salzburg, Osttirol und Kärnten aneinander.
Der "Pasterzengletscher" ist mächtig geschrumpft. Er kommt von der "Eisspitze" und wird durch einen Nebengletscher vom "Großglockner" verstärkt.
In der Seitenmoräne des "Pasterzengletschers" beobachteten wir Murmeltiere. Sie waren überhaupt nicht scheu, waren sie doch die "Zweibeiner" gewohnt, von denen manche von "ihrem Futter" abgaben.
Es fiel uns nicht leicht, uns von "dieser Kulisse" loszureißen. Aber wir mussten zurück, ohne erst noch Heiligenblut einen Besuch abstatten zu können. Wir wussten nicht, ob sich dort eine Tankstelle befand. Unser Tank war fast leer. Bergab hatten wir einen geringen Verbrauch.
In Fusch konnten wir den Tank wieder füllen und in Mittersill unsere Einkäufe erledigen. Dann kehrten wir nach Hochkrimml zurück.
Mittwoch (14.06.)
Der Tag begann mit Startschwierigkeiten. Erst 10.45 Uhr verließen wir mit Stock und Rucksack das Haus. Wir wollten hinunter zum Speicher "Durlaßboden" wandern. Zunächst führte der Steig durch bunte Wiesen hinein in den Wald. Doch allmählich wurde der Boden immer glitschiger. Vermutlich war hier erst vor wenigen Tagen der Schnee getaut. Schließlich verloren wir die Orientierung und entschlossen uns, umzukehren. Wir strebten am Hang des "Plattkogels" bergauf, an der "Gletscherblickalm" vorbei.

Im Garten einer z. Z. noch unbewohnten Almhütte (erst einige Tage später sahen wir, wie man die Kühe aus dem Tal auf die Almen brachte) rasteten wir und verpflegten uns aus dem Rucksack.
Dann schlenderten Gudrun, Anke und ich noch eine Weile am Hang des "Plattkogels" weiter, während Heinz und Annelies bereits zur "Gletscherblickalm" umkehrten. Irgendwann drehten auch wir um und hielten in der gleichen Alm Einkehr.
Jeder Gast wurde mit einem kleinen Gläschen Enzianlikör willkommen geheißen. Wir bestellten Milch, Tee und Apfelstrudel.
Der Hüttenhund "Kranz" konnte von Gudruns Streicheleinheiten gar nicht genug bekommen. Doch wir mussten irgendwann bergab wandern.
Nach dem Abendessen sahen wir uns im Fernsehen die Fußballübertragung an. Wir jubelten mit, als mit dem 1 : 0 gegen Polen, Deutschland das Tor zum Achtelfinale aufstieß.
Donnerstag (15.06.)
Wiederum Startschwierigkeiten. Erst 10.30 Uhr verschlossen wir die Haustür, waren wir doch die einzigen Touristen in dem großen Ferienhaus. Mit dem "Mopsi" wollten wir hinab nach Krimml zum Bäcker, da unser Brot zur Neige ging.
Wir waren überrascht, dass der Bäckerladen geschlossen hatte. Auf der Suche nach einer zweiten Bäckerei begegnete uns eine Prozession. Jetzt wurde uns klar, dass heute "Fronleichnam", also in der hier katholischen Gegend Feiertag herrschte. So setzten wir unsere Fahrt entlang der Salzach fort bis "Wald im Pinzgau". Über eine Höhenstraße wollten wir das Feriendorf Königsleiten aufsuchen, das wir vom Ferienhaus auf dem gegenüberliegenden Talhang sehen konnten. Ein Sperrschild "Straßenbauarbeiten" hielt uns auf; aber nur kurzzeitig: wenn heute Feiertag war, dann wurde auch nicht an der Straße gearbeitet.
Das schmucke Feriendorf war ähnlich Hochkrimml fast menschenleer. Die Wintersaison war zuende, die Sommersaison begann erst im Juli. Von hier aus bewunderten wir die Aussicht zum "Plattkogel" und auf "unsere" Ferienanlage "Duxeralm".
Dann brachte uns das Auto zum Speicher "Durlaßboden", zu dem wir unsere Fußwanderung am Vortag abgebrochen hatten. "Mopsi" bekam am Ostufer des Speicherbeckens unweit der "Braueralm" seine Auszeit. Wir wanderten bis zur Staumauer etwa 3 km auf einen schmalen, aber sehr schönen Wandersteig ohne große

Höhenunterschiede. Die Wiesen waren blumenreich: Geflecktes Knabenkraut, Enzian, Mehlprimel, Pippau, Maßliebchen und viele andere Gewächse. Am gemütlichen "Seestübel" ließen wir uns Tee und Käsebrot schmecken. Dann kehrten wir zurück zum Auto und mit diesem auf dem kurzen Weg über den "Gerlospass" zum Ferienhaus. Im Freien, auf der Bank vor dem Haus hielten wir "Brotzeit", schrieben Karten und lasen bis zum Abendbrot.

Freitag (16.06.)
Eine Stunde früher als am Vortag rollten wir mit "Mopsi" hinunter nach Krimml zum Bäcker, dann zu einem weiteren Einkauf bei "Nah und Frisch". Nach Klärung der Futterage fuhren wir bis Sulzau und dort zum Parkplatz "Hopffeldboden". Hier begannen wir die Wanderung im "Oberen Sulzbachtal". Bis zur 5 km entfernten "Berndlalm" hatten wir 500 Höhenmeter zu bewältigen. Wir bestaunten den 300 m hohen "Seebachfall", nach einer Weile den 80 m hohen "Gamseckfall" und einen mächtigen "Gletschertopf" dazu.

Den Abstecher zur "Seebachalm" und dem "Seebachsee" verkniffen wir uns, weil wir den Aufstieg unserer Konstitution nicht zutrauten. Unterwegs wurden wir vielfach von Traktoren überholt, die in ihren Hängern Kühe auf die Almen transportierten. In jedem Hänger zählten wir vier Stück. Es gab also keinen romantischen Almauftrieb mehr, man hatte rationalisiert. Auch Radfahrern begegneten wir. Wir hatten große Achtung vor deren Leistungen. Mitunter trafen wir bereits auf kleinere Kuhherden, auch eine Schafherde, in diesem abgeschiedenen, vom Gletscher geschaffenen steilwandigen Trogtal. Nach einem einfachen, aber sehr schmackhaften und preiswerten Mittagsmahl auf der "Berndlalm" machten wir uns zufrieden an den Abstieg ohne dem herrlichen Tal etwa bis zur "Poschalm" oder gar bis zur "Postalm" weiter aufwärts zu folgen. Vor zehn Jahren wären wir bestimmt dorthin gewandert. Aber wir beachteten die letzte Zeile der Verse, die Gudrun vor unserem Aufbruch auf der "Berndlalm" abgeschrieben hatte:

"Mach Dir nicht den Aufstieg schwer, sauf Dein Bier erst hinterher.
Nie geh ohne Proviant, nimm was gegen Sonnenbrand.
Mancher, der wo abgestürzt, hätte bloß gern abgekürzt.
Blöd ist, wer sich bergwärts traut ohne eine Regenhaut.
Wer am Anfang gleich stiert, ist am Ende angeschmiert.
Sei nie stur und hirnverbrannt: umzukehren ist keine Schand."

Unterwegs las ich die Gesteinsproben auf, die ich beim Aufstieg in "Depots" bereitgelegt hatte und nun in den Rucksack verstaute. Viertel nach 15.00 Uhr langten wir am Parkplatz an, eine Stunde später waren wir an unserem Ferienhaus. Rechtzeitig! Denn während unserer "Brotzeit" prasselte ein von einem Gewitter begleiteter Starkregen nieder. Wir waren dankbar, dass wir bereits im Trockenen saßen und uns während der Wanderung nicht das Gewitter überraschte.

Samstag (17.06.)
Es hatte sich über Nacht eingeregnet und plätscherte noch immer. Also hatten wir kein schlechtes Gewissen, weiter zu schlafen und dann ein ausgedehntes Frühstück einzunehmen. Als der Regen aufhielt, entschlossen wir uns zu einem Spaziergang bis zum "Seeblick". So hatten wir die Bankgruppe mit dem Blick auf den "Durlaßboden" benannt.
Rechtzeitig langten wir wieder im "Hölzbauerhaus" an, ehe sich das nächste Gewitter während unserer Teestunde entlud. In der Wohnung war genügend interessante Literatur vorhanden, dass es uns auch an einem Regentag nicht langweilig wurde. Nach dem Abendbrot leerten wir zum Rommespiel eine Flasche Rotwein.

Sonntag (18.06.)
Das gleiche Wetter wie am Tag zuvor! Eine Regenpause nutzten wir zum Aufstieg zu einer Hochalm am Hang des "Plattkogels". Diesmal blieben wir aber schön auf dem Steig. Zu Mittag verspeisten wir Kartoffeln und Quark bzw. Brathering bzw. Wurst. Es folgte ein Mittagsschlaf. Zur Teezeit blitzte und donnerte es mächtig. Wir nutzten die Zeit zum Lesen. Gegen 21.00 Uhr erblickten wir auf der nahen Wiese einige Rehe.

Montag (19.06.)
Der Wetterbericht hatte für den Nachmittag erneut Gewitter angesagt. Diese Mitteilung veranlasste uns zu einem zeitigen Aufbruch. "Mopsi" brachte uns nach Neukirchen (856 m NN), von dort die Kabinenbahn auf den "Wildkogel". Die Seilbahn war durch eine Mittelstation unterteilt und überwandt bis zur Bergstation (2099 m NN) 1243 Höhenmeter.
Nun hatten wir noch einen schwierigen Aufstieg bis zum Gipfel vor uns, weil der Steig teilweise noch immer von Schneeflächen verdeckt war. Schließlich standen wir stolz auf dem 2225 m hohen Gipfel des "Wildkogels" und befanden uns nunmehr fast doppelt so hoch wie

Sachsens höchste Erhebung. Uns wurde ein herrlicher Rundblick geschenkt: Im Norden erblickten wir die Gipfel der "Kitzbühler Alpen". Im Süden sahen wir die Gipfelkette der Hohen Tauern, insbesonders den "Hohen Venediger", sogar den fernen "Großglockner" und viele andere Berggipfel, deren Namen wir nach dem Abstieg auf der Terrasse der Bergstation auf einer Panoramatafel lesen konnten.
Im Gipfelbuch des "Wildkogels" trugen wir unsere Namen noch vor der Mittagsrast ein. Dann machten wir uns daran, die Rucksackverpflegung zu vertilgen. Der kalte Wind zwang uns, trotz des herrlichen Sonnenscheins, die Pullover anzuziehen. Gleitflieger kreisten über, neben und unter uns.
Nachdem wir wieder im Tal angelangt waren, erledigten wir notwendige Einkäufe in Neukirchen. Pünktlich zur Teepause erreichten wir das Ferienhaus. Heute entlud sich das Gewitter erst während der Abendbrotzeit und des Rommespiels.
Nach dem Gewitter schauten wir zur "Rehwiese". Heute war die Herde weitaus größer. Unterstützt durch den Feldstecher zählten wir 18 Stück. Lustig, wie die Jungen herumhüpften und blitzschnell bergauf und bergab flitzten.

Dienstag (20.06.)
Start mit dem "Mopsi" bereits 8.30 Uhr über Krimml erneut nach Neukirchen. Für diesen Tag hatten wir uns eine Wanderung in das "Habachtal" vorgenommen. Für die 6 km bis zur "Enzianhütte" bewältigen wir 450 Höhenmeter. Wir benötigten statt der auf dem Wegweiser angebenen 90 Minuten genau eine Stunde mehr.
Mich interessierte der zu erwartende "Geologische Lehrpfad". Doch meine Enttäuschung war groß. Die für die Tafeln vorgesehenen Auflagen waren wohl vorhanden, doch die vor dem Winter entfernten Beschriftungen noch nicht wieder angebracht worden. Trotzdem lohnte sich die Wanderung durch dieses steilwandige Trogtal: schöne Ausblicke, rauschende Wasserfälle, eine herrliche Alpenflora, einige bemerkenswerte Gesteinsproben.
Auch in diesem Tal fanden wir bereits Kühe auf der Weide. An verschiedenen Stellen lag von Waldboden überdecktes Eis, sowohl an den Hängen als auch direkt am "Habach".
Kurz bevor wir die "Enzianhütte" erreichten, gesellte sich eine kleine Schweineherde zu uns und begleitete uns bis fast zur Hütte, die wir pünktlich zur Mittagszeit erreichten.

Wir begnügten uns mit einem Glas Milch und einer Schüssel mit einer wohlschmeckenden Suppe.
Den Rückweg schafften wir ohne Anstrengung in der auf der Tafel angegebenen Zeit. Um 15.30 Uhr langten wir am Ferienhaus "Hölzbauer" an.
Bevor wir uns zur "Brotzeit" an den Tisch gesetzt hatten, brach draußen ein Gewitter in einer Heftigkeit los; volle 90 Minuten lang. Dann klarte der Himmel wieder auf. Die Luft war erfrischend und verlockte uns zu einem Abendspaziergang.

Mittwoch (21.06.)
Der Wetterbericht hatte Gewitter für die Mittagszeit angesagt. Also ein halber Ruhetag. Heinz schlug vor, bis zur "Gletscherblickalm" zu laufen, die nur 45 Minuten entfernt lag. Wir stimmten zu. Aber wir wollten über den "Plattkogel" und über die "Breitscharte" gehen und uns dann mit Heinz und Annelies an der "Gletscherblickalm" treffen. So verließen wir 90 Minuten früher das Ferienhaus..
Auf dem "Plattkogel" war dank der warmen Gewitterregen der letzten Tage der Schnee fast verschwunden. Unser "Abstieg" führte an regelrechte Enzianwiesen vorbei. Von weitem grüßte uns der "Ankekopf" und die "Anken-Hochalm". Wir verließen den Weg, der als "Leitenkammersteig" am "Farnbühel" (2026 m NN) und der "Trissalm" hinauf zur "Zittauer Hütte" und dem "Gerlossee" führt und schwenkten nach Nord den Weg zur "Gletscherblickalm" ein und erreichten sogar fünf Minuten vor Vettermanns die Hütte. Nach einem schmackhaften Mittagessen machten wir uns an den Abstieg. Das Quartier erreichten wir kurz nach 14.00 Uhr. Es folgte eine "Siesta" bis zur Vesperzeit, darauf lesen, erzählen, weitere Karten schreiben bis zum Abendbrot, dann Rommespiel. Das Gewitter kam erst gegen Abend.

Donnerstag (22.06.)
Nach dem Frühstück brachte uns "Mopsi" nach "Rosental" (ein Ortsteil von Neukirchen).
Vom "Schütterhof", wo "Mopsi" seine "Auszeit" erhielt, wanderten wir ins "Untere Sulzbachtal" entlang eines malerischen Wasserfalls und der "Knappenwand" neben dem reißenden Bach bis zum Schaubergwerk. Von den ausgestellten Mineralien begeisterten uns besonders zwei riesige Bergkristalle. Selbst das Flussgeröll war hier recht interessant. Den

Rückweg nahmen wir nicht über den "Steilen Steig", sondern entlang der Fahrstraße, die sich zwar entschieden länger dehnte, doch dafür konnten wir im Tal einen schönen Weg entlang der wasserreichen Salzach bis zur Einmündung des "Unteren Sulzbachs" wandern. Im "Schütterhof" aßen wir zu Mittag, bevor wir die Rückfahrt antraten.

In Krimml statteten wir erst noch dem Gasthof "Falkenstein" einen Kurzbesuch ab, jedoch ohne Einkehr. Uns hatte seine Lage auf einen steilen Felsen wie ein Falkenhorst imponiert. Zur Vesperzeit erreichten wir das Quartier. Wenige Minuten später tobte draußen das vom Wetterbericht vorhergesagte Gewitter.

Freitag (23.06.)

Gudrun beschäftigte sich mit dem Kofferpacken, ebenso Heinz und Annelies. Ich schrieb einen Gruß ins Gästebuch, sah meine Aufzeichnungen durch, verpackte die gesammelten Gesteinsproben, half bei der Vorbereitung des Mittagessens: Kartoffeln und Kräuterquark mit selbstgepflückten Alpenkräutern. Nach dem Mittagsschlaf bummelten wir gemütlich zur "Gletscherblickalm" und nahmen Abschied von der herrlichen Bergwelt des österreichischen Bundeslandes Salzburg, von der der Dichter Karl-Heinrich Waggerl folgendes notierte:

"Ein kleines Ländchen, alles in allem, aber man muss es herzlich lieben. Wer immer in seinen Gauen zu Gast war, dem wird sein Name zeitlebens als ein heiterer Akkord im Ohr klingen und niemand, der einer Herzensregung fähig ist, wird es ungetröstet verlassen."

In der gastfreundlichen Almhütte vesperten wir ein letztes Mal. Da sich Anke für die Technik des Melkens interessierte und aufpassen durfte, erhielten auch wir anschließend kuhwarme Milch. Mmmm! Dabei wurden bei mir Kindheitserinnerungen wach.

An diesem Abend gingen wir zeitig schlafen, denn wir wollten zeitig die Heimfahrt antreten.

Samstag (24.06.)

Der Uhrzeiger rückte doch bis auf 8.00 Uhr ehe wir alles verpackt, den Müll weggebracht, die Stromzähler abgelesen hatten.

Diesmal nahmen wir unsere Fahrtroute nicht über den "Gerlospass" zur Autobahnauffahrt "Aachensee-Zillertal", sondern über Krimml - Mittersill - Kitzbühel - St. Johann - zur Autobahnauffahrt "Kufstein". Ansonsten benutzten wir die gleiche Route wie am 10. Juni, nur in umgekehrter Richtung. Um München herum war sehr viel Verkehr, vermutlich wegen der Fußball-WM: Deutschland gegen Schweden. Aber es kam nicht zum Stau. Mit zwei Zwischenpausen langten wir gegen 16.15 Uhr auf dem Moserhof an. An diesem Tag hielten wir unsere Teezeit im Garten, dankbar für die Bewahrung in diesen beiden wunderschönen Urlaubswochen.

Ein Besuch in Rathenow

Vom 11. bis 14. August besuchten wir die Stadt Rathenow. Damit lösten wir ein Geburtstagsgeschenk für Anke ein. Wir hatten ihr den Besuch des "Optischen Museums" und die eventuelle Möglichkeit einer Betriebsbesichtigung versprochen. Sie koppelte unsere Versprechung zugleich mit einem weiteren Wunsch, dort Brillenplaste zu erwerben.
Die Fahrt nach Rathenow sollte für uns gleichzeitig den Besuch der Landesgartenschau beinhalten.
Schon im Juni schrieb ich an die Informationsstelle der Stadt Rathenow, schilderte unsere Wünsche und bat darum, uns behilflich zu sein sowohl in der Quartiersuche als auch in der Benennung eines Betriebes, an den wir uns wenden könnten. Ich legte einen frankierten Briefumschlag bei. Es kam keine Antwort.
So wandte ich mich an den Bürgermeister.
Ein Herr Böhm, Inhaber eines Brillengroßhandels meldete sich stellvertretend und zunächst telefonisch. Ihn hatte der Bürgermeister gebeten, mit uns Kontakt aufzunehmen. Ein paar Tage später schickte uns Herr Böhm Informationen zu Übernachtungsmöglichkeiten und zur Landesgartenschau. Sein Brief enthielt eine Zusage, er wolle sich um eine Betriebsbesichtigung bemühen. Außerdem hatte er drei Acetatplatten, aus denen normalerweise Brillengestelle hergestellt werden, für Ankes kreative Bastelarbeiten beigelegt. Anke jubelte.
Telefonisch buchten wir eine Ferienwohnung im Stadtinneren direkt an der Havel.
Herr Böhm hatte um unsere Handynummer gebeten. Als wir uns auf der Landstraße kurz vor Rathenow befanden, rief er uns im Auto an und lotste uns zu unserer Ferienwohnung, kam dann sogar zu uns und versorgte uns mit weiteren Informationen.

Aus dem Fenster der Ferienwohnung blickten wir direkt auf den "Speicher". Die frühere Getreidemühle wurde nach seiner Restaurierung in die Landesgartenschau einbezogen. Darin wurden Wechselausstellungen gezeigt (während unseres Besuches: Bonsai und Ikebana). In den oberen Stockwerken gaben verschiedene Handwerke Einblicke in ihre Tätigkeiten.

Am nächsten Tag, den Samstag also, schauten wir uns die Landesgartenschau an. Wir waren überwältigt von dem Gezeigten, aber auch von dem Konzept, das man dabei umgesetzt hatte.

Der Weg zwischen dem "Speicher" und dem übrigen Gelände der "LAGA" auf der anderen Seite der B 188 führte unter der Brücke über einen aufgepeppten Kutter. Hervorragend war die Verbindung der "LAGA" mit der "Optik" gelungen. Ein Ödland hatte man zu einem Park für die "LAGA" umgestaltet. Eine Floßfahrt auf einem alten Havelarm brachte eine weitere Abwechslung. Die vorhandenen Teiche wurden einbezogen. Verschiedenfarbene Teichrosen, sogar Lotosblumen, konnten wir bewundern. Es gab viele Springbrunnen.

Die Spektralfarben eines Prisma fand man auf phantastische Art und Weise in den einzelnen "Blumenstrahlen" wieder.

Auch an den "Spieltrieb" der Kinder (nur der Kinder?) hatte man gedacht. Es gab manche attraktive Beschäftigungsmöglichkeiten.

Kioske und Ruheplätze mit ausreichenden Sitzgelegenheiten ermöglichten, Durst und Hunger zu stillen.

Das Abendessen nahmen wir auf Empfehlung von Herrn Böhm in einer urigen Fischgaststätte vor den Toren der Stadt ein.

Am Sonntag besuchten wir die "St. Marien-Andreaskirche". Uns gefielen die schönen, modernen Kirchenfenster.

Auf großen Tischen hinter dem Altar hatte man eine Bibelausstellung aufgebaut. Es waren feine Exemplare ausgewählt. Aber zu unserer Verwunderung lag zwischen all den Bibeln ein Koran. Es fehlte ein Hinweis, dass dies die "heilige" Schrift der Moslems sei. Befremdet wandte ich mich an den Aufsichtsführenden und fragte an, was man sich dabei gedacht habe, einen Koran zwischen die Bibeln zu legen. Die Antwort: "Wir sind doch eine offene Kirche" schockierte mich, und ich bat meinen Gesprächspartner darum, meinen Protest an den Pfarrer bzw. Superintendenten weiter zu geben. Er versprach es, meinte aber, das würde nichts an der Ausstellung ändern.

Am Pfarrhaus entdeckten wir eine Gedenktafel für den Begründer der optischen Industrie in der Stadt Rathenow: Johann Friedrich August Dunker.

Der Blick vom Kirchturm auf die Stadt, das Gelände der "Laga" und die Umgebung gefiel uns gut. Den erspähten "Bismarkturm" wollten wir uns am nächsten Morgen vornehmen.
Während unseres Aufenthaltes auf dem Turm begannen die Glocken zu läuten. Die Schallwellen breiteten sich bis zum Turmplateau aus und ließen unseren Untergrund mitschwingen.
Für heute stand noch der Besuch des "Optischen Museums" auf der Tagesordnung. Es gab nur wenige Besucher. Wir nahmen uns Zeit, alle Exponate zu betrachten. Nicht nur Anke, nein, auch wir hatten unsere Freude an der Ausstellung.
Anschließend bummelten wir durch die Altstadt, in der uns einige schöne, alte, restaurierte Bürgerhäuser und das rekonstruierte Schleusenwärterhaus gefielen.
Lange Zeit weilten wir vor dem vom Bildhauer Glume 1738 geschaffenen Denkmal für den Kurfürst Friedrich Wilhelm. Das Monument erinnerte an dessen Sieg in der Schlacht von Ferbellin gegen die Schweden 1675.
Insgesamt werden am Denkmal alle seine siegreiche Schlachten gewürdigt; eine Seite zeigt Motive aus der Schlacht bei Warschau im Juli 1656, die zweite erinnert an die Massaker in Rathenow am 15. Juni 1675 durch die Schweden, die dritte macht die siegreiche Schlacht bei Ferbellin am 18. Juni 1675 deutlich. Auf der vierten Seite sieht man Motive aus der Eroberung der Stralsunder Festung im Jahre 1678.
Am anderen Morgen besuchten wir den Bismarckturm trotz Regenwetter. Eine alte Platanenallee führte uns zum Ziel. Auch dort bewunderten wir schöne Blumenanlagen rund um den wuchtigen Turm. Von seiner Höhe überblickten wir die Umgebung allerdings wegen der Wetterverhältnisse nicht so schön wie am Vortag vom Kirchturm.
Gegen Mittag war das Treffen mit Herrn Böhm verabredet, der uns eine Betriebsbesichtigung in einem Werk ermöglichte, in dem heute noch Brillengestelle gefertigt werden.

Aus den zahlreichen Mustern der einzelnen Farbproben, die dort in Form kleiner Täfelchen an der Wand hingen, durfte sich Anke nach ihrer Wahl Muster auswählen, die sie eine Woche später zugeschickt bekam.
Wunschlos glücklich trat sie mit uns die Rückfahrt an, nachdem wir uns in aller Herzlichkeit von Herrn Böhm verabschiedet und ihm noch einmal gedankt hatten für seine Hilfsbereitschaft und seinen Einsatz.
Wir sagten zu ihm: "Rathenow ist eine beachtenswerte Stadt! Wir bedauern, dass wir nicht längst auf Ihre Vaterstadt aufmerksam geworden sind."

Unsere "Masuren-Reise"   (20. - 26.08. 2006)

Mitte der siebziger Jahre waren Gudrun, Maike und zwei weitere Freundinnen in den Masuren. Mit dem Zug hatten die vier Mädchen zwei Paddelboote nebst Gepäck dabei. Gudrun erzählte hin und wieder davon.
Im letzten Winter traf ich beim Einkaufen eine Oelsnitzer Frau, die ich von unserer "Altmühl-Radtour" Ostern 2001 her kannte. Sie sprach mich an, ob ich schon bei "Scheibners Reisen" vorbei geschaut hätte, sie böten für diesen Sommer eine Masuren-Radtour an.
Ich holte am gleichen Tag einen Angebotskatalog. Gudrun war begeistert. Schon am nächsten Tag buchten wir für 7 Personen, nachdem auch Heinz und Annelies und nach telefonischem Kontakt Maike und Birgit zugesagt hatten.

20.08. Anreise
Am 19. August holten Scheibners die Fahrräder ab; am Tag darauf stand der mittlere Reisebus um 5.30 Uhr vor unserem Tor und nahm uns auf. Heinz und Annelies saßen bereits drin, Frank Scheibner am Steuer. Sein Sohn Andreas war mit dem Achtsitzer nach Fürstenwalde unterwegs, um Maike und Birgit abzuholen und um die vorgeschriebene Ruhepause für die Polenreise einhalten zu können. Auf dem letzten Parkplatz in Deutschland war das Treffen vereinbart. Andreas sollte den "16er Bus" übernehmen, während Frank mit dem kleinen Achtsitzer wieder nach Oelsnitz zurückkehren wollte. So war es geplant. Doch es kam anders.

Wir warteten auf dem Parkplatz. Plötzlich klingelte Franks Handy. Andreas hatte nach seinem Kurzschlaf vor der Fürstenwalder Abholung für kurze Zeit den Bus verlassen und dabei Brieftasche mit Geld, Ausweis und Führerschein verloren. Er wollte die betreffende Stelle noch einmal anfahren.
Nächste Meldung: Die Suche sei ergebnislos verlaufen. Fahrt zur Polizei: Man sei bereit, ihm einen Ersatzausweis anzufertigen.
Dann brachte Andreas Maike und Birgit samt den beiden Rädern zum Parkplatz zum Umsteigen. Ihn selbst zog es ein zweites Mal an die Pausenstelle und dann zur Polizei. Doch das erfuhren wir nur über Franks Handy, der nunmehr selbst mit uns die Reise angetreten hatte Die dafür notwendige Pause von zwei Stunden waren durch das Warten ja auf dem Fahrtenschreiber vermerkt.
Frank blieb erstaunlich gelassen. Andreas sollte nach Erhalt der Ersatzpapiere nachkommen und uns ab den 2. Tag betreuen. Der Grenzübertritt in Frankfurt /O brachte keine Probleme. Nach den rund 300 km auf deutschen Autobahnen ging es nunmehr rund 600 km über polnische Straßen, von denen nur um Poznan (Posen) herum bereits eine Autobahn existierte. Zunächst benutzten wir die Straße Nr. 2 bis Wreznia (Wreschen), dann die Straße Nummer "15" über Gniezno (Gnesen), Inowroclaw (Hohensalza), Torun (Thorn) bis Ostroda (Osterode), schließlich die "16" über Olsztyn (Allenstein), Barczewo (Wartenburg), Biskupiec (Bischofsburg) bis nach Sorkwity (Sorquitten).
Bis hierher war alles gut ausgeschildert, die Fahrt daher relativ einfach trotz unterschiedlicher Qualität des Straßenbelags. Jetzt aber begann das Problem: wir fanden bei Dunkelheit und starkem Gewitterregen nicht die Abzweigung zu unserem ersten Hotel. Zweimal verfuhren wir uns. Das Umkehren mit dem Fahrradanhänger bedeutete eine zusätzliche Schwierigkeit. Schließlich kam uns der polnische Reiseleiter Marek, der uns für die nächsten Tage auf den Fahrrädern begleiten sollte, entgegen. Dank dieses Lotsen trafen wir 21.30 Uhr am Hotel ein.
Trotz der späten Stunde gab es für uns im "Palac Sorkwity" ein reichliches und ausgezeichnetes Abendessen: Ein Lachshäppchen als Vorspeise, eine Eier- Wurst- Vorsuppe, als Hauptmenü Forelle, mein Lieblingsfischgericht! Es schmeckte alles vorzüglich!

Beim Nachtisch - Eis - trotz innerem Verlangen mussten wir drei passen. Der Magen war voll.

Wir erhielten in dem restaurierten alten Schloss ein feines, sauberes Appartment, für Anke war darin sogar ein separater Schlafraum. Wir schlummerten bei himmlischer Ruhe trotz des vollen Magens ausgezeichnet durch.

Montag, 21.08.

Am anderen Morgen wurde uns gewahr, dass das Schloss inmitten eines hübschen Parks und an einem See lag. Man könnte hier bleiben!

In der Nacht war Andreas eingetroffen. Vater und Sohn tauschten die Busse; Frank kehrte nach Oelsnitz zurück.

Nach einem genüsslichen Frühstück wurden die Räder ausgeladen. Wir starteten zur ersten Etappe: über Warpun(Warpuhnen) nach Swieta Lipka (Heiligelinde). Diese 25 km legten wir teils auf Wald- und Feldwegen, teils auf Dorfstraßen mit Kopfsteinpflaster und nur zu einem geringen Teil auf Asphalt zurück. Übrigens war das Relief recht wellig und gar nicht so eben, wie gedacht, schließlich waren wir in einem Gebiet der Endmöränen und nicht nur in der flachwelligen Grundmoräne. Aber die Strecke war bei heiterem Wetter gut zu schaffen. Während der Besichtigung der Kirche fiel ein Regenschauer, wie wir danach an den nassen Wegen feststellten.

"Heiligelinde" stellt eine Kirchen- und Klosteranlage von hohem historischem Rang dar, die zu den wertvollsten spätbarocken Objekten dieser Art in Polen gehört und in letzter Zeit sich immer stärker zu einem Touristenmagnet entwickelt hat.

Gleich nach dem Ende des zweiten Weltkrieges kamen polnische Jesuiten nach Swieta Lipka. Seitdem führten sie beständig Renovierungsarbeiten an Kirche, Kreuzgang sowie der gesamten Anlage durch. Noch immer sind sie damit beschäftigt.

Die Kirche selbst hat die Form einer dreischiffigen Basilika, das mittlere ist deutlich höher. Über den Seitenschiffen sind Emporen angeordnet.

Beachtlich fanden wir die perspektivisch gemalte Architektur (Quadraturmalerei).

Optische Täuschungen wurden von Maciej Mayer (um 1735) auch an den Wänden angewandt, die Gesimse und profilierte Umrahmungen vorgaukeln. Die von Jan Mosengel gefertigte Orgel

(1719 - 1721) war von gutem Klang. Sie bot dem Auge nicht nur die sich bewegenden Zimbelsterne, sondern einige, sich bewegende Gestalten.

Am zweiten linken Pfeiler im Hauptschiff war eine aus Holz geschnitzte Linde mit Metallblättern und einer silbernen Marienstatue mit Jesukind in der Baumkrone zu sehen. Nach dieser Linde hat das Gotteshaus und die Ansiedlung den Namen erhalten.

Die Kirche war gut besucht; überraschend viele Kindergruppen. Ein Orgelkonzert erklang. Der Jesuitenpater erklärte die Figuren, die Bilder, die Architektur (für uns erledigte dies anschließend eine deutschsprechende polnische Führerin).

Nach der Kirchenführung erhielten wir von Andreas einen Imbiss am Bus.

Gestärkt radelten wir weiter an zahlreichen Kapellchen vorbei, die auf den Wallfahrtsweg Heiligelinde hinwiesen, nach Reszel (Rössel). Dort besichtigten wir die Kreuzritterburg, die größte Kirche (es gibt eine ganze Reihe weiterer Gotteshäuser in dieser Stadt) und den mittelalterlichen Stadtkern.

Wir bestiegen erneut unsere Drahtesel und strampelten weiter zur Kreisstadt Ketrzyin (Rastenburg), eine Industriestadt von nahezu 30.000 Einwohnern, zuletzt auf sehr befahrenen Straßen zum Hotel "Koch". Es war inzwischen 16.30 Uhr geworden. Als ich mein Fahrrad in die vorgesehene Garage schob, las ich den Kilometerstand ab: 56 km.

Wir erhielten unsere Zimmerschlüssel. Glücklicherweise befand sich unser Zimmer auf der Hotelrückseite, was uns mehr Ruhe für die Nacht versprach. Nacheinander duschten wir unsere verschwitzten Körper und ruhten bis zum gemeinsamen Abendbrot.

Der Hotelchef begrüßte uns persönlich und ließ uns einen Kräuterlikör "Bärentatze" ausschenken. Zum Abendessen brachte uns der Kellner wohlschmeckende "Königsberger Klopse". Vorsuppe und Nachtisch fehlten auch nicht. Der Durst wurde mit Bier gestillt.

Nach dem Essen zeigte uns Marek noch einen Teil der Rastenburger Altstadt, so die Wehrkirche "St. Georg" und die alte Ordensburg.

Dienstag, 22.08.
Nach dem Frühstück radelten wir zur rund 10 km entfernten "Wolfsschanze". Hier erlebten wir eine deutschsprachige Führung durch den Autor Jerzy Szynkowski. Er trat sehr professionell auf, und er hatte Humor. Er bot einen von ihm verfassten Reiseführer an. Jerzy war so freundlich und signierte uns sein Buch.

Im Jahre 1940 begann Dr. Todt mit dem Bau dieses "Führerhauptquartiers" und der Anlagen für das "OKW" ("Oberkommando der Wehrmacht"). Ausschlaggebend für diesen Standort war die Nähe zur russischen Grenze und die Unzugänglichkeit inmitten mehrerer Seen, Moore und Wälder.

Das gesamte Areal hat eine Ausdehnung von 250 ha, der dazugehörige Wald weitere 800 ha. Das Terrain wurde durch Stacheldraht und bis zu 100 m breiten Minenfelder gesichert.

Vom 24. Juni 1941 (zwei Tage nach dem Überfall auf die Sowjetunion) bis zum 20. November 1944 verbrachte Hitler, von wenigen Unterbrechungen abgesehen, seine Zeit in diesem "Hauptquartier".

Hier stand auch die Lagebaracke, in der am 20. Juli 1944 Claus Schenk Graf von Stauffenberg das Attentat auf Hitler unternahm, was leider erfolglos blieb.

Er und viele andere, die sich gegen die nationalsozialistische Diktatur erhoben hatten, bezahlten mit ihrem Leben. Am 24. Januar 1945, als die "Rote Armee" näher kam, sprengten deutsche Pioniere alle Objekte in der "Wolfsschanze". Zehn Jahre nach Kriegsende wurden die Entminungsarbeiten beendet.

Wir radelten weiter über Mazany (Masehnen) und Radzieje (Rosengarten), auf einer schönen, alten Eichenallee nach Sztynort (Steinort), wo Mittagsrast angesetzt war.

Marek empfahl, im alten Schloss zu speisen, in dem sich ein gutes Restaurant befände. Statt einzukehren, zogen wir es vor, direkt am Bus einen "Scheibner-Imbiss" einzunehmen. Während die anderen zum Jachthafen bummelten, legte ich mich ein Stündchen auf den Rasen nieder. Von Andreas erhielt ich sogar eine Decke. Leider fand ich keinen Schlaf, weil in der Nähe ein unermüdlicher Rasenmäher mit seinem Lärm mich daran hinderte. Aber ich konnte mich ausstrecken und ruhen. Nach der Mittagspause überquerten wir auf einer Brücke die Landenge zwischen Jezioro Mamry (Mauersee) und Jezioro Dargin (Dargainen See).

Auf sandigen Wald- und Feldwegen über Swidry (Schwiddem) gelangten wir nach Gizycko (Lötzen), einem wichtigen touristischen Wassersportzentrum.

Hier steht eine evangelische Kirche, erbaut nach einem Entwurf von Schinkel aus dem Jahr 1827.

Berühmt ist die fast einhundert Tonnen schwere Drehbrücke am Kanal aus dem Jahr 1848. Die Einwohnerzahl von Lötzen: um die 30.000 Menschen.

Wir übernachteten im Hotel "Europa", direkt am Jezioro Kisajno (Kissain-See).

Heute hatten wir 57 km im Radsattel zurückgelegt.

Nach dem Abendbrot - unternahmen wir eine Fahrt mit einem Motorboot auf dem See. Wir genossen die masurische Landschaft und den Sonnenuntergang.

Mittwoch, 23.08.

Nach dem Frühstück radelten wir über Wilkasy (Wilkassen) (Wolfsee)[in dieser Gegend fanden wir die einzelnen Orte auf der Karte dreisprachig], Skop (Reichenstein) (Skoppen), Szymonka (Schmidtsdorf) (Schimonken) nach Mikolajki (Nikolaiken). Dabei mussten wir teilweise über sandige Feldwege, durch Pfützen und übers Feld fahren.

War der Weg auch beschwerlich, so sahen wir unterwegs einige Störche und sogar einige Tarpanpferde. Sie sind eine Rückzüchtung jener südosteuropäischen Wildpferde, die fast ausgestorben waren.

In Nikolaiken, dem "Masurischen Venedig" langten wir 12.30 Uhr an. Bis 15.00 Uhr hatten wir Zeit. Heute speisten wir in einer der Tavernen und probierten gebratene Maränen, eine hiesige Fischspezialität.

Nikolaiken liegt am Verbindungskanal zwischen Mauersee und dem Spirdingsee. Gudrun und Maike schwelgten in Erinnerungen an ihre Paddeltour vor 30 Jahren.

Nach dem Essen bummelten wir durch den belebten Ort, besuchten auch die evangelische Kirche, die trotz der Kriegswirren bis auf die Fenster erhalten blieb und vor einigen Jahren restauriert wurde. Vom Pfarrer erfuhren wir, in Polen gäbe

es ca. 80.000 evangelische Christen, davon lebten rund 3.000 in den Masuren, wo es noch vier weitere evangelische Kirchen gäbe, so in Lötzen.
Auf dem Marktplatz fotografierten wir, wie alle Touristen, den "Maränenkönig" - ein "Stint".
Von Nikolaiken aus legten wir das letzte Stück bis zur nächsten Übernachtungsstelle in Ruciane (Niedersee) (Rudczanny) mit dem Bus zurück, so dass ich heute nur 21 km auf dem Kilometerzähler ablesen konnte.
Der Niedersee ist ein typischer Rinnensee und mit dichtem Wald der Johannesburger Heide umgeben. Er besitzt mehrere Buchten, Halbinseln und sieben verschieden große Inseln. Der gesamte See ist zu einer Ruhezone erklärt worden. Motorboote sind hier verboten, man darf segeln, rudern oder paddeln.
Wir beobachteten viele Segelboote.
Donnerstag, den 24.08.
Nach dem Frühstück starteten wir nach Wojnowo (Eckersdorf) und zum Philipponenkloster am kleinen "Jeziore Dus". Im Dorf sahen wir eine kleine russisch-orthodoxe Kirche. Das Philipponenkloster mit der zugehörigen Kirche war auch russisch-orthodox; aber nicht schlechthin, sondern eine Einrichtung der "Altgläubigen". Diese hatten sich in der zweiten Hälfte des 17. Jahrhunderts kirchlichen Reformen widersetzt und wurden deshalb verfolgt, wanderten nach Sibirien oder nach Ostpolen aus.
Noch heute taufen die "Altgläubigen" durch Untertauchen im See, segnen mit drei (statt zwei) Fingern, singen während der Andacht das "Halleluja" dreimal (statt zweimal), nehmen ihre Prozessionen in Richtung der Sonnenbewegung vor (nicht von West nach Ost).
Wir durften die Kirche besichtigen, auch die Gutsanlage und den Friedhof (die achteckigen Kreuze auf den Gräbern sind immer auf der östlichen Seite, zu Füßen der Verstorbenen aufgestellt).
In Polen gibt es ca. eine halbe Million Menschen des russisch-orthodoxen Glaubens. Davon etwa 3.000 "Altgläubige" (Nachkommen jener vom preußischen König Friedrich Wilhelm nach den Napoleonkriegen gerufenen Ansiedler in den durch die Kriegswirren entvölkerten Landstrich der Masuren).

Sie alle besitzen heutzutage die polnische Staatsangehörigkeit und sprechen im zivilen Leben polnisch. Die Liturgie allerdings wird in "Altrussisch" vollzogen.
Die "Altgläubigen" trinken keinen Alkohol, rauchen nicht in den Zimmern, wo ihre Ikonen stehen, sind fleißig, beschäftigen sich mit Fischfang, Forstwirtschaft oder Landwirtschaft. Nonnen gibt es hier keine mehr, die letzte starb vor kurzer Zeit, neunzigjährig.
Nach dem interessanten Kirchenbesuch radelten wir weiter nach Ukta, wo die geplante zweistündige Paddeltour auf der Krutinna über 7 km beginnen sollte.
Wir drei erhielten ein dreisitziges Paddelboot mit jeweils nur halben Paddeln (also ein Blatt). Zuerst kamen wir überhaupt nicht zurecht. Nachdem wir uns geeinigt hatten, dass nur Gudrun (rechts) und ich (links) paddeln, kamen wir vorwärts. Trotzdem dauerte es lange, bis wir gradlinig vorankamen, weil unsere Armkraft unterschiedlich beschaffen war. Aber es machte viel Spaß.
Das folgende Gedicht (wer ist wohl der Dichter?) konnte ich auf diesem Flüsschen gut nachempfinden:
"Heißer Wunsch am kühlen Wasser   Einmal noch die Liebste küssen,
Mit der Liebsten, still und leis,   selig spüren in der Zeit:
Wieder zu den Buchten schwimmen, alle Küsse in Masuren
die kein Fremder kennt und weiß.   sind ein Hauch der Ewigkeit."
Nachdem alle die 7 km bewältigt hatten und wieder an Land standen, stärkten wir uns am "Scheibner Bus-Imbiss" mit Würstchen, Schmalzbrot oder Suppe und löschten den Durst aus der Wasserflasche. Dann radelten wir auf Wald- und Feldwegen zurück nach Niedersee.
Heute hatten wir 24 km im Sattel und 7 km im Paddelboot zurückgelegt.
Während Gudrun und Anke im See schwammen, schlief der Alte. Dann tranken wir bei Sonnenschein auf der Hotelterrasse eine Tasse Tee und verzehrten ein Stück Kuchen: Den Blick hatten wir zum See, wo sich viele Segelboote tummelten.
Das Abendbrot nahmen wir am Lagerfeuer neben der Wasserfläche ein.
Das Hotelpersonal übernahm das Grillen.

Ein für uns bestellter Akkordeonspieler unterhielt uns zweieinhalb Stunden mit den schönsten Melodien aus Deutschland, Österreich, Polen und Russland.
Dazu ein wundervoller Sternhimmel und absolut mückenfrei!
Freitag, 25.08.
Nach dem Frühstück benutzten wir zunächst 12 km eine schnurgerade Asphaltstraße, die erst vor wenigen Tagen fertiggestellt worden war. Dann bogen wir auf einen Waldweg ab nach Wiartel am gleichnamigen See. Hier machten wir Rast.
Nach einer Stärkung setzten wir die Radtour fort über Jablon (Wasserborn) nach Pisz (Johannesburg) am Ostrand der Johannesburger Heide.
Schon 1345 errichtete der Deutsche Ritterorden die "Johannburgk". Stadtrecht besitzt Johannesburg seit 1645 durch den Großen Kurfürst Friedrich Wilhelm I.
Im 2. Weltkrieg wurde die Stadt zu 75 % zerstört, danach aber wieder aufgebaut und ist heute eine Industriestadt mit über 20.000 Einwohnern.
Am Stadtrand gab es Verpflegung am Bus, der dort auf uns wartete. Bis jetzt waren wir 32 km geradelt. Einige Radteilnehmer wollten zunächst zum "Jezioro Ros" (Roschsee) und dann nach Niedersee mit dem Fahrrad zurücklegen.
Wir anderen stiegen in den Bus um, fuhren kurz zum Spindigsee und waren gegen 14.00 Uhr am Hotel. Andreas koppelte den Hänger ab. Heinz und Annelies zogen es vor, Pilze zu sammeln. Maike, Birgit, Gudrun, Anke und ich wurden auf unseren besonderen Wunsch von Andreas zum Geburtshaus von Ernst Wiechert gefahren, das etwa 20 km entfernt lag. Wir wären traurig gewesen, wenn wir nicht hätten dorthin kommen können. Das Geburtshaus, ein altes Forsthaus, war rekonstruiert und beherbergte ein kleines Museum. Die Polen schätzen den Schriftsteller ebenso, vielleicht noch mehr als wir Deutschen.
Leider wurde Wiechert, der sogar eine Zeit von den Nazis im KZ Buchenwald eingekerkert war, weil er sich für Martin Niemöller eingesetzt hatte, in der DDR totgeschwiegen. Er war bekennender Christ. Außerdem war der Landbegriff "Ostpreußen" tabu. Und Wiechert ohne Ostpreußen - das wäre schon gar nicht möglich.

In der folgenden Zeit hatte ich mir vorgenommen, einiges von ihm zu lesen.

Andreas erhielt von uns für diese Fahrt zum Forsthaus Pierslawek (Kleinort) nahe Piecki (Peitschendorf) einen Extraobonus. Aber verlangt hatte er nichts!
Kurz nach 15.00 Uhr langten wir wieder am Hotel an. Unterwegs kauften Gudrun und Maike noch Honig als Mitbringsel ein.
Die Radfahrer kamen erst, als wir schon nach einem Bad im See geduscht und bei Tee und Kuchen auf der Terrasse saßen. Heinz und Annelies waren auch zufrieden. Sie hatten reichlich Pilze gefunden.
Samstag 26.08.
Frühstück 7.00 Uhr, vorher Gepäck einchecken. 7.30 Uhr starteten wir die Rückfahrt bei regnerischem Wetter. Wir benutzten ziemlich die gleiche Strecke, nur in umgekehrter Fahrtrichtung wie am 20.08. An der Grenze Fahrerwechsel. Andreas brachte Maike und Birgit heim. Unseren Bus steuerte Frank die letzten 300 km. Um Mitternacht waren wir daheim.
In der einen Woche hatten wir uns rund 1900 km mit dem Bus, 180 km mit dem Fahrrad und 7 km mit dem Paddelboot bewegt. Es war eine sehr interessante Reise mit vielen neuen Eindrücken und Erlebnissen. Unsere "Radler-Gruppe" war eine gute Gemeinschaft, alles hilfsbereite, freundliche und verträgliche Menschen!

Am 1. September erinnerte ich mich bewusst daran, dass vor einem halben Jahrhundert meine aktive Lehrertätigkeit begann. Nun war ich schon acht Jahre Rentner.
Vom 20. bis 22. September beteiligte ich mich wieder einmal an einer Berlinreise, zu der unser Bundestagsabgeordneter Herr Wanderwitz eingeladen hatte. Die Fahrt war nicht ausgelastet, so bot man mir die Reise an. Nach Absprache mit der Familie sagte ich zu. Unterkunft fanden wir in einem französischen Hotel in Wedding nahe dem Flughafen Tegel.
Aller zwei Minuten setzte ein Riesenvogel unter starker Lärmentwicklung zur Landung an. Ich befürchtete schlaflose Nächte. Aber das war glücklicherweise nicht so, denn es galt Nachtflugverbot.
Wir erlebten eine schöne Stadtrundfahrt und einen Besuch des Bundestages. Leider verstand ich dort wegen meiner Schwerhörigkeit

überhaupt keinen Redner. Fatal fand ich, dass jeweils immer nur die Abgeordneten klatschten, zu deren Fraktion der jeweilige Sprecher gehörte.
Wir besuchten zuerst die Konrad-Adenauer-Stiftung. Am nächsten Tag waren wir im Bundeskanzleramt angemeldet. Zwar durften wir nicht alle Stockwerke besichtigen, wurden aber in den Saal geführt, in dem Staatsbesuche empfangen werden und auch in den Raum, in dem regelmäßig die Ministergespräche stattfinden.
Am Abend war eine Dampferfahrt mit Abendessen auf dem Schiff geplant. Darauf verzichtete ich und trennte mich von der Gruppe, um meinen Sohn Michael aufzusuchen, der in diesen Tagen im Krankenhaus lag. Vorher schaute ich in die neue Synagoge hinein, denn sie liegt in unmittelbarer Nähe des katholischen St. Hedwig-Krankenhauses. Zur vereinbarten Zeit kreuzte ich bei meinem Jüngsten auf.
Am dritten Tag hörten wir einige interessante Berichte in der Vertretung Sachsens bei der Bundesregierung. Dann brachte uns der Bus wieder in den Kreis Stollberg zurück. Insgesamt war die Fahrt recht interessant. Auch die Verpflegung war hervorragend. Trotzdem stellte ich folgende Überlegungen an: Jeder Bundestagsabgeordneter hat jährlich zwei solcher Busfahrten à 50 Personen frei. Ich schätze die dafür notwendigen Staatsausgaben auf 15 bis 20 Mio. €. Wenn ich Finanzminister wäre, würde ich diese Ausgaben einsparen, so schön das ganze für die Teilnehmer auch ist.
Die Zeit vom 30.09. bis zum 04.10. verbrachten wir in Gottenheim. Unsere Absicht war es, bei der Weinlese zu helfen. Da es aber am Sonntag und am Dienstag in Strömen regnete, blieb nur der Montag zum "Herbsten" übrig. Wir arbeiteten von 9.00 bis 17.00 Uhr mit einer halbstündigen Mittagspause. Die Arbeit war anstrengend. Unsere Rücken schmerzten recht arg. Aber es machte trotzdem Spaß, und wir sahen etwas von unserer Arbeit. Enttäuscht war ich, dass so viel Abfall blieb. Verdorrte, faule und unreife Beeren warfen wir auf den Boden. Sie würden den Wein verderben. Durch die langen Regentage im August, gab es leider viele faule Beeren.
Natürlich habe ich auch manche Beeren konsumiert, besonders die

angeblich noch unreifen. Mir schmeckten diese gerade gut; sie waren weniger süß, löschten dadurch ganz enorm den Durst. Schade, dass die Entfernung (650 km) uns daran hindert, öfter zu fahren.
Auf dem Rückweg gerieten wir zweimal in einen Stau, der zusätzliche Zeit kostete. Glücklich waren wir, dass wir ohne Unfall beide Strecken passieren durften.

Daheim im Garten kam die Apfelernte an die Reihe, dann das Ausästen. Schließlich musste der Garten "winterfest" gemacht werden: Regentonnen leeren, Rosen anhäufeln und mit Reißig abdecken. Da im hohen Alter die Arbeit nicht mehr so "fleckt", gehen manche Stunden drauf. Trotzdem empfand ich diese Beschäftigung nicht als Belastung.
Vor dem Ewigkeitssonntag deckten wir die Gräber von Lieselotte und beider Elternteile ab und legten Kränze darauf; also neben Oelsnitz auch Chemnitz und Buchholz. Selbstverständlich bekam das Grab von Christian in Alberode von uns auch ein Gebinde.
In der letzten Novemberwoche bereitete ich mit Gudrun wieder das adventliche Schmücken der Fenster und im Hause vor. Auch zwei Bäume vor dem Haus wurden mit der üblichen Festbeleuchtung versehen.
In der Adventszeit sahen wir wie in der Passionszeit außer einer Nachrichtensendung kein Fernsehen. Stattdessen hörten wir Musik aus dem Radio, von Schallplatten und CDs oder lasen. So habe ich in diesen Tagen manche Stunde geschmökert: Michael hatte mir geholfen, an einige Bücher von Ernst Wiechert heranzukommen, dessen Geburtshaus wir im August in Kleinort besucht hatten. Ich war neugierig auf seine Schriften und dann sehr angetan. Und wenn ich mich einmal "eingelesen habe", so.....
Sicher kennt das mancher andere auch!
Natürlich genossen wir voller Dankbarkeit unsere gemeinsame Teestunde mit Gebäck und Kerzenschein , wobei wir uns mitunter Geschichten vorlasen.
Leider traute sich Michael aus gesundheitlichen Gründen nicht zu, Weihnachten nach Oelsnitz zu kommen.
Da wir Silvester in Fürstenwalde feiern wollten, planten wir einen Besuch von Michael in Berlin ein. Am 28.12., einen Tag vor unserer Fahrt nach Fürstenwalde, schneite es sehr heftig in der Nacht und

dann den ganzen nächsten Tag. Wir sorgten uns, ob wir überhaupt die Fahrt antreten könnten, doch am 30. Dezember waren die Straßen wieder frei, so dass wir die Reise wagten.
Gleich an diesem Tag besuchten wir Michael. Er war gesundheitlich tatsächlich arg dran.
Das ist mehr als nur bedauerlich für mich, da ich ihm leider nicht zu helfen vermag. Ich kann ihn nur der Gnade und Barmherzigkeit unseres Herrgottes anbefehlen.
Am Silvestertag unternahmen wir mit den Fürstenwalder Freunden einen Ausflug nach Alt-Madlitz, etwa 15 - 20 km nordöstlich der Stadt..
Die Dorfbevölkerung hat zur Wendezeit den Nachkommen des ehemaligen Gutsbesitzers - Fink von Finkenstein - gebeten, sich dort niederzulassen.
Er sagte zu, stellte "sein" Schloss wieder her. Auch ließ er den verwilderten Park in Ordnung bringen; sicher mit Fördergeldern. Aber der Park ist für die Bevölkerung zugängig, so auch für uns. Es war ein schöner Spaziergang.
Danach suchten wir eine alte Mühle in der Umgebung auf, in der sich heute eine Gaststätte befindet. Wir wollten eine Kleinigkeit zu uns nehmen. Die Rechnung sah dann nach einem üppigen Mahl aus! Nachdem wir um den angrenzenden Gletscherrinnensee (ca. 5 km) gewandert waren, kehrten wir nach Fürstenwalde zurück. Jetzt besuchten wir den Jahresabschlußgottesdienst im Dom. Schließlich feierten wir gemeinsam den Jahreswechsel.
Am 1. Januar traten wir unsere Rückfahrt an. Es war unterwegs relativ wenig Betrieb, so dass wir für die Heimfahrt nur drei Stunden benötigten.

2007

Seit dem 19. Januar besaßen wir zwei Wellensittiche. Mareike hatte uns telefonisch gebeten, die zwei Vögel aufzunehmen, die ihr kürzlich verstorbener Opa kurz vor seinem Tode sich zugelegt hatte. Wir sagten zu.
Unser Kater schlich interessiert um den Vogelbauer im Wintergarten herum. Er schien ornithologische Interessen zu besitzen. Vermutlich durften wir ihn mit den beiden neuen Bewohnern nicht allein lassen. Positiv, dass der Bauer ein relativ großes Volumen besaß und die Vögel nicht gewöhnt waren, irgendwann sich außerhalb ihres Käfigs aufzuhalten. Sonst hätten wir die beiden gar nicht aufgenommen. Leider währte die Freude an den neuen Hausgenossen nicht allzu lange trotz ihrer Zutraulichkeit.
Ich glaube, es war kurz vor Ostern, als der eine, es war das Weibchen, während Gudrun den Käfig säuberte, urplötzlich und erstmalig den Vogelbauer verließ. Zu allem Unglück hatte Gudrun die Dachklappe im Wintergarten offen stehen. Dorthin flog der Vogel, dann weiter auf den vor dem Wintergarten stehenden Vogelbeerbaum. Eine verschreckte Amsel, die in der nebenstehenden Silberfichte in ihrem Nest brütete, vertrieb den Fremdling. Er wurde nicht wiedergesehen.
Der andere Wellensittich gewöhnte sich erstaunlich schnell an sein Alleinsein, bis er im Juli, während wir auf einer Radtour unterwegs waren, den gleichen Fluchtweg wie seine frühere Partnerin benutzte. Brigitte, die ihm den neugefüllten Futternapf in den Käfig hängte, konnte ebenfalls nicht so schnell reagieren, wie der Vogel auf und davon war. Traurig teilte sie uns telefonisch den Verlust mit. Wir mussten sie trösten. Uns hätte das ebenfalls passieren können. So waren die beiden Wellensittiche für uns nur ein kurzes Intermezzo!

Brieflich führte ich von März bis Mai einen Disput mit Cousine Jutta über mein Verhältnis zur Katholischen Kirche, was sie initiiert hatte, weil sie katholische Freunde besitzt und auch mitunter den Gottesdienst in der dortigen katholischen Kirche besucht:
"...Deine Anfrage, wie ich zur katholischen Kirche stehe: eigentlich recht positiv. In der DDR-Zeit hielten wir Christen im Ort sehr gut zusammen und planten wenigstens einmal im Jahr eine gemeinsamen

Veranstaltung. Das haben wir auch nach der Wende so beibehalten. Im Jahre 2006 z.B. haben wir Pfingsten einen gemeinsamen Stadtkirchentag veranstaltet, was sogar bei der nichtchristlichen Bevölkerung der Stadt gut ankam.

Was uns von der katholischen Kirche am meisten trennt, sind Marienverehrung (trotz höchster Achtung vor der Mutter von Jesus Christus) und die Anrufung mancher Heiliger; ferner die Ansicht der Unfehlbarkeit des Papstes (wiederum trotz hoher Achtung sowohl vor dem verstorbenen als auch dem jetzigen Papst) und einige weniger wichtige Dinge. Wenn es nach der evangelisch-lutherischen Kirche ginge, könnte noch viel mehr gemeinsam mit den Katholiken gemacht werden....

Was Euch Euere Freunde von den Sakramenten erzählen, ist nicht ganz richtig.

Wir evangelisch-lutherischen Christen haben zwar weniger Sakramente als die Katholiken, aber immerhin zwei, nicht nur eins.

"Die Bekenntnisse machen der Kirche deutlich, dass die erste und eigentliche Aufgabe der Kirche genau dies ist: das Evangelium zu verkünden und die Sakramente zu reichen. Alle anderen Aufgaben der Kirche sind diesem Auftrag zugeordnet und sollen im Dienste der Evangeliumsverkündung stehen" (Klaus Grünwaldt: Konfession: Evangelisch-lutherisch. Die lutherischen Bekenntnisschriften für Laien erklärt; Gütersloher Verlagshaus 2004; S. 25).

"Die Sakramente. Das mündliche Wort stellt das grundlegende äußerliche Mittel zur Weitergabe des Heils dar, auch die anderen Mittel kommen nicht ohne es aus. Aber Christus hat nach dem Neuen Testament auch noch zwei Mittel eingesetzt, in denen die mündliche Heilszusage mit einem Vorgang oder Ritus verbunden ist, in dem sichtbare, fühlbare, schmeckbare Dinge verwendet werden, eben Taufe und Abendmahl. D.h. von diesen beiden, aber auch nur von diesen beiden gilt, dass hier Heilszusage , ein solcher Ritus und die in der Heiligen Schrift bezeugte Einsetzung durch Jesus Christus gegeben ist. In diesem Sinne sind auch nur diese beiden Sakramente. Die Bekenntnisschriften bestreiten nicht, dass es in der Kirche noch allerlei andere Einrichtungen gibt, zu denen ein äußerlicher Ritus gehört, so etwa Konfirmation, Ordination oder Trauung, die mit der

Auflegung der Hände verbunden sind. Doch ist keiner dieser Vollzüge von Christus eingesetzt, noch wird dadurch göttliche Gnade, das Heil, mitgeteilt. Deshalb können sie nicht als Sakramente betrachtet werden" (ebenda S. 99/100).
Dass bei uns zum Abendmahl Brot und Wein nicht gesegnet würden, stimmt keinesfalls. Der Pfarrer segnet sie am Altar bevor er die Gemeinde einlädt, zum Heilgen Abendmahl nach vorn an den Altar zu kommen. Deshalb darf ja auch nur ein ordinierter (also gesegneter) Theologe das Heilige Mahl segnen!
Es stimmt natürlich, wir haben keine Abendmahlsgemeinschaft mit der Katholischen Kirche wie etwa mit den Baptisten, Methodisten und der Brüdergemeinde.
Ich entsinne mich an das internationale Treffen der Studentengemeinden im Jahre 1954 in Heidelberg, an dem ich teilnehmen durfte. Wir hielten mit vielen, vielen Vertretern aller möglichen christlichen Kirchen gemeinsam das Heilige Abendmahl. Katholiken waren nicht dabei, nur die sogenannten "Altkatholiken".
Ferner erinnere ich mich, dass ich vor wenigen Jahren gelesen habe, dass zu einem ökumenischen Kirchentag ein katholischer Priester mit seinen Schäfchen, die an einem gemeinsamen Heiligen Abendmahl teilgenommen hatten, hinterher viel Ärger mit der vorgesetzten Kirchenbehörde bekam.
Ich bin der Hoffnung, dass eines Tages die Annäherung so sein wird, dass zwischen den Kirchen auch das Heilige Abendmahl gemeinsam abgehalten werden wird. Wann? Das kann ich nicht sagen. Aber vor zwei Jahrzehnten hätten wir auch nicht geglaubt, dass die Wiedervereinigung unseres deutschen Vaterlandes zu unser Lebzeiten möglich würde!
Mich stört die Heiligenverehrung der Katholiken auch nicht, nur nehme ich sie für meine Person nicht in Anspruch. Selbst zu Maria beten wir Evangelischen nicht, um sie als Mittlerin anzurufen, sondern wir wenden uns in unseren Gebeten und Fürbitten direkt an Jesus Christus als unseren Herrn und Erlöser....
...Zu unserem Disput über das Abendmahl, meine ich, dass mit den Einsetzungsworten unseres Geistlichen ebenfalls eine Wandlung erfolgt:

"Nehmt und esst das Brot des Lebens - das ist der Leib Christi für dich gegeben...
nehmt und trinkt aus dem Kelch des Lebens - Christi Blut für dich vergossen".
Ich bemühe im Folgenden den "Evangelischen Taschen-Katechismus" von Clasen, Meyer-Blanck und Ruddat aus dem Jahre 2001: Er schreibt auf Seite 184: "...In evangelischen Gottesdiensten gilt durchweg die ökumenische Gastfreundschaft: Alle Christinnen und Christen sind zum Abendmahl eingeladen.
S. 182/183: Die Einsetzungsworte, in denen Jesus den Kelch nach dem Abendmahl nimmt, zeigen, dass in der Urchristenheit die Abendmahlfeier das Abendessen umrahmte. An diese Tradition knüpft heute das Tischabendmahl wieder an. Die ersten Christen setzten das "Brotbrechen" im Gedenken an Jesus fort (Apostelgeschichte 2,42 und 46 f) und erlebten seine Tischgemeinschaft mit Freunden und Fremden als Stärkung ihres Glaubens. Das eine Brot und der eine Kelch verbinden mit dem einen Christus und so zu dem einen Leib derer, die zu Christus gehören (1. Korinther 11-12)...
Im Mittelalter wurde das Abendmahl zum Sakrament erklärt...
Nach katholischem Verständnis kann nur ein Priester durch das Sprechen der Einsetzungsworte Brot und Wein ganz real in den Leib und das Blut Jesu verwandeln; damit wird vor Gott das Opfer wiederholt, das Jesus durch seinen Tod für die Menschen gebracht hat, so dass die Gläubigen in der "Eucharistie" diese "Wandlung" erleben und annehmen. Dabei hat sich in der Praxis entwickelt und durchgehalten, dass Katholiken bei der "Kommunion" (= Gemeinschaft) nur das Brot, die "Hostie" (= Opfer) empfangen, während dem Priester der Wein vorbehalten ist.
Martin Luther verstand die Sakramente als Ergänzung und sichtbare Form des Wortes, die dem Erscheinen Gottes als Mensch in dieser Welt entsprechen: Er sieht im "Sakrament des Altars" den "wahren Leib und das wahre Blut unseres Herrn Jesus Christus, unter dem Brot und Wein uns Christen zu essen und zu trinken von Christus selbst eingesetzt".

Die Einsetzungsworte sind deshalb neben den Elementen (Brot und Wein) unverzichtbarer Bestandteil des Abendmahls, das von der Gemeinschaft "in beiderlei Gestalt" empfangen wird und von deren "Beauftragten" ausgeteilt werden kann (allgemeines Priestertum aller Glaubenden).
Gegenüber dem lutherischen Verständnis der Gegenwart Christi "in, mit und unter" den Elementen, betont die reformierte Anschauung die gläubige "Vergegenwärtigung" Christi in Brot und Wein, die Leib und Blut Christi "bedeuten".
Die Auseinandersetzung zwischen Lutheranern und Reformierten verhinderte 1529 im Marburger Religionsgespräch zwischen Luther und Zwingli den Zusammenschluss aller Evangelischen und wurde erst nach mehr als 400 Jahren durch ökumenische Gespräche aufgearbeitet (Leuenberger Konkordie 1973)...
Aber vielleicht muss man, um das alles richtig zu verstehen, erst einige Semester Theologie studieren!"
Das Wochenende bis zum 1. Mai verbrachten wir in Schmannewitz. Wir waren insgesamt 18 Leute mit Gudruns Freundeskreis von Fürstenwalde und Verwandte aus Lugau sowie Edith, Heinz und Annelies.
Die Umgebung von Schmannewitz war mir unbekannt, so war ich echt überrascht, wie schön es allein in diesem Dorf ist! Einen Tag besuchten wir Torgau. Für uns das zweite Mal, trotzdem lohnte es sich. Einen Tag planten wir für Oschatz ein. Diese Stadt kannten wir alle drei noch nicht. Hut ab, wie schön die Stadt geworden ist! Was seit der Wende alles rekonstruiert wurde, das verdient Anerkennung, Auf dem Turm der Aegiedienkirche bewirtete man uns mit Kaffee und Kuchen. Ferner unternahmen wir eine kleine Wanderung in die Dahlener Heide (konkret nach Ochsensaal und zurück) und an einem Vormittag eine gemeinsame Kremserfahrt ebenfalls durch die Dahlener Heide. Wir saßen einen Abend am Lagerfeuer, verbrachten die Abende bei Wein, mit viel Singen und schönen gemeinsamen Gesprächen. Unserem Geburtstagskind Edith boten wir aus der eigenen Reihe in der Kirche ein kleines Konzert mit Orgel und drei Trompeten. Die Pastorin vertraute uns den Schlüssel zur Kirche an. Zum Gottesdienst standen die Trompeten zur Begleitung der

Orgelklänge zur Verfügung. Anke war ebenfalls bei den Bläsern. Das Wetter spielte mit. Die Verpflegung war in diesem Ferienheim sehr gut. Dank der himmlischen Ruhe konnten wir auch wundervoll durchschlafen. Allen 18 Leuten hat es ausnahmslos gut gefallen, obgleich dort Toiletten und Duschen sich auf dem Korridor befanden. Keiner hat gemeckert. Das war uns wichtig, hatten wir doch das Quartier versorgt.

Unsere "Bodenseeradtour" (14. bis 21.07. 2007)

Schon zu unserer "Altmühltalradtour" Ostern 2001 mit "Scheibners Reisen" und an der auch Maike und Birgit teilnahmen, äußerten wir den Wunsch, einmal gemeinsam um den Bodensee zu radeln. Maike erzählte uns von dem Plan einer Bodenseeradtour, die Willi Posch für den Sommer 2007 organisieren würde. Sofort stimmten wir ein, uns beteiligen zu wollen. So geschah es. Willi buchte für neun Personen die Unterkünfte und den Gepäcktransfer. Leider wurde er selbst dann krank. Der Organisator der Tour konnte so selbst nicht mit dabei sein.
Vor der Fahrt informierten wir uns über den Bodensee:
Entstehung am Ende der 3. Eiszeit vor 25000 bis 20000 Jahren, 63 km lang, 14 km breit, maximale Tiefe 250 m; Wasserfläche 550 km^2, Umfang 263 km; durch die starke Erwärmung im Sommer auf 24° C ist er die "Warmwasserheizung" für seine Umgebung; im Winter ist er fast immer eisfrei.
Am Freitag, den 13. Juli starteten wir gegen 10 Uhr mit unserem Clio in Richtung Gottenheim.
Ankes Schwester Ines und Familie waren ebenfalls zu Gast. Unser Nachtquartier fanden wir deshalb bei Rosemarie, einer Tante von Andreas. Thomas half uns am Bahnhofsfahrkartenschalter, ein Familienticket nach Konstanz für den nächsten Tag zu lösen. Das Auto ließen wir in Gottenheim stehen. Über Freiburg und Offenburg gelangten wir nach Konstanz. Diese Bahnfahrt durch den Schwarzwald war landschaftlich gesehen bereits ein gutes Urlaubserlebnis.
In Konstanz standen Maike, Birgit, Maria, Angelika und Daniel am Bahnsteig. Die Freude war groß, dass sie uns erwarteten.

Wir verstauten unser Gepäck in Schließfächer. Der fahrbare Koffer allerdings passte nicht in ein solches; also zog ich ihn bei unserer gemeinsamen Besichtigung der interessanten Konstanzer Altstadt hinter mir her. So unterblieb ein Fotografieren meinerseits. Konstanz ist Universitätsstadt und hat etwa 80.000 Einwohner. Nach vollendeter Stadtbesichtigung kehrten wir auf den Bahnhof zurück, nahmen unser übriges Gepäck zu uns und benutzten gemeinsam den Bus Nummer 4 zum **Hotel "Volapük** im Vorort **Litzelstetten**, wo unsere Fürstenwalder Freunde schon ihr Gepäck deponiert hatten. Wir bezogen unser Zimmer und unternahmen eine gemeinsame Wanderung zur Insel Mainau. Die Insel selbst betraten wir nicht, da jeder von uns schon dort gewesen und die Uhren bereits 18.00 Uhr anzeigten. Also kehrten wir zurück ins Hotel und aßen gemeinsam zu Abend. Danach saßen wir fünf "Alten" noch bei einer Flasche Wein zusammen auf dem Balkon unseres Hotelzimmers. Maria bekam die Nachricht, die Räder würden uns am folgenden Tag nach dem Frühstück zur Verfügung stehen.

Sonntag 15.07.
Nach einer guten Nacht und einem guten Frühstück nahmen wir unsere Räder in Besitz, saßen auf und gelangten (mit zweimaligem Verfahren wegen schlechter Ausschilderung) am Wollmattinger Ried entlang zur Insel **Reichenau**, die im Jahre 2001 zum Weltkulturerbe der UNESCO erklärt wurde.

Die Insel ist 430 ha groß. Sie ist ein blühender Garten, den Mönche im frühen Mittelalter angelegt haben. Die Gärtner von heute setzen das Werk fort: 240 ha sind Gemüseland, davon sind 50 ha unter Glas, 16 ha sind Rebland.

Wir bewunderten die vielen Blumenfelder. Zuerst besuchten wir die Kirche "St. Georg" (erbaut im 9. Jahrhundert) in Oberzell. Anlass der Gründung dieser Kirche war vermutlich die Schenkung der "Georgsreliquie" an das Kloster Reichenau.

Schlicht und schön überragt der schmale, hochgezogene Chor die drei Schiffe. Die Wandgemälde aus dem 10. Jahrhundert sind noch erhalten. Die Krypta ist für Besichtigungen nicht zugänglich.

Wir radelten weiter zu "St. Peter und Paul", in Niederzell. Diese Kirche liegt auf einer schmalen Halbinsel an der Nordwestecke der Insel. Der Gründer und Stifter der ursprünglichen Kirche war

Bischof Egino von Verona im Jahre 793/799. Nach zwei Bränden wurde im 11. Jahrhundert die heutige Basilika erbaut. Sie ist dreischiffig mit drei Apsiden. Über die beiden Seitenapsiden erheben sich die Türme. Die Entstehung des Wandbildes der Ostapsis wurde auf 1104 bis 1126 datiert. Darauf sind ein überlebensgroßer Christus mit den beiden Aposteln Petrus und Paulus, die Patrone der Kirche zu erkennen, darunter die 12 Apostel, und wieder darunter die 12 Propheten (je eine Figur ist zu beiden Seiten der in der Gotik erfolgten Vergrößerung des Fensters zum Opfer gefallen).

Nun nahmen wir uns auf unserer "Sightseeingtour" die größte der drei Reichenauer Kirchen vor, das "Marienmünster" in Mittelzell, das bereits im 8. Jahrhundert errichtet wurde. Zuerst schauten wir den übersichtlich angelegten Kräutergarten an.

Das heutige Münster weist deutlich zwei Baustile auf: drei romanischen Schiffe und einen gotische Chor aus dem 15. Jahrhundert.

Lange suchten wir danach die Schiffsanlegestelle. Als wir sie endlich fanden, mussten wir etwa zwei Stunden bis zur Abfahrt des Schiffes warten. Da hier die Sonne zu heiß brannte, suchten wir uns für unsere Mittagsrast ein schattiges Plätzchen an der nahen Pumpstation. Unsere Hauptmahlzeit bestand aus einem großen Bündel frischer Möhren von der Insel Reichenau. Dann legte ich mich in einem benachbarten Obstgarten unter einen Baum auf den Rasen, die anderen nutzten die Zeit zu einem kühlen Bad im Bodensee. Rechtzeitig kehrten wir zur "Schiffsanlandstelle" zurück. Das Schiff brachte uns nach Zwischenanlegung in Mannenbach und Berlingen am Südufer des Untersees schließlich nach **Gaienhofen** auf die Halbinsel Höri ans Westufer des Untersees.

Wir suchten nach dem "Hermann-Hesse-Haus". Leider war es an diesem Tag nicht zu besichtigen. So schwangen wir uns wieder auf unsere "Drahtesel" und radelten vorbei am Wasserschloss nach Hemmenhofen. Wir waren durch die Hitze des Tages schon sehr geschafft. So ließen wir das Museum aus, das an den von den Nazis schikanierten Maler Otto Dix erinnert.

Der Radweg erwies sich hier als eine sehr hügeligen Strecke, ziemlich am Seeufer entlang, aber mal hoch, mal runter, was besonders Gudrun belastete. Wir waren froh, als wir schließlich die Schweizer Stadt **Stein am Rhein** erreichten. Unsere Trinkwasserflaschen waren längst leer.

Im Hotel Adler in der Innenstadt erhielten wir die Schlüssel für das Gästehaus Roseberg auf der anderen Rheinseite im Ortsteil "Vor der Brugg". Unser Gepäck wartete bereits auf uns. Wir bezogen unsere Zimmer und waren glücklich, aus der verschwitzten Kleidung herauszukommen und zu duschen. Dann hatten wir wieder Kraft, die besterhaltene mittelalterliche Stadt Stein anzuschauen und in einer idyllischen Gaststätte Abendbrot zu essen.

Stein gehört zum Kanton Schaffhausen und wird von der Burg Hohenklingen überragt. Die Stadt liegt am Ende des Untersees, wo der Hochrhein den Bodensee verlässt.

Wir erfuhren, das hier schon im 5. Jahrhundert vor Christus Fischer gesiedelt hätten, die Römer später ein Kastell erbauten und um 1000 aus dem Bauern- und Fischerdorf sich ein Warenumschlag- und Handelsplatz entwickelte. Stein am Rhein feierte in diesem Jahr sein 1000-jähriges Jubiläum. Auf dem Marktplatz sahen wir eine riesige Tribüne für die Festspiele.

Als wir in unser Gästehaus zurückkehrten, beguckte uns im Garten ein Fuchs. Jedoch an ein Foto war er nicht interessiert, er trollte sich ins Gebüsch.

Montag, 16.07.

Nach gemeinsamer Gratulation zu Maikes Geburtstag begaben wir uns zum Hotel "Adler" um das Frühstück einzunehmen. Gegen 10.00 Uhr stiegen wir auf unsere Räder. Über Wagenhausen, Eschenz, Mammern, Steckborn, Berlingen, Mannenbach, Ermatingen und Gottlieben und Kreuzlingen ging es gutbeschildert am Südufer des Untersees wieder nach Deutschland. Durch Konstanz war die Radstrecke ebenfalls gut ausgeschildert: über die Stadtteile Petershausen, Staad, Egg kamen wir erneut an der Insel Mainau und an Litzelstetten vorbei und über Dingelsdorf nach Wallhausen zur Schiffsanlegestelle. Das Schiff nach Überlingen wollte gerade abfahren. Wir mussten uns beeilen. So kam beim Suchen der

Schiffskarten und bei der Abnahme der Radtaschen von den Rädern (das war notwendig, weil auf dem Schiff wenig Platz für die Stapelstelle der Räder vorhanden war) Hektik auf.
Die Überfahrt nach **Überlingen** dauerte nicht lange. Wieder entstand Hektik beim Aussteigen, Radempfangen, Radtaschenanbringen. Als wir schon um 14.00 Uhr das Hotel "Schäpfle" erreichten, waren die Zimmer noch nicht bereit. Plötzlich bemerkte Maria das Fehlen des Beutels, in dem sie Geld, Ausweis, Fahrkarten und andere Papiere aufbewahrte. Großes Erschrecken. Zurück zur Schiffsanlegestelle. Das Schiff war schon wieder unterwegs. Eine Nachfrage und Suchen auf dem Schiff, nach seiner nächsten Anlandung brachte kein Ergebnis. Telefonische Nachfragen in Wallhausen ergaben auch keine Erlösung. Maria ließ telefonisch ihre Scheckkarte sperren. Betretenes Schweigen bei allen Teilnehmern. Schließlich die Feststellung: "Wir müssen damit leben!"
Wir bezogen die Zimmer, duschten und trafen uns zum gemeinsamen Vesper, das Maike anlässlich ihres Geburtstages spendierte. Dann hatten wir Augen für das malerisch gelegene Überlingen am steilen Uferhang des Überlinger Sees.
Die Gründung der Stadt geht auf Friedrich Barbarossa im 12. Jh. zurück. Sehenswert in der alten "Freien Reichsstadt" sind das Rathaus (aus dem 14. Jh.) und der gotische Münster "St. Nikolaus" (eine fünfschiffige Basilika mit besonders schöner Raumwirkung aus dem 14.-15. Jahrhundert und dem prächtigen Hochaltar aus dem 17. Jahrhundert) sowie die "Franziskanerkirche" (sie stammt aus dem 14. Jahrhundert, wurde aber in der Mitte des 18. Jahrhunderts barockisiert) und viele mittelalterliche Wohnhäuser.
Übrigens gibt es in Überlingen einen großen Thermalbereich und ein Kneippheilbad.
Das Abendbrot nahmen wir im Freien ein. Vom Hotel aus hatte man in der angrenzenden schmalen Gasse unter Bäumen und einladenden Ranken Tische und Stühle aufgestellt.
Ein erholsames Plätzchen nach der Hitze des Tages. Mir genügte ein Salatteller. Dazu aber wieder ein deftiges Hefeweizenbier! Doch dann tranken wir zusätzlich einen Schoppen Wein und stießen auf Maikes Wohl an.

Dienstag, 17.07.
Nach einem guten Frühstück radelten wir am eigentlichen Bodensee in Uhrzeigerrichtung. Unser nächstes Etappenziel war Friedrichhafen. Den ersten Halt legten wir an der Wallfahrtskirche **Birnau** ein, die auf einem Hügel lag. Diese Klosterkirche ist der Glanzpunkt an der Oberschwäbischen Barockstraße. Sie wurde im Jahre 1750 fertiggestellt und geweiht. Der Innenraum zeigt den beeindruckenden Hauptaltar, sowie zahlreiche Engelgestalten, darunter den "Honigschlecker" am Bernhardsaltar. Die Gestalt soll den Genuss der "honigsüßen Worte" des Hl. Bernhard symbolisieren.
Die Terrasse vor der Kirche bot uns einen herrlichen Weitblick über den Bodensee und der dahinterliegenden Alpenkette.
Weiter ging es durch Weinberge nach Unteruhldingen, wo die Pfahlbauten als Freilichtmuseum mit 20 original eingerichteten Rekonstruktionen von Pfahlbauhäusern der Stein- und Bronzezeit am Bodensee (4000 bis 850 v. Chr.) zu besichtigen waren. Es wurde ein Film angeboten, der das Leben dieser Bewohner zeigte. Wir verzichteten aus Zeitgründen auf das Angebot und radelten an Weinbergen und Obstanbaufeldern vorbei nach **Meersburg**. Dort brauchten wir zur Besichtigung der romantischen mittelalterlichen Burgenstadt viel Zeit.
Der "Dagobertturm" stammt aus dem Jahr 628 vom Merowingerkönig Dagobert I und ist damit die älteste Burg Deutschlands.
Wir stiegen hinauf in die Oberstadt zum neuen Schloss durch Rebanlagen, kauften im Staatsgut, das sich im neuen Schloss befindet, eine Flasche Rotwein. Dann suchten wir das "Fürstenhäusle", in dem sich die westfälische Dichterin Anette von Droste-Hülshoff oft als Gast ihres Schwagers Freiherr von Laßberg erholte, auch ihre letzten Lebensjahre verbrachte und 1848 verstarb.
Das Haus ist als ein kleines, aber liebenswertes Museum ausgestaltet und gefiel uns sehr gut. Während wir bei einer Führung viel Wissenswertes zu hören bekamen, erholten sich Birgit, Anke und Daniel im Garten an einem schattigen Plätzchen. In der heißen Mittagszeit radelten wir weiter nach Immenstaad. Wir besuchten die spätgotische Pfarrkirche "St. Jodokus" (15.Jahrhundert). Vor der Weiterfahrt leerte ich meine Trinkflasche. Jetzt verlief der Radweg die

letzten 12 km bis **Friedrichshafen** unmittelbar an der von Kraftfahrzeugen dicht befahrenen B 31 entlang. Der Krach, die Hitze, der Durst bewirkten, dass ich einen Schwächeanfall erlitt. Die anderen warteten freundlicherweise bis ich mich wieder so weit erholt hatte, dass ich wieder aufsteigen konnte. Ich war froh, als wir das "Best Western Hotel Goldenes Rad" erreichten, die Fahrräder verstauten, unser Gepäck in unsere Hotelzimmer schleppten und unter die Dusche konnten. Vorher trank ich eine gehörige Portion Flüssigkeit aus dem Wasserhahn. Nach dem Duschen legten wir uns erst einmal lang.

Geweckt wurden wir durch starkes Wummern an der Tür. Freudestahlend stand Maria davor und schwenkte ihren Beutel, der wieder aufgetaucht war. Er war nicht geklaut. Sie hatte ihn in eins der vielen Unterfächer ihrer Radtasche verstaut als wir unsere hektische Phase auf dem Schiff durchzustehen hatten. "Halleluja!"

Wir alle freuten uns mit ihr. Dann machten wir uns fertig für einen Stadtbummel.

Die Wurzeln der Stadt gehen bis ins 5. Jahrhundert zurück. Seinen Namen verdankt die Stadt dem König Friedrich I. von Württemberg. Mit der Entwicklung der Eisenbahn und der Bodenseedampfschifffahrt wurde die Stadt ein wichtiger Verkehrsknotenpunkt, bald eine wichtige Industriestadt, in der auch die Dornierflugzeuge, Maybachmotoren und die Zeppelinflugschiffe gebaut wurden. Im 2. Weltkrieg wurde die Stadt durch starke Luftangriffe weitgehendst zerstört. Heute ist Friedrichshafen erneut ein wichtiger Industriestandort.

An der Uferpromenade des Bodensees in einem Gartenlokal vesperten wir unter Palmen. Gartenschirme schützten uns vor der heißen Sonnenbestrahlung. Dann bummelten wir weiter durch die Stadt. Die Schlosskirche war geschlossen; sie wollten wir am anderen Morgen vor der Weiterfahrt aufsuchen.

An einem Buchstand las ich einen Satz eines anonymen Verfassers, der mich sehr beschäftigte und deshalb zitiert werden soll:

"Unser Leben messen wir nicht nach der Menge unserer Atemzüge, sondern nach den Orten und Augenblicken, die uns in Atem halten".

Am Abend nutzten wir die Freifläche unseres Hotels in geringer Entfernung zum Fährhafen, zum Abendbrot.

Später leerten wir zu fünft die Flasche Wein aus Meersburg in unserem Hotelzimmer und werteten den vergangenen Tag aus.

Mittwoch 18.07.

Wie geplant besichtigten wir vor der Weiterfahrt die Schlosskirche. Die Barockkirche wurde 1944 teilweise zerstört, jedoch von 1947 bis 1951 wiederhergestellt.

Unser nächster Halt war nach einer idyllischen Fahrt durch Wein und Obstplantagen in **Langenargen** angesagt, wo wir die Kirche "St. Martin" besichtigten und uns die Brücke betrachteten, die der berühmten "Golden Gate Bridge" in San Francisco als Vorbild gedient hat. Weiter radelten wir durch Obstplantagen nach **Wasserburg**. Ort und Kirche wurden bereits 784 urkundlich erwähnt. 1720 wird die Insel durch Aufschüttungen zur Halbinsel. Wir besichtigten die "St. Georgskirche", deren Turm im Jahre 1656 nach einer Zerstörung durch Blitzschlag neu errichtet und mit der heute noch erhaltenen Zwiebelhaube versehen wurde. Der saalartige Kirchenraum wirkte hell und festlich.

Die Kirche ist dreischiffig. Die Aufschriften an den Pfeilern erinnerten an die Jahre 1573, 1830 und 1963, als der Bodensee vollständig zugefroren war und mit den "zeitgenössischen Verkehrsmitteln überquert werden konnte".

Unser nächstes Ziel war die bayrische Stadt **Lindau** am nordöstlichen Ufer des Bodensees. Die Gründung der Stadt geht auf das Jahr 200 zurück. Die Altstadt liegt auf einer Insel, die man durch einen aufgeschütteten Damm oder die neue Brücke von den übrigen Stadtteilen erreichen kann. Die Altstadt prägen zahlreiche Gebäude aus der Zeit der Gotik, der Renaissance und des Barocks. Besonders interessant ist die Maximilianstraße mit wunderschönen blumengeschmückten Patrizierhäusern, den vielen Fachwerkbauten, Laubengängen, Brunnen und Restaurants. Vier alte Türme (der alte Leuchtturm, der neue Leuchtturm, der Diebesturm und der Pulverturm) zieren das Altstadtbild. Wahrzeichen der Stadt ist der alte Seehafen, der 1812 angelegt wurde, machtvoll verziert durch den 6 m hohen bayrischen Löwen aus Kelheimer Marmor.

Wir besuchten die beiden nebeneinanderliegenden Kirchen, die Stiftskirche "St. Marien" und die "Stephanskirche".

Nur schwer konnten wir uns von der Lindauer Altstadt trennen. Doch unsere Tagesetappe endete erst in dem eingemeindeten Ort Zech, kurz vor der Grenze nach Österreich im Gasthof "Zum Zecher".

Nachdem wir geduscht und uns umgezogen hatten, unternahmen wir einen gemeinsamen Spaziergang entlang des Sees bis zur Grenze nach Österreich, ohne dass wir auf dem Wander- und Radweg die eigentliche Grenze wahrnehmen konnten. Auf der Terrasse hinter dem Gasthof nahmen wir unser Abendessen ein.

Kaum hatten wir unsere Zimmer aufgesucht, entlud sich ein mächtiges Gewitter mit starkem Regen.

Donnerstag, 19.07.

Gleich zu Beginn unserer heutigen Radtour erreichten wir **Bregenz,** die Landeshauptstadt Vorarlbergs am Rand der Bregenzer Bucht zu Füßen der Alpen und des 1064 m hohen "Hausberges" "Pfänder".

2000 Jahre Geschichte haben die Stadt geprägt. Leider fehlte uns die Zeit und auch das Geld, die Bregenzer Festspiele auf der Seebühne zu besuchen, ein beliebter Höhepunkt von Mitte Juli bis Mitte August, die jährlich internationales Publikum nach Bregenz lockt. Statt dessen suchten wir eine kleine Badebucht, in der früher Kies gewonnen wurde und die sich ideal zum Baden anbot. Ich bewachte inzwischen die Räder und naschte dort wachsende Brombeeren in großer Anzahl.

Weiter kamen wir am Kloster Mehrerau vorbei zur Mündung der Bregenzer Ach. Bei Hard überquerten wir den Rhein. An einer weiteren Bucht hielten wir Mittagsrast, für mich höchste Zeit einer Verschnaufpause. Das schwüle Wetter machte mir zu schaffen, so dass ich sogar zum mitgeführten Nitrangin greifen musste.

Bei Gaislau passierten wir die Schweizer Grenze. Wir überquerten den alten Rhein in Rheineck. Wir staunten über die umfangreiche Ausdehnung des Rheindeltas.

Jetzt machte sich starker Gegenwind bemerkbar. In Staad gelangten wir an die Hundertwasser-Markthalle mit ihren vergoldeten Zwiebeltürmen, leuchtenden Farben, geschwungenen Linien, ungleichen Fenstern, unebenen Böden, bunten Keramiksäulen, schattigen Wandelgängen. Friedensreich Hundertwasser wollte in seiner eigenartigen Bauweise alle Gleichmacherei, Sterilität und

Anonymität ausschalten. Den Eingang in die Gaststube des Selbstbedienungsrestaurants fanden wir durch ein Fenster. Ich trank einen Eistee und konnte mich dann einige Minuten auf einer Bank an dem von uns "requirierten" Tisch ausstrecken. Dann nahmen wir uns die letzten vier oder fünf Kilometer vor.

Ich war froh als wir unser heutiges Etappenziel **Rorschach** erreichten. Das Hotel "Rössli". befand sich gleich hinter dem Bahnhof nahe des historischen Kornhauses (heute Heimatmuseum).

Hier blieben wir zwei Nächte. Nach dem Duschen legte ich mich flach, hatte keine Kraft, mit den anderen einen Stadtbummel zu unternehmen. Zum Abendessen war ich wieder fit.

Freitag, 20.07.

Heute unternahmen wir nach dem Frühstück eine Bergwanderung. Vom Hotel erhielten wir liebevoll eingepackte Lunchpakete. Mit der Zahnradbahn gelangten wir nach 25 Minuten nach dem Ferienort **Heiden**.

Das Dorf liegt 800 m NN hoch (also 400 bis 450 m höher als Rorschach). Es wurde nach einem verheerenden Brand im Jahre 1838 komplett im Biedermeierstil wiederaufgebaut. Interessant fanden wir die Kirche im Bauhausstil. Das "Dunantmuseum" (der Gründer des Roten Kreuzes ist hier verstorben) besuchten wir nicht, sondern folgen dem etwa 8 km langen Wanderweg über Wolfhalden, Klus, Sonder, Schiben und Hostet nach Walzenhausen. Der Weg war als "Appenzeller Witzeweg" ausgeschildert. Tatsächlich fanden wir etwa aller 100 m eine Tafel, auf der bebilderte Witze in Schwyzer Mundart und meist auch in deutscher Übersetzung zu lesen waren. Ich fand das recht lustig, obgleich uns der Wanderweg auch ohne Witze bestimmt nicht langweilig vorgekommen wäre. Unterwegs hielten wir Picknick dank der Lunchpakete. Fast ständig hatten wir eine herrliche Aussicht auf den Bodensee.

Von Walzenhausen gelangten wir mit einer weiteren Zahnradbahn hinunter nach Rheineck und dann mit einem Schiff auf dem alten Rheinlauf und nahe des Seeufers zurück nach Rorschach. Während wir uns auf dem Schiff befanden, prasselte ein kurzer Regenschauer herab. Als wir in Rorschach anlandeten, war der Guss vorbei. Jetzt hatte ich auch einen Blick für den altertümlichen Markt, die schönen Erkerhäuser der Hauptstraße aus dem 18. Jahrhundert.

In einem Gartenrestaurant wollten wir Kaffee trinken. Ein plötzlicher, böiger Wind, der die großen Gartenschirme umwarf, vertrieb uns. Wir fanden auf einer überdachten Terrasse gesicherte Plätze. Nach dem Vesper kehrten wir ins Hotel zurück. Während die anderen schwimmen gingen, blieb ich im Zimmer, schrieb Karten und aß den Rest unseres Lunchpaketes auf, so dass ich zum Abendbrot, das wir im gemütlichen Speisezimmer des "Rössli" einnahmen, mich auf flüssige Nahrung beschränken konnte. Anschließend besprachen wir "alten Fünf" den folgenden Tag, unsere letzte Etappe: Maike unterbreitete den Vorschlag, in Ergänzung zur ausgewiesenen Route am Anfang der Tour das 10 km entfernte St. Gallen zu besuchen.
Ich überzeugte mich auf der Karte: bergauf bis St. Gallen, insgesamt somit 20 km zusätzlich. Zwar reizte mich St. Gallen sehr. Aber bei meiner gegenwärtigen Konstitution traute ich mir die zusätzliche Strecke nicht zu. So verzichtete auch Gudrun mir zuliebe auf St. Gallen, was natürlich Anke besonders freute. So fassten wir den Beschluss: Die anderen frühstücken eine halbe Stunde früher und radeln nach St. Gallen. Wir begnügen uns mit der im Prospekt empfohlenen Route. Im 8 km entfernten Arbon wollten wir uns am Schloss treffen.
Samstag, 21.07.
Etwa 30 Minuten nach den Freunden schwangen wir uns auf die Räder. In Steinach besichtigten wir die barocke Pfarrkirche "St. Jakobus" aus dem Jahre 1743. Von außen erschien sie sehr schlicht. Im Inneren begeisterten uns besonders die Deckengemälde.
Und weiter strebten wir **Arbon** zu. Auf dem Schlosshof stellten wir kurz nach 9.00 Uhr unsere Räder ab und unternahmen einen Rundgang durch die Altstadt mit ihren historischen Gebäuden. Das Innere der Schlosskirche war festlich für eine Hochzeit geschmückt. Bald sahen wir Leute, die vermutlich zur Hochzeitsgesellschaft gehörten.
Inzwischen war es 12.30 Uhr geworden. Von den Fürstenwalder Freunden jedoch noch immer keine Spur. Sollten sie ein anderes Schloss angesteuert haben und dort auf uns warten? Auf der Karte war ein zweites Schloss im Stadtteil Stachen eingezeichnet. Wir wurden unruhig. Schließlich schrieben wir einen Brief an die anderen Fünf, für den Fall, dass sie doch noch kommen sollten, was wir aber für fast unmöglich hielten. Diesen Brief befestigen wir an ein altes Fahrrad,

das mit seiner Reklame auf die Schlossgaststätte hinwies. Kurz vor 13.00 Uhr radelten wir los. Nachdem wir Romanshorn passiert hatten, fanden wir auf einer Liegewiese in Uttwil zwischen Radweg und Seeufer eine ideale Stelle für eine Mittagsrast.
Ich streckte mich nach unserem Imbiss sogleich auf der Wiese aus und schlief sofort ein. Nach etwa zehn Minuten wachte ich auf. Die anderen waren tatsächlich noch hinter uns gewesen, hatten auch unseren Brief gefunden und uns nunmehr eingeholt. Nun radelten wir wieder gemeinsam. Vor dem Aufbruch nutzte die "Nachhut" diese Raststelle, um zu essen. Dann war für alle die letzte Gelegenheit zu einem Bad im Bodensee.
Die Radtour verlief nunmehr am Schloss Moosburg vorbei, durch Münsterlingen und Bottighofen bis nach Kreuzlingen. Wir überquerten die Grenze nach Deutschland, nutzten den gleichen Radweg durch Konstanz wie am Montag bis zum Ortsteil Litzelstetten. Erst kurz vor 18.00 Uhr, also viel später als sonst, langten wir am Hotel an. Zu unserer Enttäuschung war unser Gepäck noch nicht angeliefert worden. Wir brannten doch darauf, zu duschen und uns umzuziehen.
Als nach 45 Minuten endlich das Gepäck angeliefert wurde, begann es zu regnen. Uns stand noch einmal vor Augen, wie froh wir doch sein konnten, dass wir keinen Tag die Regenumhänge nötig hatten!
Wir gaben die Räder zurück. Wir und auch der Vermieter waren glücklich, dass es bei unserer Radgruppe weder Stürze noch Radpannen gab. Während unseres letzten gemeinsamen Abendessens ging draußen erneut ein starker Gewitterschauer nieder.
Sonntag, 22.07. Abreisetag:
Nach dem Frühstück fuhren wir mit dem Stadtbus zum Bahnhof. Bis Offenburg blieben wir noch mit den Fürstenwalder Freunden zusammen. Dann hieß es Abschied nehmen.
Während wir sofort nach Freiburg weiterfahren konnten, mussten die Freunde einige Zeit auf ihren Anschlusszug nach Berlin warten.
Bis zum Samstag verblieben wir in Gottenheim, halfen im Haushalt bzw. Weinberg und im Garten.

Ich durfte dem Imker Stefan zuschauen, wie er mittels Ameisensäure seine Bienenstöcke von den Bienenläusen befreite, bekam auch seine Fischteiche zu sehen. Am 26.07. statteten wir Freiburg einen Besuch ab, um uns die herrliche Stadt anzuschauen.
Die Heimfahrt am 28. Juli traten wir um 6.00 Uhr in der Früh an. Das hatte den Vorteil einer geringeren Verkehrsdichte und somit den Wegfall der Staus.
Eine halbe Stunde machten wir unterwegs trotzdem Pause zum Tanken und um etwas zu essen. Sechs Stunden Fahrzeit brauchten wir für die 625 km. Wir kamen unbeschadet 12.30 Uhr auf dem Oelsnitzer Moserhof an, dankbar für die Bewahrung und für die vielen Erlebnisse an manchen schönen Orten, die uns in Atem hielten.

Am 29. Juli besuchten wir den Gottesdienst in der Lößnitzner Johanneskiche, da sich in diesem Gottesdienst Gabis Freund Peter taufen ließ.

Unsere Urlaubsreise nach Sizilien; (01. - 15.09. 2007)

Nie im Leben hätte ich daran gedacht, einmal auf dieser geschichtsträchtigen und so interessanten Insel Urlaub zu machen, selbst wenn Freunde oder Bekannte, die bereits "Sizilienluft" geschnuppert hatten, von ihren Erlebnissen schwärmten. Gudrun dagegen hatte insgeheim mit einem Urlaub alldort geliebäugelt. Da traf die Einladung von Christa Wolf zu ihrem 50. Jubiläumsgeburtstag im Oktober 2006 bei uns ein. Nur ein kurzer Familienrat war notwendig. Wir entschlossen uns, die Einladung anzunehmen und diese mit einem 14-tägigen Sizilienurlaub zu verbinden.
Christa hatte uns und all den anderen von ihr Geladenen vorgeschlagen, das Urlauberdorf "Marinello" nahe Olivieri an einer Bucht im Nordosten von Sizilien gegenüber den Äolischen Inseln zu buchen, wobei wir bei Nennung ihres Namens mit einer 15 % igen Preisminderung rechnen könnten.
Per Internet nahmen wir Anfang 2007 die Buchung inklusive Vollverpflegung vor. Den Flug bestellten wir über das Reisebüro "Traumland". Wir erfuhren, dass Dresden den Flug nach Catania überhaupt nicht anbietet, Leipzig nur mittwochs.

Also blieb allein Berlin-Tegel, da "Marinello" nur jeweils von Samstag bis Samstag die Bungalows vermietet.
Damals planten wir, Cefalo, Agrigent (Tal der Tempel), Palermo, Messina, Catania, Trepani, Siracus, Enna, den Ätna, Stromboli und Vulcano aufzusuchen, weil nach Einsicht in die Literatur jeweils dort Höhepunkte für Touristen zu finden sind. In Absprache mit Ehepaar Martin, die ebenfalls als Geburtstagsgäste eingeladen waren, zogen wir einen Leihwagen in Erwägung.
Als wir jedoch nach unser Ankunft erkannten, wie weiträumig, zerklüftet und vielseitig die Insel wirklich ist, änderten wir die avisierten Besucherziele, weil wir erkannten, dass zwei Wochen selbst bei größter Anstrengung nicht reichen würden, alles Wichtige der Insel zu sehen, zumal bei einem festen Standquartier wie wir es gewählt hatten.
Mit dem "Mut zur Lücke" entschlossen wir uns, uns auf das nordöstliche Dreieck zwischen Catania, Messina und Capo d`Orlando zu beschränken. Dafür wollten wir diesen Teil der Insel intensiver erkunden, aber auch Ruhetage einlegen und uns erholen.
Wir haben die Planänderung nicht bereut. So blieb der Blick für Kleinigkeiten am Weg und ein wirklicher Erholungswert.
Und jetzt der eigentliche Reisebericht:
Am 31. August, kurz vor Mitternacht, holten uns Gerlinde und Volkmar mit unserem Gepäck von Zuhause ab. Alle Fünf samt dem Gepäck fanden bequem in Martins "Renault-Laguna" Platz. Wir kamen gut voran und erreichten schon vor drei Uhr den von Volkmar gecharterten bewachten Parkplatz, von dort aus wurden wir von dem Betreiber des Parkplatzes direkt zum Flughafen Tegel befördert.

Samstag, 01.09.07

Statt 6.00 Uhr startete unser Flugzeug eine Stunde später, da die Startbahn noch nicht frei gegeben war. So verzögerte sich auch die Ankunft in Catania auf 9.10 Uhr.
Bis 10.30 Uhr erhielten wir unser Gepäck und das bestellte Mietauto. Die sizilianische Autobahn benutzten wir über Messina bis nach Olivieri und Marinello.
Inzwischen zeigte die Uhr: 13.30 Uhr. Die Bungalows standen erst 14.30 Uhr zur Verfügung. Dafür bot man uns noch ein Mittagessen an, was wir dankbar annahmen. Nun erhielten wir die Schlüssel für unsere

Bungalows: Martins bekamen die Nummer 5, wir drei die Nummer 24 (venti quadro). Nachdem wir etwas Schlaf nachgeholt hatten, richteten wir uns ein und packten die Koffer aus. Ich konnte mich jetzt auch rasieren.

Um 20.00 Uhr war das Treffen mit Christa angesagt: Herzliche Begrüßung, gegenseitige Vorstellung der Gäste. Auf der Terrasse der Gaststätte aßen wir gemeinsam Abendbrot, was sich bis 22.30 Uhr hinzog.

Christa half uns, die Speisekarte zu verstehen.

Sonntag, 02.09.

7.00 Uhr Aufstehen, 8.00 Uhr Frühstück: Hier war es üblich, morgens ein Cornetto (Hörnchen) zu essen, dazu einen Cappuccino zu trinken. Ich konnte ein Kännchen Tee erhalten, ab den zweiten Tag dann auch statt Cornetto ein Brötchen (panino) mit Butter und Marmelade.

Um 9.30 Uhr trafen sich 18 "Wanderfreudige" aus Christas viel größerer Gästeschar zu einer Bergwanderung. Das Ziel war die Wallfahrtskirche "Zur schwarzen Madonna" von Tindari.

Zuerst liefen wir durch brandgeschädigte Flächen. Wie uns Christa berichtete, hatte hier eine Woche zuvor ein Waldbrand gewütet, der sogar drei Todesopfer forderte. Die meiste Vegetation war verbrannt, manche Sträucher hatten den Brand halbwegs überstanden. Unterwegs pflückte ich für Anke und mich je eine Opuntienfrucht in der Gewissheit, dass die Stacheln durch den Brand abgesengt seien - die großen ja, aber nicht die vielen winzig kleinen Stacheln! Das erkannte ich jedoch erst beim Schälen der Früchte. Die winzigen scharfen Stacheln blieben etwa zwei Tage in der Haut meiner Hände haften. Die Früchte aber (in Israel "Sabre" wie die im Land geborenen Kinder von eingewanderten Juden genannt) schmeckten köstlich.

Vom Berghang genossen wir einen schönen Blick auf Olivieri, Falcone und die Liparischen Inseln. Dann führte der Steig durch einen Olivenhain, dem der Waldbrand nicht geschadet hatte. Schließlich gelangten wir zu der Wallfahrtskirche "Santuario della Madonna Nera", die von Gottesdienstbesuchern überfüllt war.

Die "Schwarze Madonna" wird in ganz Sizilien und selbst in Kalabrien verehrt. Selbst ein Touristenbus aus Polen stand in diesen Tagen auf unserem Campingplatz.
Immer noch wurden Ersatzstühle in das Gotteshaus geschleppt. Wir zogen jedoch nur einen kurzen Besuch vor, konnten sowie nicht verstehen, was gesungen, gebetet und gepredigt wurde.
Wir schauten noch in den "Parco Archeologico" hinein. Dazu gehörte ein Museum, in dem Ausgrabungsstücke aus dem alten TYNDARIS (eine der letzten griechischen Gründungen auf Sizilien) gezeigt wurden, und dann im Freien Ausgrabungen alter römischer Wohnstätten, in denen z.T. noch herrliche Fußbodenmosaiken sowie Überbleibsel von Skulpturen erhalten waren.
Auch die frühere Warmwasserfußbodenheizung und die Reste eines Gebäudes jener Zeit konnten wir bewundern, von dem unklar ist, ob es ein Gymnasium oder eine Basilika gewesen ist. Weiterhin bestaunten wir den erhaltenen Teil der alten Stadtmauer der Stadt Tyndaris und das alte griechische Theater aus dem 5. Jahrhundert v. Chr., das die Römer später teilweise umgestaltet hatten.
Aber immer wieder schauten wir auch übers Meer. Es kostete uns Mühe, uns loszureißen von dem herrlichen Fernblick auf die "Sieben Schwestern des Windes". Nun, eine davon, nämlich Vulcano wollten wir ja besuchen.
Am Parkplatz vor der Kirche herrschte Jahrmarktstreiben anlässlich des bevorstehenden Patronatfestes (08.09.). Wir erstanden eine große Tüte gebrannte Mandeln. Dann machten wir uns an den Abstieg, der uns wegen fehlender Bergstöcke wesentlich beschwerlicher fiel als der Aufstieg. Auf dem Rückweg pflückte ich einen Distelstrauß, der dann die ganze Zeit unseren Gartentisch vor dem Bungalow verschönerte.
Um 13.30 Uhr kamen wir völlig verschwitzt wieder in unser Quartier. Auf ein Mittagessen hatten wir keinen Appetit. Wir duschten, wechselten die Kleidung, hielten Siesta. Dann wanderten wir zu dritt zur Lagune, die wir vollständig umrundeten. Erst 18.30 Uhr kamen wir von dort zurück. Jetzt war Ausruhen und Lesen angesagt. Um 20.00 Uhr war das Abendbrot geplant.

Montag, 03.09.
6.00 Uhr Wecken; 7.00 Uhr Frühstück. 7.30 Uhr starteten wir mit einem Sonderbus nach Catania, die mit 370.000 Einwohnern zweitgrößte Stadt der Insel. Christa hatte eine deutschsprechende Stadtführerin bestellt. Von dieser erfuhren wir, dass der feuerspeiende Ätna scheinbar alle Spuren der Vergangenheit der uralten Stadt ausradiert habe. Aber nicht nur der Ätna zerstörte die Stadt, sondern auch zahllose Kriege in der antiken Zeit.
Auf dem Domplatz (Piazza del Duomo) befindet sich der berühmte Elefantenbrunnen aus dem Jahre 1736, der die verheerenden Naturkatastrophen der späteren Zeit überstand. Wir besuchten den der Heiligen Agata gewidmeten Dom.
Als junge Christin sollte Agathe den Stadthalter heiraten, was sie jedoch ablehnte. Sie wurde deshalb auf Befehl des Kaisers Tiberius gefoltert, und auf dem Scheiterhaufen verbrannt. Sie ist die Schutzpatronin von Catania.
Von dem normannischen Vorgängerbau aus dem 11. Jahrhundert blieben nur die Apsiden und das Querschiff erhalten, die in den 1768 vollendeten Neubau einbezogen wurden. Im Inneren des Doms befinden sich das Grab des berühmten italienischen Komponisten Vincenzo Bellini (1801-1837) und einige Särge des aragonischen Königshauses.
Durch die Altstadt führte uns die Reiseleiterin auf den Fischmarkt. Interessant für uns die vielen Fischarten, das Feilschen und Schreien der vielen Menschen und der Fleischmarkt, wo ebenfalls im Freien, ungeschützt vor den Fliegen, die geschlachteten Tiere an großen Haken hingen und auf Käufer warteten.
Die Stadtführerin zeigte weiterhin markante Gebäude der Altstadt: das Castello Ursino, ein altes römisches Amphitheater sowie ein römisches Thermalbad.
Über einen zweiten Markt gelangten wir zum Gemeidezentrum der evangelischen Kirche Catanias. Von außen sah das Gebäude ziemlich verwahrlost aus, noch schlimmer der Hausflur und das Treppenhaus. Die Wohnung indes, die das Gemeindezentrum beherbergte, war sauber, groß und geschmackvoll vorgerichtet.
Einige Frauen der Gemeinde hatten für unsere Schar ein vorzügliches Mittagsmahl zubereitet.

Die Gemeinde besteht zum größten Teil aus evangelischen deutschen Frauen, die mit sizilianischen Männern verheiratet sind. Und die sind durchweg alle katholisch.

Auf Sizilien gibt es ca. 7000 Evangelische, einschließlich verschiedener Freikirchen. Für Christa sind 12 Gemeinden zu betreuen; davon 6 Predigtstellen, die sie jeweils mindestens einmal im Monat aufzusuchen hat. Das Verhältnis zu den Methodisten, Baptisten aber auch zu allen Schattierungen der Pfingstler und einer Anglikanischen Kirche, die sich in Taormina befindet, ist recht gut. Zur römisch-katholischen Kirche hat sie leider keinerlei Kontakt herstellen können: in deren Augen gehören alle Evangelischen zu den Sekten.

Vor der Weiterfahrt zum Ätna, besuchten wir Christas Wohnung: geräumig, geschmackvoll, praktisch.

Der Bus brachte uns über viele Serpentinen den Hang des Ätnas hinauf bis zu 2000 m NN. Dort befinden sich einige Touristenstationen und die Unterstation der Drahtseilbahn. Mittels der Seilbahn hätten wir den Gipfel des größten europäischen tätigen Vulkans noch näher kommen können, doch der wolkenverhangene Gipfel und der stolze Preis von 50 € pro Fahrgast hielten uns davon ab. Wir begnügten uns mit dem "Silvesterkrater" und das Lavafeld des Ausbruches von 2000/2001.

Übrigens wurden die Touristenstation und die Seilbahn nach der Zerstörung wieder aufgebaut, während eine kleine Verkaufsstelle damals sogar erhalten blieb. Der Lavastrom war kurz vor dieser zum Stehen gekommen.

Der Ätna ließ ein lautes Grollen hören.

Der Bus brachte uns wieder bergab. An jeder Kurve hupte der Fahrer, wie schon aufwärts, um den eventuellen Gegenverkehr auf der schmalen Straße auf sich aufmerksam zu machen. In Giardini Naxos erreichten wir die Küstenstraße. Von Tarmino aus sahen wir die "Isola Bella". Ab Messina benutzten wir die mautpflichtige Autobahn und erreichten um 20.30 Uhr Marinello. Zu später Stunde fand ein gemeinsames Abendbrot statt.

Dienstag, 04.09.

7.30 Uhr wecken; 8.30 Uhr Gratulation zum 50. Geburtstag und Frühstück, um 11.00 Uhr begann der Gottesdienst im Freien auf dem Campingplatz. Er fand zweisprachig statt. Zu Christas

Geburtstagsgästen gehörten einige Pastoren und Pastorinnen, die den Gottesdienst ausgestalteten. Sie hatten sich ausgezeichnet abgesprochen, denn die einzelnen Beiträge passten nahtlos zusammen. 12.45 Uhr gab es ein feines Geburtstagsmittagsmahl aus leckeren Häppchen. Dann war Siesta angesagt. Anke und ich begrüßten diese Entscheidung ganz besonders.

Um 15.30 Uhr ging die Geburtstagsfeier weiter: Sektempfang, Cappuccini bzw. Tee und Gebäck. Dann wurde ein Programm zu Ehren Christas bis gegen 18.00 Uhr geboten, was wir in solcher Vielfalt noch nirgends erlebt hatten. Gegen 19.45 Uhr nahm das Programm seinen Fortgang. Es folgte ein umfangreiches Abendessen mit Musikbegleitung. Trotzdem kamen wir auch ins Gespräch mit unseren Tischnachbarn, die Sizilianer waren, aber leidlich die deutsche Sprache beherschten

Mittwoch, 05.09.

Mit Gerlinde und Volkmar starteten wir mit dem Leihwagen zu einer 200-km-Tour: zunächst nach West über Patti bis Capo d`Orlando. Wir stiegen die Stufen des Kalvarienberg Capo Calova an den einzelnen Stationen des Kreuzweges hinauf zur Kirche. Wir durften hinein.

Der anwesende Priester machte uns auf die dahinterliegende Terrasse aufmerksam, von der wir einen phantastischen Rundblick genießen durften.

Kaum hatten wir uns verabschiedet, schloss der Priester von innen ab. Es war Zeit für seine Siesta.

Im Schatten von wilden Zitrusbäumen hielten wir Mittagsrast. Ich pflückte wieder einmal eine Opuntienfrucht, indem ich eine Plastiktüte als Fingerschutz benutzte. Trotz dieser Vorsichtsmaßnahme drangen erneut Stacheln in meine Finger ein.

"Wer nicht hören kann, muss eben fühlen!"

Unsere Weiterfahrt gestaltete sich über Naso und Ucria. In kurzer Distanz gelangten wir auf unzähligen Serpentinen von 0 auf 1200 m NN. Dann ging es wieder hinunter; ein ständiger Höhenwechsel. Zwischen Ucria und Floresta entdeckten wir einen Felsen, der einst von den Brechern der Brandung geformt wurde, als dieser Bereich vor Jahrmillionen zur Küstenzone gehörte. Nach der Karte musste das der "Pic zo Corvo" sein. Den Felsen wollten wir uns aus der Nähe anschauen! Auf einem kleinen Parkplatz zwischen einer Einfriedung, auf der Alpakas weideten und einer Gaststätte stellten wir das Auto ab.

Nun suchten wir nach dem Zugang zu dem Felsen. Auf eine Nachfrage in der Gaststätte verzichteten wir durch fehlende italienische Sprachkenntnisse.

Ich wurde auf einen Hund aufmerksam, der um das Gebäude schlich. Scherzhaft meinte ich zu ihm: "Sagst Du uns bitte den Weg zum Felsen?" Als hätte er mich verstanden, kam er zu mir, ließ sich kraulen, legte sich zu meinen Füßen, umschlang mein rechtes Bein. Das gleiche Verhalten Gudrun gegenüber, dann auch bei Volkmar und Gerlinde. Letztere sprang er sogar an. Schließlich lief er vor, sich umschauend, ob wir ihm folgen würden.

Tatsächlich, er führte uns an einigen Abfallhaufen vorbei durch den Wald zu diesem gigantischen Felsen aus Korallenkalk.

Immer wieder wollte er gekrault werden. Eine andere Belohnung hatten wir leider nicht für ihn, denn unsere Rucksackverpflegung bestand nur aus Obst. Am liebsten hätten wir den Hund adoptiert und mitgenommen, weil er so lieb und anhänglich war.

Über San Domenica Vittoria führte uns die Straße nach Randazzo an den Rand des Ätna-Nationalparkes.

Wir erblickten große Lavafelder, die sich bis in die Stadt hinein erstreckten. Aber ob und wann der Schildvulkan mit vielen Tochterkratern die Stadt heimgesucht hat oder ob die Stadt erst nach den vulkanischen Ablagerungen sich bis zu diesen Lavafeldern ausbreitete, konnten wir nicht in Erfahrung bringen.

Über Moia Alcantara, Novara und Mazzarra San Andrea auf vielen, vielen Serpentinen, gelangten wir zurück über Furnari und Falcone nach Marinello.

Durch die Fahrtbewegung auf den Serpentinen wurde mir so übel, dass Volkmar das Auto anhalten musste, damit ich meinen Magen über die Speiseröhre entleeren konnte. Während dieser Beschäftigung hatte ich einen wundervollen Ausblick auf den Ätna.

Erst 20.15 Uhr kamen wir zum Abendbrot, saßen dann bis 22.00 Uhr zusammen.

Donnerstag, 06.09.
Die heutige Unternehmung bot Christa für alle ihre Gäste an: 6.00 Uhr Wecken, 7.00 Uhr Frühstück. Um 8.00 Uhr brachen wir auf nach Milazzo. Nachdem wir einen Parkplatz gefunden hatten, suchten wir das Büro, das die Schiffskarten ausgab.
Das Schiff sollte 9.30 Uhr nach Vulcano ablegen. Im Reedereibüro erfuhren wir, es würde erst 12.00 Uhr fahren. Wir nutzten die Zwangspause, Obst für unser Mittagsmahl einzukaufen. Dann warteten wir an einer schattigen Stelle.
Gudrun waren die kalten, öligen Gemüsebeilagen vom Abendbrot nicht bekommen. Sie hatte mit Magenproblemen zu kämpfen. Schließlich sammelten wir uns an der Ablegestelle, doch das Schiff kam erst verspätet an. Als es ablegte, schaute ich auf die Uhr: 12.30 Uhr.
Der Katamaran erreichte zwei Stunden später das Ziel. Schon am Landungssteg verspürten wir einen Schwefelgeruch. Wir machten uns an den Aufstieg auf den Gipfel des Vulcano.
Gudrun hielt tapfer mit. Der Weg führte rund um den Krater. Wir genossen oben vom Kraterrand einen phantastischen Rundblick auf die benachbarten Inseln. Beim Stromboli faszinierte uns, wie er aller 20 Minuten dicke Rauchwolken ausstieß. Um auf die höchste Spitze des Vulcano zu gelangen, mussten wir durch dicke Schwefelschwaden hindurch. Wir hielten ein Taschentuch vor Mund und Nase und eilten so schnell es ging durch die Solfatarentätigkeit hindurch. Die Schwefellöcher interessierten uns sehr, wir hörten es darin kochen. Gern hätte ich eine dicke Schwefelblüte abgebrochen, aber das Gestein war viel zu heiß.
Ob es am Schwefel lag, an der starken Sonnenbestrahlung oder am vergangenen Abendbrot. Nacheinander mussten Volkmar und Anke brechen. Während es Volkmar relativ schnell wieder gut ging, erholte sich Anke erst am Abend.
Die für 17.55 Uhr angesetzte Rückfahrt verzögerte sich bis 18.15 Uhr. Gegen 20.30 Uhr erreichten wir Marinello. Anke begnügte sich mit Weißbrot, Gudrun verordnete sich Nulldiät.
Freitag, 07.09.
Wir hatten einen Ruhetag veranschlagt, daher frühstückten wir erst 8.30 Uhr. Dann schrieben wir einige Urlaubskarten und lasen bis zur Mittagszeit.

Erst nach der Siesta liefen wir zur Lagune ins Naturschutzgebiet. Dort beobachteten wir zwei Männer, die versuchten, mittels eines selbstgebauten Schwimmers, zu dem ein mit Haken besetzter Draht führte, Schwertfische zu angeln. In gewissen Abständen zogen sie den Schwimmer an Land, nahmen die zappelten Fische vom Haken und verstauten sie in einen mitgebrachten Behälter. Einer der Männer drückte Anke einen sehr kleinen Schwerfisch als Geschenk in die Hand. Unsere tierliebe Anke rettete dem Jungfisch das Leben, indem sie diesen fix wieder ins Wasser gleiten ließ.

Jetzt kamen einige Reiter, neun an der Zahl, die teilweise sogar durchs seichte Wasser ritten.

Samstag, 08.09.

Nach dem Frühstück fuhren wir zu fünft nach Falcone. Wir vermuteten, dort sei an diesem Tag "Markt". Bei der Suche nach diesem schauten wir uns den Ort an: auch hier fielen die Gegensätze reich/ arm, gepflegte, schöne/ verwahrloste Häuser auf; oft in unmittelbarer Nähe. Schließlich entdeckten wir in Strandnähe den Platz, wo jeweils "Markt" abgehalten wird, aber nicht an diesem Tag. (Am Montag erzählte uns ein Angestellter des Campingplatzes, in Falcone wäre jeweils am Sonntag Markt, im nahen Olivieri jeden Mittwoch.) Wir kehrten nach Marinello zurück, aßen etwas Obst, hielten Siesta. Am Nachmittag zog es uns wieder zur Lagune zum Schwimmen (jedoch ich lag nur im Sand, heute musste ich meinen Magen-Darm-Trakt auskurieren).

Sonntag, 09.09.

Nach dem Frühstück steuerte uns Volkmar nach Taormina und Castelmola (855 m NN). Über viele scharfe Kehren (Tornandos) gelangten wir zuerst hinauf nach Castelmola, von wo wir einen phantastischen Ausblick zum nahen Ätna und zur Küste genossen.

Trotz des Sonntags hatten die Geschäfte geöffnet. Während sich Gudrun und Anke in einem Schmuckladen umschauten, nutzte ich die Zeit, die Auslagen eines Geschäftes mit sehr vielen Marionetten zu betrachten. Der Verkäufer kam heraus, fragte nach meinem Heimatland, dann lud er mich ein, das Innere seines Ladens zu besichtigen, in dem ein weit größerer Vorrat an Marionetten vorhanden sei. Er freute sich über meine Begeisterung, schenkte mir

gar ein Gläschen Mandelwein ein, obgleich ich ihm vorher erklärt hatte, dass ich definitiv nichts kaufen, sondern nur die wunderschönen Marionetten bewundern wolle. Über Mittag blieben wir in Castelmolo, besichtigten auch die Kirche und die Ruine des Kastells.
Dann fuhren wir hinunter zur Küste, stellten das Auto nahe der Bergbahn ab und wateten durch das seichte Wasser hinüber zur "Isola Bella". Der Zugang zur Insel blieb uns jedoch durch Gitter verwehrt. Auf den Steinen lagen überall Menschen, die hier ihren Sonntag verbrachten. Anschließend gelangten wir mit der Drahtseilbahn hinauf nach Taormina, wo nur die Bewohner der Stadt ihre Fahrzeuge benutzen dürfen.
Zuerst suchten wir die Anglikanische Kirche, in der heute um 17.00 Uhr durch Christa ein deutschsprachiger Gottesdienst stattfinden würde. Nun schauten wir uns in der Stadt um, in der es von Touristen wimmelte. Schließlich begaben wir uns in das griechische Theater (nach Syracus das zweitgrößte auf Sizilien). 6 € Eintritt; als Rentner brauchte ich nichts zu bezahlen, klärte mich die Kassiererin auf. In ganz Italien dürften Rentner sämtliche Museen kostenlos besuchen. Ich bedankte mich hocherfreut. Gudrun schleppte sich tapfer auch hier durch und versuchte, sich nicht merken zu lassen, was sie für Magenschmerzen litt. Auf dem Rang nahmen wir Platz und genossen eine ganze Weile den Blick zur Theaterbühne, dahinter links das Meer und rechts der Ätna.
Kurz vor 17.00 Uhr fanden wir uns an der Anglikanischen Kirche ein. Diese war durch englische und amerikanische Soldaten, die auch auf Sizilien gelandet waren, im Jahre 1944 entstanden .
Am Vormittag hatte ein englischer Priester, der als Urlaubsvertretung in Taormina weilte, den Gottesdienst für die dort wohnenden Engländer gehalten. Jetzt am Nachmittag predigte Christa für die evangelischen deutschstämmigen Bewohner.
Volkmar wurde sogleich zum Hilfskantor ernannt. Er legte die jeweilige Musik-CDs zur Liedbegleitung ein. Nach dem Gottesdienst benutzten wir die Bergbahn hinab zum Parkplatz, stiegen ins Auto und kehrten nach Marinello zurück. Nun eilten wir zum Abendbrot; das letzte Abendbrot in der Gaststätte. Die Saison ging zuende.
Darüber waren wir keinesfalls traurig, so konnten wir doch an den Folgetagen unser Abendbrot auf mitteleuropäische Art einnehmen,

auch früher und geringere Mengen. Die Magenschmerzen und andere Probleme im Magen-Darm-Bereich fielen somit weg. Nur Schwarzbrot war leider nirgends zu haben.

Montag, 10.09.

Nach dem Frühstück fuhren wir nach Olivieri zum Einkauf. Nach unserer Rückkehr nahmen wir unser Obst-Mittagsmahl ein. In der Hitze hatten wir keinen Appetit auf anderes Essen. Nach der Siesta tranken wir Cappuccino bzw. Tee. Dann liefen wir zur Lagune zum Schwimmen. Dort amüsierten wir uns über zwei streunende Hunde, die hier offenbar auch ihren Strandurlaub verlebten. Sie tollten herum, gruben mit den Schnauzen Löcher in den Sand, sprangen hin und wieder auch ins Wasser.

Leichtsinnigerweise näherte ich mich den Vierbeinern, sprach sie an, kraulte den einen. Aber ein nasser Hund stinkt! Ich hatte mächtig zu tun, den übertragenen Geruch wieder los zu werden.

Anke suchte beim Schnorcheln nach Seeigeln. Gudrun entdeckte einen Einsiedlerkrebs in einer leeren Bohrmuschelschale. Jetzt suchte auch Anke gezielt nach dieser Spezies und wurde mehrmals fündig. Am Abend saßen wir noch vor Martins Bungalow zusammen bei einem Gläschen Wein und erzählten.

Dienstag, 11.09.

Heute nahmen wir uns die "Gola d´Alcantara" bei Giardini Naxos vor, (15 km westlich von Taormina). Die Schlucht ist ca. 400 m lang und 5 - 8 m breit. Sie ist 50 bis 70 m tief in Basaltfelsen eingeschnitten, zeigt Basaltsäulen, ähnlich wie wir sie von Pöhlberg, Scheibenberg, Bärenstein und Hirtstein kennen, nur noch imposanter, dazu Grotten und Kavernen.

Aus der Literatur wussten wir, dass diese Basaltablagerungen aus dem Ätna-Tochterkrater "Monte Moio" im Jahre 2400 vor der Zeitrechnung stammten. Noch glühend und in Folge einer natürlichen Erdsenkung spaltete sich die Masse der Länge nach auf. So entstand diese Schlucht. Erst später flossen die Wasser des Alcantara in den Spalt, schliffen im Laufe der Jahrhunderte die Basaltwände der Schlucht ab und verliehen dem Fels das heutige Aussehen. Das Schillern des Felsens entsteht durch die Lichteinstrahlung.

Wir hatten die Wahl, entweder barfuss oder mit Fischerhosen und Gummistiefel uns auszustatten oder gar Neoprenkleidung anzulegen,

je nachdem, wie weit wir in dem kalten Wasser des Alcantara in die Schlucht eindringen wollten. Wir entschieden uns für die zweite Variante. Damit wagten wir uns ziemlich weit in die Schlucht hinein bis wir in Brusthöhe im Wasser standen, dann aber mussten wir umkehren. Auf dem Rückweg rutschte Gerlinde aus, Volkmar und ich waren in unmittelbarer Nähe und konnten sie gerade noch festhalten.
Nach dem Besuch der "Gola d´Alcantara" kauften wir einige Mitbringsel und hielten Mittagsrast. Wasserflaschen und Obst hatten wir im Rucksack bei uns.
Anschließend unternahmen wir noch einen Abstecher zur normannischen Klosterkirche "Santi Pietro e Paulo" , die im Jahre 1117 von Roger II. erbaut wurde, (etwa 25 km nördlich von Taormina). Wir blieben auf der Küstenstraße bis San Alessio Siculo. Den Hinweisschildern folgend, gelangten wir über eine Schotterstraße am Rande eines Wadis zu unserem Ziel. Das von weitem wie eine Festung wirkende Bauwerk ist zweigeschossig, zinnengekrönt und besitzt nur kleine Fensteröffnungen im Mauerwerk. Ineinander verschlungene Blendarkaden aus roten Ziegeln, schwarzem Lavagestein und weißem Marmor an der Außenfassade sowie die beiden Kuppeln deuten auf arabischen Einfluss hin. Die Normannen nutzten die Kenntnisse und Erfahrungen der arabischen Handwerker, die vor ihnen auf die Insel gekommen waren.
Leider war das Gebäude verschlossen.
Über Sicuta (800 m NN) und Savoca gelangten wir zurück auf die Küstenstraße. Ab Messina benutzten wir die Autobahn. Nach unserer Rückkehr in Marinello nahmen Gudrun und Anke schnell noch ein Bad im Mittelmeer, dann aßen wir zu Abend. Danach kamen Gerlinde und Volkmar zu uns an den Bungalow unter Mitbringung der 5 Liter-Weinflasche, die heute wieder etwas mehr an Inhalt verlor.
Mittwoch, 12.09.
Ein echter Ruhetag: 9.30 Uhr Frühstück, Fahrt nach Olivieri zum Markt.
Der Markt war für unsere Damen erfolgreich, vor allem für Anke: Ein Edelstahlarmband und ein Kleid konnte sie als "Schnäppchen" erwerben. Ich knipste ein wenig. Dann ging`s wieder zurück. Mittag und Siesta wie bekannt; danach zur Lagune zum Schwimmen.

Anke und Gerlinde fanden je einen lebenden Seestern und je einen Einsiedlerkrebs, die sie nachdem wir sie angeschaut hatten, wieder ihrem feuchten Element zurückgaben. Es wurden bis zum Abendbrot Muscheln gesucht. Anschließend erzählten wir mit Martins wiederum beim Wein bis zur Schlafenszeit.

Donnerstag, 13.09.
Nach dem Frühstück brausten wir auf der Autobahn mit dem Leihwagen nach Messina, in die oft zerstörte und immer wieder aufgebaute Stadt, die an der engsten Stelle der Straße von Messina gelegen ist. In der Literatur wird sie das "Tor zu Sizilien" genannt.
Ein besonderes Problem in der Innenstadt war das Finden einer Parkmöglichkeit, was nach langem Suchen in Domnähe gelang.
Der Dom stammt ursprünglich aus dem 12. Jahrhundert. Auch er fiel, wie die meisten Häuser, im Jahre 1908 dem verheerenden Erdbeben zum Opfer. Er wurde nach alten Plänen nach Beendigung des 2. Weltkrieges original wieder aufgebaut.
Vor dem Dom steht die barocke "Fontana di Orione". Der Brunnen stammt von einem Schüler Michelangelos (Giovanni Angelo Montorsoli) aus dem Jahre 1663. Die Statue Orions, Sohn des Poseidon und legendärer Stadtgründer Messinas bildet den oberen Abschluss. Auf dem Beckenrand ruhen die Flüsse Nil, Tiber, Ebro und Camaro, jeweils als Personen dargestellt.
An der Nordflanke des Doms steht ein frei stehenden Glockenturm, der 1936 nach alten Plänen wieder errichtet wurde und die Bombardements von 1943 ohne größere Schäden überstand. Er beeindruckte durch die größte mechanische Uhr der Welt, die im Jahre 1933 in der Straßburger Werkstatt von Thomas Ungerer gefertigt wurde.
Täglich mittags um 12.00 Uhr spielt sich ein außergewöhnliches Spektakel ab. Doch dies alles zu schildern, würde den Rahmen meines Berichtes sprengen.

Freitag, 14.09.
Gleich nach dem Frühstück liefen wir an den Strand und tauchten ein in das klare Wasser vor der Lagune. Zum letzten Mal! Am Folgetag war die Rückreise geplant. Bis zur Mittagszeit blieben wir an dem so lieb gewonnenen Platz. Dann zogen wir uns zum Bungalow zurück, nahmen

unser Obst-Mittagessen ein, hielten Siesta, tranken Tee, aßen Kekse. Nun war Kofferpacken angesagt. Die Badesachen waren inzwischen getrocknet. Bei den gesammelten Steinen sortierten wir die aus, die wir unbedingt mit heim nehmen wollten von denen, die wir aus Platzgründen zurückließen. Nach dem Abendbrot leerten wir mit Gerlinde und Volkmar noch eine Flasche Wein (die Fünfliterflache war bereits am Vortag leer geworden) und legten uns zur Ruhe.

Samstag, 15.09.
Um 3.00 Uhr war die Nachtruhe zuende. Eine Stunde später starteten wir mit dem Leihwagen in Richtung Catania - Flughafen. Bereits um 6.00 Uhr erreichten wir unser Ziel, da zu dieser frühen Zeit noch wenig Betrieb auf der Autobahn herrschte. Aber es hätte auch anders sein können. So hatten wir auf dem Flughafen genügend Zeit, sogar für einige Fotoaufnahmen, der Himmel war klar, und auch um noch einmal nach dem Ätna zu schauen. Der Blick lohnte sich, da er diesmal dicke Rauchwolken ausstieß.

Pünktlich 9.40 Uhr hob sich unser Flugzeug in die Luft und brachte uns wohlbehalten, kurz nach 12.00 Uhr, nach Berlin-Tegel. Dort gestaltete sich die Landung wegen des starken und böigen Windes etwas schwierig. Nach dem Aufsetzen klatschten (endlich wieder einmal !) alle Passagiere dem Piloten Beifall.

Relativ schnell kamen wir an unser Gepäck. Ein Telefonat mit dem Parkplatzbetreiber, der Abholerbus kam, brachte uns zu Volkmars Auto und in schneller Fahrt (weniger als 3 Stunden) ging es auf der A 9 und A 4 nach Hause.

Dankbar für die zwei Wochen, den behüteten Flug und die glückliche Heimkehr erlebten wir erneut all das Schöne in Gedanken als wir die fertigen Fotos betrachteten. Der lieben Christa Wolf dankten wir noch einmal von ganzem Herzen für ihre Einladung.

... *"Italien ohne Sizilien macht gar kein Bild in der Seele: hier erst ist der Schlüssel zu allem"* - dies schrieb Goethe 1787 am Ende seines Besuches auf der Mittelmeerinsel. Wir können uns seiner Meinung nur anschließen.

Im November konnten wir drei zusammen mit anderen Gemeindegliedern in Lauchhammer beim Guss unserer neuen Glocke zuschauen. Die stählerne Ersatzglocke für die im Krieg abgelieferten Bronzeglocke durfte schon einige Jahre nicht mehr geläutet werden, weil die Korrosionserscheinungen die Gefahr eines Abrisses heraufbeschworen hätten. Nach der Außen- und Innenrenovierung der Oelsnitzer Christuskirche, sollte nunmehr auch die Glocke erneuert werden. Wegen der Klangabstimmung mussten die beiden größeren Glocken mit nach Lauchhammer transportiert werden. Als alle drei Glocken "außer Haus" waren, wurde der Glockenstuhl erneuert. Während man früher Glockenstühle generell nur aus abgelagertem Eichenholz herstellte, kam man irgendwann auf die Idee, ein Glockenstuhl aus Stahl sei länger haltbar. Nunmehr kehrt man zu den Auffassungen der Altvorderen zurück und wählt erneut Eichenholz, weil so die Schwingungen nicht wie bei der Stahlkonstruktion auf den Turm übertragen werden und damit diesen gefährden. Geplant war die Glockenweihe schon zum Erntedankfest, doch der erste Glockenguss erbrachte bei der anschließenden Feinabstimmung, dass der Klang zu den beiden anderen Glocken nicht passte. Deshalb startete nunmehr der zweite Versuch. (Die andere Glocke konnte Lauchhammer an eine Dorfkirche verkaufen, die nur eine einzige Glocke benötigte).

Der eigentliche Guss war nur ein kurzer Augenblick. Wir hörten, dass es viel langwieriger sei, die Form herzustellen, was einige Wochen Zeit in Anspruch nähme.

Diesmal ging glücklicherweise alles gut, war doch für uns die Zeitspanne ziemlich eng. Eine Woche nach dem Guss nahm der Glockenverantwortliche der Landeskirche die neue Glocke ab. Einen Tag später holte eine Oelsnitzer Speditionsfirma alle drei Glocken heim. Am gleichen Nachmittag wurde der LKW geschmückt. Tags darauf war der 1. Advent. Im Rahmen des Oelsnitzer Weihnachtsmarktes fand die Glockenweihe vor dem Rathaus und eine Stunde später in der Kirche Familiengottesdienst statt. In den nachfolgenden Tagen wurde der Glockenstuhl vervollständigt und die Elektrik für das Geläut erneuert. Das volle Geläut erklang erstmals wieder am Heiligabend.

Michael hatte mir offenbart, er werde zum Weihnachtsfest wiederum nicht nach Oelsnitz kommen, da es ihm gesundheitlich gleichbleibend schlecht ginge. Leider!
Im vergangenen Jahr hatte ich ihn in Berlin aufgesucht als wir Silvester bei Freunden in Fürstenwalde feierten. Ein Glück, dass es nunmehr Telefonverbindung gibt (für die meisten Menschen etwas Selbstverständliches, doch für mich noch immer ein Grund zur Dankbarkeit im 18. Jahr der Wiedervereinigung). So konnten und können wir ein- bis zweimal wöchentlich miteinander telefonieren.
Während Manuela und Andreas sonst über Weihnachten ein paar Tage nach Oelsnitz kamen, fiel dies in diesem Jahr aus. Der Grund: Anfang Januar wollten die beiden in Sri Lanka ihren Urlaub verleben. An ihrer Stelle hatten aber ihre Schwiegermutter und ihr Schwager Interesse bekundet, einmal zur Weihnachtszeit ins Erzgebirge zu kommen: Zweiter Weihnachtsfeiertag bis Sonntag nach dem Fest. Zwar gab es Überschneidung mit Gudruns Freundin Maike mit Birgit aus Fürstenwalde, die ab 28.12. anreisten. Aber alle kamen gut miteinander aus. Da das Wetter mitspielte (es lag ununterbrochen vom 23.12. an etwas Schnee), konnten wir auch schöne gemeinsame Spaziergänge unternehmen. Unseren Besuchern gefielen die Tage auf dem Moserhof. Was wollten wir mehr? Am Rückreisetag von Lore und Martin, besuchten wir zusammen mit Maike und Birgit die "Gunzenhausener Kunstsammlung" in Chemnitz und nach einer Mittagspause im Ratskeller noch die Ausstellung der Gemälde von Bob Dylon.

2008

Gudrun ist seit dem 1. Januar Vollrentnerin. Leider muss sie durch ihren vorzeitigen Eintritt ins Rentenalter ziemliche Einbußen hinnehmen. Aber das wussten wir vorher und denken, wir haben uns trotzdem richtig entschieden. Vielleicht hätte Gudrun in den dann fehlenden 2,5 Jahren manche Aufregung, manchen Ärger runterschlucken müssen, wäre vielleicht krank geworden.

Am 14. Januar besuchten wir mit Heinz und Annelies das "Grüne Gewölbe - historischer Teil" in Dresden. Heinz hatte dafür zu seinem 70. Geburtstag fünf Eintrittskarten erhalten - schon in der Absicht, dass wir drei dabei sein sollten. Wir benutzten für die Dresdenfahrt den Zug: bis Glauchau die Citybahn, dann einen "Zug mit Neigetechnik" bis in die sächsische Metropole. Die Fahrt war kurz. Doch durch die "Neigetechnik" bekamen wir Kopfschmerzen, schwindelte uns sowohl während der Fahrt als auch noch auf dem Weg vom Hauptbahnhof zum Schloss. Die Besichtigung jedoch hat sich gelohnt. Uns gefiel die Ausstellung in den wundervoll restaurierten Räumen des Schlosses ausgezeichnet. Statt eines Museumsführer gab es elektronische Erklärer für jeden Besucher.

In diesem Jahr blühten bereits im Februar Schneeglöckchen und Krokusse im Garten, selbst die Tulpenpflanzen schauten schon ziemlich weit aus dem Boden. Also noch früher als im Vorjahr, als ich das schon als außergewöhnlich empfand. Doch im März wurde es wieder kalt, schneite es erneut.

Im Garten hatte ich die Arbeit zwar noch nicht wieder aufgenommen, doch ich war trotzdem beschäftigt. So hatte ich in den Winterferien zwei Wochen lang Jubilare unserer Kirchgemeinde zu runden Geburtstagen zu besuchen, da unser Pfarrer in Urlaub war. Auch hatte ich viele Stunden Beschäftigung, alte Kirchenbücher nach jetzigen Auflagen der Archivpflegerin der Landeskirche zu foliieren (sie sollen anschließend über Scanner für den Computer aufbereitet werden), weil die beiden Angestellten unserer Pfarramtskanzlei sich mit dieser Tätigkeit überfordert sahen.

In diesen Wochen kam ich ebenfalls gut mit meiner "Kreidezeit" voran, die ich ja bis zum Sommer abzuschließen gedenke, um meinem Vater zeitlich das nachzutun, und ebenfalls die Lebenserinnerungen zwischen dem 70. und 75. Geburtstag zu Papier zu bringen.
Aus der geplanten "Trilogie: Großvater, Vater, Sohn" werde ich mich jedoch verabschieden müssen, da Michael sich außerstande sieht, seine Aufzeichnungen beizusteuern. Der arme Kerl ist zu weit krank. Er macht mir große Sorgen. Vor einigen Wochen hat ihn der Arzt wegen seiner Schmerzen in den Füßen (auf Grund des starken Diabetes) auf Morphium eingestellt. Ich bin mit meinen fast 75 Jahren trotz mancher Wehwehchen ihm gegenüber, der erst 41 Lenze zählt, "kerngesund". Ich kann ihm nicht helfen, außer dass ich ihn täglich unserem Herrgott im Gebet anbefehle.
Eine große Osterwanderung unternahmen wir in diesem Jahr nicht. Bei uns war Ausruhen angesagt. Es gab mehrere Gründe dafür:
Einmal hatte ich drei Wochen Heinz am Samstag aus dem Chemnitzer Krankenhaus zu holen und am Sonntagabend wieder hin zu bringen. Zweitens waren eine Woche vor Ostern fünf Übernachtungsgäste im Haus (drei weitere außer Haus). Ankes 40. Geburtstag war der Anlass für Ankes Schwestern, ein Familientreffen zu veranstalten. Das war schon seit vergangenem Jahr geplant. Drittens wollten wir Kraft schöpfen für die "zweite Belegung"! Denn eine Woche nach Ostern beherbergten wir einige Tage sogar sieben Personen im Haus (vier weitere außer Haus): die Fürstenwalder und Grünheider Freunde mit denen Anke seit ihrer frühesten Kindheit verbunden ist.
Zum Geburtstag am 15. März hatten wir einen alten Ikarusbus bestellt (eine Firma in Mittweida bot damit Sonderfahrten an). Anke hat ganz besondere Beziehungen zu alten Maschinen und Fahrzeugen. Mit einem Ikarus ist sie jahrelang von Chemnitz nach Stollberg zu ihrer Arbeitsstelle in eine "Geschützte Werkstatt" gefahren. Als der Bus ankam, wurden ihre Augen doppelt so groß. Sie durfte auf dem Fahrersitz Platz nehmen und das alte Lenkrad befühlen. Für sie war das ein Hochgenuss.

Mit dem aufgemöbelten Bus fuhren alle Geburtstagsgäste, 19 an der Zahl, nach Wildenfels. Dort hatten Gudrun und ich eine Burgbesichtigung organisiert.
Zur Vesperzeit waren wir wieder zurück. Dann nahm Ankes Jubiläumsfeier seinen Fortgang in einem alten Stellwerk am Neuoelsnitzer Bahnhof, das Privatleute wunderhübsch ausgebaut haben und für Familienfeiern vermieten.
Da sich unter den Gästen einige "Eisenbahn-Fans" befanden, war deren Freude besonders groß. Zwischen Kaffeetrinken und Abendbrot konnten wir dank des sonnigen Wetters an diesem Tag einen kleinen Spaziergang zum nahen "Höhlteich" unternehmen, was ebenfalls den Gästen Freude bereitete. Pünktlich um 18.00 Uhr waren wir wieder am Stellwerk. Dann brachte der Posaunenchor seinem Mitglied Anke ein Ständchen. Die Überraschung gelang.
Das Abendbrot ließen wir anliefern, um weniger Arbeit zu haben. Daheim hätten wir, trotz des Wintergartens, keine 19 Personen an einer Tafel untergebracht.
Am 29.03. fand die zweite Feier im gleichen Gebäude statt, jetzt mit 29 Personen, da auch Betreuer und behinderte Mitarbeiter von Ankes Werkstatt eingeladen waren.
Zwischen Mittag und Vesper brachte diesmal ein normaler Bus unserer "Geburtstagsgesellschaft" nach Kummer (ein Ortsteil von Schmölln) in den dort stationierten kleinen Privatzirkus "Probst". Eine "Pavian-Schau" (Affen gehören zu Ankes Lieblingstieren) stand auf dem Programm.
Ich selbst hatte mich aus dieser Fahrt "ausgeklinkt", um den Kaffeetisch zu decken. Ich kam ganz schön ins Schwitzen, denn es waren allerhand Vorbereitungen dazu nötig.
Gut, dass solch ein Aufwand nur zu runden Geburtstagen betrieben wird!
Die Monate März und April brachten jedoch weitere "Aufregungen" für unsere Familie:
Am frühen Morgen des 23. März wollte ich, wie an jedem Wochentag, Anke nach Stollberg zur Arbeit fahren. Im Bereich der Unteren Hauptstraße in Oelsnitz war an einer Stelle, wo unterirdisch der Hegebach verläuft, Glatteis. Das war nicht vorhersehbar. Ich hatte trotz des nur mäßigen Tempos keine Chance, das Auto zu steuern. Erst drehte das Auto auf der spiegelblanken Straße auf die linke

Straßenseite in eine Parknische hinein, dann quer über die Straße auf die rechte Seite an eine Hausecke, wo unser Wagen das dort befindliche Regenfallrohr abriss. Jetzt schmiss es uns über einen dort wachsenden Busch zurück auf die Straße, wobei Anke und ich jeweils die Airbags um die Ohren bekamen. Das geschah schneller als wir denken konnten. Ein herbeieilender Mann, der sich um uns kümmern wollte, riet mir, die Polizei anzurufen, was er dann in meinem Auftrag freundlicherweise übernahm. Ich glaubte, die Polizei sei auf alle Fälle notwendig, weil der Schaden (Grill abgerissen, beide Lampen kaputt, ein Kotflügel beschädigt) über die Versicherung behoben werden sollte und dafür deren Bescheinigung gebraucht würde.

Gudrun verständigte ich per Handy von unserem Unfall und bat sie, mir die Autopapiere zu bringen, die sicher die anrückende Polizei sehen wollte. Anke schickte ich nach Hause, es waren ja nur zehn Minuten Fußweg zurückzulegen. In der halben Stunde des Wartens fror ich entsetzlich an Händen und Füßen, ja am gesamten Körper, obgleich ich warm angezogen war. Das war eine Teilerscheinung des erlittenen Schocks.

Die beiden Polizisten nahmen den Unfall auf, dafür kassierten sie von mir 35 €. Dann stellten wir gemeinsam fest, dass der Motor nicht mehr ansprang, also der PKW auch innere Schäden erlitten hatte. Ich rief die Werkstatt an. Der Abschleppwagen kam schneller als die Polizei. Er war nach zehn Minuten vor Ort.

Am Nachmittag erfuhr ich von der Werkstatt, dass die Reparatur auf 6000 € geschätzt würde, der Wagen, der neun Jahre alt ist, aber im unbeschädigten Zustand vielleicht 3000 bis 3500 € Wert besitze. Ich sollte von der Versicherung einen Gutachter bestellen. Der stellte nach seiner Inspektion einen "wirtschaftlichen Totalschaden" fest.

Die Versicherung zahlte 2267 €, eine Görlitzer Firma bot für unseren beschädigten Clio 1050 €.

Gudrun erhielt von der Werkstatt einen Ersatzwagen, der jedoch über keine Automatik verfügte, den ich also nicht benutzten konnte.

Am gleichen Nachmittag des 23.03. brachte ich den Schwager nach Chemnitz ins Krankenhaus zu einer ambulanten Untersuchung mit dessen Fahrzeug, das glücklicherweise ebenfalls ein "Automatikauto" ist. Am Folgetag war mit Gudruns Cousine Edith eine Abholung aus Heidenau vereinbart. Heinz stellte seinen Wagen zur Verfügung.

Drei Nächte habe ich nicht schlafen können. Dann machte ich mir die Argumente von Gudrun und Heinz zu eigen. Es hätte schlimmer kommen können. Anke und mir (abgesehen von einigen Schürfwunden, die mir die Armbanduhr beigebracht hatte) war uns beiden nichts passiert. Anke behielt die Ruhe (im Gegensatz von Februar 1992, als bei meinem damaligen Unfall mit dem Golf Anke den Unfallpartner verdreschen wollte), in der Parknische standen keine Pkws, es kam weder Fahrzeuge noch Fußgänger entgegen, wir hatten also keinem anderen geschadet. Die Reparatur des Fallrohres habe ich inzwischen mit 140 € bezahlt.

Am 2. April machte uns die Werkstatt ein Angebot: ein gebrauchter "Clio Automatik" (Baujahr 2006 - gefahrene Kilometer 8150) für 14,5 T € (also 5 T € weniger als der Neupreis). Wir überlegten und entschieden uns, zuzugreifen. Gudrun räumte ihr Sparbuch mit 5 T € leer. Edith borgte zinsfrei 5 T €, Heinz ebenfalls zinsfrei 2 T €. Dazu addierten wir die Summen der Versicherung und der "Schrottwagenfirma". Wir tätigten den Kauf.

Während Cousine Helga am 8. Februar beerdigt wurde, traf uns anfangs April eine erneute "Hiobsbotschaft" durch das Ableben von Cousine Maria.

Am 4. April beerdigten wir Maria , genau einen Monat nach ihrem 72. Geburtstag. Am Telefon sprach sie an ihrem Ehrentag von einer bevorstehenden Operation an der Luftröhre, weil sie so schlecht Luft bekäme. Diese würde in Leipzig durchgeführt. Am 28. März erfuhr Helmut, Marias Ehemann, die Operation sei gut verlaufen, er könne Maria am folgenden Montag heimholen. Doch am 29. 03. traten Komplikationen ein, an deren Folgen sie verstarb.

Mitte April belastete uns ein weiteres Problem: Unsere Heizung ging kaputt: Sie war durchgerostet in den Jahren seit 1991. Eine Woche später erfolgte der Ausbau der alten und der Einbau der neuen Heizung. Glücklicherweise hatten wir im Jahre 2001 einen Bausparvertrag abgeschlossen. Der jetzige Kontostand lag etwa bei 8 T €. Vorzeitig mussten wir diesen kündigen. Natürlich reichte das Geld nicht, Weitere Reserven waren nicht vorhanden. Schwager Heinz bot erfreulicherweise seine Hilfe an, die fehlende Summe zinsfrei vorzuschießen. Gott sei Dank!

Für Sonntag "Exaudi" besaß ich eine Einladung zur Jubelkonfirmation in der "St. Annenkirche" in Annaberg und für den Nachmittag und Abend vorher zu einem "Jahrgangstreffen" dieser ehemaligen Konfirmanden auf dem Pöhlberg.
Am 21. März 1948 waren in der "St. Annenkirche" 107 Mädchen und 120 Jungen von Superintendent Auenmüller konfirmiert worden. Von den weiblichen Teilnehmern sind acht, von den männlichen 36 verstorben, wenn Günther Schmiedgen wirklich alle erfasst hat.
Dieser gute "Kumpel" hatte schon vor zehn und auch vor fünf Jahren ähnliche Treffen vorbereitet, wofür wir ihm von Herzen dankbar waren.
Zwar kannte ich die meisten der anwesenden Damen und Herren gar nicht. Das war auch nicht zu erwarten bei den vielen Klassen, die das damals waren. Dazu kommt, dass ich mit den eigenen Klassenkameraden ja auch nur vier Jahre gemeinsam die Schulbank drückte, und nur wenige mit auf das Gymnasium wechselten. Aber mit den wenigen, die ich kannte, konnte ich recht gut in Erinnerungen schwelgen und guten Erfahrungsaustausch pflegen.
Im Sommer 2007 buchte ich für die Unterkunft ein Dreibettzimmer auf dem Pöhlberg und animierte Gudrun und Anke, das Wochenende dort gemeinsam zu verbringen. Wir erhielten ein recht nettes Zimmer, ganz nach unserem Geschmack.
Während Gudrun und Anke sich darin einrichteten, begab ich mich pünktlich 14.30 Uhr in den Saal, der erst zur Hälfte gefüllt war. Mein Freund Hans-Joachim Röhl hatte mir am Tisch einen Platz reserviert, an dem auch "Lupus" (Günther Wolf), "Gustl" (Günther Schönherr), Dieter Kunz und Günther Burkhardt saßen. Nachdem ich die "Tischgenossen" herzlich begrüßt hatte, steuerte ich alle anderen Tische an, stellte mich vorsichtshalber vor, begrüßte die "alten" Herren und Damen und entbot allen ein frohes Zusammensein.
Neben Hans-Joachim, Lupus und Gustl waren von "der Penne" noch Hella Wendt, geborene Freimann vertreten.
Christa geborene Meyer erinnerte ich zum Spaß der an ihrem Tisch sitzenden Damen, an die Zeit, als wir zusammen in einem Bett gelegen hatten. In Wirklichkeit konnten wir uns beide an diese Tage

nicht mehr erinnern, waren wir doch damals erst ein oder zwei Jahre alt. Christas Eltern waren mit meinen Eltern eng befreundet und kamen häufig abends zusammen. Dabei wurden die Kleinkinder, um sie nicht allein zu lassen, jeweils mit in die andere Wohnung genommen und zusammen schlafen gelegt.

Hannelore Leonhardt bekundete ich meine Hochachtung vor ihrem verstorbenen Vater, der mir in der Zeit der Konfirmandenstunden geholfen hatte vom Aberglauben freizukommen, indem er uns jungen Menschen den Vorschlag unterbreitete, die auf Jahrmärkten erworbenen Horoskope mitzubringen, die dann gemeinsam verbrannt wurden. Anschließend sprach er für uns ein Gebet. Tatsächlich habe ich seither nie wieder ein Horoskop gelesen, höchstens in der Zeit meiner Tätigkeit als Astronomielehrer, als ich den Gegensatz Astronomie - Astrologie im Unterricht behandelte. Damals las ich zwei, drei Beispiele vor, um deren Unsinn herauszustellen.

Als Hannelore erfuhr, dass ich in Oelsnitz/Erzgebirge wohne und am Folgetag auf der Heimfahrt Stollberg tangiere, bat sie mich um Mitfahrgelegenheit, weil sie dort ihrer Schwester einen Besuch abstatten wollte, ehe sie wieder nach Oelsnitz im Vogtland zu ihrem jetzigen Wohnort zurückkehrte.

Günther begrüßte alle Anwesenden. In der Zwischenzeit hatten die Kellner jedem ein Glas Sekt auf den Tisch gestellt. Nach Günthers freundlichen Worten stießen wir auf ein fröhliches Beisammensein an. Dann boten Roland Klemm und Willi Lindl teils gemeinsam, teils im Wechsel musikalische Klänge auf ihren mitgebrachten Keyboards. Zuerst "Kaffeehausmusik", während wir uns den bestellten Kuchen und Kaffee bzw. Tee schmecken ließen. Später intonierten sie solche Melodien, die uns in unseren jungen Jahren vertraut waren, uns damals vom "Hocker rissen". Tatsächlich tanzten einige Paare.

Wir alle an unserem Tisch zogen es vor, Gespräche zu führen, wobei sich der eine und der andere kurzzeitig dazu setzte bis wir uns gegen 23.00 Uhr verabschiedeten. Ich glaube, die anderen beneideten mich wegen meines "kurzen Heimweges", der nur die Treppe hinauf in den Turm erfolgte.

Am anderen Morgen trafen wir uns bereits 8.30 Uhr auf dem "Unteren Kirchplatz". Geordnet nach Altersjubiläumsgruppen: 75, 70, 65, 60, 50 und 25 zogen wir in die Kirche ein. Wir waren die größte Gruppe.

Dank einer vorhandenen Magnetschleife, die ich vermutete und auf die ich meine Hörgeräte versuchsweise einstellte, konnte ich jedes Wort des Pfarrers, das er vom Lesepult und von der Kanzel sprach, verstehen. Außerdem kamen keinerlei störende Nebengeräusche in meinen Ohren an.
Das Abendmahl fand erst nach dem Gottesdienst statt. Leider nahmen nur sehr wenige Gottesdienstbesucher daran teil.
Hannelores Gepäck hatte ich bereits vor dem Kirchgang im Kofferraum des "Clios" verstaut. Nach dem Gottesdienst fuhr sie mit zum Pöhlberg, um Gudrun und Anke abzuholen. Mit Hans-Joachim hatten wir uns zum gemeinsamen Mittagessen in der "Goldenen Sonne" verabredet.
Da Gudrun bereits das Hotelzimmer geräumt und den Schlüssel zurückgegeben hatte, bestand keine Notwendigkeit die Zeitspanne auf dem Pöhlberg zu verbringen. Ich unterbreitete den Vorschlag, den alten Friedhof aufzusuchen, um Gudrun und Anke das Grabmal von Barbara Uttmann und die "Auferstehungslinde" zu zeigen. Außerdem war ich interessiert, ob die Abteilung der verstorbenen Rotarmisten noch besteht. Ich wurde nicht enttäuscht. Außer einigen historischen Gräbern erinnert das Gelände kaum noch an einen Friedhof. Das Gelände wurde zu einem kleinen Stadtpark umfunktioniert.
Nach einem schmackhaften Mittagsmahl verabschiedeten wir uns von Hans-Joachim und traten unsere Heimfahrt an, wobei wir Hannelore in Stollberg auf die Brückenstraße brachten.

Trotz unser angespannten Finanzlage nahmen wir an dem Treffen mit den Fürstenwalder Freunden teil, für das wir bereits vor zwei Jahren Quartiere in der Rathener "Friedensburg" vorbestellt hatten. Am Freitag vor dem Pfingstfest war "Anreisetag". Zum Abendbrot waren wir alle 18 Leute beieinander und nahmen in froher Runde unsere Mahlzeit ein, bezogen, soweit das nicht schon vorher erfolgt war, die Zimmer, unternahmen einen ersten Rundgang durch den Kurort Rathen. Dann saßen wir noch einige Zeit zusammen beim Gespräch. Unter anderem legten Hubert und Willi den Plan für den Folgetag vor. Die beiden hatten nämlich darum gebeten, das "Rathener Programm" vorbereiten zu dürfen: Hubert wollte mit uns von Schmilka aus eine etwa vierstündige Wanderung über "Großen Winterberg", "Kleinen Winterberg" zum Kuhstall unternehmen, Willi bot an, diejenigen, die "nicht mehr gut zu Fuß sind" von Bad Schandau mit der Kirnitzschtalbahn bis zum Lichtenhainer Wasserfall zu begleiten und von dort, falls möglich, die kurze Tour zum Kuhstall zu führen, wo die Mittagsmahlzeit geplant war. Dankbar nahmen alle die "dualen Möglichkeiten" an.

Am Folgetag führten wir bei denkbar gutem Wetter unsere Wanderung durch. Elf von uns hatten sich für die Wanderung entschieden. Die anderen nahmen Willis Angebot an.

Von denen kamen Willi, Hildegard, Renate und Anngret zum Kuhstall, während Edith, Heinz und Annelies am Lichtenhainer Wasserfall zurückblieben, wo sie ebenfalls vorzüglich speisten und sich die ganze Zeit am Wasserfall erfreuten.

Ich hatte neben den schönen Eindrücken unserer Wanderung am Kuhstall noch ein besonderes Erlebnis: Sieben Engel führten mich die Himmelsleiter empor.

Wer sich dort nicht auskennt, dem will ich diesen Satz erklären. Neben dem Kuhstall hat man eine schmale Felsspalte mit stählernen Stufen bestückt, auf denen man auf das "Dach des Kuhstalles" gelangt. Dieser Aufstieg heißt "Himmelsleiter". Vor mir stiegen Maria, Nancy, Maike, Birgit, Helga, Anke und Gudrun diese Leiter empor.

Eine Stunde später trafen wir mit Edith, Annelies und Heinz zusammen. Gemeinsam kehrten wir mit der Kirnitzschtalbahn nach Bad Schandau zurück. Dort blieb Zeit, die Kirche zu besichtigen. Dann stellten wir uns an der Anlegestelle zum Dampfer an. Die "Kurort Rathen" brachte uns zurück nach Rathen.

Nach dem Abendbrot saßen wir bei Wein bzw. Fruchtsäften sowie Knabbergebäck zusammen. Es wurde viel gesungen, wie das bei all diesen Treffen immer geschieht, was auch mich unmusikalischen Menschen immer höchst erfreut.

Am Pfingstsonntag besuchten wir nach dem Frühstück gemeinsam den Gottesdienst im benachbarten Kirchsaal. Eine Gruppe einer Baptistengemeinde aus Aschersleben waren im "Felsengrund" zu einer Rüstzeit beieinander. Ihr Prediger hielt einen recht lebendigen Gottesdienst. Ich konnte sogar ohne Hörgerät jedes Wort verstehen.

Nach dem wohlschmeckenden Mittagessen (Putenbraten, Klöße und Rotkraut) benutzten wir den Zug nach Königstein, fuhren in einem Doppelstockbus der Marke Eigenbau zur Festung Königstein. Die Besichtigung fanden wir alle sehr interessant.

Ich hatte fast vergessen, wie es dort aussieht, war ich doch vor ca. 25 Jahren das letzte Mal dort. Aber mir fiel auf, welche fleißige Renovierarbeiten stattgefunden hatten, um alles wieder für die Touristen herzurichten, was durch die frühere Nutzung (Rote Armee, Jugendwerkhof) gelitten hatte. Sogar die Kirche war wieder eine richtige Kirche, nicht mehr Lagerraum bzw. Kino.
Maike, Birgit, Angelika, Daniel und Nancy wählten den Rückweg nach Rathen zu Fuß, während wir anderen für diese eine Bahnstation den Zug benutzten.
Auch an diesem Abend saßen wir erneut in fröhlicher Runde zusammen.
Der Pfingstmontag war für die Rückfahrt in die einzelnen Heimatorte vorgesehen.
Alle äußerten ihre Zufriedenheit mit ihren zugewiesenen Zimmern, mit der Unterkunft und der Verpflegung, mit dem Wetter und dem Verlauf des Treffens sowieso.
Für 2009 bestellten wir die Woche darauf bereits Quartiere in Schmiedeberg.

17. Schluss

In wenigen Wochen darf ich meinen 75. Geburtstag feiern. Es war mir vergönnt, meine "Selbstverpflichtung" einzuhalten und meinem lieben Vater nachzueifern, der seine Lebenserinnerungen zwischen seinem 7o. und seinem 75. Geburtstag zu Papier brachte. So will auch ich "meine Memoiren" beenden zu einem Datum, an dem ich mich noch im Vollbesitz meiner geistigen Kräfte fühle.
Sicher kommt einmal die Zeit, wo ich nicht mehr die Kraft aufbringe, am Computer zu arbeiten und sogar den Briefwechsel mit Freunden und Verwandten einstellen werde, wenn mich Gott nicht schon vorher abberuft.
Bei der Recherche, ob ich etwas wesentliches in meinen Aufzeichnungen vergessen habe, sah ich auch manche Briefe von Freunden noch einmal durch. Dabei fand ich einige Sätze im Brief von Karl Schlegel bemerkenswert, die er mir nach seinem 70. Geburtstag aufgeschrieben hatte und die ich durchaus auch für mich übertragen kann:

..."Lebensweisheit: Man braucht Erfolge, um nicht zu verzagen. Man braucht aber auch Misserfolge, um nicht übermütig zu werden. Wichtig ist die Bescheidenheit.
Ich habe die drei Dimensionen für ein sinnerfülltes Leben von Martin Luther King beherzigt:
Die Länge, das ist das Streben nach eigener Vervollkommnung. Die Breite, das sind Solidarität und gute Taten für die Mitmenschen. Die dritte Dimension sind Freude, Kraft und Hilfe aus der Höhe, in frohen Stunden, aber auch in schwierigen Lebenslagen, resultierend aus dem Glauben an die Existenz eines Schöpfers und Erhalters des gesamten unvorstellbar großen Weltalls und meines ganz persönlichen Lebens...."

Am Ende meiner Lebenserinnerungen möchte ich noch einmal voller Dankbarkeit bekennen, dass ich mir mein gesamtes Leben hindurch bewusst war, dass mich Gott führt und leitet. Ihm konnte ich stets meine Sorgen, Ängste und Probleme unterbreiten, sie an ihm abgeben. Bei ihm fand ich Trost und Hilfe. Nicht immer so, wie ich es gern gewünscht hätte, aber immer so, wie es gut für mich war. Das erkannte ich oft erst im Nachhinein.

Meine berechtigten Sorgen um meinen Sohn Michael gebe ich im täglichen Fürbittgebet an dem Schöpfer und Erhalter ab. So wie mich die Sorgen zum Beten treiben, vertreibt das Beten alle Sorgen im grenzenlosen Vertrauen zu Gott, und ich erhalte wieder neue Zuversicht und Kraft.

In meinem Brief an Helmut Scheibner im Januar 2000 habe ich mich als den "Glücklichsten Oelsnitzer" benannt. Ja ich darf mich noch immer glücklich fühlen an der Seite meiner geliebten Gudrun. Tag für Tag danke ich dem Herrgott dafür, dass er mir dieses edle Menschenkind geschenkt hat, dass er uns zusammengeführt hat.

Auch Anke fühlt sich bei uns auf dem Oelsnitzer "Moserhof" geborgen und ist anhänglich. Das macht uns beide froh.

Im Herbst meines Lebens unterstreiche ich den Inhalt des folgenden Liedverses von Matthias Claudius:

"Der Mensch lebt und bestehet nur eine kleine Zeit;
und alle Welt vergehet mit ihrer Herrlichkeit.
Es ist nur Einer ewig und an allen Enden,
und wir in seinen Händen"

Auch halte ich es mit den Worten, die dieser Dichter seinerzeit an seinen Sohn Andreas schrieb:
"Wer nicht an Christus glauben will, der muss sehen, wie er ohne ihn zurechtkommen kann. Ich und du, wir können das nicht. Wir brauchen jemand, der uns hebt und hält, solange wir leben, und uns die Hand unter den Kopf legt, wenn wir sterben sollen."
sowie mit dem Bibelvers aus dem Römerbrief des Apostels Paulus Kapitel 14 Vers 8-9:
"Leben wir, so leben wir dem Herrn.
Sterben wir, so sterben wir dem Herrn.
Drum: ob wir leben oder sterben. Wir sind des Herrn."

Ich schließe meine Lebenserinnerungen mit dem Gesangbuchlied der Gräfin Ämilie Juliane von Schwarzburg-Rudolstadt :

"Bis hierher hat mich Gott gebracht durch seine große Güte,
bis hierher hat er Tag und Nacht bewahrt Herz und Gemüte,
bis hierher hat er mich geleit`,
bis hierher hat er mich erfreut,
bis hierher mir geholfen.

Hab Lob und Ehr, hab Preis und Dank für die bisher`ge Treue,
die Du, o Gott, mir lebenslang bewiesen täglich neue.
In mein Gedächtnis schreib ich an:
der Herr hat Großes mir getan,
bis hierher mir geholfen.
Hilf fernerweit, mein treuster Hort, hilf mir zu allen Stunden.
Hilf mir an all und jedem Ort, hilf mir durch Jesu Wunden.
Damit sag ich bis in den Tod:
durch Christi Blut hilft mir mein Gott;
er hilft, wie er geholfen.

Dr. Gerhard Moser, im Juni 2008

Inhaltsverzeichnis des 2. Buches: Fritz Gerhard Moser „Aus meiner Kreidezeit"

Vorwort	3
10. Als Dezernent und Schulamtsleiter	5
11. Meine Arbeit als Stellvertretender Schulamtsleiter	96
12. Degradierung	105
13. Als Schulrat für Förderschulen	127
14. Mein letzter Urlaub in meinen 42. Dienstjahren	140
15. Ein „Siebenjähriger Krieg" im Kampf um Anerkennung der Beschäftigungszeiten (oder „Beharrlichkeit führt zum Ziel")	150
16. Meine „Postkreidezeit": „Rentner haben niemals Zeit"	163
17. Schluss	430